Fundamentos de sistemas operativos

Fuente: http://github.org/gwolf/sistop
Compilación: 2015/12/02-06:15:55 Versión 307088D

FUNDAMENTOS DE SISTEMAS OPERATIVOS

Gunnar Wolf

Esteban Ruiz

Federico Bergero

Erwin Meza

UNIVERSIDAD NACIONAL AUTÓNOMA DE MÉXICO
INSTITUTO DE INVESTIGACIONES ECONÓMICAS
FACULTAD DE INGENIERÍA

Esta investigación, arbitrada por pares académicos, se privilegia con el aval de la institución editora.

Fundamentos de sistemas operativos / Gunnar Wolf [y tres más]. – Primera edición. – México D.F. : Universidad Nacional Autónoma de México, Instituto de Investigaciones Económicas : Facultad de Ingeniería, 2015.
367 p. : ilustraciones ; 28 cm.

Bibliografía: páginas 359-367
ISBN 978-607-02-6544-0

1. Sistemas operativos (Computadoras). 2. Sistemas de software. 3. Organización de archivos (Informática). I. Wolf, Gunnar, autor. II. Universidad Nacional Autónoma de México. Instituto de Investigaciones Económicas. III. Universidad Nacional Autónoma de México. Facultad de Ingeniería.

005.43-scdd21   Biblioteca Nacional de México

Primera edición
8 de abril de 2015

D. R. © Universidad Nacional Autónoma de México
        Ciudad Universitaria, Coyoacán, 04510, México D.F.
        Instituto de Investigaciones Económicas
        Circuito Mario de la Cueva s/n
        Ciudad de la Investigación en Humanidades 04510, México D.F.
        Facultad de Ingeniería
        Av. Universidad 3000
        Ciudad Universitaria 04510, México D.F.

ISBN 978-607-02-6544-0

Diseño de portada: Victoria Jiménez
Diseño de interiores y formación: Gunnar Wolf
Corrección y cuidado de la edición: Marisol Simón

Impreso y hecho en México

¡Copia este libro!

Compartir no es delito.

La versión electrónica de este libro está disponible en:

http://sistop.org/

Índice general

Presentación

Acerca del libro

Este libro busca brindar a estudiantes y docentes de las carreras de ingeniería en computación, informática, Ciencias de la Computación y similares un
material completo, general y autocontenido sobre la materia de sistemas operativos. No se asume conocimiento previo sobre la temática, aunque se utilizarán
conceptos de estructuras de datos y algoritmos básicos.

Justificación

Actualmente hay vasta bibliografía sobre sistemas operativos, sin embargo
la gran mayoría está escrita en inglés, y cuando están disponibles en castellano,
su traducción deja mucho que desear, llevando a conceptos confusos y difíciles de comprender. La intención de los autores es que el presente texto provea
un material redactado originalmente en castellano, revisado por docentes lati-
noamericanos utilizando la terminología más adecuada para los alumnos de la
región y eliminando muchos de los errores de traducción.

Generalmente el material de cursos de sistemas operativos está compuesto por partes de distintos libros, artículos de investigación, recursos en línea,
software, ejercitación, etc. Por ello, el alumno debe recurrir a distintas fuentes
durante el curso. El presente libro pretende ser de utilidad tanto para alumnos
como para docentes como una única publicación autocontenida. Cabe remar-
car también que el material bibliográfico generalmente está protegido por derecho de autor, es costoso y en muchos casos de difícil acceso (sobre todo las
publicaciones en inglés).

Los contenidos de la bibliografía clásica de sistemas operativos están basadas en re-ediciones y compendio de libros de hace varias décadas que incluyen
temas obsoletos o desactualizados. Hay también desarrollos y tendencias nuevas en el área que aún no han sido integradas en la bibliografía clásica, y mucho
menos a las traducciones. También se quiere revisar y actualizar los conceptos
clásicos de sistemas operativos inlcuyendo material de publicación reciente.

Este libro se desarrolló dentro del marco del Proyecto LATIn (EuropeAid 2011), enfocado a la creación de libros de texto con un esquema de licenciamiento libre, derivados de la creación y colaboración de grupos de trabajo multinacionales, para la región latinoamericana.

Público objetivo

Este libro está apuntado tanto a estudiantes de carreras de informática, computación e ingenierías como a los aficionados de la computadora interesados en conocer un poco más de lo que realmente ocurre dentro de un sistema de cómputo y el papel que cumple el sistema operativo.

Al finalizar el libro se espera que el lector haya adquirido conocimientos y habilidades como:

- Administrar, diseñar y desarrollar un sistema operativo.

- Conociendo el funcionamiento general de los sistemas operativos, poder sacar mejor provecho de la computadora

- Conocer y saber aprovechar no sólo los sistemas, sino las metodologías y principales formas de interacción del software libre

Se asume también que el lector está familiarizado con algún lenguaje de programación de alto nivel, y –al menos en un nivel básico– con C. Aunque los ejemplos de código están dados en diversos lenguajes de programación (Bash, Perl, c, PascalFC, Python, Ruby, Ensamblador, entre otros), éstos son tan sencillos que pueden ser fácilmente escritos en el lenguaje de elección del lector sin mayor esfuerzo.

Resultará muy conveniente tener acceso a una computadora con sistema operativo Linux (GNU) u otro Unix libre.

Estructura temática

El texto comprende los siguientes capítulos:

1. Punto de partida. Para comenzar a hablar de sistemas operativos, es necesario, en primer término, enmarcar *qué es* un sistema operativo y cuáles son sus funciones principales. También es importante detallar algunos puntos que, contrario a la percepción común, *no pueden* considerarse parte de sus funciones.

Este tema se presenta apoyado en la evolución histórica del cómputo, haciendo énfasis en por qué este proceso evolutivo en particular desembocó en los sistemas operativos que se tienen hoy en día.

2. Relación con el hardware. Partiendo de que una de las principales tareas del sistema operativo es presentar una *abstracción regular* del hardware a los procesos que se ejecuten, resulta importante presentar cómo éste está estructurado, y cómo el sistema operativo puede comunicarse con él.

Este capítulo aborda la *jerarquía de almacenamiento*, el mecanismo de *interrupciones* y *excepciones* y el papel que desempeñan para las *llamadas al sistema*, las características base de diversos tipos de dispositivo del sistema, el concepto de *canales* (o *buses*) de comunicación, el mecanismo de *acceso directo a memoria*, y una introducción a un tema que puede ser visto como eje conductor a lo largo de todo el libro: La importancia y complejidad de la *concurrencia*, y su relación con el *paralelismo* y *multiprocesamiento*.

3. Administración de procesos. La entidad principal con la que interactúa un sistema operativo (ya sea para brindarle servicios o para imponerle restricciones) es el proceso. Este capítulo inicia presentando los diferentes estados de los procesos y la relación entre éstos y sus *hermanos menores* (los *hilos*), y los principales modelos empleados para el multiprocesamiento.

Todos los sistemas operativos modernos tienen que enfrentar a la *concurrencia*: la incertidumbre del ordenamiento en el tiempo entre eventos relativos a los diferentes procesos e hilos. La parte medular de este capítulo presenta a las *primitivas de sincronización*: mutexes, semáforos y monitores. Para ilustrarlas, se emplean los patrones y problemas clásicos que se han seguido a lo largo de su desarrollo histórico.

Pero las primitivas pueden solamente utilizarse entre procesos que *cooperan deliberadamente* entre sí. Un sistema operativo debe instrumentar protección y separación, incluso entre procesos que *compiten* o que sencillamente no saben el uno acerca del otro. Por ello, la última sección de este capítulo aborda los diferentes mecanismos que hay para evitar las situaciones de *bloqueo mutuo*.

4. Planificación de procesos. Para que varios procesos coexistan en un sistema de cómputo, el primer recurso que el sistema operativo debe *multiplexar* o repartir entre todos ellos es el tiempo de cómputo: el uso del procesador. Este capítulo presenta los diferentes niveles de *planificador* que forman parte de un sistema operativo, y analiza al *planificador a corto plazo* (también conocido como *despachador*). Se presentan los principales algoritmos, y se ilustra cómo los sistemas operativos modernos van empleando técnicas mixtas de varios de ellos.

Por último, se abordan tres temas brevemente: los diferentes modelos de planificación de hilos y su relación con los procesos, las particularidades de la planificación en un entorno con multiprocesadores reales, y las necesidades de planificación de *tiempo real*.

5. Administración de memoria. Los *programas* sólo se vuelven procesos cuando se les asigna memoria y tiempo de cómputo: cuando dejan de ser el resultado de una compilación guardada estáticamente para convertirse en una entidad dinámica. Este capítulo presenta, en primer lugar, la visión *desde dentro* de la memoria por parte de cada uno de los procesos: el espacio de direccionamiento y el acomodo clásico de las regiones de un proceso en la memoria que le es asignada.

Para que los distintos procesos compartan la memoria del sistema, vemos que a lo largo de la historia se han presentado diferentes esquemas. Se explican someramente los esquemas de partición contigua fija y variable, para profundizar posteriormente en los que ofrecen mayor flexibilidad al sistema operativo y se mantienen en uso al día de hoy: la segmentación y la paginación. De esta última, se continúa para presentar la abstracción que ha liberado a los sistemas operativos para *sobrecomprometer* la memoria de forma eficiente y prácticamente transparente: la memoria virtual.

Al manejar la memoria de un proceso surgen puntos importantes a tomar en cuenta en lo relativo a la seguridad en cómputo; la parte final de este capítulo presenta la vulnerabilidad conocida como *desbordamiento de buffer* (*buffer overflow*), y algunas estrategias de mitigación que se han implementado con el paso de los años para mitigar su peligrosidad.

6. Organización de archivos. De cara al usuario, probablemente la principal abstracción llevada a cabo por el sistema operativo es la organización de la información sobre un medio persistente. Hoy en día, la norma es que esta organización se realice en *archivos* estructurados sobre una estructura jerárquica llamada *directorio*. Este capítulo se centra en explicar esta abstracción, sin entrar aún en detalles respecto a cómo se llega a un respaldo físico de la misma.

Estos conceptos parecen tan omnipresentes y universales que podría pensarse que no requieren mayor análisis. Sin embargo, resulta importante abordar las diferencias semánticas derivadas del desarrollo histórico de distintos sistemas. En este capítulo se presentan varios conceptos cuya instrumentación en un medio que asegure la persistencia se describirá en el siguiente capítulo.

Por último, se incluye un breve repaso de distintos tipos de sistemas de archivos en red, enfatizando nuevamente en los cambios semánticos derivados de la distinta historia de cada instrumentación.

7. Sistemas de archivos. Este capítulo presenta la contraparte obligada del anterior: ¿cómo se estructuran los dispositivos de almacenamiento a largo plazo, a los cuales se hace referencia genéricamente como *discos*, cómo se van plasmando las estructuras mediante las cuales el usuario organiza la información en bloques dentro de un dispositivo, qué problemas pueden derivar del uso de estos *sistemas de archivos*, y qué métodos para evitarlos o resolverlos se han implementado?

Este capítulo basa sus ejemplos en un sistema de archivos bastante viejo y simple, pero aún en muy amplio uso en el cómputo moderno: la familia FAT.

Los siguientes temas resultan muy importantes para la comprensión y para el desarrollo futuro de la materia, pero dado que son *empleados* por el sistema operativo (y no necesariamente son *parte integral* del mismo), se presentan como apéndices

A. **Software libre y licenciamiento.** Estudiar sistemas operativos cruza necesariamente la temática del *software libre*. Uno de los principios fundamentales del desarrollo histórico es la *libertad de aprender*, esto es, todo software que se diga *libre* debe permitir a sus usuarios comprender sus estructuras básicas, la relación entre ellas, y la lógica general de su programación.

Hoy en día hay una gran cantidad de sistemas operativos libres, tanto de propósito general como enfocados a un nicho. El *movimiento ideológico* del software libre, contrario a cualquier pronóstico que pudiera haberse hecho al iniciarse en 1984, claramente ha cambiado el desarrollo del cómputo. Todos los sistemas operativos que pueden ser estudiados *de primera mano*, constatando la instrumentación de sus principios son necesariamente (aunque con una definición ligeramente laxa) software libre.

Hacia el año 2000 se fue haciendo claro que estas ideas no pueden aplicarse únicamente al software. Poco a poco fue definiéndose una noción mucho más amplia, la de los *bienes culturales libres*. El presente libro busca brindar una contribución a esta última categoría.

El primer apéndice aborda brevemente estos temas, así como los principales modelos de licenciamiento libre utilizados.

B. **Virtualización.** La virtualización es una herramienta muy útil, y está cada vez más al alcance de todos, para el aprendizaje de los sistemas operativos. Hay una gran cantidad de recursos para comprender desde los primeros momentos del arranque de la computadora. Empleando imágenes de máquinas virtuales, pueden comprenderse y desmenuzarse los distintos elementos del sistema operativo, e incluso observar el resultado de realizar modificaciones sobre un sistema operativo real. Es, por tanto, una herramienta muy importante para acompañar al aprendizaje de esta materia.

La virtualización es también una tecnología que permea cada vez más aspectos del uso profesional del cómputo, y comprenderlo ayudará al lector a elegir las herramientas específicas a emplear.

Pero hablar de *la virtualización* como un todo ignoraría aspectos fundamentales de la riqueza que presenta este campo. Al igual que con los conceptos presentados a lo largo del libro, la virtualización es presentada a partir de su perspectiva histórica, y detallando hacia las distintas modalidades que se han desarrollado con el paso del tiempo.

C. El medio físico y el almacenamiento. En el capítulo 7 se presenta cómo se *concretiza* la abstracción de archivos y directorios para plasmarlo en un gran arreglo lineal de datos, en una entidad aún abstracta a la cual se sigue haciendo referencia con el nombre genérico de *disco*. Este apéndice se ocupa de los detalles físicos del acomodo de la información en su medio.

Pero un *disco* va mucho más allá de un dispositivo que simplemente vuelca dicho arreglo a un medio persistente. En primer término, los *discos magnéticos rotativos* (el medio dominante de almacenamiento) presentan peculiaridades que los sistemas operativos tuvieron que saber resolver. El desarrollo de la tecnología, sin embargo, fue *arrebatando* estas áreas del ámbito del sistema operativo, entregándolas a la optimización realizada dentro del *hardware controlador*.

Por otro lado, la tecnología de *almacenamiento en estado sólido* ha llegado a niveles de madurez que en determinados mercados ya la colocan claramente por encima de los discos magnéticos. Esto implica cambios importantes para el modo en que el sistema operativo debe estructurar y modificar la información.

Por último, un *volumen* ya no necesariamente se refiere a un único medio físico. Este apéndice aborda tanto a RAID, el primer mecanismo que se popularizó para *agregar* varias unidades para mejorar, tanto la capacidad máxima y la confiabilidad de un volumen, como al manejo avanzado de volúmenes, en que el sistema operativo incorpora la lógica de RAID con la del manejo de sistemas de archivos para lograr mucho mayor flexibilidad.

Licenciamiento

Este libro fue desarrollado como parte del Proyecto LATIn (EuropeAid 2011), que busca la creación de libros de texto *libres* para nivel universitario, y enfocado a Latinoamérica.

Cualquier parte de este libro puede ser reproducido y utilizado para todo fin, bajo los términos de la licencia *Creative Commons-Atribución-CompartirIgual* (*CC-BY-SA*) versión 4.0 (Creative Commons 2013).

Este modelo de licenciamiento se presenta y explica en la sección A.2.1.

Capítulo 1

Punto de partida

1.1. ¿Qué es un sistema operativo?

El *sistema operativo* es el principal programa que se ejecuta en toda computadora de propósito general.

Los hay de todo tipo, desde muy simples hasta terriblemente complejos, y entre más casos de uso hay para el cómputo en la vida diaria, más variedad habrá en ellos.

A lo largo del presente texto, no se hace referencia al sistema operativo como lo *ve* o *usa* el usuario final, o como lo vende la mercadotecnia — el ambiente gráfico, los programas que se ejecutan en éste, los lenguajes de programación en los cuales están desarrollados y en que más fácilmente se puede desarrollar para ellos, e incluso el conjunto básico de funciones que las bibliotecas base ofrecen son principalmente *clientes* del sistema operativo — se ejecutan sobre él, y ofrecen sus interfaces a los usuarios (incluidos, claro, los desarrolladores). La diferencia en el uso son sólo –cuando mucho– *consecuencias* del diseño de un sistema operativo. Más aún, con el mismo sistema operativo –como pueden constatarlo comparando dos distribuciones de Linux, o incluso la forma de trabajo de dos usuarios en la misma computadora– es posible tener *entornos operativos* completamente disímiles.

1.1.1. ¿Por qué estudiar los sistemas operativos?

La importancia de estudiar este tema radica no sólo en comprender los mecanismos que emplean los sistemas operativos para cumplir sus tareas sino en entenderlos para evitar los errores más comunes al programar, que pueden resultar desde un rendimiento deficiente hasta pérdida de información.

Como desarrolladores, comprender el funcionamiento básico de los sistemas operativos y las principales alternativas que ofrecen en muchos de sus puntos, o saber diseñar algoritmos y procesos que se ajusten mejor al sistema operativo en que vayan a ejecutarse, puede resultar en una diferencia cualitativa decisiva en el producto final.

Parte de las tareas diarias de los administradores de sistemas incluye enfrentarse a situaciones de bajo rendimiento, de conflictos entre aplicaciones, demoras en la ejecución, y otras similares. Para ello, resulta fundamental comprender lo que ocurre *tras bambalinas*. Los sistemas de archivos resultan un área de especial interés para administradores de sistemas: ¿cómo comparar las virtudes y desventajas de tantos sistemas existentes, por qué puede resultar conveniente mezclar distintos sistemas en el mismo servidor, cómo evitar la corrupción o pérdida de información? Lo que es más, ¿cómo recuperar información de un disco dañado?

En el área de la seguridad informática, la relación resulta obvia. Desde el punto de vista del atacante, si le interesa localizar vulnerabilidades que permitan elevar su nivel de privilegios, ¿cómo podría lograrlo sin comprender cómo se engranan los diversos componentes de un sistema? La cantidad de tareas que debe cubrir un sistema operativo es tremenda, y se verán ejemplos de sitios donde dicho atacante puede enfocar sus energías. Del mismo modo, para quien busca *defender* un sistema (o una red), resulta fundamental comprender cuáles son los vectores de ataque más comunes y –nuevamente– la relación entre los componentes involucrados para poder remediar o, mejor aún, prevenir dichos ataques.

Y claro está, puede verse al mundo en general, fuera del entorno del cómputo, como una serie de modelos interactuantes. Muchos de los métodos y algoritmos que se abordan en esta obra pueden emplearse fuera del entorno del cómputo; una vez comprendidos los problemas de concurrencia, de competencia por recursos, o de protección y separación que han sido resueltos en el campo de los sistemas operativos, estas soluciones pueden ser extrapoladas a otros campos.

El camino por delante es largo, y puede resultar interesante y divertido.

1.2.   Funciones y objetivos del sistema operativo

El sistema operativo es el único programa que interactúa directamente con el hardware de la computadora. Sus funciones primarias son:

Abstracción Los programas no deben tener que preocuparse de los detalles de acceso a hardware, o de la configuración particular de una computadora. El sistema operativo se encarga de proporcionar una serie de abstracciones para que los programadores puedan enfocarse en resolver las necesidades particulares de sus usuarios. Un ejemplo de tales abstracciones es que la información está organizada en *archivos* y *directorios* (en uno o muchos *dispositivos de almacenamiento*).

Administración de recursos Una sistema de cómputo puede tener a su disposición una gran cantidad de *recursos* (memoria, espacio de almacenamiento, tiempo de procesamiento, etc.), y los diferentes *procesos* que se ejecuten en él *compiten* por ellos. Al gestionar toda la asignación de recursos, el sistema operativo puede implementar políticas que los asignen de forma efectiva y acorde a las necesidades establecidas para dicho sistema.

Aislamiento En un sistema multiusuario y multitarea cada proceso y cada usuario no tendrá que preocuparse por otros que estén usando el mismo sistema —Idealmente, su *experiencia* será la misma que si el sistema estuviera exclusivamente dedicado a su atención (aunque fuera un sistema menos poderoso).

Para implementar correctamente las funciones de aislamiento hace falta que el sistema operativo utilice hardware específico para dicha protección.

1.3. Evolución de los sistemas operativos

No se puede comenzar a abordar el tema de los sistemas operativos sin revisar brevemente su desarrollo histórico. Esto no sólo permitirá comprender por qué fueron apareciendo determinadas características y patrones de diseño que se siguen empleando décadas más tarde, sino (como resulta particularmente bien ejemplificado en el discurso de recepción del premio Turing de Fernando Corbató, *Acerca de la construcción de sistemas que fallarán*, (Corbató 2007)), adecuar un sistema a un entorno cambiante, por mejor diseñado que éste estuviera, lleva casi inevitablemente a abrir espacios de comportamiento no previsto —el espacio más propicio para que florezcan los fallos. Conocer los factores que motivaron a los distintos desarrollos puede ayudar a prever y prevenir problemas.

1.3.1. Proceso por lotes (*batch processing*)

Los antecedentes a lo que hoy se conoce como sistema operativo pueden encontrarse en la automatización inicial del procesamiento de diferentes programas, surgida en los primeros centros de cómputo: cuando en los años cincuenta aparecieron los dispositivos perforadores/lectores de tarjetas de papel, el tiempo que una computadora estaba improductiva esperando a que estuviera lista una *tarea* (como se designaba a una ejecución de cada determinado programa) para poder ejecutarla disminuyó fuertemente ya que los programadores entregaban su lote de tarjetas perforadas (en inglés, *batches*) a los operadores, quienes las alimentaban a los dispositivos lectores, que lo cargaban en memoria en un tiempo razonable, iniciaban y monitoreaban la ejecución, y producían los resultados.

En esta primer época en que las computadoras se especializaban en tareas de cálculo intensivo y los dispositivos que interactuaban con medios externos eran prácticamente desconocidos, el papel del sistema *monitor* o *de control* era básicamente asistir al operador en la carga de los programas y las bibliotecas requeridas, la notificación de resultados y la contabilidad de recursos empleados para su cobro.

Los sistemas monitores se fueron sofisticando al implementar protecciones que evitaran la corrupción de *otros trabajos* (por ejemplo, lanzar erróneamente la instrucción *leer siguiente tarjeta* causaría que el siguiente trabajo encolado perdiera sus primeros caracteres, corrompiéndolo e impidiendo su ejecución), o que entraran en un ciclo infinito, estableciendo *alarmas* (*timers*) que interrumpirían la ejecución de un proceso si éste duraba más allá del tiempo estipulado. Estos monitores implicaban la modificación del hardware para considerar dichas características de seguridad —y ahí se puede hablar ya de la característica básica de gestión de recursos que identifica a los sistemas operativos.

Cabe añadir que el tiempo de carga y puesta a punto de una tarea seguía representando una parte importante del tiempo que la computadora dedicaba al procesamiento: un lector de cintas rápido procesaba del orden de cientos de caracteres por minuto, y a pesar de la lentitud relativa de las computadoras de los años cincuenta ante los estándares de hoy (se medirían por miles de instrucciones por segundo, KHz, en vez de miles de millones como se hace hoy, GHz), esperar cinco o diez minutos con el sistema completamente detenido por la carga de un programa moderadadamente extenso resulta a todas luces un desperdicio.

1.3.2. Sistemas en lotes con dispositivos de carga (*spool*)

Una mejora natural a este último punto fue la invención del *spool*: un mecanismo de entrada/salida que permitía que una computadora de propósito específico, mucho más económica y limitada, leyera las tarjetas y las fuera convirtiendo a cinta magnética, un medio mucho más rápido, teniéndola lista para que la computadora central la cargara cuando terminara con el trabajo anterior. Del mismo modo, la computadora central guardarba sus resultados en cinta para que equipos especializados la leyeran e imprimieran para el usuario solicitante.

La palabra *spool* (bobina) se tomó como *acrónimo inverso* hacia *Simultaneous Peripherial Operations On-Line*, operación simultánea de periféricos en línea.

1.3.3. Sistemas multiprogramados

A lo largo de su ejecución, un programa normalmente pasa por etapas con muy distintas características: durante un ciclo fuertemente dedicado al cálculo numérico, el sistema opera *limitado por el* CPU (CPU-*bound*), mientras que al leer o escribir resultados a medios externos (incluso mediante *spools*) el límite es impuesto por los dispositivos, esto es, opera *limitado por entrada-salida* (*I-O bound*). La programación multitareas o los sistemas multiprogramados buscaban maximizar el tiempo de uso efectivo del procesador ejecutando varios procesos al mismo tiempo.

El hardware requerido cambió fuertemente. Si bien se esperaba que cada usuario fuera responsable con el uso de recursos, resultó necesario que apareciera la infraestructura de protección de recursos: un proceso no debe sobreescribir el espacio de memoria de otro (ni el código, ni los datos), mucho menos el espacio del monitor. Esta protección se encuentra en la *Unidad de Manejo de Memoria* (MMU), presente en todas las computadoras de uso genérico desde los años noventa.

Ciertos dispositivos requieren bloqueo para ofrecer acceso exclusivo/único: cintas e impresoras, por ejemplo, son de acceso estrictamente secuencial, y si dos usuarios intentaran usarlas al mismo tiempo, el resultado para ambos se corrompería. Para estos dispositivos, el sistema debe implementar otros *spools* y mecanismos de bloqueo.

1.3.4. Sistemas de tiempo compartido

El modo de interactuar con las computadoras se modificó drásticamente durante los años sesenta, al extenderse la multitarea para convertirse en sistemas *interactivos* y *multiusuarios*, en buena medida diferenciados de los anteriores por la aparición de las *terminales* (primero teletipos seriales, posteriormente equipos con una pantalla completa como se conocen hasta hoy).

En primer término, la tarea de programación y depuración del código se simplificó fuertemente al poder hacer el programador directamente cambios y someter el programa a la ejecución inmediata. En segundo término, la computadora *nunca más estaría simplemente esperando a que esté listo un progama*: mientras un programador editaba o compilaba su programa, la computadora seguía calculando lo que otros procesos requirieran.

Un cambio fundamental entre el modelo de *multiprogramación* y de *tiempo compartido* es el tipo de control sobre la multitarea (se verá en detalle en el capítulo 3).

Multitarea *cooperativa* o *no apropiativa* (*Cooperative multitasking*). La implementaron los sistemas multiprogramados: cada proceso tenía control del CPU hasta que éste hacía una llamada al sistema (o indicara su *disposición a cooperar* por medio de la llamada `yield`: *ceder el paso*).

Un cálculo largo no era interrumpido por el sistema operativo, en consecuencia un error de programador podía congelar la computadora completa.

Multitarea *preventiva* o *apropiativa* (*Preemptive multitasking*). En los sistemas de tiempo compartido, el reloj del sistema interrumpe periódicamente a los diversos procesos, transfiriendo *forzosamente* el control nuevamente al sistema operativo. Éste puede entonces elegir otro proceso para continuar la ejecución.

Además, fueron naciendo de forma natural y paulatina las abstracciones que se conocen hoy en día, como los conceptos de *archivos* y *directorios*, y el código necesario para emplearlos iba siendo enviado a las *bibliotecas de sistema* y, cada vez más (por su centralidad) hacia el núcleo mismo del, ahora sí, sistema operativo.

Un cambio importante entre los sistemas multiprogramados y de tiempo compartido es que la velocidad del cambio entre una tarea y otra es mucho más rápido: si bien en un sistema multiprogramado un *cambio de contexto* podía producirse sólo cuando la tarea cambiaba de un modo de ejecución a otro, en un sistema interactivo, para dar la *ilusión* de uso exclusivo de la computadora, el hardware emitía periódicamente al sistema operativo *interrupciones* (señales) que le indicaban que cambie el *proceso* activo (como ahora se le denomina a una instancia de un programa en ejecución).

Diferentes tipos de proceso pueden tener distinto nivel de importancia —ya sea porque son más relevantes para el funcionamiento de la computadora misma (procesos de sistema), porque tienen mayor carga de interactividad (por la experiencia del usuario) o por diversas categorías de usuarios (sistemas con contabilidad por tipo de atención). Esto requiere la implementación de diversas *prioridades* para cada uno de éstos.

1.4.   Y del lado de las computadoras personales

Si bien la discusión hasta este momento asume una computadora central con operadores dedicados y múltiples usuarios, en la década de los setenta comenzaron a aparecer las *computadoras personales*, sistemas en un inicio verdaderamente reducidos en prestaciones y a un nivel de precios que los ponían al alcance, primero, de los aficionados entusiastas y, posteriormente, de cualquiera.

1.4.1.   Primeros sistemas para entusiastas

Las primeras computadoras personales eran distribuidas sin sistemas operativos o lenguajes de programación; la interfaz primaria para programarlas era mediante llaves (*switches*), y para recibir sus resultados, se utilizaban bancos de LEDs. Claro está, esto requería conocimientos especializados, y las computadoras personales eran aún vistas sólo como juguetes caros.

Figura 1.1: La *microcomputadora Altair 8800*, primera computadora personal con distribución masiva, a la venta a partir de 1975 (imagen de la Wikipedia: *Altair 8800*).

1.4.2. La revolución de los 8 bits

La verdadera revolución apareció cuando, poco tiempo más tarde, comenzaron a venderse computadoras personales con salida de video (típicamente por medio de una televisión) y entrada por un teclado. Estas computadoras popularizaron el lenguaje BASIC, diseñado para usuarios novatos en los sesenta, y para permitir a los usuarios gestionar sus recursos (unidades de cinta, pantalla posicionable, unidades de disco, impresoras, modem, etc.) llevaban un software mínimo de sistema —nuevamente, un proto-sistema operativo.

Figura 1.2: La *Commodore Pet 2001*, en el mercado desde 1977, una de las primeras con intérprete de BASIC (imagen de la Wikipedia: *Commodore PET*).

1.4.3. La computadora para fines "serios": la familia PC

Al aparecer las computadoras personales "serias", orientadas a la oficina más que al *hobby*, a principios de los ochenta (particularmente representadas por la IBM PC, 1981), sus sistemas operativos se comenzaron a diferenciar de los equipos previos al separar el *entorno de desarrollo* en algún lenguaje de programación del *entorno de ejecución*. El papel principal del sistema operativo ante el usuario era administrar los archivos de las diversas aplicaciones mediante una sencilla interfaz de línea de comando, y lanzar las aplicaciones que el usuario seleccionaba.

La PC de IBM fue la primer arquitectura de computadoras personales en desarrollar una amplia familia de *clones*, computadoras compatibles diseñadas para trabajar con el mismo sistema operativo, y que eventualmente capturaron casi 100% del mercado. Prácticamente todas las computadoras de escritorio y portátiles en el mercado hoy derivan de la arquitectura de la IBM PC.

Figura 1.3: La computadora IBM PC modelo 5150 (1981), iniciadora de la arquitectura predominantemente en uso hasta el día de hoy (imagen de la Wikipedia: *IBM Personal Computer*).

Ante las aplicaciones, el sistema operativo (PC-DOS, en las versiones distribuidas directamente por IBM, o el que se popularizó más, MS-DOS, en los *clones*) ofrecía la ya conocida serie de interfaces y abstracciones para administrar los archivos y la entrada/salida a través de sus puertos. Cabe destacar que, particularmente en sus primeros años, muchos programas se ejecutaban directamente sobre el hardware, arrancando desde el BIOS y sin emplear el sistema operativo.

1.4.4. El impacto del entorno gráfico (WIMP)

Hacia mediados de los ochenta comenzaron a aparecer computadoras con interfaces usuario gráficas (*Graphical User Interfaces, textscguis*) basadas en el paradigma WIMP (*Windows, Icons, Menus, Pointer*; Ventanas, Iconos, Menúes, Apuntador), que permitían la interacción con varios programas al mismo tiempo. Esto *no necesariamente* significa que sean sistemas multitarea: por ejemplo, la primer interfaz de MacOS permitía ver varias ventanas abiertas simultáneamente, pero sólo el proceso activo se ejecutaba.

Esto comenzó, sin embargo, a plantear inevitablemente las necesidades de concurrencia a los programadores. Los programas ya no tenían acceso directo

Figura 1.4: Apple Macintosh (1984), popularizó la interfaz usuario gráfica (GUI) (imagen de la Wikipedia: *Macintosh*).

a la pantalla para manipular a su antojo, sino que a una abstracción (la *ventana*) que podía variar sus medidas, y que requería que toda la salida fuera estrictamente mediante las llamadas a bibliotecas de primitivas gráficas que comenzaron a verse como parte integral del sistema operativo.

Además, los problemas de protección y separación entre procesos concurrentes comenzaron a hacerse evidentes: los programadores tenían ahora que programar con la conciencia de que compartirían recursos, con el limitante (que no tenían en las máquinas *profesionales*) de no contar con hardware especializado para esta protección. Los procesadores en uso comercial en los ochenta no manejaban *anillos* o *niveles de ejecución* ni *unidad de administración de memoria* (MMU), por lo que un programa fallado o dañino podía corromper la operación completa del equipo. Y si bien los entornos que más éxito tuvieron (Apple MacOS y Microsoft Windows) no implementaban multitarea real, sí hubo desde el principio sistemas como la Commodore Amiga o la Atari ST que hacían un multitasking *apropiativo* verdadero.

Naturalmente, ante el uso común de un entorno de ventanas, los programas que se ejecutaban sin requerir de la carga del sistema operativo cayeron lentamente en el olvido.

1.4.5. Convergencia de los dos grandes mercados

Conforme fueron apareciendo los CPU con características suficientes en el mercado para ofrecer la protección y aislamiento necesario (particularmente,

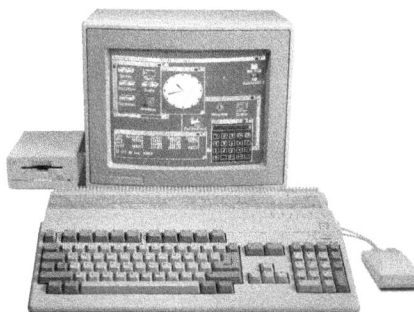

Figura 1.5: Commodore Amiga 500 (1987), la computadora más popular de la familia *Amiga*, con amplias capacidades multimedia y multitarea apropiativa; una verdadera maravilla para su momento (imagen de la Wikipedia: *Amiga*).

Intel 80386 y Motorola 68030), la brecha de funcionalidad entre las computadoras personales y las *estaciones de trabajo* y *mainframes* se fue cerrando.

Hacia principios de los 1990, la mayor parte de las computadoras de arquitecturas *alternativas* fueron cediendo a las presiones del mercado, y hacia mediados de la década sólo quedaban dos arquitecturas principales: la derivada de IBM y la derivada de la Apple Macintosh.

Los sistemas operativos primarios para ambas plataformas fueron respondiendo a las nuevas características del hardware: en las IBM, la presencia de Microsoft Windows (originalmente un *entorno operativo* desde su primera edición en 1985, evolucionando hacia un sistema operativo completo ejecutando sobre una base de MS-DOS en 1995) se fue haciendo prevalente hasta ser la norma. Windows pasó de ser un sistema meramente de aplicaciones propias y que operaba únicamente por reemplazo de aplicación activa a ser un sistema de multitarea cooperativa y, finalmente un sistema que requería protección en hardware (80386) e implementaba multitarea apropiativa.

A partir del 2003, el núcleo de Windows en más amplio uso fue reemplazado por un desarrollo hecho de inicio como un sistema operativo completo y ya no como un programa bajo MS-DOS: el núcleo de nueva tecnología (Windows NT), que, sin romper compatibilidad con los APIs históricos de Windows, ofreció mucho mayor estabilidad.

Por el lado de Apple, la evolución fue muy en paralelo: ante un sistema ya agotado y obsoleto, el MacOS 9, en 2001 anunció una nueva versión de su sistema operativo que fue en realidad un relanzamiento completo: MacOS X es un sistema basado en un núcleo Unix BSD, sobre el *microkernel* Mach.

Y otro importante jugador que entró en escena durante los años noventa fue el software libre, por medio de varias implementaciones distintas de sistemas tipo Unix, principalmente, Linux y los *BSD (FreeBSD, NetBSD, OpenBSD). Estos sistemas implementaron, colaborativamente y bajo un esquema de desarrollo geográficamente distribuido, software compatible tanto con las PC como con el que se ejecutaba en las estaciones de trabajo a gran escala, con alta confiabilidad, y cerrando por fin la divergencia del árbol del desarrollo de la computación en *fierros grandes* y *fierros chicos*.

Al día de hoy, la arquitectura derivada de Intel (y la PC) es el claro ganador de este proceso de 35 años, habiendo conquistado casi la totalidad de los casos de uso, incluso las máquinas Apple. Hoy en día, la arquitectura Intel ejecuta desde subportátiles hasta supercomputadoras y centros de datos; el sistema operativo específico varía según el uso, yendo mayoritariamente hacia Windows, con los diferentes Unixes concentrados en los equipos servidores.

En el frente de los dispositivos *embebidos* (las computadoras más pequeñas, desde microcontroladores hasta teléfonos y tabletas), la norma es la arquitectura ARM, también bajo versiones específicas de sistemas operativos Unix y Windows (en ese orden).

1.5. Dispositivos móviles

En los últimos años, buena parte del desarrollo en el mundo del cómputo se ha volcado hacia el modelo de cómputo representado, genéricamente, por los *dispositivos móviles*. Dado el interés que estas plataformas han despertado, se torna necesario abordar el tema, aunque sea más para anotar similitudes que diferencias con el resto de los equipos de cómputo. Para hacer esto, sin embargo, es necesario primero abordar la definición: ¿en qué consiste un *dispositivo móvil*, cuáles son los límites de su definición, qué fronteras se le pueden definir?

Es difícil encontrar límites claros y duros para lo que este concepto abarca; en el transcurso de esta sección se abordan las características de las computadoras diseñadas no sólo en el nivel del hardware, sino de interfaz usuario, para que su propietario las cargue consigo y las convierta en un asistente para sus actividades cotidianas, para la organización de su vida diaria. Partiendo de esta definición se tiene que un *teléfono inteligente* será tratado como dispositivo móvil, pero una computadora portátil no, puesto que su interfaz es la misma de una computadora estándar.

Claro, esta definición –indudablemente rápida e imperfecta– deja una gran área gris, y permite cierta ambigüedad. Por ejemplo, las más recientes versiones de algunos entornos de usuario (notablemente, la interfaz primaria de Windows 8, o los entornos GNOME y Unity de Linux) buscan *unificar la experiencia*, incorporando conceptos del *multitouch* a los escritorios y acercando los casos de uso. Tómense, pues, estos lineamientos como meramente indicativos.

1.5.1. Reseña histórica

Tener una plataforma de cómputo móvil ha sido uno de los anhelos más reiterados del cómputo; ya en 1975, antes de la aparición de todos los sistemas reseñados en la sección 1.4 (a excepción de la Altair 8800) IBM lanzó al mercado su primer computadora portátil: La IBM 5100, de 25 Kg de peso y con una pantalla de 5 pulgadas (equivalente a un teléfono celular grande del día de hoy). Esta computadora tuvo un éxito muy limitado en buena medida por su precio: 9 000 dólares en su configuración más básica la dejaban claramente fuera del alcance del mercado de los entusiastas de la época, y la incomodidad de su pequeña pantalla llevó al entorno corporativo a preferir seguir usando las minicomputadoras con terminales estándar para la época.

Este mercado también vio una importante convergencia, en este caso *desde abajo*: la miniautrización vivida en la década de los setenta fue, a fin de cuentas, iniciada por el CPU Intel 4004, diseñado expresamente para las calculadoras Busicom. Durante esa época nacieron las calculadoras portátiles. Éstas comenzaron implementando únicamente las operaciones aritméticas básicas, pero con el paso del tiempo aparecieron las *calculadoras científicas*, incluyendo operaciones trigonométricas. En 1974, Hewlett-Packard lanzó al mercado la HP-65 la primer calculadora de bolsillo plenamente programable.

Para 1984, ya ante la franca popularización de las aplicaciones ofimáticas, la empresa británica *Psion* lanzó la *Psion Organiser*, que se anunciaba como la primer computadora de bolsillo práctica del mundo: era vendida con reloj, calculadora, una base de datos sencilla, y cartuchos de expansión con aplicaciones ejemplo (ciencia, matemáticas y finanzas), además de un entorno de programación para que el usuario desarrollara sus propias aplicaciones.

Figura 1.6: Psion Organiser, anunciada como *la primer computadora de bolsillo práctica del mundo* en 1984. En la imagen, un dispositivo de su segunda generación (imagen de la Wikipedia: *Psion Organiser*).

El hardware del *Organiser* original era, claro está, muy limitado. Con sólo 4 KB de ROM y 2 KB de memoria no incluía un sistema operativo, y el lenguaje de programación disponible al usuario era meramente un ensamblador. No tener un sistema operativo significa que, en vez de hacer las *llamadas al sistema* necesarias para realizar transferencias (como se verá en la secc. 2.7 y en el cap. 7), el programador tenía que avanzar y transferir *byte por byte*. Dos años más tarde, la segunda generación del *Organiser* salió al mercado con un sistema operativo monotarea y mucho mayor espacio de almacenamiento. Varias generaciones más tarde, este sistema operativo es el que hacia 1998 se convirtió en *Symbian*, que fuera el dominante del mercado de celulares durante la mayor parte de la década del 2000.

Figura 1.7: Sharp ZQ-770, diseño bajo uno de los formatos de PDA (Asistente Personal Digital) más popularizados de la década de los noventa (imagen de la Wikipedia: *Sharp Wizard*).

Siguiendo los pasos del *Organiser*, muchas otras empresas fueron creando pequeños equipos con aproximadamente la misma funcionalidad básica (lista de contactos, notas y agenda) e interfaz usuario, definiendo el término de *Asistente Digital Personal* (*Personal Digital Assistant*, PDA). Hubo diferentes hitos durante la década de los noventa, aunque destaca particularmente la plataforma *Palm*. Esta fue la primera plataforma con éxito al incorporar una interfaz usuario táctil con escritura basada en reconocimiento de la letra (que era *trazada* por medio de una pluma especial, o *stylus*, en la pantalla).

El siguiente paso natural fue unir la funcionalidad del cada vez más popular teléfono celular con la del PDA. Ya desde 1996 se comercializaron equipos ofreciendo la funcionalidad integrada, y el término *smartphone* (*teléfono inteligente*) se empleó por primera vez en 1998. Como se verá en la sección 1.5.2, el reto de mantener la señalización estable significó que muchos de estos teléfonos resultaban en una suerte de *Frankenstein*, con dos *personalidades* claramente diferenciadas.

En el año 2007, Apple presentó su hoy icónico *iPhone*. Desde un punto de vista técnico, la principal innovación de este equipo fue una nueva interfaz gráfica denominada *multitouch* (*multitoque*), que permite al usuario interactuar directamente con sus dedos (por medio de toques combinados o *gestos* y ya no requiriendo de un *stylus*) e incluso de la inclinación del dispositivo. Y si bien el teléfono mismo no representó un salto en las capacidades del hardware, Apple logró diseñar una interfaz innovadora –como ya lo había hecho en 1984 con la Macintosh– que se convirtió rápidamente en estándar para todo un mercado.

Hasta este punto, prácticamente la totalidad de dispositivos en el segmento reconocido como móvil eran reconocibles por su tamaño: casi todos los disposi-

Figura 1.8: El *iPhone,* de Apple, introdujo la primera interfaz usuario *multitouch* y detonó la popularidad de los *teléfonos inteligentes* —y con ello, del cómputo móvil (imagen de la Wikipedia: *iPhone 2*).

tivos mencionados en esta sección están hechos para caber en el bolsillo de una camisa. Sin embargo, a este segmento deben agregarse las *tabletas*. La historia de su desarrollo y adopción se parecen a la aquí presentada respecto a la interfaz de los teléfonos inteligentes (e incluso, llevada más al extremo): Es posible encontrar antecedentes desde 1915,[1] numerosas descripciones literarias en la ciencia ficción a lo largo del siglo XX, y varias implementaciones funcionales desde inicios de la década de los noventa. Sin embargo, las tabletas parecieron por largos años estar destinadas a nunca conquistar al mercado, hasta el año 2010, en que Apple lanzó un equipo con la misma interfaz de su *iPhone* pero del tamaño de una computadora portátil estándar.

Todos los sistemas disponibles hoy en día, claro está, tienen muchísima mayor complejidad que la del *Psion Organizer*, y hay varias familias de sistemas operativos de uso frecuente; se describirán a continuación, y muy a grandes rasgos, sólo algunos de los sistemas en uso. En la presente sección se enumeran únicamente con su información general, y en la siguiente se mencionan algunas de sus características técnicas.

iOS El sistema operativo de Apple, y diseñado exclusivamente para el hardware producido por dicha compañía. Fue el primero en implementar la interfaz usuario *multitouch* y, en buena medida, se puede ver como el responsable de la explosión y universalización en el uso de dispositivos móviles. Al igual que el sistema operativo que emplean para sus equipos de escritorio, MacOS X, iOS está basado en el núcleo *Darwin,* derivado de FreeBSD, un sistema libre tipo Unix.

Android Diseñado por la compañía *Google,* basa la mayor parte de su operación en software libre (un núcleo Linux, máquina virtual Java, y muchas de las bibliotecas de sistema comunes en sistemas Linux), agregando una

---

[1]El registro de patente 1 117 184 de los Estados Unidos (Goldberg 1914) se refiere a una máquina para reconocer los caracteres escritos en una hoja.

capa de servicios propietarios. La estrategia de Google ha sido inversa a la de Apple: en vez de fabricar sus propios dispositivos, otorga licencias para el uso de este sistema operativo a prácticamente todos los fabricantes de hardware, con lo que la amplia mayoría de los modelos de teléfonos inteligentes y tabletas corren sobre Android.

Windows Phone Microsoft ofrece una versión de su sistema operativo, compatible en API con el Windows de escritorio, pero compilado para procesador ARM. Este sistema operativo no ha logrado conquistar gran popularidad, en claro contraste con su dominación en el cómputo *tradicional* de escritorio; el principal fabricante que vende equipos con *Windows Phone* es Nokia (que, después de haber sido la compañía líder en telefonía, fue adquirida por Microsoft mismo).

Symbian Si bien este sistema operativo ya está declarado como oficialmente muerto, su efecto en el desarrollo temprano del segmento fue fundamental, y no puede ser ignorado. Symbian fue la plataforma principal para Nokia en su época de gloria, así como para muchos otros fabricantes. Casi todas las empresas que antiguamente operaban con Symbian han mudado su oferta a sistemas Android.

Firefox OS La fundación Mozilla, responsable del navegador Firefox (y heredera del histórico Netscape) está intentando entrar al mercado móbil con este sistema, basado (al igual que Android) en el núcleo de Linux, pero orientado a ofrecer una interfaz de programación siguiendo completamente los estándares y lenguajes para uso en la Web. Esta plataforma hace una apuesta mucho más agresiva que las demás a un esquema de conexión permanente a la red de datos.

1.5.2. Características diferenciadoras

Resultará claro, a partir de los sistemas recién presentados, así como la gran mayoría de los sistemas operativos empleados para dispositivos móviles, que la diferenciación entre el segmento móvil y el cómputo tradicional *no está* en el sistema operativo mismo, sino en capas superiores. Sin embargo, la diferencia va mucho más allá de un cambio en la interfaz usuario; las características de estos dispositivos indudablemente determinan cuestiones de fondo. A continuación, se exponen algunas de las características más notorias.

Almacenamiento en estado sólido

La primer característica notoria al manipular un teléfono o una tableta es que ya no se hace con la noción de fragilidad que siempre acompañó al cómputo: los discos duros son dispositivos de altísima precisión mecánica, y un pequeño golpe puede significar su avería absoluta y definitiva. Los dispositivos móviles operan con almacenamiento en *estado sólido*, esto es, en componentes electrónicos sin partes móviles. La evolución y las características del almacenamiento en estado sólido serán cubiertas en la sección C.1.2.

Al estar principalmente orientados a este medio de almacenamiento, en líneas generales, los sistemas operativos móviles no emplean memoria virtual, tema que será cubierto en la sección 5.5. No pueden, por tanto, mantener en ejecución programas que excedan del espacio *real* de memoria con que cuente el sistema — y esto conlleva importantes consideraciones de diseño.

Multitarea, pero *monocontexto*

La forma de uso de las computadoras dio un salto cualitativo, tanto en el mundo corporativo hacia la década de los sesenta como en el personal hacia inicios de los noventa, con la introducción de sistemas con capacidades multitarea (véase la sección 1.3.3). Los usuarios se han acostumbrado a que sus equipos hagan muchas cosas (aparentemente) al mismo tiempo, y es ya una expectativa común el poder tener abierta una cantidad arbitraria, a veces incluso excesiva, de programas en ejecución, al grado de que prácticamente los usuarios promedio del cómputo reconocen perfectamente la *hiperpaginación* (que será descrita en la sección 5.5.5) por sus síntomas.

La popularización del cómputo móvil llevó, sin embargo, a una fuerte *reducción* en las expectativas de multitarea. Esto principalmente por dos razones; la primera es que, al carecer los dispositivos móviles de memoria virtual, la memoria disponible se vuelve nuevamente un bien escaso, y el sistema operativo se ve obligado a limitar al número de *procesos interactivos* en ejecución.[2]

Esta distinción también puede explicarse por el modelo de uso de estos dispositivos: comparadas con las pantallas de equipos de escritorio, donde las pantallas más frecuentemente utilizadas son de 17 pulgadas,[3] los teléfonos van en general de las 3.5 a las 5 pulgadas. Una interfaz usuario diseñada para un tipo de pantalla no puede resultar satisfactoria en el otro.

Las interfaces usuario empleadas por los sistemas móviles abandonan el modelo de interacción WIMP presentado en la sección 1.4.4, así como la *metáfora del escritorio*, para volver a la de un sólo programa visible en todo momento.

Al buscar satisfacer las necesidades de un mercado mucho más amplio y mucho menos versado en los detalles del cómputo, todas estas interfaces conllevan importante simplificaciones. Una de las más notorias es que los usuarios

---

[2]Formalmente, no es el sistema operativo mismo, sino que el *software de sistema*, que monitorea el uso y rendimiento, y toma decisiones a más alto nivel. En todas las plataformas mencionadas, hay una fuerte distinción entre los programas que operan como *servicios* y se mantienen activos en el fondo y aquellos que operan en primer plano, con interfaz gráfica e interacción directa con el usuario.

[3]La medida más habitual para las pantallas indica las pulgadas que miden *en diagonal*. Tras muchos años en que la relación de dimensión vertical contra horizontal o *aspecto* de las pantallas fuera de 3:4, este formato se ha ido reemplazando por el de 9:16, por lo que la medida en pulgadas por sí sola ahora lleva una carga de ambigüedad.

ya no solicitan la finalización de un programa: los programas van siendo lanzados (y utilizados uno por uno), y *si caben en memoria* son mantenidos abiertos para evitar las demoras de volver a inicializar. El sistema define políticas por medio de las cuales estos programas serán finalizados y *evacuados* de la memoria al llegar a determinados umbrales.

Consumo eléctrico

Una de las áreas en que más visible ha sido el desarrollo cualitativo durante los últimos años es la optimización del consumo eléctrico de los equipos de cómputo. Y si bien no puede negarse la importancia del ahorro eléctrico en las oficinas y centros de datos, donde el trabajo diario cada vez depende más del cómputo, tampoco puede ignorarse la importancia de popularización de las computadoras portátiles. Y agregando algunos patrones particulares a estos dispositivos, la popularización del cómputo móvil ha llevado a una verdadera revolución en este aspecto.

El ahorro del consumo eléctrico tiene dos principales vertientes: por un lado, el desarrollo de hardware más eficiente energéticamente, con independencia del modo en que opere y, por el otro, la creación de mecanismos por medio de los cuales un equipo de cómputo pueda detectar cambios en el patrón de actividad (o el operador pueda indicarle un cambio en la respuesta esperada), y éste reaccione reduciendo su demanda (lo cual típicamente se obtiene reduciendo la velocidad de ciertos componentes del equipo).

El primer esquema de ahorro de energía con amplio soporte, tanto por parte de hardware de diversos fabricantes, como de prácticamente todos los sistemas operativos ampliamente utilizado, fue APM (*Advanced Power Management*, Gestión Avanzada de la Energía). Pasado cierto tiempo, fue reemplazado por ACPI (*Advanced Configuration and Power Interface*, Interfaz Avanzada de Configuración y Energía); la principal diferencia entre ambas es que, mientras que bajo APM los diferentes niveles de energía se implementaban en el *firmware* de la computadora o cada uno de sus dispositivos, en ACPI la responsabilidad recae en el sistema operativo; esto brinda mucho mayor flexibilidad a la implementación, a cambio de una mayor complejidad para los desarrolladores.

Pero la verdadera diferencia en el tema que esta sección aborda es la frecuencia de los cambios de estado: un servidor o computadora de escritorio tiene sólo un *evento* constante (el ajuste de frecuencia del procesador dependiendo de la carga, potencialmente hasta decenas de veces por segundo); una computadora portátil debe adoptar diferentes *perfiles* dependiendo de si está conectada a la red eléctrica u operando por batería, o si tiene la *tapa* (pantalla) abierta o cerrada. Los usuarios de computadoras portátiles típicamente buscan trabajar conectados a la red eléctrica tanto como sea posible, dado que es *vox populi* que esto mejorará la vida útil de su batería. Y si bien estos cambios de entorno se presentan (y guardan una innegable complejidad), su ocurrencia es muy baja.

En el cómputo móvil, los eventos son muchos y muy distintos. En primer lugar, los dispositivos móviles operan bajo una filosofía de *siempre encendido*: A pesar de que el usuario no esté atento a su dispositivo, éste tiene que estar encendido y al pendiente del entorno —algunos ejemplos casi obvios:

- En caso de entrar una llamada telefónica, tiene que responder inmediatamente alertando al usuario. La interfaz usuario del teléfono puede parecer apagada, pero su lógica (y en particular su señalización a las distintas redes a las que está conectado) se mantiene activa.

- El equipo tiene que estar siempre alerta a las condiciones cambiantes de red (tanto telefónica como de datos), midiendo la señal de las antenas celulares más cercanas; mantenerse asociado a una antena remota requiere más energía que a una cercana.

- Dado que estos equipos están diseñados para *moverse* junto con el usuario, convirtiéndose en un asistente o una extensión para sus actividades diarias, optimizan su funcionamiento para operar como norma desde su batería, no conectados a la red eléctrica. Valga en este caso la comparación: un teléfono que brinde menos de un día de *operación autónoma* sería sin duda evaluado como extremadamente incómodo e impráctico, en tanto una computadora portátil se considera muy eficiente si permite la operación autónoma por seis horas.

El ahorro de energía que permite estos patrones de uso no sólo se debe al hardware cada vez más eficiente que emplean los dispositivos móviles, sino que a una programación de las aplicaciones en que los desarrolladores explícitamente buscan patrones eficientes, fácil *suspensión,* y minimizando la necesidad de *despertar* al hardware.

Entorno cambiante

Los centros de datos, las computadoras de escritorio, e incluso las portátiles tienen una forma de operación bastante estable: durante el transcurso de una sesión de trabajo (e incluso durante la vida entera del equipo, en el caso de los servidores) su visión del mundo no está sujeta a mayores cambios. Un usuario puede mantener por largos periodos su *configuración de consumo energético.* Las interfaces y direcciones de red son típicamente estables, y si hubiera un problema de señal, la reparación o reubicación se haría en la infraestructura de red, no en el equipo cliente. El formato de la pantalla, claro está, es también estable.

Uno de los cambios más difíciles de implementar en el software del sistema fue precisamente el de brindar la plasticidad necesaria en estos diferentes aspectos: el dispositivo móvil debe ser más enérgico en sus cambios de perfil de energía, respondiendo a un entorno cambiante. Puede aumentar o disminuir la luminosidad de la pantalla dependiendo de la luminosidad circundante, o desactivar determinada funcionalidad si está ya en niveles críticos de carga. Con respecto a la red, debe poder aprovechar las conexiones fugaces mientras el usuario se desplaza, iniciando eventos como el de *sincronización*. Y encargándose de detener (tan limpiamente como sea posible) los procesos que van dejando de responder. Por último, claro, la interfaz usuario: los dispositivos móviles no tienen una orientación # única natural, como sí la tienen las computadoras. Las interfaces usuario deben pensarse para que se puedan *reconfigurar* ágilmente ante la rotación de la pantalla.

El *jardín amurallado*

Una consecuencia indirecta (y no técnica) del nacimiento de las plataformas móviles es la popularización de un modelo de distribución de software conocido como *jardín amurallado* o, lo que es lo mismo, una *plataforma cerrada*.

Partiendo de que los teléfonos inteligentes, en un primer momento, y las tabletas y dispositivos similares posteriormente, buscan satisfacer un mercado mucho mayor al de los entusiastas del cómputo,[4] Apple anunció en julio del 2008 (un año después del lanzamiento del iPhone) su tienda de aplicaciones o *app store*. La peculiaridad de ésta con relación al modelo de cómputo que ha imperado históricamente es que, si bien cualquier desarrollador puede crear una aplicación y enviarla, Apple se reserva el derecho de aprobarla, o eliminarla en cualquier momento. Esto es, este modelo le permite erigirse en juez, determinando qué puede o no ejecutar un usuario.

Este mismo modelo fue adoptado por Google para su sistema Android, en un principio bajo el nombre *Mercado Android*, y desde el 2012 como *Google Play*. Microsoft hizo lo propio con su *Windows Phone Store*.

Este modelo de autorización y distribución de software, sin embargo, rompe con lo que Jonathan Zittrain (2008) define como la *generatividad* de los equipos de cómputo y de la red en general. Para ampliar el debate en este entido, el libro de Zittrain se ha vuelto referencia obligada, y está disponible completo en línea.

1.6. Seguridad informática

No puede perderse de vista la importancia de la *seguridad informática*. Puede verse el efecto de este concepto en prácticamente todos los componentes que conforman a un sistema operativo. Para no ir más lejos, las funciones principales presentadas en la sección 1.2 cruzan necesariamente por criterios de seguridad. Algunas consideraciones podrían ser, por ejemplo:

---

[4]Y también como respuesta a que algunos usuarios encontraron cómo romper la protección y poder desarrollar e instalar aplicaciones extraoficiales en esta plataforma, diseñada originalmente para sólo correr software de Apple.

Abstracción El sistema operativo debe asegurarse no sólo de proveer las abstracciones necesarias, sino también de que ninguno de sus usuarios pueda *evadir* dichas abstracciones. Por ejemplo, el que un usuario tenga derecho a modificar un archivo que esté alojado en determinada unidad de disco, no debe poder escribir *directamente* al disco; su acceso debe estar limitado a la interfaz que el sistema le ofrece.

Administración de recursos Si el sistema operativo definió determinada política de asignación de recursos, debe evitar que el usuario exceda las asignaciones aceptables, sea en el curso de su uso normal, o incluso ante patrones de uso *oportunista* — Esto es, conociendo los mecanismos y políticas, un usuario no debe poder lograr que el sistema le permite el uso por encima de lo definido.

Aislamiento Si el sistema operativo ofrece separación entre los datos, procesos y recursos de sus distintos usuarios, ninguno de ellos debe –accidental o intencionalmente– tener acceso a la información que otro haya marcado como privada. Además, retomando el inciso anterior, ninguno de los usuarios debe poder lograr que, por sus acciones, el sistema *penalice* a otros más allá de lo que la política de asignación de recursos estipule.

Claro está, estos tres incisos son presentados únicamente como ejemplo; a lo largo de la obra se presentarán varios casos relacionados con los distintos temas que se abordan.

Naturalmente, todo problema que se plantee relativo a la seguridad informática puede ser abordado (por lo menos) desde dos puntos de vista antagonistas: el de la *protección*, que busca definir y proteger los aspectos en que intervenga la seguridad para un problema dado, y el del *ataque*, que busca las debilidades o *vulnerabilidades* en determinada implementación de un esquema de seguridad que permitan, a quien las conozca, violar los límites que el administrador del sistema busca imponerle. Y claro, si bien el tipo de análisis para estos puntos de vista es muy distinto, comprender ambos resulta no únicamente legítimo sino necesario para una formación profesional completa.

Todas las áreas que aborda la presente obra tienen aspectos que pueden analizarse desde la seguridad informática, y más que dedicar un capítulo en particular a este tema, la apuesta es por abordar la seguridad de forma transversal.

1.6.1. Código malicioso

Los sistemas operativos, al igual que todo programa de cómputo, presentan imperfecciones, errores u omisiones, tanto en su diseño como en su implementación. El *código malicioso* (también conocido como *malware*) consiste en programas diseñados para *aprovechar* dichas *vulnerabilidades* para adquirir privilegios de ejecución o acceso a datos que de otro modo no habrían logrado.

Si la vulnerabilidad que aprovecha el código malicioso es resultado de un error en la implementación, el desarrollador del sistema operativo típicamente podrá corregirla y poner esta corrección (coloquialmente denominada *parche*) a disposición de los usuarios; en los sistemas operativos modernos, la instalación de estas correcciones se efectúa de forma automatizada. Por otro lado, si la vulnerabilidad es consecuencia de una debilidad en el *diseño*, su corrección puede ser mucho más compleja, incluso puede ser imposible de resolver, como el caso presentado en la sección 5.6.1.[5]

Cabe mencionar que una gran cantidad de código malicioso ataca a una capa particularmente débil de todo sistema de cómputo: al usuario. Un aspecto frecuente (y de muy difícil solución) de estos programas es que *engañan* al usuario presentándose como código legítimo, y si éste reacciona como el código malicioso busca, le permitirá la ejecución en el sistema con sus privilegios.

El código malicioso tiende a agruparse y clasificarse de acuerdo a su comportamiento, particularmente de cara al usuario: *virus, gusanos, caballos de troya, exploits*, y muchos más. Sin embargo, y dado que sus diferencias radican particularmente en sus múltiples comportamientos *ante el usuario* o *como programa en ejecución* (y se comportan en líneas generales del mismo modo ante el sistema operativo), se determinó que entrar en detalles al respecto resultaría fuera del ámbito de la presente obra.

1.7. Organización de los sistemas operativos

La complejidad del tema de los sistemas operativos requiere que se haga de una forma modular. En este texto no se busca enseñar cómo se usa un determinado sistema operativo, ni siquiera comparar el uso de uno con otro (fuera de hacerlo con fines de explicar diferentes implementaciones).

En el nivel que se estudiará, un sistema operativo es más bien un gran programa, que ejecuta otros programas y les provee un conjunto de interfaces para que puedan aprovechar los recursos de cómputo. Hay dos formas primarias de organización *interna* del sistema operativo: los sistemas monolíticos y los sistemas microkernel. Y si bien no se puede marcar una línea clara a rajatabla que indique en qué clasificiación cae cada sistema, no es difícil encontrar líneas bases.

Monolíticos La mayor parte de los sistemas operativos históricamente han sido *monolíticos*: esto significa que hay un sólo *proceso privilegiado* (justa-

---

[5]El caso de los desbordamientos de buffer no se debe directamente al diseño de uno de los sistemas operativos en particular. Su existencia, así como su presencia generalizada por más de 40 años después de haberse descrito, puede explicarse por la imposibilidad de resolverse este problema sin el consumo reiterado de recursos de cómputo con operaciones demasiado frecuentes. En este caso en particular, el desbordamiento puede evitarse únicamente usando lenguajes con gestión automática de memoria, mucho más lentos que los lenguajes de bajo nivel, o concientizando a los desarrolladores de las prácticas responsables de programación.

mente el sistema operativo) que opera en modo supervisor, y dentro del cual se encuentran todas las rutinas para las diversas tareas que realiza el sistema operativo.

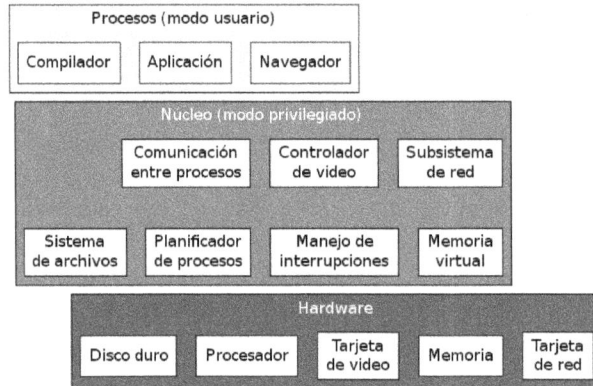

Figura 1.9: Esquematización de los componentes en un sistema monolítico.

Microkernel El núcleo del sistema operativo se mantiene en el mínimo posible de funcionalidad, descargando en *procesos especiales sin privilegios* las tareas que implementan el acceso a dispositivos y las diversas políticas de uso del sistema.

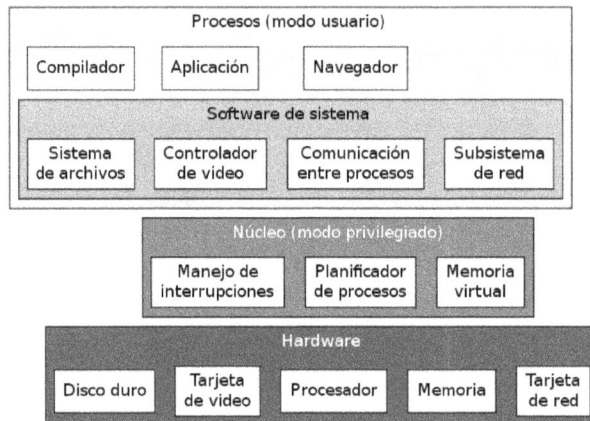

Figura 1.10: Esquematización de los componentes en un sistema microkernel.

La principal ventaja de diseñar un sistema siguiendo un esquema monolítico es la simplificación de una gran cantidad de mecanismos de comunicación, que lleva a una mayor velocidad de ejecución (al requerir menos cambios de contexto para cualquier operación realizada). Además, al manejarse la comunicación directa como paso de estructuras en memoria, el mayor acoplamiento permite más flexibilidad al adecuarse para nuevos requisitos (al no tener que modificar no sólo al núcleo y a los procesos especiales, sino también la interfaz pública entre ellos).

Por otro lado, los sistemas microkernel siguen esquemas lógicos más limpios, permiten implementaciones más elegantes y facilitan la comprensión por separado de cada una de sus piezas. Pueden *auto-repararse* con mayor facilidad, dado que en caso de fallar uno de los componentes (por más que parezca ser de muy bajo nivel), el núcleo puede reiniciarlo o incluso reemplazarlo.

Sistemas con concepciones híbridas No se puede hablar de concepciones únicas ni de verdades absolutas. A lo largo del libro se verán ejemplos de *concepciones híbridas* en este sentido: sistemas que son mayormente monolíticos pero que manejan algunos procesos que parecerían centrales mediante de procesos de nivel usuario como los microkernel (por ejemplo, los sistemas de archivos en espacio de usuario, FUSE, en Linux).

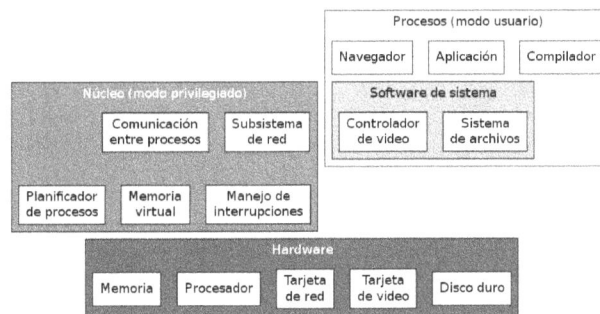

Figura 1.11: Esquematización de los componentes en un sistema híbrido.

1.8. Ejercicios

1.8.1. Preguntas de autoevaluación

1. ¿En qué se diferencia la multitarea apropiativa de la cooperativa? Para todas las opciones, léase: "A diferencia de la multitarea cooperativa, la apropiativa..." (Seleccione al menos una respuesta.)

    a) Es inmune a que un cálculo demasiado largo o un ciclo infinito dejen a la computadora efectivamente congelada.

    b) Es la más utilizada hoy en día.

    c) Ocurre sólo cuando el proceso hace una llamada al sistema.

d) Se emplea principalmente en sistemas multiusuario.

e) Requiere apoyo de hardware.

2. Un sistema operativo ofrece una serie de recursos o características principales, tanto a sus usuarios como a sus programadores. Estos pueden agruparse en *aislamiento*, *administración de recursos* y *abstracción*.

   De las siguientes afirmaciones, ¿cuál responde a cada uno de dichos conceptos, y cuál no corresponde a una función del sistema operativo?

   - Instrumentar políticas que repartan la atención del sistema de forma efectiva y acorde a las necesidades establecidas entre los diferentes procesos o usuarios.

   - Cada proceso y cada usuario no tendrán que preocuparse por otros que estén usando el mismo sistema; idealmente, su experiencia será la misma que si el sistema estuviera exclusivamente dedicado a su atención. Requiere que el sistema operativo cuente con ayuda del hardware.

   - Presentar una interfaz consistente al usuario (puede ser gráfica o textual), eliminando las diferencias que provendrían de manejar distintos tipos de hardware.

   - Los programadores no deben tener que preocuparse de los detalles del acceso a hardware, o de la configuración particular de una computadora. El programador debe poder enfocarse en resolver los problemas o necesidades particulares de sus usuarios.

3. Algunos dispositivos requieren de bloqueo para garantizar a un programa su acceso exclusivo. ¿Cuáles de los siguientes entrarían en ese supuesto?

   a) Teclado.

   b) Unidad de cinta.

   c) Discos.

   d) Impresora.

4. Un programa típicamente pasa por varias etapas en su ejecución, algunas de las cuales están limitadas por el procesador, mientras que las otras lo están por la entrada/salida. Los componentes del sistema que están ocupados en cada caso son distintos.

   ¿Qué tipo de sistemas nacieron para responder a esta necesidad?

5. Se presentó que los sistemas microkernel se basan en la simplificación de los mecanismos de comunicación y un esquema más claro de comunicación entre componentes. Sin embargo, los sistemas monolíticos siempre

fueron más simples de implementar, razón por la cual muchos sistemas microkernel se han reducido a ejercicios académicos. Explique esta tensión.

6. De los sistemas operativos ampliamente utilizados que conozca, averigüe cuáles son microkernel y cuáles son monolíticos.

7. Los sistemas operativos empleados para dispositivos móviles son los mismos que los que utilizan las computadoras personales, sin embargo, hay áreas particulares, como la interfaz al usuario o el manejo de la energía, que son claramente distintos: ¿cómo puede verse la influencia en el sentido inverso? Esto es, ¿qué tanto ha influido la popularización de los dispositivos móviles en el camino de los sistemas operativos en general?

1.8.2. Lecturas relacionadas

- Fernando J. Corbató (2007). «ACM Turing Award Lectures». En: New York, NY, USA: ACM. Cap. On Building Systems That Will Fail. ISBN: 978-1-4503-1049-9. DOI: `10.1145/1283920.1283947`. URL: `http://doi.acm.org/10.1145/1283920.1283947`

- R. Bjork (2000). URL: `http://cs.gordon.edu/courses/cs322/lectures/history.html`

- Michael Kerrisk (2013). *Making EPERM friendlier.* URL: `http://lwn.net/Articles/532771/` explica algunas de las limitantes de la semántica POSIX como la falta de granularidad en el reporte de mensajes de error (EPERM) y `errno` global por hilo.

- Joel Spolsky (2003). *Biculturalism.* URL: `http://www.joelonsoftware.com/articles/Biculturalism.html`

- Jonathan Zittrain (2008). *The future of the Internet and how to stop it.* Yale University Press. URL: `http://futureoftheinternet.org/`

Capítulo 2

Relación con el hardware

2.1. Introducción

Todos los sistemas de cómputo están compuestos por al menos una unidad de proceso junto con dispositivos que permiten ingresar datos (teclado, mouse, micrófono, etc.) y otros que permiten obtener resultados (pantalla, impresora, parlantes, etc.). Como se vio anteriormente, una de las funciones del sistema operativo es la de abstraer el hardware de la computadora y presentar al usuario una versión unificada y simplificada de los dispositivos. En este capítulo se verá la relación que mantiene el sistema operativo con el hardware, las funciones que cumplen y algunas abstracciones comunes utilizadas en sistemas operativos modernos.

2.2. Unidad de procesamiento

Es la parte fundamental de todo sistema de cómputo. Esta es la encargada de ejecutar tanto los programas del usuario como el sistema operativo en sí mismo. La funciones del sistema operativo respecto a la unidad de procesamiento son:

Inicialización Luego de ser cargado el sistema operativo debe realizar varias tareas de inicialización como habilitar las interrupciones de hardware y software (excepciones y trampas), configurar el sistema de memoria virtual (paginación, segmentación), etcétera.

Atender las interrupciones y excepciones Como se verá más adelante, la unidad de procesamiento puede encontrar una situación que no puede resolver por sí misma (una instrucción o dirección inválida, una división por cero, etc.), ante lo cual le pasa el control al sistema operativo para que éste trate o resuelva la situación.

Multiplexación En un sistema multiproceso, el sistema operativo es el encargado de administrar la unidad de procesamiento dando la ilusión a los procesos que están ejecutando de forma exclusiva.

2.2.1. Jerarquía de almacenamiento

Las computadoras que siguen la arquitectura *von Neumann*, esto es, prácticamente la totalidad hoy en día,[1] podrían resumir su operación general a alimentar a una *unidad de proceso* (CPU) con los datos e instrucciones almacenados en *memoria*, que pueden incluir llamadas a servicio (y respuestas a eventos) originados en medios externos.

Una computadora von Neumann significa básicamente que es una computadora de *programa almacenado en la memoria primaria* — esto es, se usa el mismo almacenamiento para el programa que está siendo ejecutado y para sus datos, sirviéndose de un *registro* especial para indicar al CPU cuál es la dirección en memoria de la siguiente instrucción a ejecutar.

La arquitectura von Neumann fue planteada, obviamente, sin considerar la posterior diferencia entre la velocidad que adquiriría el CPU y la memoria. En 1977, John Backus presentó al recibir el premio Turing un artículo describiendo el *cuello de botella de von Neumann*. Los procesadores son cada vez más rápidos (se logró un aumento de 1 000 veces tanto entre 1975 y 2000 tan sólo en el reloj del sistema), pero la memoria aumentó su velocidad a un ritmo mucho menor; aproximadamente un factor de 50 para la tecnología en un nivel costo-beneficio suficiente para usarse como memoria primaria.

Una respuesta parcial a este problema es la creación de una jerarquía de almacenamiento, yendo de una pequeña área de memoria mucho más cara pero extremadamente rápida y hasta un gran espacio de memoria muy económica, aunque mucho más lenta, como lo ilustran la figura 2.1 y el cuadro 2.1. En particular, la relación entre las capas superiores está administrada por hardware especializado de modo que su existencia resulta transparente al programador.

Ahora bien, aunque la relación entre estos medios de almacenamiento puede parecer natural, para una computadora tiene una realidad completamente distinta: los registros son parte integral del procesador, y la memoria está a sólo un paso de distancia (el procesador puede referirse a ella directamente, de forma transparente, indicando la dirección desde un programa). Para efectos prácticos, el caché no se maneja explícitcamente: el procesador no hace referencia directa a él, sino que es manejado por los controladores de acceso a memoria. Y por último, el acceso o modificación de cualquier dato almacenado en disco requiere en primer término de la transferencia a la memoria, y sólamente

---

[1] Algunos argumentarán que muchas de las computadoras en uso hoy en día siguen la arquitectura *Harvard modificada*, dado que empleando distintos bancos de memoria caché, un procesador puede, tanto referirse a la siguiente instrucción, como iniciar una transferencia de memoria primaria. Esta distinción no tiene mayor relevancia para este tema, la referencia se incluye únicamente por no llevar a confusión.

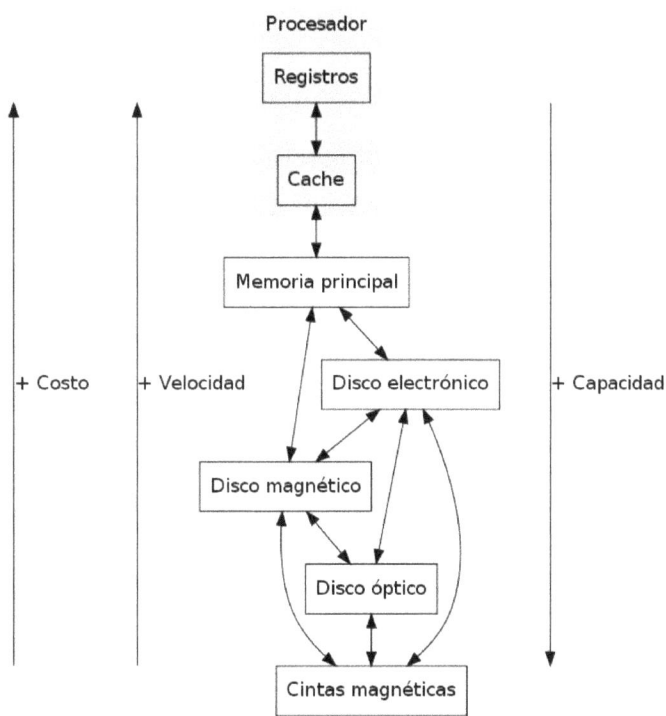

Figura 2.1: Jerarquía de memoria entre diversos medios de almacenamiento.

cuando ésta haya finalizado, el llamado a las rutinas que son presentadas en la sección 2.4, y analizadas en los capítulos 6 y 7.

Como se verá, el sistema operativo es el encargado de mantener la información almacenada en todos estos tipos de memoria de forma consistente, y de realizar las transferencias entre unas y otras.

Registros

La memoria más rápida de la computadora son los *registros*, ubicados en cada uno de los núcleos de cada CPU. Las arquitecturas tipo RISC (Reduced Instruction Set Computer) sólo permiten la ejecución de instrucciones entre registros (excepto, claro, las de carga y almacenamiento a memoria primaria).

Los primeros CPU trabajaban con pocos registros, muchos de ellos de propósito específico, se regían más bien con una lógica de *registro acumulador*. Por ejemplo, el MOS 6502 (en el cual se basaron las principales computadoras de ocho bits) tenía un acumulador de ocho bits (A), dos registros índice de ocho bits (X e Y), un registro de estado del procesador de ocho bits (P), un apuntador al *stack* de ocho bits (S), y un apuntador al programa de 16 bits (PC). El otro

Cuadro 2.1: Velocidad y gestor de los principales niveles de memoria (Silberschatz, Galvin y Gagne 2010, p.28).

Nivel	1	2	3	4
NOMBRE	Registros	Cache	Memoria	Disco
TAMAÑO	<1 KB	<16 MB	<64 GB	>100 GB
TECNOLOGÍA	Multipuerto, CMOS	CMOS SRAM	CMOS DRAM	Magnética
ACCESO (NS)	0.25-0.5	0.5-25	80-250	5 000 000
TRANSFERENCIA	20-100 GB /s	5-10 GB /s	1-5 GB /s	20-150 MB /s
GESTIONADO POR	Compilador	Hardware	Sistema Operativo	Sistema Operativo
RESPALDADO EN	Cache	Memoria	Disco	CD, cinta

gran procesador de su era, el Zilog Z80, tenía 14 registros (tres de ocho bits y el resto de 16), pero sólo uno era un acumulador de propósito general.

El procesador Intel 8088, en el cual se basó la primer generación de la arquitectura PC, ofrecía cuatro registros de uso *casi* general. En los ochenta comenzaron a producirse los primeros procesadores tipo RISC, muchos de los cuales ofrecían 32 registros, todos ellos de propósito general.

El compilador[2] busca realizar muchas operaciones que deben ocurrir reiteradamente, donde la rapidez es fundamental, con sus operadores cargados en los registros. El estado del CPU a cada momento está determinado por el contenido de los registros. El contenido de la memoria, obviamente, debe estar sincronizado con lo que ocurre dentro de éste — pero el estado actual del CPU, lo que está haciendo, las indicaciones respecto a las operaciones recién realizadas que se deben entregar al programa en ejecución, están todas representadas en los registros. Se debe mantener esto en mente cuando posteriormente se habla de todas las situaciones en que el flujo de ejecución debe ser quitado de un proceso y entregado a otro.

La relación de la computadora y del sistema operativo con la memoria principal será abordada en el capítulo 5.

2.2.2. Interrupciones y excepciones

La ejecución de los procesos podría seguir siempre linealmente, atendiendo a las instrucciones de los programas tal como fueron escritas, pero en el modelo de uso de cómputo actual, eso no serviría de mucho: para que un proceso acepte interacción, su ejecución debe poder responder a los *eventos* que ocurran

[2]A veces asistido por instrucciones explíticas por parte del programador, pero muchas veces como resultado del análisis del código.

Registros de propósito general

AH	AL	AX (Acumulador)
BH	BL	BX (Base)
CH	CL	CX (Contador)
DH	DL	DX (Datos)

Registros índices

	SI	Source Index (Índice origen)
	DI	Destination Index (Índice Destino)
BP		Base Pointer (Puntero Base)
SP		Stack Pointer (Puntero de Pila)

Registro de Bandera

- - - - O D I T S Z - A - P - C	Flags (Banderas)

Registros de Segmentos

CS	Code Segment (Segmento de Código)
DS	Data Segment (Segmento de Datos)
ES	ExtraSegment (Segmento Extra)
SS	Stack Segment (Segmento de Pila)

Registro apuntador de instrucciones

IP	Instruction Pointer

Figura 2.2: Ejemplo de registros: Intel 8086/8088 (imagen de la Wikipedia: *Intel 8086 y 8088*).

alrededor del sistema. Y los eventos son manejados mediante las *interrupciones* y *excepciones* (o *trampas*).

Cuando ocurre algún evento que requiera la atención del sistema operativo, el hardware encargado de procesarlo escribe directamente a una ubicación predeterminada de memoria la naturaleza de la solicitud (el *vector de interrupción*) y, levantando una solicitud de interrupción, *detiene* el proceso que estaba siendo ejecutado. El sistema operativo entonces ejecuta su *rutina de manejo de interrupciones* (típicamente comienza grabando el estado de los registros del CPU y otra información relativa al estado del proceso desplazado) y posteriormente la atiende.

Las interrupciones pueden organizarse por *prioridades*, de modo que una interrupción de menor jerarquía no interrumpa a una más importante, dado que las interrupciones muchas veces indican que hay datos disponibles en algún buffer, el no atenderlas a tiempo podría llevar a la pérdida de datos.

Hay un número limitado de interrupciones definidas para cada arquitectura, mucho más limitado que el número de dispositivos que tiene un equipo de cómputo actual. Las interrupciones son, por tanto, generadas *por el controlador del canal* en que son producidas. Si bien esto resuelve la escasez de interrupciones, dificulta su priorización –con canales de uso tan variado como el USB (*Universal Serial Bus*, Canal Serial Universal),[3] una interrupción puede indicar que hay desde un *teclazo* para ser leído hasta un paquete de red esperando a ser

---

[3] Algunas arquitecturas, particularmente de sistemas embebidos y por un criterio altamente económico, están estructuradas íntegramente alrededor de un bus USB.

procesado– y si bien demorar la atención al primero no llevaría a una pérdida notable de información, no atender el paquete de red sí.

El sistema operativo puede elegir ignorar (*enmascarar*) ciertas interrupciones, pero hay algunas que son *no enmascarables*.

Se hace la distinción entre interrupciones y excepciones según su origen: una interrupción es generada por causas externas al sistema (un dispositivo requiere atención), mientras que una excepción es un evento generado por un proceso (una condición en el proceso que requiere la intervención del sistema operativo). Si bien hay distinciones sutiles entre interrupciones, trampas y excepciones, en el nivel de discusión que se abordará basta con esta distinción.

Los eventos pueden ser, como ya se mencionó, indicadores de que hay algún dispositivo requiriendo atención, pero pueden también provenir del mismo sistema, como una *alarma* o *temporizador* (que se emplea para obligar a todo programa a entregar el control en un sistema multitareas) o indicando una condición de error (por ejemplo, una división sobre cero o un error leyendo de disco).

Las funciones del sistema operativo respecto a las interrupciones son:

Administrar el hardware manejador de interrupciones Esto incluye el enmascarado y desenmascarado de las interrupciones, asignar y configurar interrupciones a cada dispositivo, notificar al manejador cuando la interrupción ya ha sido atendida, etcétera.

Abstraer las interrupciones El sistema operativo oculta a los programas de usuario que ocurren interrupciones de hardware ya que éstas son dependientes de la arquitectura del procesador. En cambio el sistema operativo lo comunica de una forma unificada por medio de distintos mecanismos, por ejemplo mensajes o señales o deteniendo el proceso que espera la acción relacionada con una interrupción y continuando su ejecución cuando ésta ocurre.

Punto de entrada al sistema operativo Como se verá más adelante (sección 2.7), muchos procesadores y sistemas operativos utilizan las interrupciones como medio por el cual un proceso de usuario realiza una llamada al sistema. Por ejemplo, en Linux para arquitecturas x86 el programa de usuario genera la interrupción 0x80 para iniciar una llamada al sistema. En arquitecturas más recientes como x86_64, MIPS y ARM esto ha sido reemplazado por una instrucción especial `syscall`.

Atender excepciones y fallas Como se discutió antes, durante la ejecución de un programa pueden ocurrir situaciones anómalas, como por ejemplo, una división sobre cero. Desde el punto de vista del CPU, esto es similar a una interrupción de hardware y debe ser tratada por el sistema operativo. Dependiendo de la causa de la excepción, el sistema operativo tomará acción para resolver en lo posible esta situación. En muchos casos las excepciones resultan en una señal enviada al proceso, y este último es el encargado de tratar la excepción. En otros casos la falla o excepción son irrecuperables (una instrucción inválida o un error de bus) ante la cual el sistema operativo terminará el proceso que la generó. En el capítulo 5 se cubre con mucho mayor detalle un tipo de excepción muy importante que debe tratar el sistema operativo: el fallo de paginación.

2.3. Las terminales

Son dispositivos electrónicos utilizados para ingresar datos y emitir resultados dentro de un sistema de cómputo. Las primeras terminales, también llamadas *teletipos*, utilizaban tarjetas perforadas e impresiones en papel. Debido a su limitada velocidad e imposibilidad de "editar" el papel ya impreso, éstas fueron cediendo terreno ante la entrada, a principios de los setenta, de las terminales de texto con pantalla de video y teclado.

Conceptualmente, una terminal de texto es un dispositivo mediante el cual la computadora recibe y envía un flujo de caracteres desde y hacia el usuario, respectivamente. Las operaciones más complejas, como edición, borrado y movimiento, en general son tratadas con *secuencias de escape*, esto es, una serie de caracteres simples que tomados en conjunto representan una acción a realizar en la terminal.

Durante la década de los setenta también se desarrollaron terminales gráficas, las cuales podían representar imágenes junto con el texto. Con la inclusión del ratón o *mouse* estas terminales dieron lugar a lo que hoy se conoce como Interfaz Gráfica de Usuario (*Graphical User Interface* o GUI y a los sistemas de ventana.

En los sistemas operativos modernos es común referirse al *emulador de terminal*, un programa especializado, ya sea para tener múltiples instancias de una terminal, o para ejecutar una terminal de texto dentro de una interfaz gráfica. Estos programas se denominan de esta forma dado que sólo replican el comportamiento de las terminales (que eran originalmente equipos independientes), siendo únicamente un programa que recibe la entrada del usuario por medio del teclado enviándola al sistema operativo como un flujo de datos, y recibe otro flujo de datos del sistema operativo, presentándolo de forma adecuada al usuario.

2.4. Dispositivos de almacenamiento

El almacenamiento en memoria primaria es *volátil*, esto es, se pierde al interrumpirse el suministro eléctrico. Esto no era muy importante en la época definitoria de los conceptos que se presentan en esta sección, dado que el tiempo total de vida de un conjunto de datos en almacenamiento bajo el control del procesador iba únicamente desde la entrada y hasta el fin de la ejecución del trabajo del usuario. Pero desde la década de los sesenta se popularizó la posibilidad de almacenar en la computadora información *a largo plazo* y con expectativas razonables de permanencia.

De las muchas tecnologías de almacenamiento, la que ha dominado fuertemente durante los últimos 40 años ha sido la de los discos magnéticos.[4] El acceso a disco (miles de veces más lento que el acceso a memoria) no es realizado directamente por el procesador, sino que requiere de la comunicación con controladores externos, con lógica propia, que podrían ser vistos como computadoras independientes de propósito limitado.

El procesador no puede referirse directamente a más información que la que forma parte del almacenamiento primario, esto es, de la memoria de acceso aleatorio (RAM). En las secciones 2.2.2 (*Interrupciones y excepciones*) y 2.6.2 (*Acceso directo a memoria*), se explica cómo es que se efectúan dichas referencias.

Los dispositivos de almacenamiento (discos, memorias *flash*, cintas) pueden ser vistos como una región donde la computadora lee y escribe una serie de bytes que preservarán su valor, incluso luego de apagada la computadora.

Para el hardware el sistema operativo no accede al dispositivo de almacenamiento byte por byte, sino que éstos se agrupan en *bloques* de tamaño fijo. El manejo de estos bloques (adminstración de bloques libres, lectura y escritura) es una tarea fundamental del sistema operativo, que asimismo se encarga de presentar abstracciones como la de archivos y directorios al usuario. Esto se verá en el capítulo 6.

2.5. Relojes y temporizadores

Todas las computadoras incluyen uno o más relojes y temporizadores que son utilizados para funciones varias como mantener la hora del sistema actualizada, implementar alarmas tanto para los programas de usuario como para el sistema operativo, ejecutar tareas de mantenimiento periódicas, cumplir con requisitos temporales de aplicaciones de tiempo real, etcétera.

Mantener el tiempo correctamente dentro del sistema operativo es algo crucial. Permite establecer un orden cronológico entre los eventos que ocurren dentro del sistema, por ejemplo, la creación de un archivo y de otro o el tiempo consumido en la ejecución de un proceso.

Por otro lado, si el sistema operativo utiliza una política de planificación de procesos apropiativa (capítulo 4), como la *Ronda* (*Round Robin*), éste debe interrumpir al proceso en ejecución luego de cierta cantidad de unidades de tiempo. Esto se implementa haciendo que el temporizador de la computadora genere interrupciones periódicamente, lo cual luego invocará al planificador de procesos.

[4]Se verán en la sección C.1.2 detalles acerca de las tecnologías de almacenamiento *en estado sólido*, que pueden poner fin a esta larga dominación.

2.6. Canales y puentes

Los distintos componentes de un sistema de cómputo se comunican mediante los diferentes *canales* (generalmente se hace referencia a ellos por su nombre en inglés: *buses*). En el nivel más básico, los canales son líneas de comunicación entre el procesador y los demás componentes del chipset,[5] a los cuales a su vez se conectan los diferentes dispositivos del sistema, desde aquellos que requieren mayor velocidad, como la misma memoria, hasta los puertos más sencillos.

Un chipset provee distintos buses, con un agrupamiento lógico según la velocidad requerida por sus componentes y otras características que determinan su topología.

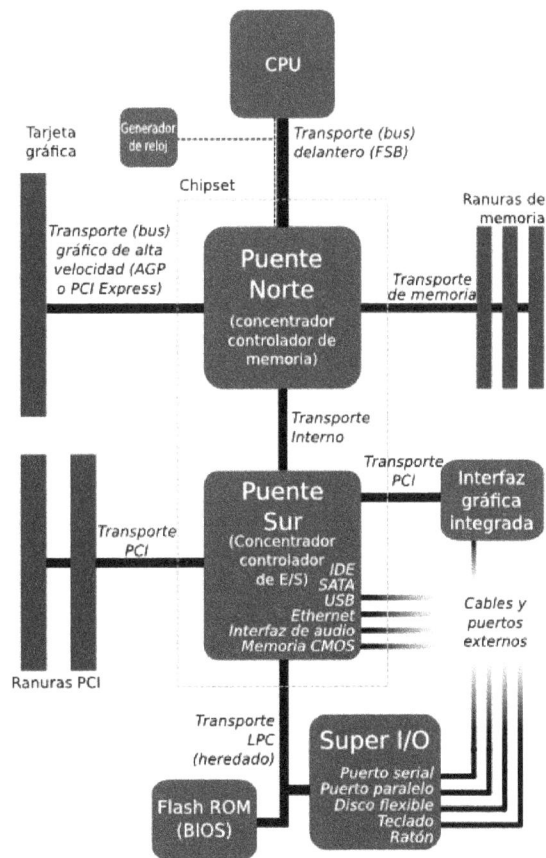

Figura 2.3: Diagrama de la comunicación entre componentes de un equipo basado en *puente norte* y *puente sur* (imagen de la Wikipedia: *Puente Norte*).

---

[5]Los chips que forman parte de un equipo, casi siempre provistos por el mismo fabricante que el procesador mismo.

Hoy en día, el acomodo más frecuente[6] de estos buses es por medio de una separación en dos chips: el *puente norte* (*Northbridge*), conectado directamente al CPU, encargado de gestionar los buses de más alta velocidad y que, además, son fundamentales para el más básico inicio de la operación del sistema: la memoria y el reloj. La comunicación con algunas tarjetas de video se incorpora al puente norte a través del canal dedicado AGP (*Advanced Graphics Port*, Puerto Gráfico Avanzado).

Al puente norte se conecta el *puente sur* (*Southbridge*), que controla el resto de los dispositivos del sistema. Normalmente se ven aquí las interfaces de almacenamiento (SCSI, SATA, IDE), de expansión interna (PCI, PCIe) y de expansión externa (USB, Firewire, puertos *heredados* seriales y paralelos).

2.6.1. Contención

Una de las principales razones de que haya de tantos *canales* (buses) distintos en un mismo sistema se debe a la frecuencia acorde a los dispositivos para los cuales está diseñado: la cantidad de datos que tienen que viajar entre el procesador y la memoria a lo largo de la operación del sistema es muy superior a la que tienen que transferirse desde los discos, y a su vez, ésta es mucho mayor que la que se envía a la impresora, o la que se recibe del teclado. Claro está, los demás dispositivos podrían incrementar su frecuencia para participar en un canal más rápido, aunque su costo se incrementaría, dado que harían falta componentes capaces de sostener un reloj varios órdenes de magnitud más rápido.

Pero incluso obviando la diferencia económica: cuando el sistema requiere transferir datos de o hacia varios dispositivos de la misma categoría, es frecuente que ocurra *contención*: puede saturarse el ancho de banda máximo que alcanza uno de los canales y, aún si los dispositivos tienen información lista, tendrán que esperar a que los demás dispositivos desocupen el canal.

En la figura 2.4 se puede ver el diseño general del chipset Intel 875, introducido en el 2003, incluyendo el ancho de banda de cada uno de los canales del sistema. Hay que recordar que hay canales como el USB que permiten la conexión de múltiples dispositivos, los cuales deberán compartir el ancho de banda total permitido por el canal: en la figura se presentan dos discos duros sobre el canal SATA y dos unidades ópticas en el ATA paralelo; el canal USB permite el uso de un máximo de 127 unidades por canal, por lo cual la contención puede ser muy alta.

---

[6]La separación aquí descrita ha sido característica de las computadoras x86 de los últimos 20 años, aunque la tendencia apunta a que se abandone paulatinamente para dar paso a procesadores que integren en un sólo paquete todos estos componentes. Sin embargo, el acomodo funcional electrónico, al menos hasta el momento, sigue basado en estos puntos.

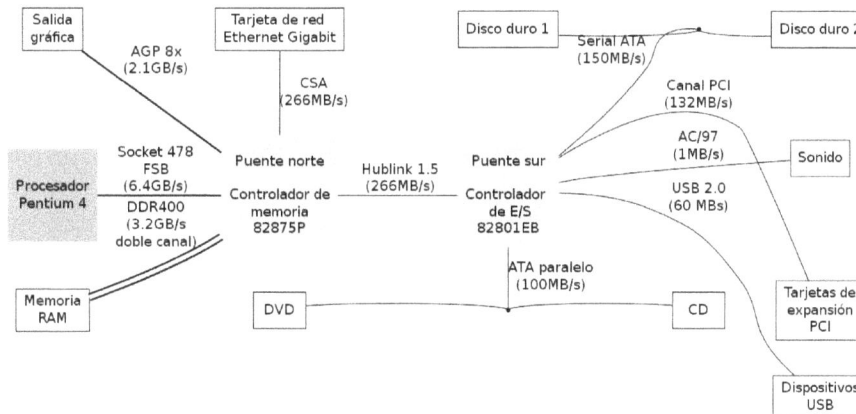

Figura 2.4: Esquema simplificado del chipset Intel 875 (para el procesador Pentium 4) ilustrando la velocidad de cada uno de los canales.

2.6.2. Acceso directo a memoria (DMA)

La operación de dispositivos de entrada/salida puede ser altamente ineficiente. Cuando un proceso está en una sección *limitada por entrada-salida* (esto es, donde la actividad principal es la transferencia de información entre la memoria principal y cualquier otra área del sistema), si el procesador tiene que encargarse de la transferencia de toda la información[7], se crearía un cuello de botella por la cantidad y frecuencia de interrupciones. Hoy en día, para evitar que el sistema se demore cada vez que hay una transferencia grande de datos, todas las computadoras implementan controladores de *acceso directo a memoria* (DMA, por sus siglas en inglés) en uno o más de sus subsistemas.

El DMA se emplea principalmente al tratar con dispositivos con un gran ancho de banda, como unidades de disco, subsistemas multimedia, tarjetas de red, e incluso para transferir información entre niveles del caché.

Las transferencias DMA se hacen en *bloques* preestablecidos; en vez de que el procesador reciba una interrupción cada vez que hay una palabra lista para ser almacenada en la memoria, el procesador indica al controlador DMA la dirección física base de memoria en la cual operará, la cantidad de datos a transferir, el *sentido* en que se efectuará la operación (del dispositivo a memoria o de memoria al dispositivo), y el *puerto* del dispositivo en cuestión; el controlador DMA efectuará la transferencia solicitada, y sólo una vez terminada ésta (o en caso de encontrar algún error en el proceso) lanzará una interrupción al sistema; el procesador queda libre para realizar otras tareas, sin más limitante que la posible *contención* que tendrá que enfrentar en el bus de acceso a la memoria.

---

[7]Este modo de operación es también conocido como *entrada/salida programada*.

Coherencia de cache

Cuando se realiza una transferencia DMA de un dispositivo a la memoria, puede haber *páginas* de la memoria en cuestión que estén en alguno de los niveles de la memoria caché; dado que el caché está uno o más niveles por encima de la memoria principal, es posible que la información haya ya cambiado pero el caché retenga la información anterior.

Los sistemas de *caché coherente* implementan mecanismos en hardware que notifican a los controladores de caché que las páginas que alojan están *sucias* y deben ser vueltas a cargar para ser empleadas, los sistemas *no coherentes* requieren que el subsistema de memoria del sistema operativo haga esta operación.

Los procesadores actuales implementan normalmente varios niveles de caché, estando algunos dentro del mismo CPU, por lo que típicamente se encuentran sistemas híbridos, en los que los cachés de nivel superiores son coherentes, pero los de nivel 1 no, y las inconsistencias que éste podría producir deben ser esperadas y resueltas por el software.[8]

2.7. Interfaz del sistema operativo: llamadas al sistema

De forma análoga a las interrupciones, se puede hablar de las llamadas al sistema. El sistema operativo protege a un proceso de otro, y previene que un proceso ejecutándose en espacio no privilegiado tenga acceso directo a los dispositivos. Cuando un proceso requiere de alguna acción privilegiada, accede a ellas realizando una *llamada al sistema*. Éstas pueden agruparse, a grandes rasgos, en:

Control de procesos Crear o finalizar un proceso, obtener atributos del proceso, esperar la finalización de un proceso o cierto tiempo, asignar o liberar memoria, etcétera.

Manipulación de archivos Crear, borrar o renombrar un archivo; abrir o cerrar un archivo existente; modificar sus *metadatos*; leer o escribir de un *descriptor de archivo* abierto, etcétera.

Manipulación de dispositivos Solicitar o liberar un dispositivo; leer, escribir o reposicionarlo, y otras varias. Muchas de estas llamadas son análogas a las de manipulación de archivos, y varios sistemas operativos las ofrecen como una sola.

Mantenimiento de la información Obtener o modificar la hora del sistema; pedir detalles acerca de procesos o archivos, etcétera.

---

[8]El caché de nivel 1 puede estar dentro de cada uno de los núcleos, el de nivel 2 se comparten entre los núcleos de un mismo chip, y el de nivel 3 es externo y está en el bus de acceso a memoria.

Comunicaciones Establecer una comunicación con determinado proceso (local o remoto), aceptar una solicitud de comunicación de otro proceso, intercambiar información sobre un canal establecido.

Protección Consultar o modificar la información relativa al acceso de objetos en el disco, otros procesos, o la misma sesión de usuario.

Cada sistema operativo *expone* una serie de llamadas al sistema. Éstas son, a su vez, expuestas al programador mediante de las *interfaces de aplicación al programador* (API), que se alínean de forma cercana (pero no exacta). Del mismo modo que cada sistema operativo ofrece un conjunto de llamadas al sistema distinto, cada implementación de un lenguaje de programación puede ofrecer un API ligeramente distinto de otros.

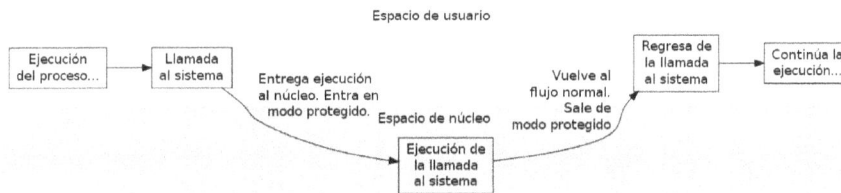

Figura 2.5: Transición del flujo entre espacio usuario y espacio núcleo en una llamada al sistema.

2.7.1. Llamadas al sistema, arquitecturas y API

Cada familia de sistemas operativos provee distintas llamadas al sistema, y sus lenguajes/bibliotecas implementan distintos API. Esto es el que distingue principalmente a uno de otro. Por ejemplo, los sistemas Windows 95 en adelante implementan Win32, Win16 (compatibilidad con Windows previos) y MS-DOS; MacOS implementa Cocoa (aplicaciones MacOS X) y Carbon (compatibilidad con aplicaciones de MacMACOS previos), y Linux, los BSDS, Y VARIOS OTROS SISTEMAS, *POSIX (el estándar que define a Unix). El caso de MacOS X es interesante, porque también implementa POSIX ofreciendo la *semántica* de dos sistemas muy distintos entre sí.

Los lenguajes basados en *máquinas virtuales abstractas*, como Java o la familia .NET (véase la sección B.2.1), exponen un API con mucha mayor distancia respecto al sistema operativo; la máquina virtual se presenta como un pseudo-sistema operativo intermedio que se ejecuta dentro del real, y esta distinción se hace especialmente notoria cuando se busca conocer los detalles del sistema operativo.

Depuración por *trazas* (trace)

La mayor parte de los sistemas operativos ofrecen programas que, para fines de depuración, *envuelven* al API del sistema y permiten ver la *traza* de las llamadas al sistema que va realizando un proceso. Algunos ejemplos de estas herramientas son strace en Linux, truss en la mayor parte de los Unixes históricos o ktrace y kdump en los *BSD. A partir de Solaris 10 (2005), Sun incluye una herramienta mucho más profunda y programable para esta tarea llamada dtrace, que al paso del tiempo ha sido *portada*[9] a otros Unixes (*BSD, MacOS).

La salida de una traza brinda amplio detalle acerca de la actividad realizada por un proceso, y permite comprender a grandes rasgos su interacción con el sistema. El nivel de información que da es, sin embargo, a veces demasiado; eso se puede ver si se considera la siguiente traza, ante uno de los comandos más sencillos: pwd (obtener el directorio actual)

```
1   $ strace pwd
2   execve("/bin/pwd", ["pwd"], [/* 43 vars */]) = 0
3   brk(0)                                    = 0x8414000
4   access("/etc/ld.so.nohwcap", F_OK)        = -1 ENOENT (No such
        file or directory)
5   mmap2(NULL, 8192, PROT_READ|PROT_WRITE,
        MAP_PRIVATE|MAP_ANONYMOUS, -1, 0) = 0xb773d000
6   access("/etc/ld.so.preload", R_OK)        = -1 ENOENT (No such
        file or directory)
7   open("/etc/ld.so.cache", O_RDONLY)        = 3
8   fstat64(3, {st_mode=S_IFREG|0644, st_size=78233, ...}) = 0
9   mmap2(NULL, 78233, PROT_READ, MAP_PRIVATE, 3, 0) = 0xb7729000
10  close(3)                                  = 0
11  access("/etc/ld.so.nohwcap", F_OK)        = -1 ENOENT (No such
        file or directory)
12  open("/lib/i386-linux-gnu/libc.so.6", O_RDONLY) = 3
13  read(3, "\177ELF\1\1\1\0\0\0\0\0\0\0\0\0\3\0\3\0\1\0\0\0p"...,
        512) = 512
14  fstat64(3, {st_mode=S_IFREG|0755, st_size=1351816, ...}) = 0
15  mmap2(NULL, 1366328, PROT_READ|PROT_EXEC,
        MAP_PRIVATE|MAP_DENYWRITE, 3, 0) = 0xb75db000
16  mprotect(0xb7722000, 4096, PROT_NONE)   = 0
17  mmap2(0xb7723000, 12288, PROT_READ|PROT_WRITE,
        MAP_PRIVATE|MAP_FIXED|MAP_DENYWRITE, 3, 0x147) = 0xb7723000
18  mmap2(0xb7726000, 10552, PROT_READ|PROT_WRITE,
        MAP_PRIVATE|MAP_FIXED|MAP_ANONYMOUS, -1, 0) = 0xb7726000
19  close(3)                                  = 0
20  mmap2(NULL, 4096, PROT_READ|PROT_WRITE,
        MAP_PRIVATE|MAP_ANONYMOUS, -1, 0) = 0xb75da000
```

---

[9]Se denomina *portar* el hacer las adecuaciones necesarias para que una herramienta diseñada para determinado entorno pueda emplearse en otros distintos.

```
21  set_thread_area({entry_number:-1 -> 6, base_addr:0xb75da8d0,
        limit:1048575, seg_32bit:1, contents:0, read_exec_only:0,
        limit_in_pages:1, seg_not_present:0, useable:1}) = 0
22  mprotect(0xb7723000, 8192, PROT_READ)    = 0
23  mprotect(0xb775c000, 4096, PROT_READ)    = 0
24  munmap(0xb7729000, 78233)                = 0
25  brk(0)                                   = 0x8414000
26  brk(0x8435000)                           = 0x8435000
27  open("/usr/lib/locale/locale-archive", O_RDONLY|O_LARGEFILE) =
        3
28  fstat64(3, {st_mode=S_IFREG|0644, st_size=1534672, ...}) = 0
29  mmap2(NULL, 1534672, PROT_READ, MAP_PRIVATE, 3, 0) = 0xb7463000
30  close(3)                                 = 0
31  getcwd("/home/gwolf/vcs/sistemas_operativos", 4096) = 36
32  fstat64(1, {st_mode=S_IFCHR|0620, st_rdev=makedev(136, 1),
        ...}) = 0
33  mmap2(NULL, 4096, PROT_READ|PROT_WRITE,
        MAP_PRIVATE|MAP_ANONYMOUS, -1, 0) = 0xb773c000
34  write(1, "/home/gwolf/vcs/sistemas_operati"...,
        36/home/gwolf/vcs/sistemas_operativos
35  ) = 36
36  close(1)                                 = 0
37  munmap(0xb773c000, 4096)                 = 0
38  close(2)                                 = 0
39  exit_group(0)                            = ?
```

2.8. Referencia a los componentes

Si bien el sistema operativo tiene por misión abstraer y ocultar los detalles de los dispositivos, también debe exponer una interfaz para poder emplearlos y administrarlos.

Unix introdujo el concepto de que *todo es un archivo*: en el sistema Unix original, todos los dispositivos podían ser controlados por medio de un *archivo especial* que, en vez de almacenar información, apunta a estructuras en el sistema que controlan a cada dispositivo. Este concepto sobrevive en los sistemas derivados de Unix al día de hoy, aunque varias clases de dispositivo rompen esta lógica. El sistema operativo *Plan9* de Bell Labs mantiene y amplía este concepto e introduce los *espacios de nombres mutables*, que presenta con interfaz de archivo prácticamente cualquier objeto empleado por el sistema.

Las principales estructuras relacionadas de este tipo[10] que hay en un sistema tipo Unix son:

---

[10]Hay varios otros tipos de archivo definidos en su semántica, como las *tuberías nombradas*, los *sockets*, e incluso los mismos directorios. Estos serán cubiertos en la sección 6.2.6.

Dispositivos de caracteres Son aquellos en los cuales la información es leída o
escrita de a un caracter a la vez y se presentan como *streams* (flujos) de información, ya sea entrantes, salientes os mixto. Algunos pueden permitir
operaciones adicionales (por ejemplo, rebobinado), pero la manipulación
de la información se efectúa de forma secuencial. Algunos ejemplos de
estos dispositivos serían la impresora, la unidad de cinta, o el modem.

Dispositivos de bloques Presentan una interfaz de *acceso aleatorio* y entregan
o reciben la información en *bloques* de tamaño predeterminado. El ejemplo más claro de este tipo de dispositivos es una unidad de disco o una
de sus particiones.

Por convención, ambos tipos de archivos de dispositivo están en el directorio /dev en los sistemas Unix y siguen una nomenclatura estándar, aunque
pueden crearse en cualquier otro lugar.

Además de esto, en los sistemas Unix hay *sistemas de archivos virtuales* con
información de sistema, que se abordan en la sección 7.1.6. Estos son directorios cuyos contenidos, si bien se presentan al usuario cual si fueran archivos
comunes, son más bien un mecanismo para consultar o manipular las estructuras internas del núcleo.

En la familia de sistemas operativos derivados de CP/M (el más popular de
los cuales hoy en día es Windows), el mecanismo es muy distinto. Los dispositivos de almacenamiento secundario (discos duros, discos compactos, memorias *flash*, etc.) son relacionados con una letra cada uno, así (en general) C: es
el volúmen o partición del disco principal, A: y B: se utilizan para discos extraíbles. A los puertos de entrada/salida más utilizados también se les asignan
nombres alfanuméricos, por ejemplo, el primer puerto paralelo se denomina
LPT1 y el segundo puerto serie COM2. La sección 6.3.3 detalla acerca de la vista
lógica que se presenta en dicho sistema.

Sin embargo, la mayor parte de los dispositivos e interfaces internas son alcanzables únicamente mediante llamadas a sistema, haciendo explícito al desarrollador (e inalcanzable para el usuario de a pie) que se está solicitando un
servicio al sistema opeativo.

2.9.   Cuando dos cabezas piensan mejor que una

2.9.1.   Multiprocesamiento

El *multiprocesamiento* es todo entorno donde hay más de un procesador
(CPU). En un entorno multiprocesado, el conjunto de procesadores se vuelve
un recurso más a gestionar por el sistema operativo — y el que haya concurrencia *real* tiene un fuerte impacto en su diseño.

Si bien en el día a día se usan de forma intercambiable,[11] es importante enfatizar en la diferencia fundamental entre el *multiprocesamiento*, que se abordará en esta sección, y la *multiprogramación*, de la cual se habla en la sección 1.3.3 (*Sistemas multiprogramados*). Un sistema multiprogramado da la *ilusión* de que está ejecutando varios procesos al mismo tiempo, pero en realidad está alternando entre los diversos procesos que compiten por su atención. Un sistema multiprocesador tiene la capacidad de estar atendiendo *simultáneamente* a diversos procesos.

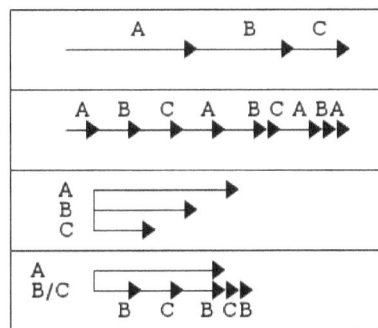

Figura 2.6: Esquema de la ejecución de tres procesos en un sistema secuencial, multiprogramado, multiprocesado, e híbrido.

En la figura 2.6, el primer diagrama ilustra una ejecución estrictamente secuencial: cada uno de los procesos que demandan atención del sistema es ejecutado hasta que termina; el segundo muestra cómo se comportaría un sistema multiprogramado, alternando entre los tres procesos, de modo que el usuario vea que los tres avanzan de forma simultánea; el tercero corresponde a un sistema de multitarea pura: cada proceso es ejecutado por un procesador distinto, y avanzan en su ejecución de forma simultánea. El cuarto caso, un esquema híbrido, presenta cómo reaccionaría un equipo con capacidad de atender a dos procesos al mismo tiempo, pero con tres procesos solicitando ser atendidos. Este último esquema es el que más comunmente se encuentra en equipos de uso general hoy en día.

Probablemente el tema que se aborda más recurrentemente a lo largo de este texto será precisamente la complejidad que proviene de la multiprogramación; se la desarrollará particularmente en los capítulos 3 y 4. Valga la nota en este momento únicamente para aclarar la diferencia entre los dos conceptos.

El multiprocesamiento se emplea ampliamente desde los sesenta en los en-

---

[11]O poco más que eso, al grado de que rara vez se emplea el término *multiprogramación*, mucho más acorde con los equipos que se emplean día a día.

tornos de cómputo de alto rendimiento, pero por muchos años se vio como
el área de especialización de muy pocos; las computadoras con más de un
procesador eran prohibitivamente caras, y para muchos sistemas, ignorar el
problema resultaba una opción válida. Muchos sistemas operativos ni siquiera
detectaban la presencia de procesadores adicionales, y en presencia de éstos,
ejecutaban en uno sólo.

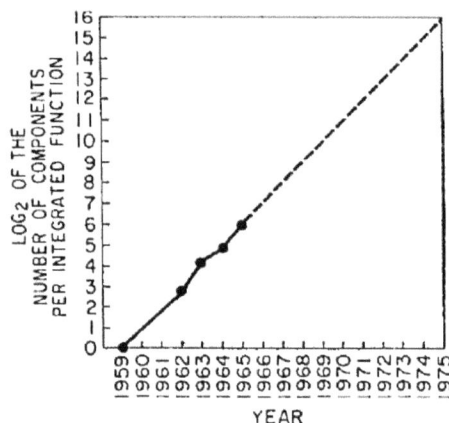

Figura 2.7: La *Ley de Moore*: figura publicada en el artículo de 1965, prediciendo la
miniaturización por 10 años.

Esto cambió hacia el 2005. Tras más de 40 años de cumplirse, el modelo conocido como la *Ley de Moore* (Moore 1965), enunciando que cada dos años la
densidad de transistores por circuito integrado se duplicaría, llevaba a velocidades de CPU que, en el ámbito comercial, excedían los 3 GHz, lo cual presentaba ya problemas serios de calentamiento. Además, el diferencial de velocidad
con el acceso a memoria era cada vez más alto. Esto motivó a que las principales compañías productoras de los CPU cambiaran de estrategia, introduciendo
chips que son, para propósitos prácticos, *paquetes* con dos o más procesadores
dentro.

Con este cambio, el *reloj* de los procesadores se ha mantenido casi sin cambios, cerca de 1 GHz, pero el rendimiento de los equipos sigue aumentando. Sin
embargo, los programadores de sistemas operativos y programas de aplicación
ya no pueden ignorar esta complejidad adicional.

Se denomina *multiprocesamiento simétrico* (típicamente abreviado SMP) a la
situación en la que todos los procesadores del sistema son iguales y pueden
realizar en el mismo tiempo las mismas operaciones. Todos los procesadores
del sistema tienen acceso a la misma memoria (aunque cada uno puede tener
su propio *caché*, lo cual obliga a mantener en mente los puntos relacionados
con la *coherencia de caché* abordados en la sección anterior).

En contraposición, puede hablarse también del *multiprocesamiento asimétri-
co*; dependiendo de la implementación, la asimetría puede residir en diferentes

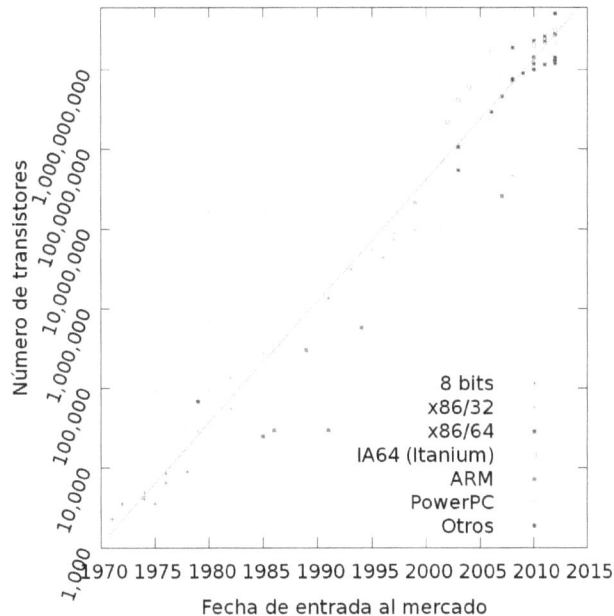

Figura 2.8: La *Ley de Moore* se sostiene al día de hoy: conteo de transistores por procesador de 1971 al 2012.

puntos. Puede ir desde que los procesadores tengan una *arquitectura* distinta (típicamente dedicada a una tarea específica), en cuyo caso pueden verse como *coprocesadores* o *procesadores coadyuvantes*, casi computadoras independientes contribuyendo sus resultados a un mismo cómputo. Hoy en día, este sería el caso de las tarjetas gráficas 3D, que son computadoras completas con su propia memoria y responsabilidades muy distintas del sistema central.

Es posible tener diferentes procesadores con la misma arquitectura pero funcionando a diferente frecuencia. Esto conlleva una fuerte complejidad adicional, y no se utiliza hoy en día.

Por último, se tienen los diseños de *Acceso No-Uniforme a Memoria* (*Non-Uniform Memory Access*, NUMA). En este esquema, cada procesador tiene *afinidad* con bancos específicos de memoria: para evitar que los diferentes procesadores estén esperando al mismo tiempo al bus compartido de memoria, cada uno tiene acceso exclusivo a su área. Los sistemas NUMA pueden ubicarse como en un punto intermedio entre el procesamiento simétrico y el cómputo distribuido, y puede ser visto como un *cómputo distribuido fuertemente acoplado*.

2.9.2. Cómputo distribuido

Se denomina cómputo distribuido a un proceso de cómputo realizado entre computadoras independientes, o, más formalmente, entre procesadores que *no comparten memoria* (almacenamiento primario). Puede verse que un equipo de diseño NUMA está a medio camino entre una computadora multiprocesada y el cómputo distribuido.

Hay diferentes modelos para implementar el cómputo distribuido, siempre basados en la transmisión de datos sobre una *red*. Éstos son principalmente:

Cúmulos (*clusters*) Computadoras conectadas por una red local (de alta velocidad), ejecutando cada una su propia instancia de sistema operativo. Pueden estar orientadas al *alto rendimiento*, *alta disponibilidad* o al *balanceo de cargas* (o a una combinación de éstas). Típicamente son equipos homogéneos, y dedicados a la tarea en cuestión.

Mallas (*Grids*) Computadoras distribuidas geográficamente y conectadas mediante una red de comunicaciones. Las computadoras participantes pueden ser heterogéneas (en capacidades y hasta en arquitectura); la comunicación tiene que adecuarse a enlaces de mucha menor velocidad que en el caso de un cluster, e incluso presentar la elasticidad para permitir las conexiones y desconexiones de nodos en el transcurso del cómputo.

Cómputo *en la nube* Un caso específico de cómputo distribuido con partición de recursos (al estilo del modelo cliente-servidor); este modelo de servicio está fuertemente orientado a la *tercerización* de servicios específicos. A diferencia del modelo cliente-servidor tradicional, en un entorno de cómputo en la nube lo más común es que tanto el cliente como el servidor sean procesos que van integrando la información, posiblemente por muchos pasos, y que sólo eventualmente llegarán a un usuario final. La implementación de cada uno de los servicios empleados deja de ser relevante, para volverse un servicio *opaco*. Algunos conceptos relacionados son:

Servicios Web Mecanismo de descripción de funcionalidad, así como de solicitud y recepción de resultados, basado en el estándar HTTP y contenido XML.

Software como servicio El proveedor ofrece una *aplicación completa y cerrada* sobre la red, *exponiendo* únicamente su interfaz (API) de consultas.

Plataforma como servicio El proveedor ofrece la *abstracción* de un entorno específico de desarrollo de modo que un equipo de programadores pueda *desplegar* una aplicación desarrollada sobre dicha plataforma tecnológica. Puede ser visto como un conjunto de piezas de infraestructura sobre un servidor administrado centralmente.

Infraestructura como servicio El proveedor ofrece computadoras completas (en hardware real o máquinas virtuales); la principal ventaja de esta modalidad es que los usuarios, si bien retienen la capacidad plena de administración sobre sus *granjas*, tienen mucho mayor flexibilidad para aumentar o reducir el consumo de recursos (y, por tanto, el pago) según la demanda que alcancen.

El tema del cómputo en la nube va muy de la mano de la virtualización, que se abordará en el apéndice B.

2.9.3. Amdahl y Gustafson: ¿qué esperar del paralelismo?

Al programar una aplicación de forma que aproveche al paralelismo (esto es, diseñarla para que realice en distintos procesadores o nodos sus *porciones paralelizables*) ¿cuál es el incremento al rendimiento que se puede esperar?

En 1967, Gene Amdahl presentó un artículo en el que indica los límites máximos en que resultará la programación multiprocesada ante un determinado programa (Amdahl 1967): parte de la observación de que aproximadamente 40% del tiempo de ejecución de un programa se dedicaba a la administración y el mantenimiento de los datos, esto es, a tareas secuenciales.

Si únicamente el 60% del tiempo de procesamiento es susceptible, pues, de ser paralelizado, el rendimiento general del sistema no se incrementará en una proporción directa con el número de procesadores, sino que debe sumársele la porción estrictamente secuencial. Puesto en términos más formales: la ganancia en la velocidad de ejecución de un programa al ejecutarse en un entorno paralelo estará limitado por el tiempo requerido por su fracción secuencial. Esto significa que, si $T(1)$ representa al tiempo de ejecución del programa con un solo procesador, $T(P)$ al tiempo de ejecución con P procesadores, t_s al tiempo requerido para ejecutar la porción secuencial del programa, y $t_p(P)$ el tiempo que necesita la ejecución de la porción paralelizable, repartida entre P procesadores, se puede hablar de una ganancia g en términos de:

$$g = \frac{T(1)}{T(P)} = \frac{t_s + t_p(1)}{t_s + \frac{t_p(1)}{P}}$$

Esta observación, conocida como la *Ley de Amdahl*, llevó a que por varias décadas el cómputo paralelo fuera relegado al cómputo de propósito específico, para necesidades muy focalizadas en soluciones altamente paralelizables, como el cómputo científico.

En términos del ejemplo presentado en la figura 2.9, se ve un programa que, ejecutado secuencialmente, resulta en $T = 500$. Este programa está dividido en tres secciones secuenciales, de $t = 100$ cada una, y dos secciones paralelizables, totalizando $t = 100$ cada una, como se puede ver al representar una ejecución estrictamente secuencial (2.9(a)).

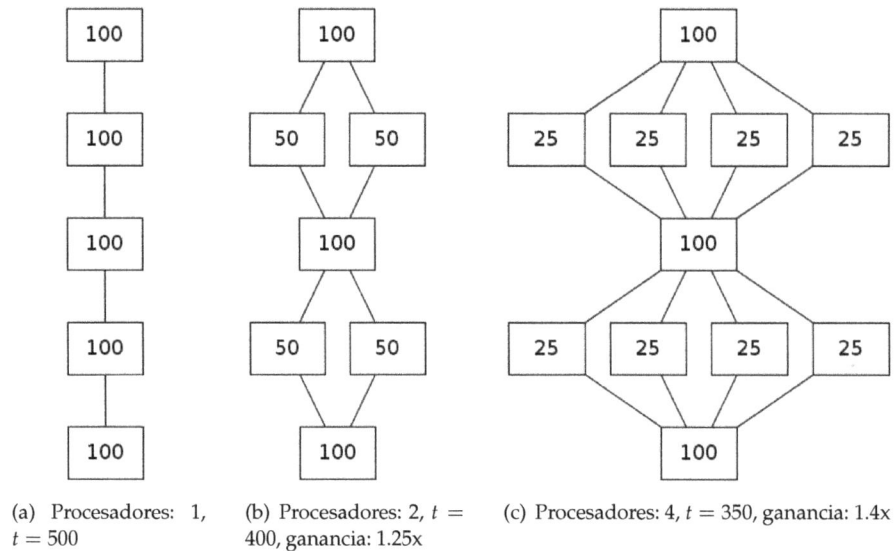

(a) Procesadores: 1, $t = 500$

(b) Procesadores: 2, $t = 400$, ganancia: 1.25x

(c) Procesadores: 4, $t = 350$, ganancia: 1.4x

Figura 2.9: Ley de Amdahl: ejecución de un programa con 500 unidades de tiempo total de trabajo con uno, dos y cuatro procesadores.

Al agregar un procesador adicional (2.9(b)), se obtiene una ganancia de 1.25x — la ejecución se completa en $T = 400$ (con $g = 1{,}25$). Las secciones paralelizables sólo toman un tiempo *externo* de 50 cada una, dado que la carga fue repartida entre dos unidades de ejecución. Al ejecutar con cuatro procesadores (2.9(c)), si bien se sigue notando mejoría, ésta apenas lleva a $T = 350$, con $g = 1{,}4$.

Si el código fuera infinitamente paralelizable, y se ejecutase este programa en una computadora con un número infinito de procesadores, este programa no podría ejecutarse en menos de $T = 300$, lo cual presentaría una ganancia de apenas $g = 1{,}66$. Esto es, al agregar procesadores adicionales, rápidamente se llegaría a un crecimiento asintótico — el comportamiento descrito por la Ley de Amdahl es frecuentemente visto como una demostración de que el desarrollo de sistemas masivamente paralelos presenta *rendimientos decrecientes*.

Si bien el ejemplo que se acaba de presentar resulta poco optimizado, con sólo un 40% de código paralelizable, se puede ver en la gráfica 2.10 que el panorama no cambia tan fuertemente con cargas típicas. Un programa relativamente bien optimizado, con 80% de ejecución paralela, presenta un crecimiento atractivo en la región de hasta 20 procesadores, y se estaciona apenas arriba de una ganancia de 4.5 a partir de los 40.[12] Incluso el hipotético 95% llega a un tope en su crecimiento, imposibilitado de alcanzar una ganancia superior a 20.

Dado que el factor económico resulta muy importante para construir

---

[12]De un máximo de cinco al que puede alcanzar con un número infinito de procesadores.

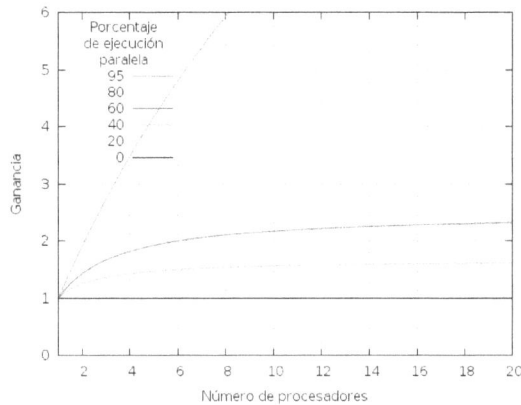

Figura 2.10: Ganancia máxima al paralelizar un programa, ilustrando los límites que impone la Ley de Amdahl.

computadoras masivamente paralelas,[13] y que se ve claramente que el poder adicional que da cada procesador es cada vez menor, la Ley de Amdahl resultó (como ya se mencionó) en varias décadas de mucho mayor atención a la miniaturización y aumento de reloj, y no al multiprocesamiento.

Fue hasta 1988 que John Gustafson publicó una observación a esta ley (Gustafson 1988) que, si bien no la invalida, permite verla bajo una luz completamente diferente y mucho más optimista. Gustafson publicó este artículo corto tras haber obtenido ganancias superiores a 1 020 en una supercomputadora con 1 024 procesadores: un incremento casi perfectamente lineal al número de procesadores. Sí, respondiendo a una carga altamente optimizada, pero no por eso menos digna de análisis.

El argumento de Gustafson es que al aumentar el número de procesadores, típicamente se verá una modificación *al problema mismo*. Citando de su artículo (traducción propia),

> (...)Asumen implícitamente que el tiempo en el que se ejecuta en paralelo es independiente del número de procesadores, *lo que virtualmente nunca ocurre de este modo*. Uno no toma un problema de tamaño fijo para ejecutarlo en varios procesadores como no sea para hacer un ejercicio académico; en la práctica, *el tamaño del problema crece con el número de procesadores*. Al obtener procesadores más poderosos, el problema generalmente se expande para aprovechar las facilidades disponibles. Los usuarios tienen control sobre cosas como la resolución de la malla, el número de pasos, la complejidad de los operadores y otros parámetros que usualmente se ajustan para permitir que el programa se ejecute en el tiempo deseado. Por tan-

---

[13]Dado que los componentes más caros son necesariamente los procesadores.

to, podría ser más realista que el *tiempo de ejecución*, no el *tamaño del problema*, es constante.

Lo que escribe Gustafson se traduce a que es posible obtener la eficiencia deseada de cualquier cantidad de procesadores *aumentando suficientemente el tamaño del problema*. Al enfrentarse explícitamente con el *bloqueo mental* contra el paralelismo masivo que nació de esta lectura errónea de lo comentado por Amdahl, su artículo sencillo y de apenas más de una cuartilla de extensión cambió la percepción acerca de la utilidad misma del paralelismo masivo.

2.10. Ejercicios

2.10.1. Preguntas de autoevaluación

1. De las siguientes opciones, ¿cuál responde a la definición de *almacenamiento primario*?

   a) Las unidades de almacenamiento no volátil de largo plazo (discos, memoria *flash*, USB, etcétera)

   b) La memoria RAM del sistema.

   c) La capa de memoria que corre a mayor velocidad y está más cerca del procesador.

   d) Los registros, espacio de memoria de extremadamente alta velocidad ubicados dentro del mismo procesador.

2. Los primeros procesadores tenían un único registro de propósito general, llamado también *acumulador*. Los procesadores actuales tienen 32 o hasta 64. ¿Cuáles son las principales ventajas y desventajas de esta tendencia?

3. ¿Cuál es el máximo de información (en bytes) que puede transferir a memoria en un segundo un disco con un tiempo de acceso de 15 ms y una tasa de transferencia de 80 MB por segundo?

4. De la siguiente lista de eventos, indique cuáles que corresponden a interrupciones y cuáles a excepciones

   a) El usuario accionó alguna tecla.

   b) Se produjo un acceso ilegal a memoria fuera del segmento (*segmentation fault*).

   c) El proceso en ejecución lanzó una llamada al sistema.

   d) Llegó un paquete a la interfaz de red.

   e) Se produjo una división sobre cero.

f) El proceso en ejecución estuvo activo ya demasiado tiempo, es hora de un cambio de contexto.

g) Los datos solicitados al controlador de disco duro ya están disponibles.

5. Si el procesador de un sistema corre a 1 GHz, la latencia de la memoria es de 130ns, y el bus de memoria puede sostener un ancho de banda de 3 000 MB por segundos, asumiendo que no hay ningún otro proceso en ejecución que entorpezca el proceso, ¿cuántos ciclos de reloj tiene que esperar el procesador al solicitar una palabra (64 bits)?

2.10.2. Temas de investigación sugeridos

Rootkits: Escondiéndose del administrador Complementando a la división de espacio usuario y espacio kernel, cabe preguntarse acerca de cómo se pueden *burlar* los mecanismos de seguridad.

Si bien a estas alturas del texto aún no se ha profundizado en muchos de estos temas, un enfoque podría comenzar con enumerar las amenazas: Una vez que un atacante logró *romper* un programa al que tenía acceso, engañando al sistema operativo para que le dé acceso privilegiado, buscará para esconder sus rastros del administrador y, además, asegurarse de tener un mecanismo fácil para entrar posteriormente. ¿Cómo lo hace, cómo se puede detectar?

Sistemas basados en *malla* o *grid* El modelo de cómputo distribuido basado en una *malla* o *grid* es muy flexible, y lo han adoptado proyectos de todo tipo. ¿Qué es lo que se distribuye, cómo se *paquetiza* la información, cómo se re-agrega, qué tanto costo computacional adicional significa el separar en estos paquetes a la información?

Se puede emplear un modelo *grid* con *participantes* conocidos, con una membresía predeterminada, pero muchos proyectos lo abren a participación pública. ¿Hay consideraciones de seguridad a tomar en cuenta?

El Módulo de Plataforma Confiable (TPM o *SecureBoot*) Tras largos años de encontrar gran resistencia por parte de la industria, al día de hoy buena parte de las computadoras nuevas vienen con un *módulo de plataforma confiable* (*Trusted Platform Module*) activo. Este polémico módulo implementa verificación de la integridad del sistema operativo, evitando que un ataque (sea un virus o un *agente hostil*) ejecute código que *altere la operación* del sistema operativo o incluso ejecute antes de éste y lo envuelva (por ejemplo, en un esquema de virtualización).

El esquema TPM, sin embargo, también puede evitar que el dueño de una computadora la use *como él quiera*, forzándolo a ejecutar únicamente los sistemas operativos *aprobados* o *firmados* por el fabricante.

Como lectura para este tema resultan referencia obligada los diversos artículos en el *blog* del desarrollador Matthew Garrett[14], particularmente entre septiembre del 2011 y mayo del 2013. Garrett lidereó la alternativa que al día de hoy más se usa para poder iniciar Linux en un sistema bajo TPM; tiene *decenas* de artículos desde muy descriptivos y generales hasta técnicos y específicos a puntos muy particulares.

Linux Weekly News publica otro artículo interesante al respecto (Corbet 2013a). Explica con bastante detalle cómo es que se plantea implementar el nivel de protección que busca ofrecer TPM desde un sistema Linux.

2.10.3. Lecturas relacionadas

- John Backus (ago. de 1978). «Can Programming Be Liberated from the Von Neumann Style?: A Functional Style and Its Algebra of Programs». En: *Commun. ACM* 21.8, págs. 613-641. ISSN: 0001-0782. DOI: `10.1145/359576.359579`. URL: `http://doi.acm.org/10.1145/359576.359579`

- Gordon E. Moore (1965). «Cramming more components onto integrated circuits». En: *Proceedings of the IEEE* 86, págs. 82-85. DOI: `10.1109/JPROC.1998.658762`. URL: `http://ieeexplore.ieee.org/xpls/abs_all.jsp?arnumber=658762&tag=1`

- Intel (2009). *An introduction to the Intel QuickPath Interconnect*. 320412-001US. URL: `http://www.intel.com/content/www/us/en/io/quickpath-technology/quick-path-interconnect-introduction-paper.html`

- Intel (2003). *Intel Desktop Board D875PBZ Technical Product Specification*. URL: `http://downloadmirror.intel.com/15199/eng/D875PBZ_TechProdSpec.pdf`

---

[14]http://mjg59.dreamwidth.org/

Capítulo 3

Administración de procesos

3.1. Concepto y estados de un proceso

En un sistema multiprogramado o de tiempo compartido, un *proceso* es la imagen en memoria de un programa, junto con la información relacionada con el estado de su ejecución.

Un programa es una *entidad pasiva*, una lista de instrucciones; un proceso es una *entidad activa*, que –empleando al programa– define la actuación que tendrá el sistema.

En contraposición con *proceso*, en un sistema por lotes se habla de *tareas*. Una tarea requiere mucha menos estructura, típicamente basta con guardar la información relacionada con la *contabilidad* de los recursos empleados. Una tarea no es interrumpida en el transcurso de su ejecución. Ahora bien, esta distinción no es completamente objetiva —y se pueden encontrar muchos textos que emplean indistintamente una u otra nomenclatura.

Si bien el sistema brinda la *ilusión* de que muchos procesos se están ejecutando al mismo tiempo, la mayor parte de ellos típicamente está esperando para continuar su ejecución —en un momento determinado sólo puede estar ejecutando sus instrucciones un número de procesos igual o menor al número de procesadores que tenga el sistema.

En este capítulo se desarrollan los conceptos relacionados con procesos, hilos, concurrencia y sincronización —las técnicas y algoritmos que emplea el sistema operativo para determinar cómo y en qué orden hacer los cambios de proceso que brindan al usuario la ilusión de simultaneidad se abordarán en el capítulo 4.

3.1.1. Estados de un proceso

Un proceso, a lo largo de su vida, alterna entre diferentes *estados* de ejecución. Éstos son:

Nuevo Se solicitó al sistema operativo la creación de un proceso, y sus recursos y estructuras están siendo creadas.

Listo Está listo para iniciar o continuar su ejecución pero el sistema no le ha asignado un procesador.

En ejecución El proceso está siendo ejecutado en este momento. Sus instrucciones están siendo procesadas en algún procesador.

Bloqueado En espera de algún evento para poder continuar su ejecución (aun si hubiera un procesador disponible, no podría avanzar).

Zombie El proceso ha finalizado su ejecución, pero el sistema operativo debe realizar ciertas operaciones de limpieza para poder eliminarlo de la lista.[1]

Terminado El proceso terminó de ejecutarse; sus estructuras están a la espera de ser *limpiadas* por el sistema operativo.

Figura 3.1: Diagrama de transición entre los estados de un proceso.

3.1.2. Información asociada a un proceso

La información que debe manipular el sistema operativo relativa a cada uno de los procesos actuales se suele almacenar en una estructura llamada *bloque de control de proceso* (PCB - *Process Control Block*). El PCB incluye campos como:

---

[1]Estas operaciones pueden incluir notificar al proceso padre, cerrar las conexiones de red que tenía activas, liberar memoria, etcétera.

Estado del proceso El estado actual del proceso.

Contador de programa Cuál es la siguiente instrucción a ser ejecutada por el proceso.

Registros del CPU La información específica del estado del CPU mientras el proceso está en ejecución (debe ser respaldada y restaurada cuando se registra un cambio de estado).

Información de planificación (scheduling) La prioridad del proceso, la *cola* en que está agendado, y demás información que puede ayudar al sistema operativo a planificar los procesos; se profundizará en este tema en el capítulo 4.

Información de administración de memoria La información de mapeo de memoria (páginas o segmentos, dependiendo del sistema operativo), incluyendo la pila (*stack*) de llamadas. Se abordará el tema en el capítulo 5.

Información de contabilidad Información de la utilización de recursos que ha tenido este proceso —puede incluir el tiempo total empleado y otros (*de usuario*, cuando el procesador va avanzando sobre las instrucciones del programa propiamente, *de sistema* cuando el sistema operativo está atendiendo las solicitudes del proceso), uso acumulado de memoria y dispositivos, etcétera.

Estado de E/S Listado de dispositivos y archivos asignados que el proceso tiene *abiertos* en un momento dado.

3.2. Procesos e hilos

Como se vio, la cantidad de información que el sistema operativo debe manejar acerca de cada proceso es bastante significativa. Si cada vez que el *planificador* elige qué proceso pasar de *Listo* a *En ejecución* debe considerar buena parte de dicha información, la simple transferencia de todo esto entre la memoria y el procesador podría llevar a un desperdicio *burocrático*[2] de recursos. Una respuesta a esta problemática fue la de utilizar los *hilos de ejecución*, a veces conocidos como *procesos ligeros* (LWP, *Lightweight processes*).

Cuando se consideran procesos basados en un modelo de hilos, se puede proyectar en sentido inverso que todo proceso es como un solo hilo de ejecución. Un sistema operativo que no ofreciera soporte expreso a los hilos los planificaría exactamente del mismo modo.

---

[2]Entendiendo *burocrático* como el tiempo que se pierde en asuntos administrativos. Recordar que el tiempo que consume el sistema operativo en administración es tiempo perdido para el uso real, productivo del equipo.

Pero visto desde la perspectiva del proceso hay una gran diferencia: si bien
el sistema operativo se encarga de que cada proceso tenga una visión de virtual
exclusividad sobre la computadora, todos los hilos de un proceso comparten
un sólo espacio de direccionamiento en memoria y los archivos y dispositivos
abiertos. Cada uno de los hilos se ejecuta de forma (aparentemente) secuencial y maneja su propio contador de programa y pila (y algunas estructuras
adicionales, aunque mucho más ligeras que el PCB).

3.2.1. Los hilos y el sistema operativo

La programación basada en hilos puede hacerse completamente y de forma
transparente en espacio de usuario (sin involucrar al sistema operativo). Estos
hilos se llaman *hilos de usuario* (*user threads*), y muchos lenguajes de programación los denominan *hilos verdes* (*green threads*). Un caso de uso interesante es en
los sistemas operativos mínimos (p. ej. para dispositivos embebidos), capaces
de ejecutar una máquina virtual (ver sección B.2.1) de alguno de esos lenguajes: si bien el sistema operativo no maneja multiprocesamiento, mediante los
hilos de usuario se crean procesos con multitarea interna.

Los procesos que implementan hilos ganan un poco en el rendimiento gracias a no tener que reemplazar al PCB activo cuando intercalan la ejecución
de sus diferentes hilos; pero además de esto, ganan mucho más por la ventaja
de compartir espacio de memoria sin tener que establecerlo explícitamente a
través de *mecanismos de comunicación entre procesos* (IPC, *Inter Process Communications*). Dependiendo de la plataforma, a veces los hilos de usuario inclusive utilizan multitarea cooperativa para pasar el control dentro de un mismo
proceso. Cualquier llamada al sistema *bloqueante* (como obtener datos de un
archivo para utilizarlos inmediatamente) interrumpirá la ejecución de *todos* los
hilos de ese proceso, dado que el control de ejecución es entregado al sistema
operativo quien en este caso no conoce nada sobre los hilos.

Continuando con el desarrollo histórico de este mecanismo, el siguiente
paso fue la creación de hilos *informando* al sistema operativo, típicamente denominados *hilos de kernel* (*kernel threads*). Esto se hace a través de bibliotecas
de sistema que los implementan de forma estándar para los diferentes sistemas operativos o arquitecturas (p. ej. `pthreads` para POSIX o `Win32_Thread`
para Windows). Estas bibliotecas aprovechan la comunicación con el sistema
operativo tanto para solicitudes de recursos (p. ej. un proceso basado en hilos puede beneficiarse de una ejecución verdaderamente paralela en sistemas
multiprocesador) como para una gestión de recursos más comparable con una
situación de multiproceso estándar.

3.2.2. Patrones de trabajo con hilos

Hay tres patrones en los que caen generalmente los modelos de hilos; se
puede emplear más de uno de estos patrones en diferentes áreas de cada apli-

cación, e incluso se pueden *anidar* (esto es, se podría tener una *línea de ensamblado* dentro de la cual uno de los pasos sea un *equipo de trabajo*):

Jefe/trabajador Un hilo tiene una tarea distinta de todos los demás: el hilo *jefe* genera o recopila tareas para realizar, las separa y se las entrega a los hilos *trabajadores*.

> Este modelo es el más común para procesos que implementan servidores (es el modelo clásico del servidor Web *Apache*) y para aplicaciones gráficas (GUI), en que hay una porción del programa (el hilo *jefe*) esperando a que ocurran eventos externos. El jefe realiza poco trabajo, se limita a *invocar* a los trabajadores para que hagan el trabajo *de verdad*; como mucho, puede llevar la contabilidad de los trabajos realizados.

> Típicamente, los hilos trabajadores realizan su operación, posiblemente notifican al *jefe* de su trabajo, y *finalizan* su ejecución.

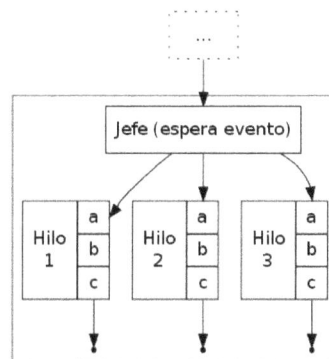

Figura 3.2: Patrón de hilos jefe/trabajador.

Equipo de trabajo al iniciar la porción multihilos del proceso, se crean muchos hilos idénticos, que realizarán las mismas tareas sobre diferentes datos. Este modelo es frecuentemente utilizado para cálculos matemáticos (p. ej.: criptografía, render, álgebra lineal). Puede combinarse con un estilo jefe/trabajador para irle dando al usuario una previsualización del resultado de su cálculo, dado que éste se irá ensamblando progresivamente, pedazo por pedazo.

> Su principal diferencia con el patrón *jefe/trabajador* consiste en que el trabajo a realizar por cada uno de los hilos se plantea desde principio, esto es, el paso de *división de trabajo* no es un hilo más, sino que prepara los datos para que éstos sean lanzados en *paralelo*. Estos datos no son resultado de *eventos independientes* (como en el caso anterior), sino partes de un solo cálculo. Como consecuencia, resulta natural que en este modelo

los resultados generados por los diferentes hilos son *agregados* o *totalizados* al terminar su procesamiento. Los hilos no *terminan*, sino que *son sincronizados* y luego continúan la ejecución lineal.

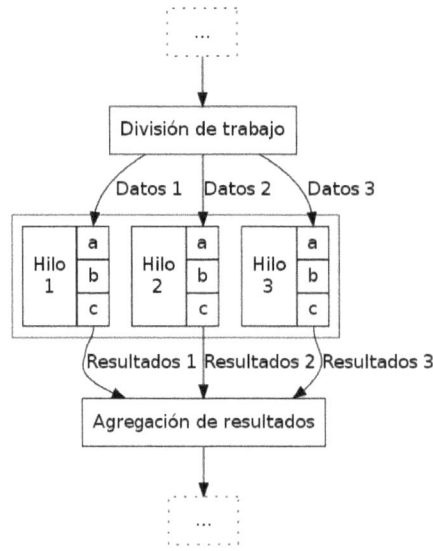

Figura 3.3. Patrón de hilos *Equipo de trabajo*.

Línea de ensamblado si una tarea larga puede dividirse en pasos sobre bloques de la información total a procesar, cada hilo puede enfocarse a hacer sólo un paso y pasarle los datos a otro hilo conforme vaya terminando. Una de las principales ventajas de este modelo es que ayuda a mantener rutinas simples de comprender, y permite que el procesamiento de datos continúe, incluso si parte del programa está bloqueado esperando E/S.

Un punto importante a tener en cuenta en una línea de ensamblado es que, si bien los hilos trabajan de forma secuencial, pueden estar ejecutándose paralelamente sobre bloques consecutivos de información, eventos, etcétera.

Este patrón es claramente distinto de los dos anteriormente presentados; si bien en los anteriores los diferentes hilos (a excepción del hilo *jefe*) eran casi siempre idénticos (aplicando las mismas operaciones a distintos conjuntos de datos), en este caso son todos completamente distintos.

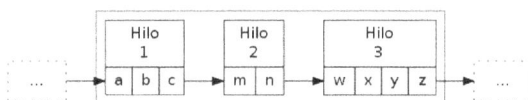

Figura 3.4: Patrón de hilos *Línea de ensamblado.*

3.3. Concurrencia

3.3.1. Introducción

Desde un punto de vista formal, la *concurrencia* no se refiere a dos o más eventos que ocurren a la vez sino a dos o más eventos cuyo orden es *no determinista*, esto es, eventos acerca de los cuales *no se puede predecir el orden relativo en que ocurrirán.* Si bien dos procesos (o también dos hilos) completamente independientes entre sí ejecutándose simultáneamente son concurrentes, los temas que en la presente sección se expondrán se ocupan principalmente de procesos cuya ejecución está vinculada de alguna manera (p. ej.: dos procesos que comparten cierta información o que dependen uno del otro).

Aunque una de las tareas principales de los sistemas operativos es dar a cada proceso la ilusión de que se está ejecutando en una computadora dedicada, de modo que el programador no tenga que pensar en la competencia por recursos, a veces un programa requiere interactuar con otros: parte del procesamiento puede depender de datos obtenidos en fuentes externas, y la cooperación con hilos o procesos externos es fundamental.

Se verá que pueden aparecer muchos problemas cuando se estudia la interacción entre hilos del mismo proceso, la sincronización entre distintos procesos, la asignación de recursos por parte del sistema operativo a procesos simultáneos, o incluso cuando interactúan usuarios de diferentes computadoras de una red —se presentarán distintos conceptos relacionados con la concurrencia utilizando uno de esos escenarios, pero muchos de dichos conceptos en realidad son independientes del escenario: más bien esta sección se centra en la relación entre procesos que deben compartir recursos o sincronizar sus tareas.

Para presentar la problemática y los conceptos relacionados con la concurrencia suelen utilizarse algunos problemas clásicos, que presentan casos particulares muy simplificados, y puede encontrárseles relación con distintas cuestiones que un programador enfrentará en la vida real. Cada ejemplo presenta uno o más conceptos. Se recomienda comprender bien el ejemplo, el problema y la solución y desmenuzar buscando los casos límite como ejercicio antes de pasar al siguiente caso. También podría ser útil imaginar en qué circunstancia un sistema operativo se encontraría en una situación similar.

Para cada problema se mostrará *una forma* de resolverlo aunque en general hay más de una solución válida. Algunos de éstos fueron originalmente planteados como justificación del desarrollo de las estructuras de control presentadas o de nuevos paradigmas de concurrencia y muchos son aún objeto de debate e investigación.

Para profundizar más en este tema, se recomienda el libro The little book of semaphores (Downey 2008). En este libro (de libre descarga) se encuentran muchos ejemplos que ilustran el uso de semáforos, no sólo para resolver problemas de sincronización, sino como un mecanismo simple de comunicación entre procesos. También se desarrollan distintas soluciones para los problemas clásicos (y no tan clásicos).

3.3.2. Problema: el jardín ornamental

Descripción del problema

Un gran jardín ornamental se abre al público para que todos puedan apreciar sus fantásticas rosas, arbustos y plantas acuáticas. Por supuesto, se cobra una módica suma de dinero a la entrada para lo cual se colocan dos torniquetes, uno en cada una de sus dos entradas. Se desea conocer cuánta gente ha ingresado al jardín así que se instala una computadora conectada a ambos torniquetes: estos envían una señal cuando una persona ingresa al jardín. Se realiza un modelo simplificado de la situación, así que no se estudiarán los detalles del hardware utilizado. Aquí es importante notar que los dos torniquetes son objetos que existen y se comportan en paralelo e independientemente: los eventos que generan no tienen un orden predecible. Es decir, que cuando se escriba el software no se sabe en qué momento llegará cada visitante ni qué torniquete utilizará.

Se simulará un experimento en el que 20 visitantes ingresan por cada torniquete. Al final de la simulación deberá haber 40 visitantes contados. Una implementación tentativa podría ser la siguiente:[3]

```
1   int cuenta;
2
3   proceso torniquete1() {
4           int i;
5           for(i=0;i<20;i++) {
6                   cuenta = cuenta + 1;
7           }
8   }
9
10  proceso torniquete2() {
11          int i;
12          for(i=0;i<20;i++) {
13                  cuenta = cuenta + 1;
14          }
```

---

[3]Se utiliza una versión ficticia del lenguaje C para el ejemplo, evitando entrar en los detalles de sintáxis de un lenguaje concurrente.

```
15  }
16
17  main() {
18          cuenta = 0;
19          /* Lanzar ambos procesos concurrentemente*/
20          concurrentemente { //
21                  torniquete1();
22                  torniquete2();
23          }
24          /* Esperar a que ambos finalicen */
25          esperar(torniquete1);
26          esperar(torniquete2);
27          printf("Cuenta: %d\n", cuenta);
28  }
```

Como se ve el problema es muy sencillo. Sin embargo, al intentar ejecutar repetidas veces ese programa muy de vez en cuando el resultado no tiene el valor 40. Si se modifica el programa para utilizar un solo torniquete, `cuenta` siempre tiene el valor correcto (20).

¿Qué es lo que está ocurriendo? La mayor parte de los lenguajes de programación convierten cada instrucción en una serie más o menos larga de operaciones de máquina (instrucciones ensamblador). De modo que una instrucción aparentemente simple, como `cuenta = cuenta + 1` habitualmente implica varias operaciones de más bajo nivel (las instrucciones de ejemplo corresponden a arquitecturas Intel x86):

LEER Leer `cuenta` desde la memoria (p. ej. `mov $cuenta,%rax`).

INC Incrementar el registro (p. ej. `add $1,%rax`).

GUARDAR Guardar el resultado nuevamente en memoria (p. ej. `mov%rax, $cuenta`).

En un sistema operativo multitarea cuando un proceso agota su porción de tiempo de procesador (quantum) o detiene su ejecución por otra razón, los valores almacenados en registros se preservan (junto con la información sobre el proceso) para poder restaurarlo cuando la ejecución continúe (de esta forma se provee la ilusión de la multitarea en sistemas de un solo núcleo). Así, en el problema del jardín ornamental cada torniquete tiene su propia copia de los valores en los registros. Sin embargo, se supone que el resto de la memoria es compartida (en particular, se utiliza ese hecho para llevar la cuenta de personas que ingresan).

Si se considera lo que ocurre cuando dos procesos (p. ej. `torniquete1` y `torniquete2`) ejecutan la instrucción `cuenta = cuenta + 1` en un equipo con un solo procesador, puede darse la siguiente secuencia de eventos. Se considera que `cuenta` está inicialmente en `0`.

1. `cuenta = 0`

2. `torniquete1:` LEER (resultado: `rax` de $p_1 = 0$, `cuenta = 0`)

3. `torniquete1:` INC (resultado: `rax` de $p_1 = 1$, `cuenta = 0`)

4. `torniquete1:` GUARDAR (resultado: `rax` de $p_1 = 1$, `cuenta = 1`)

5. El sistema operativo decide cambiar de tarea, suspende `torniquete1` y continúa con `torniquete2`.

6. `torniquete2:` LEER (resultado: `rax` de $p_2 = 1$, `cuenta = 1`)

7. `torniquete2:` INC (resultado: `rax` de $p_2 = 2$, `cuenta = 1`)

8. `torniquete2:` GUARDAR (resultado: `rax` de $p_2 = 2$, `cuenta = 2`)

Se puede ver que ambos procesos realizaron sus instrucciones para incrementar el contador en 1 y el resultado final fue que la cuenta se incrementó en dos unidades.

Pero, también puede darse la siguiente secuencia de eventos durante la ejecución de estas instrucciones:

1. `cuenta = 0`

2. `torniquete1:` LEER (resultado: `rax` de $p_1 = 0$, `cuenta = 0`)

3. `torniquete1:` INC (resultado: `rax` de $p_1 = 1$, `cuenta = 0`)

4. El sistema operativo decide cambiar de tarea, suspende `torniquete1` y continúa con `torniquete2`.

5. `torniquete2:` LEER (resultado: `rax` de $p_2 = 0$, `cuenta = 0`)

6. `torniquete2:` INC (resultado: `rax` de $p_2 = 1$, `cuenta = 0`)

7. `torniquete2:` GUARDAR (resultado: `rax` de $p_2 = 1$, `cuenta = 1`)

8. El sistema operativo decide cambiar de tarea, suspende `torniquete2` y continua con `torniquete1`.

9. `torniquete1:` GUARDAR (resultado: `rax` de $p_1 = 1$, `cuenta = 1`)

Nuevamente ambos procesos ejecutaron sus instrucciones para incrementar en 1 el contador. Sin embargo, ¡en este caso `cuenta` tiene el valor 1! A este problema también se lo conoce como *problema de las actualizaciones múltiples*.

Esto parece muy específico Si bien este análisis presenta aparentemente una problemática específica al planteamiento en cuestión es fácil ver que la misma circunstancia podría darse en un sistema de reserva de vuelos (p. ej.: puede que dos operadores vean un asiento vacío en su copia local de los asientos y ambos marquen el mismo asiento como ocupado) o con dos procesos que decidan cambiar simultáneamente datos en un archivo. Aquí las operaciones ya no son necesariamente internas de la máquina.

¿Pero no es muy poco probable? Por otro lado, uno podría pensar (con cierta cuota de razón) que la secuencia de eventos propuesta es muy poco probable: usualmente un sistema operativo ejecuta miles de instrucciones antes de cambiar de un proceso a otro. De hecho, en la práctica este problema es muy frecuentemente ignorado y los programas funcionan muy bien la mayoría de las veces. Esto permite ver una característica importante de los programas concurrentes: es muy usual que un programa funcione perfectamente la mayor parte del tiempo, pero de vez en cuando puede fallar. Subsecuentes ejecuciones con los mismos argumentos producen nuevamente el resultado correcto. Esto hace que los problemas de concurrencia sean muy difíciles de detectar y más aun de corregir. Es importante (y mucho más efectivo) realizar un buen diseño inicial de un programa concurrente en lugar de intentar arreglarlo cuando se detecta alguna falla. También es interesante notar que dependiendo del sistema, puede ser que alguna de las instrucciones sea muy lenta, en el caso de un sistema de reserva de asientos de aviones, las operaciones pueden durar un tiempo importante (p. ej.: desde que el operador muestra los asientos disponibles hasta que el cliente lo elige) haciendo mucho más probable que ocurra una secuencia no deseada.

¿Vale la pena preocuparse? A modo de ilustración de la gravedad del problema, éstos son algunos valores para el resultado final de la variable `cuenta` cuando se ejecuta el programa anterior en Pascal-FC (Burns y Davies 1993a; Burns y Davies 1993b): 25 29 31 20 21 26 27 18 31 35. Nótese que incluso uno de los valores es menor que *20* (que es lo mínimo que cuenta cada torniquete). Es un ejercicio interesante pensar qué secuencia de eventos podría producir tal valor y cuál es el mínimo valor posible.

Pero tenemos muchos núcleos Otra cuestión que puede parecer artificiosa es que en el ejemplo hay un solo procesador o núcleo. Sin embargo, tener más de un procesador no sólo no soluciona el problema sino que lo empeora: ahora las operaciones de lectura o escritura pueden ejecutarse directamente en paralelo y aparecen nuevos problemas de coherencia de caché. En la siguiente discusión muchas veces se presupone que hay un solo procesador, sin que eso invalide la discusión para equipos multiprocesadores.

Algunos conceptos de concurrencia

Antes de abordar algunas posibles soluciones al problema, se presentan las definiciones de algunos conceptos importantes.

Operación atómica Manipulación de datos que requiere la garantía de que se ejecutará como una sóla unidad de ejecución, o fallará completamente, sin resultados o estados parciales observables por otros procesos o el entorno. Esto no necesariamente implica que el sistema no retirará el flujo de ejecución en medio de la operación, sino que *el efecto de que se le retire el flujo* no llevará a un comportamiento inconsistente.

Condición de carrera (*Race condition*) Categoría de errores de programación que involucra a dos procesos que fallan al comunicarse su estado mutuo, llevando a resultados inconsistentes. Es uno de los problemas más frecuentes y difíciles de depurar, y ocurre típicamente por no considerar la *no atomicidad* de una operación

Sección (o región) crítica El área de código que requiere ser protegida de accesos simultáneos donde se realiza la modificación de datos compartidos.

Recurso compartido Un recurso al que se puede tener acceso desde más de un proceso. En muchos escenarios esto es un variable en memoria (como `cuenta` en el jardín ornamental), pero podrían ser archivos, periféricos, etcétera.

Dado que el sistema no tiene forma de saber cuáles instrucciones (o áreas del código) deben funcionar de forma atómica, el programador debe asegurar la atomicidad de forma explícita, mediante la sincronización de los procesos. El sistema no debe permitir la ejecución de parte de esa área en dos procesos de forma simultánea (sólo puede haber un proceso en la sección crítica en un momento dado).

- ¿Y qué tiene que ver esto con el problema del jardín ornamental?
  En el problema hay claramente un *recurso compartido* que es la `cuenta`, por tanto, el código que modifica la cuenta constituye una *sección crítica* y la operación `cuenta = cuenta + 1` debe ser una *operación atómica*. La secuencia de eventos que se mostró es una *condición de carrera*: el segundo torniquete presume un estado (`cuenta = 0`) que no es el mismo que conoce el `torniquete1` (`cuenta = 1`).

Soluciones posibles (y no tanto)

El planteamiento del problema del jardín ornamental busca llevar al lector a ir encontrando, mediante sucesivos refinamientos, los mecanismos principales que se emplean para resolver –en general– los problemas que implican el acceso concurrente a una sección crítica. Se presentan a continuación los sucesivos *intentos*.

Intento 1: No utilizar multitarea En este sencillo ejemplo una posible solución es utilizar únicamente una entrada (o torniquete). Esto podría ser una solución en tanto que no haya mucha gente que haga cola para entrar. Sin embargo, en un sistema análogo de reserva de pasajes aéreos no parece tener mucho sentido que todos los pasajeros deban ir a Japón a sacar su pasaje. Por otro lado, ya deberían ser claras las ventajas de la multitarea y el poseer distintos núcleos.

Intento 2: Suspender la multitarea durante la sección crítica Una versión más relajada de la alternativa anterior es suspender la multitarea durante la ejecución de la sección crítica. Así, un torniquete deberá hacer:

```
1  disable(); /* Suspender temporal las interrupciones */
2  cuenta = cuenta + 1;
3  enable(); /* Habilitar nuevamente las interrupciones */
```

Durante el lapso en el que las interrupciones están suspendidas no puede haber un cambio de contexto pues el planificador depende de la interrupción del reloj (salvo que el proceso realice una llamada bloqueante durante la región crítica).

Esta solución puede resultar conveniente para sistemas sencillos, pero en un sistema multiusuario se torna inusable por varios motivos:

- Permitir que un programa de usuario deshabilite las interrupciones en un sistema operativo de propósito general involucra un gran problema de seguridad: cualquier usuario podría hacer un programa malicioso (o sencillamente erróneo) que deshabilite las interrupciones y suspenda indefinidamente el resto del sistema.

- No funciona para sistemas distribuidos (como el sistema de reserva de pasajes aéreos), ni siquiera para sistemas multinúcleo o multiprocesador, ya que las interrupciones se deshabilitan en un solo núcleo (si bien también es posible detener a los demás procesadores, representa un costo demasiado alto).

- Expone detalles de hardware y podría provocar mal funcionamiento de algún periférico si el procesamiento de la sección crítica es demasiado largo.

Intento 3: Utilizar una bandera Utilizar una bandera parece ser una solución muy sencilla: mediante una variable de bandera se indica si hay un proceso en la región crítica:

```
1   int bandera = 0;  /* 0 => región crítica libre, 1 =>
        ocupada */
2   int cuenta = 0;
3   /* ... */
4
5   /* Torniquete1 */
6   /* ... */
7   if (bandera) wait;
8   /* Aquí bandera=0 */
9   bandera = 1;  /* Inicio de la sección crítica */
10  cuenta = cuenta + 1;
11  bandera = 0;  /* Fin de la sección crítica */
```

Sin embargo esto no funciona, ahora puede darse la siguiente secuencia de eventos:

1. `bandera==0;`

2. `torniquete2:if (bandera) wait;`

3. Nuevo cambio de contexto

4. `torniquete1:if (bandera) wait;`

5. `torniquete1:bandera = 1;`

6. `torniquete2:bandera = 1;`

7. `torniquete2:cuenta = cuenta + 1;`

8. `torniquete1:cuenta = cuenta + 1;  /* Ups, no se respetó la región crítica */`

Pero nótese que el problema aquí es que la bandera también es un recurso compartido: lo único que ha cambiado es que ahora la sección crítica está en otro lugar. La solución funcionaría si se pudiera garantizar que la secuencia de operaciones se realizara atómicamente:

```
1   if (bandera) wait;
2   bandera = 1
```

Intento 4: Manejar la bandera con instrucciones atómicas Algunas arquitecturas de computadoras permiten realizar determinadas operaciones sencillas (como actualizar una bandera) de forma atómica (p. ej.: VAX tiene la instrucción `test_and_set` y el i386 tiene la instrucción INC).

Usando esto, la solución es:

```
1   int bandera;  /* 0 => desocupada */
2
3   while (++bandera != 1) {
```

```
4        bandera--;  /* Debe generar "INC" */
5    }
6    /* Sección crítica */
7    cuenta = cuenta + 1;
8
9    bandera--;
```

Esto funciona correctamente siempre que la operación ++*bandera* sea atómica. Sin embargo, hay dos problemas a considerar: un proceso puede permanecer mucho tiempo repitiendo el ciclo:

```
1    while (++bandera!=1) {
2        bandera--;
3    }
```

De hecho, si el sistema operativo decide darle alta prioridad a este proceso es posible que esté un tiempo infinito en este ciclo, impidiendo que otro proceso decremente la bandera. Y aún cuando el sistema operativo decida cambiar de proceso en el siguiente tic de reloj, es evidente que se podría aprovechar el procesador para hacer algo útil durante ese tiempo y que suspender el proceso de otra manera le da más posibilidad a otros procesos para que cambien la bandera. A esto se lo conoce como *espera activa* o *espera ocupada* (*busy waiting* o *spinlock*) y es una situación que se desea evitar.

El otro problema tiene que ver con el hardware: determinadas arquitecturas no permiten instrucciones que lean y actualicen en una única operación una dirección de memoria (se requiere una operación para leer y otra para escribir). En particular, ninguna arquitectura tipo RISC lo permite (p. ej.: SPARC, RS 6000, . . .).

Intento 5: Utilizar turnos Una alternativa para evitar el problema de la actualización múltiple a una bandera es emplear una variable adicional que indique a qué proceso corresponde avanzar en todo momento, esto es, utilizar turnos:

```
1    int turno = 1;  /* Inicialmente el turno es del proceso 1 */
```

Ahora el código del proceso 1 contendría algo como:

```
1    while (turno != 1) {
2        esperar();  /* ¿Otro proceso? */
3    }
4    /* Sección crítica */
5    cuenta = cuenta + 1;
6    turno = 2;
```

Y el del proceso dos:

```
1   while (turno != 2) {
2       esperar();
3   }
4   /* Sección crítica */
5   cuenta = cuenta + 1;
6   turno = 1;
```

Esto garantiza que no hay dos procesos en sección crítica. Pero nótese
que hacer esto equivale a tener un solo torniquete: sólo podrá haber una
persona ingresando a la vez... o incluso peor, las personas deberán utilizar alternativamente los torniquetes. Así que, si bien esto soluciona el
problema de la actualización múltiple, en realidad es una respuesta muy
restrictiva: un proceso que no está en la sección crítica puede obligar a
que otro proceso espere mucho tiempo para ingresar a la sección crítica.
De aquí en más se buscarán soluciones en las que no ocurra esto.

Intento 6: Indicar la intención de entrar a la sección crítica Para paliar los efectos de la solución anterior se puede intentar indicar si el otro proceso
también está queriendo entrar en la sección crítica. El código sería:

```
1   int b1, b2;
2   /* ... */
3
4   /* Proceso 1: */
5   /* ... */
6   b1 = 1;
7   if (b2) {
8       esperar();
9   }
10  /* Sección crítica */
11  cuenta = cuenta + 1;
12  b1 = 0;
13  /* ... */
14  /* Proceso 2: */
15  /* ... */
16  b2 = 1;
17  if (b1) {
18      esperar();
19  }
20  /* Sección crítica */
21  cuenta = cuenta + 1;
22  b2 = 0;
23  /* ... */
```

Nuevamente aquí está garantizado que no puede haber dos procesos en la región crítica, pero este enfoque sufre de un problema grave: ambos pueden bloquearse mutuamente (si el proceso 1 coloca su bandera en 1 y luego se cambia el control al proceso 2, el cual también colocará su bandera en 1).

Una solución: el algoritmo de Peterson

La primera solución a este problema fue propuesta por el matemático Theodorus Dekker en 1957. Sin embargo su explicación es bastante extensa (aunque perfectamente comprensible). Se presentará la solución planteada por Peterson unos cuantos años más tarde (Peterson 1981).

La solución está basada en una combinación de los intentos anteriores: utilizar banderas para indicar qué proceso puede entrar, pero además usa un turno para *desempatar* en caso de que ambos procesos busquen entrar a la vez. En cierto modo es un algoritmo *amable*: si un proceso detecta que el otro fue el primero en actualizar el turno, entonces lo deja pasar:

```
1   int bandera1, bandera2;
2   int quien;
3
4   /* Proceso 1: */
5   ...
6   bandera1=1;
7   quien=2;
8   if ( bandera2 && (quien==2)) {
9       esperar();
10  }
11  /* Sección crítica */
12  cuenta = cuenta + 1;
13  bandera1=0;
14
15  /* Proceso 2: */
16  ...
17  bandera2=1;
18  quien=1;
19  if ( bandera1 && quien==1) {
20      esperar();
21  }
22  /* Sección crítica */
23  cuenta = cuenta + 1;
24  bandera2=0;
```

Cabe apuntar las siguientes notas sobre la solución de Peterson:

Espera activa La solución presentada mantiene todavía el problema de la espera activa (también llamados *spinlocks*): un proceso puede consumir mucho tiempo de procesador sólo para esperar que otro proceso cambie una bandera lo cual, en un sistema con manejo de *prioridades*, puede resultar dañino para el desempeño global. Una forma de mitigar los efectos es forzar (o sugerir) cambios de contexto en esos puntos mediante una *primitiva* del lenguaje o del sistema operativo (p. ej.: `sleep` o `yield`), pero debe resultar claro que de ninguna forma es una solución general. Por esta razón los sistemas operativos o lenguajes suelen proveer alguna abstracción para soportar explícitamente operaciones atómicas o darle una solución más elegante al problema. Se verán algunas de esas abstracciones más adelante.

Para mayores detalles acerca de las razones, ventajas y desventajas del uso de *spinlocks* en sistemas operativos reales, referirse al artículo *Spin Locks & Other Forms of Mutual Exclusion* (Baker 2010).

Solución para más procesos El algoritmo de Peterson sirve únicamente cuando hay dos procesos que compiten para acceder a una región crítica. ¿Qué se puede hacer si hay más de dos entradas al jardín, o si hay más de dos puntos de venta de pasajes aéreos? La solución a este problema más general fue propuesta por Dijkstra (1965); posteriormente Eisenberg y McGuire (1972) y Lamport (1974) presentaron distintas soluciones adicionales.

La más ampliamente utilizada y sencilla de entender es la propuesta por Lamport, también conocida como el *algoritmo de la panadería* por su semejanza con el sistema de turnos utilizado para atender a los clientes en una panadería.

Solución para equipos multiprocesadores Esta solución (y también la de Lamport y todos los autores mencionadas hasta ahora) falla en equipos multiprocesadores, pues aparecen problemas de coherencia de caché. Se necesitan precauciones especiales en equipos con más de un procesador.

3.3.3. Mecanismos de sincronización

En la presente sección se enumeran los principales mecanismos que pueden emplearse para programar considerando a la concurrencia: candados, semáforos y variables de condición.

Regiones de exlcusión mutua: candados o *mutexes*

Una de las alternativas que suele ofrecer un lenguaje concurrente o sistema operativo para evitar la *espera activa* a la que obliga el algoritmo de Peterson (o similiares) se llama *mutex* o *candado* (lock).

La palabra *mutex* nace de la frecuencia con que se habla de las *regiones de exclusión mutua (mutual exclusion)*. Es un mecanismo que asegura que cierta región del código será ejecutada como si fuera atómica.

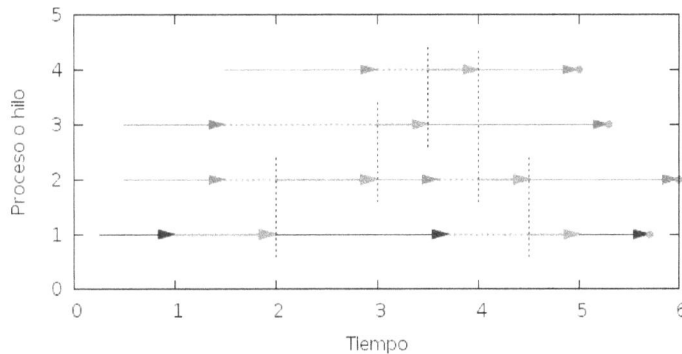

Figura 3.5: Sincronización: la exclusión de las *secciones críticas* entre varios procesos se protegen por medio de regiones de *exclusión mutua*. La figura ilustra varios procesos que requieren de una misma sección crítica; las flechas punteadas representan el tiempo que un proceso está a la espera de que otro libere el paso para dicha sección, y las punteadas verticales indican la transferencia del *candado*.

Hay que tener en cuenta que un *mutex no implica* que el código no se va a interrumpir mientras se está dentro de esta región —eso sería muy peligroso, dado que permitiría que el sistema operativo pierda el control del planificador, volviendo (para propósitos prácticos) a un esquema de multitarea cooperativa. El *mutex* es un *mecanismo de prevención*, que mantiene en espera a cualquier hilo o proceso que quiera entrar a la *sección crítica* protegida por el *mutex*, reteniéndolo antes de entrar a ésta hasta que el proceso que la está ejecutando salga de ella. Si no hay ningún hilo o proceso en dicha sección crítica (o cuando un hilo sale de ella), uno solo de los que esperan podrá ingresar.

Como se vio en el ejemplo anterior, para que un *mutex* sea efectivo tiene que ser implementado mediante una *primitiva* a un nivel inferior,[4] implicando al planificador.

El problema de la actualización múltiple que surge en el caso de la venta de pasajes aéreos podría reescribirse de la siguiente manera empleando un *mutex*:

```perl
1  use threads::shared;
2  my ($proximo_asiento :shared, $capacidad :shared);
3  $capacidad = 40;
4
5  sub asigna_asiento {
6    lock($proximo_asiento);
7    if ($proximo_asiento < $capacidad) {
8      $asignado = $proximo_asiento;
```

---

[4]¿Qué significa inferior? Las llamadas de sincronización entre hilos deben implementarse por lo menos en el nivel del proceso que los contiene; aquellas que se realizan entre procesos independientes, deben implementarse en el nivel del sistema operativo. Debe haber un agente *más abajo* en niveles de abstracción, en control *real* del equipo de cómputo, ofreciendo estas operaciones.

```
 9      $proximo_asiento += 1;
10      print "Asiento asignado: $asignado\n";
11    } else {
12      print "No hay asientos disponibles\n";
13      return 1;
14    }
15    return 0;
16  }
```

Se debe tener en cuenta que en este caso se utiliza una implementación de hilos, esto hace que la solución sea dependiente del lenguaje específico de implementación, en este caso Perl. Al ser `$proximo_asiento` una variable compartida tiene algunas *propiedades* adicionales, en este caso, la de poder operar como un *mutex*. La implementación en Perl resulta muy *limpia*, dado que evita el uso de un candado explícito —se podría leer la línea seis como *exclusión mutua sobre* `$proximo_asiento`.

En la implementación de hilos de Perl, la función `lock()` utiliza un *mutex* delimitado por el *ámbito léxico* de su invocación: el área de exclusión mutua abarca desde la línea seis en que es invocada hasta la 15 en que termina el bloque en que se invocó.

Un área de exclusión mutua debe:

Ser mínima Debe ser *tan corta como sea posible*, para evitar que otros hilos queden bloqueados fuera del área crítica. Si bien en este ejemplo es demasiado simple, si se hiciera cualquier llamada a otra función (o al sistema) estando dentro de un área de exclusión mutua, se detendría la ejecución de todos los demás hilos por mucho más tiempo del necesario.

Ser completa Se debe analizar bien cuál es el área a proteger y no arriesgarse a proteger de menos. En este ejemplo, se podría haber puesto `lock($asignado)` dentro del `if`, dado que sólo dentro de su evaluación positiva se modifica la variable `$proximo_asiento`. Sin embargo, si la ejecución de un hilo se interrumpiera entre las líneas ocho y nueve, la condición del `if` se podría evaluar incorrectamente.

Como comparación, una rutina equivalente escrita en Bash (entre procesos independientes y utilizando a los archivos `/tmp/proximo_asiento` y `/etc/capacidad` como un mecanismo para compartir datos) sería:

```
1  asigna_asiento() {
2    lockfile /tmp/asigna_asiento.lock
3    PROX=$(cat /tmp/proximo_asiento || echo 0)
4    CAP=$(cat /etc/capacidad || echo 40)
5    if [ $PROX -lt $CAP ]
6      then
7        ASIG=$PROX
```

```
 8        echo $(($PROX+1)) > /tmp/proximo_asiento
 9        echo "Asiento asignado: $ASIG"
10    else
11        echo "No hay asientos disponibles"
12        return 1;
13    fi
14    rm -f /tmp/asigna_asiento.lock
15  }
```

Cabe mencionar que `lockfile` no es una función implementada en Bash, sino que envuelve a una *llamada al sistema*. El sistema operativo garantiza que la verificación y creación de este *candado* se efectuará de forma atómica.

Un *mutex* es, pues, una herramienta muy sencilla, y podría verse como la pieza básica para la sincronización entre procesos. Lo fundamental para emplearlos es identificar las regiones críticas del código, y proteger el acceso *con un mecanismo apto de sincronización*, que garantice atomicidad.

Semáforos

La interfaz ofrecida por los *mutexes* es muy sencilla, pero no permite resolver algunos problemas de sincronización. Edsger Dijkstra, en 1968, propuso los *semáforos*.[5]

Un semáforo es una variable de tipo entero que tiene definida la siguiente interfaz:

Inicialización Se puede inicializar el semáforo a cualquier valor entero, pero después de esto, su valor no puede ya ser leído. Un semáforo es una *estructura abstracta*, y su valor es tomado como *opaco* (invisible) al programador.

Decrementar Cuando un hilo decrementa el semáforo, si el valor es negativo, el hilo se *bloquea* y no puede continuar hasta que *otro hilo* incremente el semáforo. Según la implementación, esta operación puede denominarse `wait`, `down`, `acquire` o incluso P (por ser la inicial de *proberen te verlagen*, *intentar decrementar* en holandés, del planteamiento original en el artículo de Dijkstra).

Incrementar Cuando un hilo incrementa el semáforo, si hay hilos esperando, uno de ellos es *despertado*. Los nombres que recibe esta operación son `signal`, `up`, `release`, `post` o V (de *verhogen*, *incrementar*).

La interfaz de hilos POSIX (`pthreads`) presenta esas primitivas con la siguiente definición:

---

[5] El símil presentado por Dijkstra no es del semáforo vial, con una luz roja y una luz verde (dicho esquema se asemeja al del *mutex*). La referencia es a la del semáforo de tren, que permite el paso estando *arriba*, e indica espera estando *abajo*.

```
1   int sem_init(sem_t *sem, int pshared, unsigned int value);
2   int sem_post(sem_t *sem);
3   int sem_wait(sem_t *sem);
4   int sem_trywait(sem_t *sem);
```

La variable `pshared` indica si el semáforo puede ser compartido entre procesos o únicamente entre hilos. `sem_trywait` extiende la intefaz sugerida por Dijkstra: verifica si el semáforo puede ser decrementado y, en caso de que no, en vez de bloquearse, indica al proceso que no puede continuar. El proceso debe tener la lógica necesaria para no entrar en las secciones críticas (p. ej., intentar otra estrategia) en ese caso.

`sem_trywait` se sale de la definición clásica de semáforo, por lo que no se considera en esta sección.

Un semáforo permite la implementación de varios patrones, entre los cuales se mencionarán los siguientes:

Señalizar Un hilo debe informar a otro que cierta condición está ya cumplida —por ejemplo, un hilo prepara una conexión en red mientras que otro calcula lo que tiene que enviar. No se puede arriesgar a comenzar a enviar antes de que la conexión esté lista. Se inicializa el semáforo a 0, y:

```python
1   # Antes de lanzar los hilos
2   from threading import Semaphore
3   senal = Semaphore(0)
4
5   def envia_datos():
6       calcula_datos()
7       senal.acquire()
8       envia_por_red()
9
10  def prepara_conexion():
11      crea_conexion()
12      senal.release()
```

No importa si `prepara_conexion()` termina primero —en el momento en que termine, `senal` valdrá 1 y `envia_datos()` podrá proceder.

Rendezvous Así se denomina en francés (y ha sido adoptado al inglés) a quedar en una *cita*. Este patrón busca que dos hilos se esperen mutuamente en cierto punto para continuar en conjunto —por ejemplo, en una aplicación GUI, un hilo prepara la interfaz gráfica y actualiza sus eventos mientras otro efectúa cálculos para mostrar. Se desea presentar al usuario la simulación desde el principio, así que no debe empezar a calcular antes de que el GUI esté listo, pero preparar los datos del cálculo toma tiempo, y no se quiere esperar doblemente. Para esto, se implementan dos semáforos señalizándose mutuamente:

```
1   from threading import Semaphore, Thread
2   guiListo = Semaphore(0)
3   calculoListo = Semaphore(0)
4
5   Thread(target=maneja_gui, args=[]).start()
6   Thread(target=maneja_calculo, args=[]).start()
7
8   def maneja_gui():
9     inicializa_gui()
10    guiListo.release()
11    calculoListo.acquire()
12    recibe_eventos()
13
14  def maneja_calculo():
15    inicializa_datos()
16    calculoListo.release()
17    guiListo.acquire()
18    procesa_calculo()
```

Mutex El uso de un semáforo inicializado a uno puede implementar fácilmente un *mutex*. En Python:

```
1   mutex = Semaphore(1)
2   # ...Inicializar estado y lanzar hilos
3   mutex.acquire()
4   #  Aquí se está en la region de exclusión mutua
5   x = x + 1
6   mutex.release()
7   # Continúa la ejecucion paralela
```

Multiplex Permite la entrada de no más de *n* procesos a la región crítica. Si se lo ve como una generalización del *mutex*, basta con inicializar al semáforo al número máximo de procesos deseado.

Su construcción es idéntica a la de un *mutex*, pero es inicializado al número de procesos que se quiere permitir que ejecuten de forma simultánea.

Torniquete Una construcción que por sí sola no hace mucho, pero resulta útil para patrones posteriores. Esta construcción garantiza que un grupo de hilos o procesos *pasa por un punto determinado* de uno en uno (incluso en un ambiente multiprocesador):

```
1   torniquete = Semaphore(0)
2   # (...)
3   if alguna_condicion():
4     torniquete.release()
```

```
5  # (...)
6  torniquete.acquire()
7  torniquete.release()
```

En este caso, se ve primero una *señalización* que hace que todos los procesos esperen frente al torniquete hasta que alguno marque que `alguna_condicion()` se ha cumplido y libere el paso. Posteriormente, los procesos que esperan pasarán ordenadamente por el torniquete.

El torniquete por sí solo no es tan útil, pero su función se hará clara a continuación.

Apagador Cuando se tiene una situación de *exclusión categórica* (basada en categorías y no en procesos individuales —varios procesos de la misma categoría pueden entrar a la sección crítica, pero procesos de dos categorías distintas deben tenerlo prohibido), un *apagador* permite evitar la inanición de una de las categorías ante un flujo constante de procesos de la otra.

El apagador usa, como uno de sus componentes, un torniquete. Para ver una implementación ejemplo de un apagador, referirse a la solución presentada para el problema de los lectores y los escritores (sección 3.3.6).

Barrera Una barrera es una generalización de *rendezvous* que permite la sincronización entre varios hilos (no sólo dos), y no requiere que el papel de cada uno de los hilos sea distinto.

Esta construcción busca que ninguno de los hilos continúe ejecutando hasta que todos hayan llegado a un punto dado.

Para implementar una barrera, es necesario que ésta guarde algo de información adicional además del semáforo, particularmente, el número de hilos que se han lanzado (para esperarlos a todos). Esta será una variable compartida y, por tanto, requiere de un *mutex*. La inicialización (que se ejecuta antes de iniciar los hilos) será:

```
1  num_hilos = 10
2  cuenta = 0
3  mutex = Semaphore(1)
4  barrera = Semaphore(0)
```

Ahora, suponiendo que todos los hilos tienen que realizar, por separado, la inicialización de su estado, y ninguno de ellos debe comenzar el procesamiento hasta que todos hayan efectuado su inicialización:

```
1  inicializa_estado()
2
3  mutex.acquire()
```

```
 4  cuenta = cuenta + 1
 5  mutex.release()
 6
 7  if cuenta == num_hilos:
 8    barrera.release()
 9
10  barrera.acquire()
11  barrera.release()
12
13  procesamiento()
```

Las barreras son una construcción suficientemente útil como para que sea común encontrarlas "prefabricadas". En los hilos POSIX (pthreads), por ejemplo, la interfaz básica es:

```
1  int pthread_barrier_init(pthread_barrier_t  *barrier,
2                           const pthread_barrierattr_t
                                 *restrict attr,
3                           unsigned count);
4  int pthread_barrier_wait(pthread_barrier_t  *barrier);
5  int pthread_barrier_destroy(pthread_barrier_t *barrier);
```

Cola Se emplea cuando se tienen dos *clases de* hilos que deben proceder en pares. Este patrón es a veces referido como *baile de salón*: para que una pareja baile, hace falta que haya un *líder* y un *seguidor*. Cuando llega una persona al salón, verifica si hay uno de la otra clase esperando bailar. En caso de haberlo, bailan, y en caso contrario, espera a que llegue su contraparte.

El código para implementar esto es muy simple:

```
 1  colaLideres = Semaphore(0)
 2  colaSeguidores = Semaphore(0)
 3  # (...)
 4  def lider():
 5    colaSeguidores.release()
 6    colaLideres.acquire()
 7    baila()
 8  def seguidor():
 9    colaLideres.release()
10    colaSeguidores.acquire()
11    baila()
```

El patrón debe resultar ya familiar: es un *rendezvous*. La distinción es meramente semántica: en el *rendezvous* se necesitan dos hilos explícitamente, aquí se habla de dos clases de hilos.

Sobre este patrón base se pueden refinar muchos comportamientos. Por ejemplo, asegurar que sólo una pareja esté bailando al mismo tiempo, o asegurar que los hilos en espera vayan bailando en el orden en que llegaron.

Variables de condición

Las variables de condición presentan una extensión sobre el comportamiento de los *mutexes*, buscando darles la "inteligencia" de responder ante determinados eventos. Una variable de condición siempre opera *en conjunto con* un *mutex*, y en algunas implementaciones es necesario indicar cuál será dicho *mutex* desde la misma inicialización del objeto.[6]

Una variable de condición presenta las siguientes operaciones:

Espera Se le indica una condición y un *mutex*, el cual tiene que haber sido ya adquirido. Esta operación *libera* al *mutex*, y se bloquea hasta recibir una *notificación* de otro hilo o proceso. Una vez que la notificación es recibida, y antes de devolver la ejecución al hilo, *re-adquiere* el *mutex*.

Espera medida Tiene una semántica igual a la de la espera, pero recibe un argumento adicional, indicando el tiempo de expiración. Si pasado el tiempo de expiración no ha sido notificado, despierta al hilo regresándole un error (y sin re-adquirir el *mutex*).

Señaliza Requiere que el *mutex* ya haya sido adquirido. Despierta (señaliza) a uno o más hilos (algunas implementaciones permiten indicar como argumento a cuántos hilos) de los que están bloqueados en la espera asociada. *No* libera el *mutex* —esto significa que el flujo de ejecución *se mantiene en el invocante*, quien tiene que salir de su sección crítica (entregar el *mutex*) antes de que otro de los hilos continúe ejecutando.

Señaliza a todos Despierta a *todos los hilos* que estén esperando esta condición.

La interfaz de hilos POSIX (`pthreads`) presenta la siguiente definición:

```
1  pthread_cond_t cond = PTHREAD_COND_INITIALIZER;
2  int pthread_cond_init(pthread_cond_t *cond, pthread_condattr_t
       *cond_attr);
3  int pthread_cond_signal(pthread_cond_t *cond);
4  int pthread_cond_broadcast(pthread_cond_t *cond);
5  int pthread_cond_wait(pthread_cond_t *cond, pthread_mutex_t
       *mutex);
6  int pthread_cond_timedwait(pthread_cond_t *cond,
       pthread_mutex_t *mutex, const struct timespec *abstime);
7  int pthread_cond_destroy(pthread_cond_t *cond);
```

[6]Mientras que otras implementaciones permiten que se declaren por separado, pero siempre que se invoca a una variable de condición, debe indicársele qué *mutex* estará empleando.

3.3.4. Problema productor-consumidor

Planteamiento

En un entorno multihilos es común que haya una división de tareas tipo *línea de ensamblado*, que se puede generalizar a que un grupo de hilos van *produciendo* ciertas estructuras, a ser *consumidas* por otro grupo.

Un ejemplo de este problema puede ser un programa *orientado a eventos*, en que eventos de distinta naturaleza pueden producirse, y causan que se *disparen* los mecanismos que los puedan atender. Los eventos pueden *apilarse* en un buffer que será procesado por los hilos encargados conforme se vayan liberando. Esto impone ciertos requisitos, como:

- Debido a que el buffer es un recurso compartido por los hilos, agregar o retirar un elemento del buffer tiene que ser hecho de forma atómica. Si más de un proceso intentara hacerlo al mismo tiempo, se correría el riesgo de que se corrompan los datos.

- Si un consumidor está listo y el buffer está vacío, debe bloquearse (¡no realizar espera activa!) hasta que un productor genere un elemento.

Si no se tiene en cuenta la sincronización, el código sería tan simple como el siguiente:

```
1   import threading
2   buffer = []
3   threading.Thread(target=productor,args=[]).start()
4   threading.Thread(target=consumidor,args=[]).start()
5
6   def productor():
7     while True:
8       event = genera_evento()
9       buffer.append(event)
10
11  def consumidor():
12    while True:
13      event = buffer.pop()
14      procesa(event)
```

Pero el acceso a `buffer` no está protegido para garantizar la exclusión mutua, y podría quedar en un estado inconsistente si `append()` y `pop()` intentan manipular sus estructuras al mismo tiempo. Además, si bien en este ejemplo se asumió que hay solo un hilo productor y solo uno consumidor, se puede extender el programa para que haya varios hilos en cualquiera de estos papeles.

En este caso, la variable `event` no requiere de protección, dado que es local a cada hilo.

Solución

Para resolver este problema se usarán dos semáforos: mutex, que protege el acceso a la sección crítica, y elementos. El valor almacenado en elementos indica, cuando es positivo, cuántos eventos pendientes hay por procesar, y cuando es negativo, cuántos consumidores están listos y esperando un evento.

Una solución a este problema puede ser:

```
1   import threading
2   mutex = threading.Semaphore(1)
3   elementos = threading.Semaphore(0)
4   buffer = []
5   threading.Thread(target=productor, args=[]).start()
6   threading.Thread(target=consumidor, args=[]).start()
7
8   def productor():
9     while True:
10      event = genera_evento()
11      mutex.acquire()
12      buffer.append(event)
13      mutex.release()
14      elementos.release()
15
16  def consumidor():
17    while True:
18      elementos.acquire()
19      mutex.acquire()
20      event = buffer.pop()
21      mutex.release()
22      event.process()
```

Se puede ver que la misma construcción, un semáforo, es utilizada de forma muy distinta por mutex y elementos. mutex implementa una exclusión mutua clásica, delimitando tanto como es posible (a una sóla línea en este caso) al área crítica, y siempre apareando un acquire() con un release(). elementos, en cambio, es empleado como un verdadero semáforo: como una estructura para la sincronización. Sólo los hilos productores incrementan (sueltan) el semáforo, y sólo los consumidores lo decrementan (adquieren). Esto es, ambos semáforos comunican *al planificador* cuándo es posible despertar a algún consumidor.

Si se supone que genera_evento() es eficiente y no utiliza espera activa, esta implementación es óptima: deja en manos del planificador toda la espera necesaria, y no desperdicia recursos de cómputo esperando a que el siguiente elemento esté listo.

Como nota al pie, la semántica del módulo threading de Python incluye la declaración de contexto with. Todo objeto de threading que implemente `acquire()` y `release()` puede ser envuelto en un bloque `with`, aumentando la legibilidad y con exactamente la misma semántica; no se utilizó en este ejemplo para ilustrar el uso tradicional de los semáforos para implementar regiones de exclusión mutua, sin embargo y sólo para concluir con el ejemplo, la función `consumidor()` final podría escribirse así, y ser semánticamente idéntica:

```
1  def consumidor():
2    while True:
3      elementos.acquire()
4      with mutex:
5        event = buffer.pop()
6      event.process()
```

A pesar de ser más clara, no se empleará en este texto esta notación por dos razones. La primera es para mantener la conciencia de la semántica de las operaciones `acquire()` y `release()`, y la segunda es mantener la consistencia entre las distintas implementaciones, ya que se encontrarán varios casos en que no es el mismo hilo el que adquiere un semáforo y el que lo libera (esto es, los semáforos no siempre son empleados como *mutexes*).

3.3.5. Bloqueos mutuos e inanición

Cuando hay concurrencia, además de asegurar la atomicidad de ciertas operaciones, es necesario evitar dos problemas que son consecuencia natural de la existencia de la asignación de recursos de forma exclusiva:

Bloqueo mutuo (o *interbloqueo*; en inglés, *deadlock*) Situación que ocurre cuando dos o más procesos poseen determinados recursos, y cada uno queda detenido, a la espera de alguno de los que tiene el otro. El sistema puede seguir operando normalmente, pero ninguno de los procesos involucrados podrán avanzar.

Inanición (*resource starvation*) Situación en que un proceso no puede avanzar en su ejecución dado que necesita recursos que están (alternativamente) asignados a otros procesos.

El que se presenten estos conceptos aquí no significa que están *exclusivamente* relacionados con este tema: son conceptos que se enfrentan una y otra vez al hablar de asignación exclusiva de recursos —temática recurrente en el campo de los sistemas operativos.

3.3.6. Problema de los lectores y los escritores

Planteamiento

Una estructura de datos puede ser accedida simultáneamente por muchos procesos *lectores*, pero si alguno está escribiendo, se debe evitar que cualquier otro lea (dado que podría encontrarse con los datos en un estado inconsistente). Los requisitos de sincronización son

- Cualquier cantidad de lectores puede estar leyendo al mismo tiempo.

- Los escritores deben tener acceso exclusivo a la sección crítica.

- En pos de un comportamiento más justo: se debe evitar que un influjo constante de procesos lectores dejen a un escritor en situación de *inanición*.

Discusión

Este problema puede ser generalizado como una *exclusión mutua categórica*: se debe separar el uso de un recurso según la categoría del proceso. La presencia de un proceso en la sección crítica no lleva a la exclusión de otros, pero sí hay *categorías* de procesos que tienen distintas reglas — para los escritores *sí* hace falta una exclusión mutua completa.

Primera aproximación

Un primer acercamiento a este problema permite una resolución libre de bloqueos mutuos, empleando sólo tres estructuras globales: un contador que indica cuántos lectores hay en la sección crítica, un *mutex* protegiendo a dicho contador, y otro *mutex* indicando que no hay lectores ni escritores accediendo al buffer (o cuarto). Se implementan los *mutexes* con semáforos.

```
1   import threading
2   lectores = 0
3   mutex = threading.Semaphore(1)
4   cuarto_vacio = threading.Semaphore(1)
5
6   def escritor():
7     cuarto_vacio.acquire()
8     escribe()
9     cuarto_vacio.release()
10
11  def lector():
12    mutex.acquire()
13    lectores = lectores + 1
14    if lectores == 1:
15      cuarto_vacio.acquire()
```

```
16    mutex.release()
17
18    lee()
19
20    mutex.acquire()
21    lectores = lectores - 1
22    if lectores == 0:
23       cuarto_vacio.release()
24    mutex.release()
```

El semáforo `cuarto_vacio` sigue un patrón visto antes llamado *apagador*. El escritor utiliza al apagador como a cualquier *mutex*: lo utiliza para rodear a su sección crítica. El lector, sin embargo, lo emplea de otra manera. Lo primero que hace es verificar *si la luz está prendida*, esto es, si hay algún otro lector en el cuarto (si `lectores` es igual a 1). Si es el primer lector en entrar, prende la luz adquiriendo `cuarto_vacio` (lo cual evitará que un escritor entre). Cualquier cantidad de lectores puede entrar, actualizando su número. Cuando el último sale (`lectores` es igual a 0), apaga la luz.

El problema con esta implementación es que un flujo constante de lectores puede llevar a la inanición de un escritor, que está pacientemente parado esperando a que alguien apague la luz.

Solución

Para evitar esta condición de inanición, se puede agregar un *torniquete* evitando que lectores adicionales se *cuelen* antes del escritor. Reescribiendo:

```
1    import threading
2    lectores = 0
3    mutex = threading.Semaphore(1)
4    cuarto_vacio = threading.Semaphore(1)
5    torniquete = threading.Semaphore(1)
6
7    def escritor():
8       torniquete.acquire()
9       cuarto_vacio.acquire()
10      escribe()
11      cuarto_vacio.release()
12      torniquete.release()
13
14   def lector():
15      global lectores
16      torniquete.acquire()
17      torniquete.release()
18
19      mutex.acquire()
20      lectores = lectores + 1
```

```
21    if lectores == 1:
22      cuarto_vacio.acquire()
23    mutex.release()
24
25    lee()
26
27    mutex.acquire()
28    lectores = lectores - 1
29    if lectores == 0:
30      cuarto_vacio.release()
31    mutex.release()
```

En la implementación de los escritores, esto puede parecer inútil: únicamente se agregó un *mutex* redundante alrededor de lo que ya se tenía. Sin embargo, al hacer que el lector pase por un torniquete antes de actualizar `lectores`, obligando a que se mantenga encendida la luz, se lo fuerza a esperar a que el escritor suelte este *mutex* exterior. Nuevamente se puede ver cómo la misma estructura es tratada de dos diferentes maneras: para el lector es un torniquete, y para el escritor es un *mutex*.

3.3.7. La cena de los filósofos

Planteamiento

Cinco filósofos se dan cita para comer arroz en una mesa redonda. En ella, cada uno se sienta frente a un plato. A su derecha, tiene un palito chino, y a su izquierda tiene otro.

Los filósofos sólo saben `pensar()` y `comer()`. Cada uno de ellos va a `pensar()` un tiempo arbitrario, hasta que le da hambre. El hambre es mala consejera, por lo que intenta `comer()`. Los requisitos son:

- Sólo un filósofo puede sostener determinado palito a la vez, esto es, los palitos son recursos de acceso exclusivo.

- Debe ser imposible que un filósofo muera de inanición estando a la espera de un palito.

- Debe ser imposible que se presente un bloqueo mutuo.

- Debe ser posible que más de un filósofo pueda comer al mismo tiempo.

Discusión

En este caso, el peligro no es, como en el ejemplo anterior, que una estructura de datos sea sobreescrita por ser accedida por dos hilos al mismo tiempo, sino que se presenten situaciones en el curso normal de la operación que lleven a un bloqueo mutuo.

A diferencia del caso antes descrito, ahora se utilizarán los semáforos, no como una herramienta para indicar al planificador cuándo despertar a uno de los hilos, sino como una herramienta de comunicación entre los propios hilos.

Primer acercamiento

Los palillos pueden representarse como un arreglo de semáforos, asegurando la exclusión mutua (esto es, sólo un filósofo puede sostener un palillo al mismo tiempo), pero eso no evita el bloqueo mutuo. Por ejemplo, si la solución fuera:

```python
1  import threading
2  num = 5
3  palillos = [threading.Semaphore(1) for i in range(num)]
4
5  def filosofo(id):
6    while True:
7      piensa(id)
8      levanta_palillos(id)
9      come(id)
10     suelta_palillos(id)
11
12 def piensa(id):
13   # (...)
14   print "%d - Tengo hambre..." % id
15
16 def levanta_palillos(id):
17   palillos[(id + 1) % num].acquire()
18   print "%d - Tengo el palillo derecho" % id
19   palillos[id].acquire()
20   print "%d - Tengo ambos palillos" % id
21
22 def suelta_palillos(id):
23   palillos[(id + 1) % num].release()
24   palillos[id].release()
25   print "%d - Sigamos pensando..." % id
26
27 def come(id):
28   print "%d - ¡A comer!" % id
29   # (...)
30
31 filosofos = [threading.Thread(target=filosofo,
       args=[i]).start() for i in range(num)]
```

Podría pasar que todos los filósofos quieran comer al mismo tiempo y el planificador dejara suspendidos a todos con el palillo derecho en la mano.

Solución

Ahora, ¿qué pasa si se hace que algunos filósofos sean *zurdos*? Esto es, que levanten primero el palillo izquierdo y luego el derecho:

```
1  def levanta_palillos(id):
2    if (id % 2 == 0): # Zurdo
3      palillo1 = palillos[id]
4      palillo2 = palillos[(id + 1) % num]
5    else: # Diestro
6      palillo1 = paltos[(id + 1) % num]
7      palillo2 = palillos[id]
8    palillo1.acquire()
9    print "%d - Tengo el primer palillo" % id
10   palillo2.acquire()
11   print "%d - Tengo ambos palillos" % id
```

Al asegurar que dos filósofos contiguos no intenten levantar el mismo palillo, se tiene la certeza de que no se producirán bloqueos mutuos. De hecho, incluso si sólo uno de los filósofos es zurdo, se puede demostrar que no habrá bloqueos:

```
1  def levanta_palillos(id):
2    if id == 0: # Zurdo
3      palillos[id].acquire()
4      print "%d - Tengo el palillo izquierdo" % id
5      palillos[(id + 1) % num].acquire()
6    else: # Diestro
7      palillos[(id + 1) % num].acquire()
8      print "%d - Tengo el palillo derecho" % id
9      palillos[id].acquire()
10   print "%d - Tengo ambos palillos" % id
```

Cabe apuntar que ninguno de estos mecanismos asegura que en la mesa no haya *inanición*, sólo que no haya bloqueos mutuos.

3.3.8. Los fumadores compulsivos

Planteamiento

Hay tres fumadores empedernidos y un *agente* que, de tiempo en tiempo, consigue ciertos insumos. Los ingredientes necesarios para fumar son tabaco, papel y cerillos. Cada uno de los fumadores tiene una cantidad infinita de alguno de los ingredientes, pero no les gusta compartir. Afortunadamente, del mismo modo que no comparten, no son acaparadores.[7]

---

[7]Esto es, no buscan obtener y conservar los recursos *preventivamente*, sino que los toman sólo cuando satisfacen *por completo* sus necesidades.

De tiempo en tiempo, el agente consigue una dosis de dos de los ingredientes —por ejemplo, si deja en la mesa un papel y tabaco, el que trae los cerillos educadamente tomará los ingredientes, se hará un cigarro, y lo fumará.

Suhas Patil (1971) planteó este problema buscando demostrar que hay situaciones que no se pueden resolver con el uso de semáforos. Las condiciones planteadas son

- No se puede modificar el código del agente. Si el agente es un sistema operativo, ¡tiene sentido la restricción de no tenerle que notificar acerca de los flujos a cada uno de los programas que ejecuta!

- El planteamiento original de Patil menciona que no deben emplearse arreglos de semáforos o usar condicionales en el flujo. Esta segunda restricción haría efectivamente irresoluble al problema, por lo que se ignorará.

Primer acercamiento

Al haber tres distintos ingredientes, tiene sentido que se empleen tres distintos semáforos, para señalizar a los fumadores respecto a cada uno de los ingredientes. Un primer acercamiento podría ser:

```python
1   import random
2   import threading
3   ingredientes = ['tabaco', 'papel', 'cerillo']
4   semaforos = {}
5   semaforo_agente = threading.Semaphore(1)
6   for i in ingredientes:
7     semaforos[i] = threading.Semaphore(0)
8
9   threading.Thread(target=agente, args=[]).start()
10  fumadores = [threading.Thread(target=fumador,
        args=[i]).start() for i in ingredientes]
11
12  def agente():
13    while True:
14      semaforo_agente.acquire()
15      mis_ingr = ingredientes[:]
16      mis_ingr.remove(random.choice(mis_ingr))
17      for i in mis_ingr:
18        print "Proveyendo %s" % i
19        semaforos[i].release()
20
21  def fumador(ingr):
22    mis_semaf = []
23    for i in semaforos.keys():
24      if i != ingr:
```

```
25        mis_semaf.append(semaforos[i])
26    while True:
27      for i in mis_semaf:
28        i.acquire()
29      fuma(ingr)
30      semaforo_agente.release()
31
32 def fuma(ingr):
33    print 'Fumador con %s echando humo...' % ingr
```

El problema en este caso es que, al tener que cubrir un número de ingredientes mayor a uno, utilizar sólo un semáforo ya no funciona: si agente() decide proveer papel y cerillos, nada garantiza que no sea el fumador['cerillo'] el que reciba la primer señal o que fumador['tabaco'] reciba la segunda; para que este programa avance hace falta, más que otra cosa, la buena suerte de que las señales sean recibidas por el proceso indicado.

Solución

Una manera de evitar esta situación es la utilización de *intermediarios* encargados de notificar al hilo adecuado. Partiendo de que, respetando la primer restricción impuesta por Patil, no se puede modificar el código del agente, se implementan los intermediarios, se reimplementan los fumadores y se agregan algunas variables globales, de esta manera:

```
1  que_tengo = {}
2  semaforos_interm = {}
3  for i in ingredientes:
4    que_tengo[i] = False
5    semaforos_interm[i] = threading.Semaphore(0)
6  interm_mutex = threading.Semaphore(1)
7  intermediarios = [threading.Thread(target=intermediario,
       args=[i]).start() for i in ingredientes]
8
9  def fumador(ingr):
10   while True:
11     semaforos_interm[ingr].acquire()
12     fuma(ingr)
13     semaforo_agente.release()
14
15 def intermediario(ingr):
16   otros_ingr = ingredientes[:]
17   otros_ingr.remove(ingr)
18   while True:
19     semaforos[ingr].acquire()
20     interm_mutex.acquire()
21     found = True
```

```
22    for i in otros_ingr:
23      if que_tengo[i]:
24        que_tengo[i] = False
25        habilitado = list(otros_ingr)
26        habilitado.remove(i)
27        semaforos_interm[habilitado[0]].release()
28        found = True
29        break
30      if not found:
31        que_tengo[ingr] = True
32    interm_mutex.release()
```

Si bien se ve que el código de `fumador()` se simplifica (dado que ya no tiene que efectuar ninguna verificación), `intermediario()` tiene mayor complejidad. El elemento clave de su lógica es que, si bien el `agente()` (el sistema operativo) seguirá enviando una señal por cada ingrediente disponible, los tres intermediarios se sincronizarán empleando al arreglo `que_tengo` (protegido por `interm_mutex`), y de este modo cada hilo (independientemente del orden en que fue invocado) señalizará a los otros intermediarios qué ingredientes hay en la mesa, y una vez que sepa a qué fumador notificar, dejará el estado listo para recibir una nueva notificación.

3.3.9. Otros mecanismos

Más allá de los mecanismos basados en *mutexes* y semáforos, hay otros que emplean diferentes niveles de *encapsulamiento* para proteger las abstracciones. A continuación se presentan muy brevemente algunos de ellos.

Monitores

El principal problema con los mecanismos anteriormente descritos es que no sólo hace falta encontrar un mecanismo que permita evitar el acceso simultáneo a la sección crítica sin caer en bloqueos mutuos o inanición, sino que hay que *implementarlo correctamente*, empleando una semántica que requiere de bastante entrenamiento para entender correctamente.

Además, al hablar de procesos que compiten por recursos de una forma *hostil*, la implementación basada en semáforos puede resultar insuficiente. A modo de ejemplo, se mostrará por qué en el modelo original de Dijkstra (así como en los ejemplos presentados anteriormente) sólo se contemplan las operaciones de incrementar y decrementar, y no se permite verificar el estado (como lo ofrece `sem_trywait()` en `pthreads`):

```
1  while (sem_trywait(semaforo) != 0) {}
2  seccion_critica();
3  sem_post(semaforo);
```

El código presentado es absolutamente válido — pero cae en una *espera activa* que desperdicia innecesaria y constantemente tiempo de procesador (y no tiene garantía de tener más éxito que una espera pasiva, como sería el caso con un `sem_wait()`).

Por otro lado, algún programador puede creer que su código ejecutará suficientemente rápido y con tan baja frecuencia que la probabilidad de que usar la sección crítica le cause problemas sea muy baja. Es frecuente ver ejemplos como el siguiente:

```
1  /* Cruzamos los dedos... a fin de cuentas, ejecutaremos con
      baja frecuencia! */
2  seccion_critica();
```

Los perjuicios causados por este programador resultan obvios. Sin embargo, es común ver casos como éste.

Los *monitores* son estructuras provistas por el lenguaje o entorno de desarrollo que *encapsulan* tanto los datos *como las funciones que los pueden manipular*, impidiendo el acceso directo a las funciones potencialmente peligrosas. En otras palabras, son *tipos de datos abstractos* (*Abstract Data Types*, ADT), *clases* de *objetos*, y *exponen* una serie de *métodos públicos*, además de poseer *métodos privados* que emplean internamente.

Al no presentar al usuario/programador una interfaz que puedan *subvertir*, el monitor mantiene todo el código necesario para asegurar el acceso concurrente a los datos en un solo lugar.

Un monitor puede implementarse utilizando cualquiera de los mecanismos de sincronización presentados anteriormente —la diferencia radica en que esto se hace *en un solo lugar*. Los programas que quieran emplear el recurso protegido lo hacen incluyendo el código del monitor como módulo/biblioteca, lo cual fomenta la *reutilización de código*.

Como ejemplo, el lenguaje de programación *Java* implementa sincronización vía monitores entre hilos como una propiedad de la declaración de método, y lo hace directamente en la JVM. Si se declara un método de la siguiente manera:

```
1  public class SimpleClass {
2    // . . .
3    public synchronized void metodoSeguro() {
4      /* Implementación de metodoSeguro() */
5    // . . .
6    }
7  }
```

Y se inicializa a un `SimpleClass sc = new SimpleClass()`, cuando se llame a `sc.metodoSeguro()`, la máquina virtual verificará si ningún otro proceso está ejecutando `metodoseguro()`; en caso de que no sea así, le permitirá la ejecución obteniendo el candado, y en caso de sí haberlo, el hilo se bloqueará hasta que el candado sea liberado, esto es, la propiedad `synchronized` hace que todo acceso al método en cuestión sea protegido por una *mutex*.

El modelo de sincronización basado en monitores no sólo provee la exclusión mutua. Mediante *variables de condición* se puede también emplear una semántica parecida (aunque no igual) a la de los semáforos, con los métodos `var.wait()` y `var.signal()`. En el caso de los monitores, `var.wait()` suspende al hilo hasta que otro hilo ejecute `var.signal()`; en caso de no haber ningún proceso esperando, `var.signal()` no tiene ningún efecto (no cambia el estado de `var`, a diferencia de lo que ocurre con los semáforos).

Aquí se presenta, a modo de ilustración, la resolución del problema de la *cena de los filósofos* en C.[8] Esto demuestra, además, que si bien se utiliza semántica de orientación a objetos, no sólo los lenguajes clásicamente relacionados con la programación orientada a objetos permiten emplear monitores.

```
1   /* Implementacion para cinco filósofos */
2   #define PENSANDO 1
3   #define HAMBRIENTO 2
4   #define COMIENDO 3
5   pthread_cond_t  VC[5];  /* Una VC por filósofo */
6   pthread_mutex_t M;      /* Mutex para el monitor */
7   int estado[5];          /* Estado de cada filósofo */
8
9   void palillos_init () {
10      int i;
11      pthread_mutex_init(&M, NULL);
12      for (i = 0; i < 5; i++) {
13          pthread_cond_init(&VC[i], NULL);
14          estado[i] = PENSANDO;
15      }
16  }
17
18  void toma_palillos (int i) {
19      pthread_mutex_lock(&M)
20      estado[i] = HAMBRIENTO;
21      actualiza(i);
22      while (estado[i] == HAMBRIENTO)
23          pthread_cond_wait(&VC[i], &M);
24      pthread_mutex_unlock(&M);
25  }
26
27  void suelta_palillos (int i) {
28      pthread_mutex_lock(&M)
29      estado[i] = PENSANDO;
```

---

[8]Implementación basada en el ejemplo sobre la solución propuesta por Tanenbaum (Baker 2006).

```
30        actualiza((i - 1) % 5);
31        actualiza((i + 1) % 5);
32        pthread_mutex_unlock(&M);
33    }
34
35    void come(int i) {
36        printf("El filosofo %d esta comiendo\n", i);
37    }
38
39    void piensa(int i) {
40        printf("El filosofo %d esta pensando\n", i);
41    }
42
43    /* No incluir 'actualiza' en los encabezados, */
44    /* es una función interna/privada */
45    int actualiza (int i) {
46        if ((estado[(i - 1) % 5] != COMIENDO) &&
47            (estado[i] == HAMBRIENTO) &&
48            (estado[(i + 1) % 5] != COMIENDO)) {
49            estado[i] = COMIENDO;
50            pthread_cond_signal(&VC[i]);
51        }
52        return 0;
53    }
```

Esta implementación evita los bloqueos mutuos señalizando el estado de cada uno de los filósofos en el arreglo de variables estado[].

La lógica base de esta resolución marca en la verificación del estado propio y de los vecinos siempre que hay un cambio de estado: cuando el filósofo i llama a la función toma_palillos(i), esta se limita a adquirir el *mutex* M, marcar su estado como HAMBRIENTO, y llamar a la función interna actualiza(i). Del mismo modo, cuando el filósofo i termina de comer y llama a suelta_palillos(i), ésta función marca su estado como PENSANDO e invoca a actualiza() dos veces: una para el vecino de la izquierda y otra para el de la derecha.

Es importante recalcar que, dado que esta solución está estructurada como un monitor, ni actualiza() ni las variables que determinan el estado del sistema (VC, M, estado) son expuestas a los hilos invocantes.

La función actualiza(i) es la que se encarga de verificar (y modificar, de ser el caso) el estado no sólo del filósofo invocante, sino que de sus vecinos. La lógica de actualiza() permite resolver este problema abstrayendo (y eliminando) a los molestos palillos: en vez de preocuparse por cada palillo individual, actualiza() impide que dos filósofos vecinos estén COMIENDO al mismo tiempo, y dado que es invocada tanto cuando un filósofo toma_-palillos() como cuando suelta_palillos(), otorga el turno al vecino sin que éste tenga que adquirir explícitamente el control.

Estas características permite que la lógica central de cada uno de los filósofos se simplifique a sólo:

```
1   void *filosofo(void *arg) {
2     int self = *(int *) arg;
3     for (;;) {
4       piensa(self);
5       toma_palillos(self);
6       come(self);
7       suelta_palillos(self);
8     }
9   }
10
11  int main() {
12    int i;
13    pthread_t th[5];   /* IDs de los hilos filósofos */
14    pthread_attr_t attr = NULL;
15    palillos_init();
16    for (i=0; i<5; i++)
17      pthread_create(&th[i], attr, filosofo, (int*) &i);
18    for (i=0; i<5; i++)
19      pthread_join(th[i],NULL);
20  }
```

Al ser una solución basada en monitor, el código que invoca a `filosofo(i)` no tiene que estar al pendiente del mecanismo de sincronización empleado, puede ser comprendido más fácilmente por un lector casual y no brinda oportunidad para que un mal programador haga mal uso del mecanismo de sincronización.

Memoria transaccional

Un área activa de investigación hoy en día es la de la *memoria transaccional*. La lógica es ofrecer primitivas que protejan a *un conjunto de accesos a memoria* del mismo modo que ocurre con las bases de datos, en las que tras abrir una transacción, se puede realizar una gran cantidad (no ilimitada) de tareas, y al terminar con la tarea, *confirmarlas* (*commit*) o *rechazarlas* (*rollback*) atómicamente — y, claro, el sistema operativo indicará éxito o fracaso de forma atómica al conjunto entero.

Esto facilitaría mucho más aún la sincronización: en vez de hablar de *secciones críticas*, se podría reintentar la transacción y sólo preocuparse de revisar si fue exitosa o no, por ejemplo:

```
1   do {
2       begin_transaction();
3       var1 = var2 * var3;
```

```
4     var3 = var2 - var1;
5     var2 = var1 / var2;
6 } while (! commit_transaction());
```

Si en el transcurso de la transacción algún otro proceso modifica alguna de las variables, ésta se abortará, pero se puede volver a ejecutar.

Claro está, el ejemplo presentado desperdicia recursos de proceso (lleva a cabo los cálculos al tiempo que va modificando las variables), por lo cual sería un mal ejemplo de sección crítica.

Hay numerosas implementaciones en software de este principio (*Software Transactional Memory*, STM) para los principales lenguajes, aunque el planteamiento ideal sigue apuntando a una implementación en hardware. Hay casos en que, sin embargo, esta técnica puede aún llevar a resultados inconsistentes (particularmente si un proceso lector puede recibir los valores que van cambiando en el tiempo por parte de un segundo proceso), y el costo computacional de dichas operaciones es elevado, sin embargo, es una construcción muy poderosa.

3.4. Bloqueos mutuos

Un bloqueo mutuo puede ejemplificarse con la situación que se presenta cuando cuatro automovilistas llegan al mismo tiempo al cruce de dos avenidas del mismo rango en que no hay un semáforo, cada uno desde otra dirección. Los reglamentos de tránsito señalan que la precedencia la tiene *el automovilista que viene más por la derecha*. En este caso, cada uno de los cuatro debe ceder el paso al que tiene a la derecha —y ante la ausencia de un criterio humano que rompa el bloqueo, deberían todos mantenerse esperando por siempre.

Un bloqueo mutuo se presenta cuando (*Condiciones de Coffman*) (La Red, p. 185):

1. Los procesos reclaman control exclusivo de los recursos que piden (condición de *exclusión mutua*).

2. Los procesos mantienen los recursos que ya les han sido asignados mientras esperan por recursos adicionales (condición de *espera por*).

3. Los recursos no pueden ser extraídos de los procesos que los tienen hasta su completa utilización (condición de *no apropiatividad*).

4. Hay una cadena circular de procesos en la que cada uno mantiene a uno o más recursos que son requeridos por el siguiente proceso de la cadena (condición de *espera circular*).

Las primeras tres condiciones son *necesarias pero no suficientes* para que se produzca un bloqueo; su presencia puede indicar una situación de riesgo. Sólo cuando se presentan las cuatro se puede hablar de un bloqueo mutuo efectivo.

Otro ejemplo clásico es un sistema con dos unidades de cinta (dispositivos de acceso secuencial y no compartible), en que los procesos *A* y *B* requieren de ambas unidades. Dada la siguiente secuencia:

1. *A* solicita una unidad de cinta y se bloquea.

2. *B* solicita una unidad de cinta y se bloquea.

3. El sistema operativo otorga la unidad *1* a *A*, y le vuelve a otorgar la ejecución. *B* permanece bloqueado.

4. *A* continúa procesando; termina su periodo de ejecución.

5. El sistema operativo otorga la unidad *2* al proceso *B*, y lo vuelve a poner en ejecución.

6. *B* solicita otra unidad de cinta y se bloquea.

7. El sistema operativo no tiene otra unidad de cinta por asignar. Mantiene a *B* bloqueado; otorga el control de vuelta a *A*.

8. *A* solicita otra unidad de cinta y se bloquea.

9. El sistema operativo no tiene otra unidad de cinta por asignar. Mantiene bloqueado tanto *A* como *B* y otorga el control de vuelta a otro proceso (o queda en espera). En este caso ni *A* ni *B* serán desbloqueados nunca.

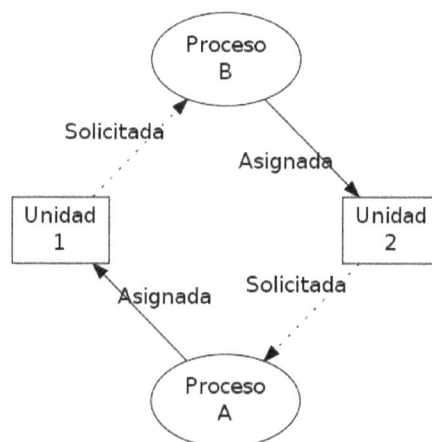

Figura 3.6: Esquema clásico de un bloqueo mutuo simple: los procesos *A* y *B* esperan mutuamente para el acceso a las unidades de cinta *1* y *2*.

Sin una política de prevención o resolución de bloqueos mutuos, no hay modo de que *A* o *B* continúen su ejecución. Se verán algunas estrategias para enfrentar los bloqueos mutuos.

En el apartado de *Exclusión mutua*, los hilos presentados estaban diseñados para *cooperar explícitamente*. Un sistema operativo debe ir más allá, tiene que implementar *políticas* que eviten, en la medida de lo posible, dichos bloqueos incluso entre procesos completamente independientes.

Las políticas tendientes a otorgar los recursos lo antes posible cuando son solicitadas pueden ser vistas como *liberales*, en tanto que las que controlan más la asignación de recursos, *conservadoras*.

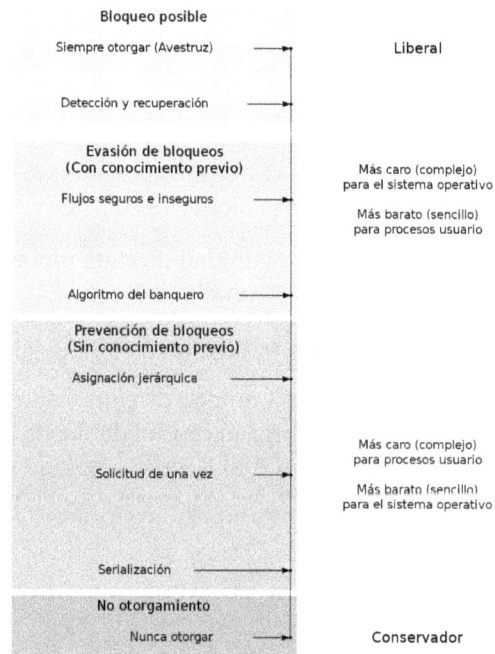

Figura 3.7: Espectro liberal-conservador de esquemas para evitar bloqueos.

Las líneas principales que describen las estrategias para enfrentar situaciones de bloqueo (La Red 2001: 188) son:

Prevención Se centra en modelar el comportamiento del sistema para que *elimine toda posibilidad* de que se produzca un bloqueo. Resulta en una utilización subóptima de recursos.

Evasión Busca imponer condiciones menos estrictas que en la prevención, para intentar lograr una mejor utilización de los recursos. Si bien no puede evitar *todas las posibilidades* de un bloqueo, cuando éste se produce busca *evitar* sus consecuencias.

Detección y recuperación El sistema *permite* que ocurran los bloqueos, pero busca *determinar si ha ocurrido* y tomar medidas para eliminarlo.

Busca despejar los bloqueos presentados para que el sistema continúe operando sin ellos.

3.4.1. Prevención de bloqueos

Se presentan a continuación algunos algoritmos que implementan la prevención de bloqueos.

Serialización

Una manera de evitar bloqueos *por completo* sería el que un sistema operativo jamás asignara recursos a más de un proceso a la vez — los procesos podrían seguir efectuando cálculos o empleando recursos *no rivales* (que no requieran acceso exclusivo — por ejemplo, empleo de archivos en el disco, sin que exista un acceso directo del proceso al disco), pero sólo uno podría obtener recursos de forma exclusiva al mismo tiempo. Este mecanismo sería la *serialización*, y la situación antes descrita se resolvería de la siguiente manera:

1. *A* solicita una unidad de cinta y se bloquea.

2. *B* solicita una unidad de cinta y se bloquea.

3. El sistema operativo otorga la unidad *1* a *A* y lo vuelve a poner en ejecución. *B* permanece bloqueado.

4. *A* continúa procesando; termina su periodo de ejecución.

5. El sistema operativo mantiene bloqueado a *B*, dado que *A* tiene un recurso asignado.

6. *A* solicita otra unidad de cinta y se bloquea.

7. El sistema operativo otorga la unidad *2* a *A* y lo vuelve a poner en ejecución. *B* permanece bloqueado.

8. *A* libera la unidad de cinta *1*.

9. *A* libera la unidad de cinta *2* (y con ello, el bloqueo de uso de recursos).

10. El sistema operativo otorga la unidad *1* a *B* y le otorga la ejecución.

11. *B* solicita otra unidad de cinta y se bloquea.

12. El sistema operativo otorga la unidad *2* a *B* y lo pone nuevamente en ejecución.

13. *B* libera la unidad de cinta *1*.

14. *B* libera la unidad de cinta *2*.

Si bien la serialización resuelve la situación aquí mencionada, el mecanismo empleado es subóptimo dado que puede haber hasta *n-1* procesos esperando a que uno libere los recursos.

Un sistema que implementa una política de asignación de recursos basada en la serialización, si bien no caerá en bloqueos mutuos, sí tiene un peligro fuerte de caer en *inanición*.

Retención y espera (*advance claim*)

Otro ejemplo de política preventiva *menos conservadora* sería la *retención y espera* o *reserva* (*advance claim*): que todos los programas declaren al iniciar su ejecución qué recursos van a requerir. Éstos son apartados para su uso exclusivo hasta que el proceso termina, pero el sistema operativo puede seguir atendiendo solicitudes *que no rivalicen*: si a los procesos *A* y *B* anteriores se suman procesos *C* y *D*, requiriendo únicamente recursos de otro tipo, podría procederse a la ejacución paralela de *A*, *C* y *D*. Una vez que *A* termine, podrían continuar ejecutando *B*, *C* y *D*.

El bloqueo resulta ahora imposible por diseño, pero el usuario que inició *B* tiene una percepción de injusticia dado el tiempo que tuvo que esperar para que su solicitud fuera atendida —de hecho, si *A* es un proceso de larga duración (incluso si requiere la unidad de cinta sólo por un breve periodo), esto lleva a que *B* sufra una *inanición* innecesariamente prolongada.

Además, la implementación de este mecanismo preventivo requiere que el programador sepa por anticipado qué recursos requerirá —y esto en la realidad muchas veces es imposible. Si bien podría diseñarse una estrategia de lanzar procesos *representantes* (o *proxy*) solicitando recursos específicos cuando éstos hicieran falta, esto sólo transferiría la situación de bloqueo por recursos a bloqueo por procesos —y un programador poco cuidadoso podría de todos modos desencadenar la misma situación.

Solicitud *de una vez* (*one-shot*)

Otro mecanismo de prevención de bloqueos sería que los recursos se otorguen exclusivamente a aquellos procesos que *no poseen ningún recurso*. Esta estrategia rompería la condición de Coffman *espera por*, haciendo imposible que se presente un bloqueo.

En su planteamiento inicial, este mecanismo requería que un proceso declarara *una sola vez* qué recursos requeriría, pero posteriormente la estrategia se modificó, permitiendo que un proceso solicite recursos nuevamente, pero únicamente con la condición de que previo a hacerlo *renuncien a los recursos* que tenían en ese momento; claro, pueden volver a incluirlos en la operación de solicitud.

Al haber una *renuncia explícita*, se imposibilita de forma tajante que un conjunto de procesos entre en condición de bloqueo mutuo.

Las principales desventajas de este mecanismo son:

- Requiere cambiar la lógica de programación para tener puntos más definidos de adquisición y liberación de recursos.

- Muchas veces no basta con la *readquisición* de un recurso, sino que es necesario *mantenerlo bloqueado*. Volviendo al ejemplo de las unidades de cinta, un proceso que requiera ir generando un archivo largo no puede arriesgarse a *soltarla*, pues podría ser entregada a otro proceso y corromperse el resultado.

Asignación jerárquica

Otro mecanismo de evasión es la asignación *jerárquica* de recursos. Bajo este mecanismo, se asigna una prioridad o *nivel jerárquico* a cada recurso o clase de recursos.[9] La condición básica es que, una vez que un proceso obtiene un recurso de determinado nivel, sólo puede solicitar recursos adicionales de niveles superiores. En caso de requerir dos dispositivos ubicados al mismo nivel, tiene que hacerse de forma atómica.

De este modo, si las unidades de cinta tienen asignada la prioridad x, P_1 sólo puede solicitar dos de ellas por medio de *una sola operación*. En caso de también requerir dos unidades de cinta el proceso P_2 *al mismo tiempo*, al ser atómicas las solicitudes, éstas le serán otorgadas a sólo uno de los dos procesos, por lo cual no se presentará bloqueo.

Además, el crear una jerarquía de recursos permitiría ubicar los recursos más escasos o *peleados* en la cima de la jerarquía, reduciendo las situaciones de contención en que varios procesos compiten por dichos recursos —sólo llegarían a solicitarlos aquellos procesos que ya tienen *asegurado* el acceso a los demás recursos que vayan a emplear.

Sin embargo, este ordenamiento es demasiado estricto para muchas situaciones del mundo real. El tener que renunciar a ciertos recursos para adquirir uno de menor prioridad *y volver a competir por ellos*, además de resultar contraintuitivo para un programador, resulta en esperas frustrantes. Este mecanismo llevaría a los procesos a acaparar recursos de baja prioridad, para evitar tener que ceder y re-adquirir recursos más altos, por lo que conduce a una alta inanición.

3.4.2. Evasión de bloqueos

Para la evasión de bloqueos, el sistema partiría de poseer, además de la información descrita en el caso anterior, conocer *cuándo* requiere un proceso

---

[9]Incluso varios recursos distintos, o varias clases, pueden compartir prioridad, aunque esto dificultaría la programación. Podría verse la *solicitud de una vez* como un caso extremo de asignación jerárquica, en la que todos los recursos tienen el mismo nivel.

utilizar cada recurso. De este modo, el planificador puede marcar qué orden
de ejecución (esto es, qué *flujos*) entre dos o más procesos son *seguros* y cuáles
son *inseguros*

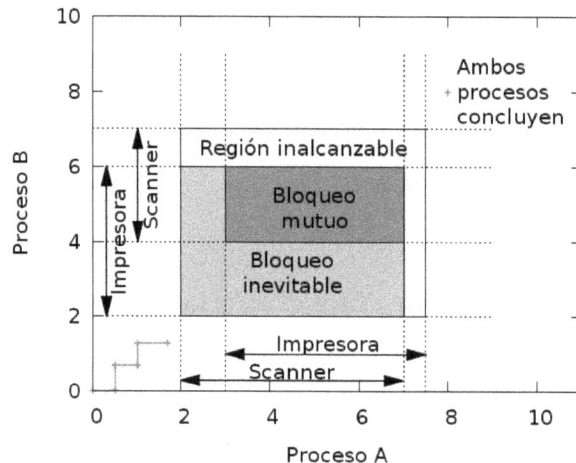

Figura 3.8: Evasión de bloqueos: los procesos A (horizontal) y B (vertical) requieren
del acceso exclusivo a un plotter y una impresora, exponiéndose a bloqueo mutuo.

El análisis de la interacción entre dos procesos se representa como en la
figura 3.8; el avance es marcado en sentido horizontal para el proceso A, o
vertical para el proceso B; en un sistema multiprocesador, podría haber avance
mutuo, y se indicaría en diagonal.

En el ejemplo presentado, el proceso A solicita acceso exclusivo al scanner
durante $2 \leq t_A \leq 7$ y a la impresora durante $3 \leq t_A \leq 7,5$, mientras que
B solicita acceso exclusivo a la impresora durante $2 \leq t_B \leq 6$ y al scanner
durante $4 \leq t_B \leq 7$.

Al saber cuándo reclama y libera un recurso cada proceso, se puede marcar
cuál es el área *segura* para la ejecución y cuándo se está aproximando a un área
de riesgo.

En el caso mostrado, si bien el bloqueo mutuo sólo se produciría formalmente en cualquier punto[10] en $3 \leq t_A \leq 7$, y $4 \leq t_B \leq 6$ (indicado con el
recuadro *Bloqueo mutuo*).

Pero la existencia del recuadro que indica el bloqueo mutuo podría ser re-
velada con anterioridad: si el flujo entra en el área marcada como *bloqueo inminente* (en $3 \leq t_A \leq 7$ y $2 \leq t_B \leq 6$), resulta *ineludible* caer en el bloqueo
mutuo.

La región de bloqueo inminente ocurre a partir de que A obtuvo el scanner
y B obtuvo la impresora. Si en $t_A = 2,5$ y $t_B = 3$ se cede la ejecución a A por 0.5

---

[10]En realidad, sólo sería posible *tocar* el márgen izquierdo o inferior de este bloque: al caer en
bloqueo mutuo, avanzar hacia su área interior resultaría imposible.

unidades, se llegará al punto en que solicita la impresora ($t_A = 3$), y no habrá
más remedio que ejecutar B; al avanzar B 0.5 unidades requerirá al scanner, y
se habrá desencadenado el bloqueo mutuo. Un caso análogo ocurre, claro está,
si desde el punto de inicio se ejecutara primero B y luego A.

Dadas las anteriores condiciones, y conociendo estos patrones de uso, el
sistema operativo evitará entrar en el área de bloqueo inminente: el sistema
mantendrá *en espera* a B si $t_B \leq 2$ mientras $2 \leq t_A \leq 6$, y mantendrá a A en
espera si $t_A \leq 2$ cuando $2 \leq t_B \leq 6$.

La región marcada como *inalcanzable* no representa ningún peligro: sólo indica aquellos estados en que resulta imposible entrar. Incluso una vez evadido
el bloqueo (por ejemplo, si B fue suspendido en $t_B = 1,8$ y A avanza hasta
pasar $t_A = 7$, si el sistema operativo vuelve a dar la ejecución a B, este sólo
podrá avanzar hasta $t_B = 2$, punto en que B solicita la impresora. Para que B
continúe, es necesario llegar hasta $t_A > 7,5$ para que B siga avanzando.

Este mecanismo proveería una mejor respuesta que los vistos en el apartado
de *prevención de bloqueos*, pero es todavía más difícil de aplicar en situaciones
reales. Para poder implementar un sistema con evasión de bloqueos, tendría
que ser posible hacer un análisis estático previo del código a ejecutar, y tener
un listado total de recursos estático. Estos mecanismos podrían ser efectivos en
sistemas de uso especializado, pero no en sistemas operativos (o planificadores) genéricos.

Algoritmo del banquero

Edsger Dijkstra propuso un algoritmo de asignación de recursos orientado
a la evasión de bloqueos a ser empleado para el sistema operativo THE (desarrollado entre 1965 y 1968 en la Escuela Superior Técnica de Eindhoven, Tech-
nische Hogeschool Eindhoven), un sistema multiprogramado organizado en
anillos de privilegios. El nombre de este algoritmo proviene de que busca que
el sistema opere cuidando de tener siempre la liquidez (nunca entrar a *estados
inseguros*) para satisfacer los préstamos (recursos) solicitados por sus clientes
(quienes a su vez tienen una línea de crédito pre-autorizada por el banco).

Este algoritmo permite que el conjunto de recursos solicitado por los procesos en ejecución en el sistema sea mayor a los físicamente disponibles, pero
mediante un monitoreo y control en su asignación, logra este nivel de *sobre-
compromiso* sin poner en riesgo la operación correcta del sistema.

Este algoritmo debe ejecutarse cada vez que un proceso solicita recursos;
el sistema evita caer en situaciones conducentes a un bloqueo mutuo ya sea
denegando o posponiendo la solicitud. El requisito particular es que, al iniciar,
cada proceso debe *anunciar su reclamo máximo* (llámese `claim()`) al sistema:
el número máximo de recursos de cada tipo que va a emplear a lo largo de
su ejecución; esto sería implementado como una llamada al sistema. Una vez
que un proceso presentó su reclamo máximo de recursos, cualquier llamada
subsecuente a `claim()` falla. Claro está, si el proceso anuncia una necesidad

mayor al número de recursos de algún tipo que hay, también falla dado que el sistema no será capaz de cumplirlo.

Para el algoritmo del banquero, a partir del punto evaluado se analizarán las transiciones a través de *estados*: matrices de recursos disponibles, reclamos máximos y asignación de recursos a los procesos en un momento dado. Estos pueden ser:

- Un *estado seguro*, si todos los procesos pueden continuar desde el momento evaluado hasta el final de su ejecución sin encontrar un bloqueo mutuo.

- Un *estado inseguro* es todo aquel que no garantice que todos los procesos puedan continuar hasta el final sin encontrar un bloqueo mutuo.

Este algoritmo típicamente trabaja basado en diferentes *categorías* de recursos, y los reclamos máximos anunciados por los procesos son por cada una de las categorías.

El estado está compuesto, por clase de recursos y por proceso, por:

Reclamado número de instancias de este recurso que han sido reclamadas.

Asignado número de instancias de este recurso actualmente asignadas a procesos en ejecución.

Solicitado número de instancias de este recurso actualmente pendientes de asignar (solicitudes hechas y no cumplidas).

Además de esto, el sistema mantiene globalmente, por clase de recursos:

Disponibles número total de instancias de este recurso disponibles al sistema.

Libres número de instancias de este recurso que no están actualmente asignadas a ningún proceso.

Cada vez que un proceso solicita recursos, se calcula cuál sería el estado resultante de *otorgar* dicha solicitud, y se otorga siempre que:

- No haya reclamo por más recursos que los disponibles.

- Ningún proceso solicite (o tenga asignados) recursos por encima de su reclamo.

- La suma de los recursos *asignados* por cada categoría no sea mayor a la cantidad de recursos *disponibles* en el sistema para dicha categoría.

Formalmente, y volviendo a la definición anterior: un estado *es seguro* cuando hay una secuencia de procesos (denominada *secuencia segura*) tal que:

1. Un proceso *j* puede necesariamente terminar su ejecución, incluso si solicitara todos los recursos que permite su reclamo, dado que hay suficientes recursos libres para satisfacerlo.

2. Un segundo proceso *k* de la secuencia puede terminar si *j* termina y libera todos los recursos que tiene, porque sumado a los recursos disponibles ahora, con aquellos que liberaría *j*, hay suficientes recursos libres para satisfacerlo.

3. El *i*-ésimo proceso puede terminar si todos los procesos anteriores terminan y liberan sus recursos.

En el peor de los casos, esta secuencia segura llevaría a bloquear todas las solicitudes excepto las del único proceso que puede avanzar sin peligro en el orden presentado.

Se presenta un ejemplo simplificando, asumiendo sólo una clase de procesos, e iniciando con dos instancias libres:

Proceso	Asignado	Reclamando
A	4	6
B	4	11
C	2	7

A puede terminar porque sólo requiere de 2 instancias adicionales para llegar a las 6 que indica en su reclamo. Una vez que termine, liberará sus 6 instancias. Se le asignan entonces las 5 que solicita a *C*, para llegar a 7. Al terminar éste, habrá 8 disponibles, y asignándole 7 a *B* se garantiza poder terminar. La secuencia (*A*, *C*, *B*) es una secuencia segura.

Sin embargo, el siguiente estado es inseguro (asumiendo también dos instancias libres):

Proceso	Asignado	Reclamado
A	4	6
B	4	11
C	2	9

A puede terminar, pero no se puede asegurar que *B* o *C* puedan hacerlo, ya que incluso una vez terminando *A*, tendrían sólo seis instancias no asignadas: menos que las siete que ambos podrían a requerir según sus reclamos iniciales.

Es necesario apuntar que no hay *garantía* de que continuar a partir de este estado lleve a un bloqueo mutuo, dado que *B* o *C* pueden no incrementar ya su utilización hasta cubrir su reclamo, esto es, puede que lleguen a finalizar sin requerir más recursos, ya sea porque los emplearon y liberaron, o porque el *uso efectivo* de recursos requeridos sencillamente resulte menor al del reclamo inicial.

El algoritmo del banquero, en el peor caso, puede tomar $O(n!)$, aunque típicamente ejecuta en $O(n^2)$. Una implementación de este algoritmo podría ser:

```
1  l = ['A', 'B', 'C', 'D', 'E']; # Todos los procesos del sistema
2  s = []; # Secuencia segura
3  while ! l.empty? do
4    p = l.select {|id| reclamado[id] - asignado[id] <=
         libres}.first
5    raise Exception, 'Estado inseguro' if p.nil?
6    libres += asignado[p]
7    l.delete(p)
8    s.push(p)
9  end
10 puts "La secuencia segura encontrada es: " + s.to_s
```

Hay refinamientos sobre este algoritmo que logran resultados similares, reduciendo su costo de ejecución (se debe recordar que es un procedimiento que puede ser llamado con muy alta frecuencia), como el desarrollado por Habermann (Finkel 1988: 136).

El algoritmo del banquero es conservador, dado que evita entrar en un estado inseguro a pesar de que dicho estado no lleve con certeza a un bloqueo mutuo. Sin embargo, su política es la más liberal que permite asegurar que no se caerá en bloqueos mutuos, sin conocer el *orden y tiempo* en que cada uno de los procesos requeriría los recursos.

Una desventaja importante de todos los mecanismos de evasión de bloqueos es que requieren saber por anticipado los reclamos máximos de cada proceso, lo cual puede no ser conocido en el momento de su ejecución.

3.4.3. Detección y recuperación de bloqueos

La detección de bloqueos es una forma de *reaccionar* ante una situación de bloqueo que ya se produjo y de buscar la mejor manera de salir de ella. Esta podría ejecutarse de manera *periódica*, y si bien no puede prevenir situaciones de bloqueo, puede detectarlas una vez que ya ocurrieron y limitar su efecto.

Manteniendo una lista de recursos asignados y solicitados, el sistema operativo puede saber cuando un conjunto de procesos están esperándose mutuamente en una solicitud por recursos — al analizar estas tablas como grafos dirigidos, se representará:

- Los procesos, con cuadrados.

- Los recursos, con círculos.

  - Puede representarse como un círculo grande a una *clase* o *categoría* de recursos, y como círculos pequeños dentro de éste a una *serie de recursos idénticos* (p. ej. las diversas unidades de cinta).

- Las flechas que van de un recurso a un proceso indican que el recurso *está asignado* al proceso.

- Las flechas que van de un proceso a un recurso indican que el proceso *solicita* el recurso.

Cabe mencionar en este momento que, cuando se consideran categorías de recursos, el tener la representación visual de un ciclo no implica que haya ocurrido un bloqueo; este sólo se presenta cuando todos los procesos involucrados están en espera mutua.

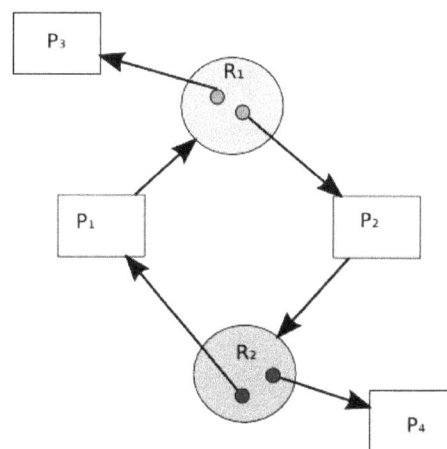

Figura 3.9: Al emplear categorías de recursos, un ciclo *no necesariamente* indica un bloqueo.

En la figura 3.9, si bien P_1 y P_2 están esperando que se liberen recursos de tipo R_1 y R_2, P_3 y P_4 siguen operando normalmente, y se espera que lleguen a liberar el recurso por el cual están esperando. En el caso ilustrado, dado que el bloqueo se presenta únicamente al ser imposible que un proceso *libere* recursos que *ya le fueron asignados*, tendría que presentarse un caso donde todos los recursos de una misma categoría estuvieran involucrados en una situación de espera circular, como la ilustrada a continuación.

Si se tiene una representación completa de los procesos y recursos en el sistema, la estrategia es *reducir* la gráfica retirando los elementos que no brinden información imprescindible, siguiendo la siguiente lógica (recordar que representan una fotografía del sistema *en un momento dado*):

- Se retiran los procesos que no están solicitando ni tienen asignado ningún recurso.

- Para todos los procesos restantes: si todos los recursos que están solicitando *pueden ser concedidos* (esto es, no están actualmente asignados a otro),

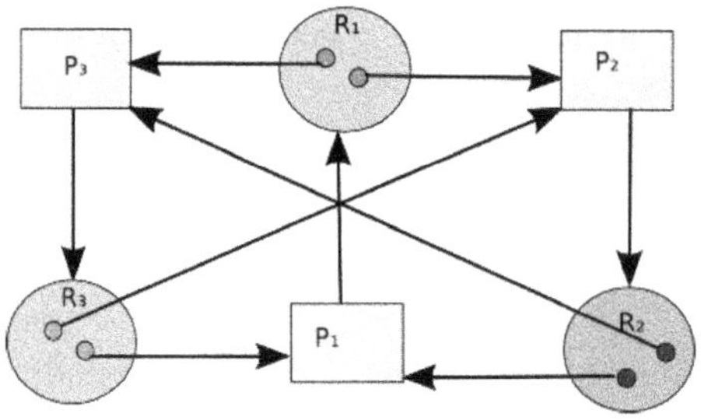

Figura 3.10: Situación en que se presenta espera circular, incluso empleando categorías de recursos.

se reduce eliminando del grafo al proceso y a todas las flechas relacionadas con éste.

- Si después de esta reducción se eliminan todos los procesos del grafo, entonces no hay interbloqueos y se puede continuar. En caso de permanecer procesos en el grafo, los procesos "irreducibles" constituyen la serie de procesos interbloqueados de la gráfica.

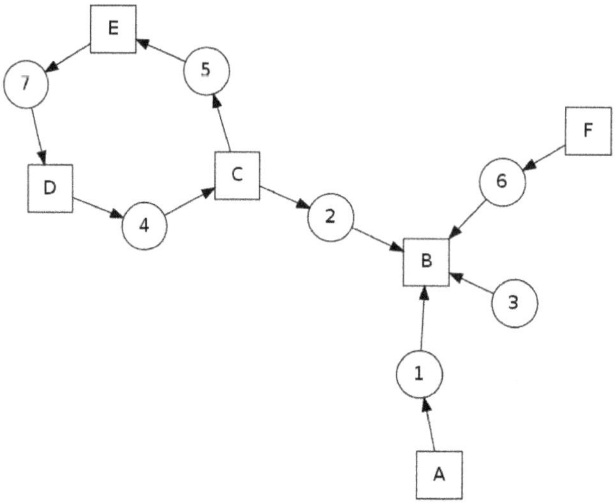

Figura 3.11: Detección de ciclos denotando bloqueos: grafo de procesos y recursos en un momento dado.

Para resolver la situación planteada en la figura 3.11 se puede proceder de la siguiente manera:

- Se reduce por B, dado que actualmente no está esperando a ningún recurso.

- Se reduce por *A* y *F*, dado que los recursos por los cuales están esperando quedan libres en ausencia de *B*.

- Y queda un interbloqueo entre *C*, *D* y *E*, en torno a los recursos 4, 5 y 7.

Nótese que *reducir* un proceso del grafo no implica que éste haya *entregado* sus recursos, sino únicamente que, hasta donde se tiene conocimiento, *tiene posibilidad de hacerlo*. Los procesos que están esperando por recursos retenidos por un proceso pueden sufrir inanición aún por un tiempo indeterminado.

Una vez que un bloqueo es diagnosticado, dado que los procesos no podrán terminar por sí mismos (pues están precisamente bloqueados, su ejecución no avanzará más), hay varias estrategias para la recuperación:

- Terminar a todos los procesos bloqueados. Esta es la técnica más sencilla y, de cierto modo, más justa —todos los procesos implicados en el bloqueo pueden ser relanzados, pero todo el estado del cómputo que han realizado hasta este momento se perderá.

- *Retroceder* a los procesos implicados hasta el último *punto de control* (*checkpoint*) seguro conocido. Esto es posible únicamente cuando el sistema implementa esta funcionalidad, que tiene un elevado costo adicional. Cuando el estado de uno de los procesos depende de factores externos a éste, es imposible implementar fielmente los *puntos de control*.

  Podría parecer que retroceder a un punto previo llevaría indefectiblemente a que se repita la situación —pero los bloqueos mutuos requieren de un orden de ejecución específico para aparecer. Muy probablemente, una ejecución posterior logrará salvar el bloqueo y, en caso contrario, puede repetirse este paso.

- Terminar, uno por uno y no en bloque, a cada uno de los procesos bloqueados. Una vez que se termina uno, se evalúa la situación para verificar si logró romperse la situación de bloqueo, en cuyo caso la ejecución de los restantes continúa sin interrupción.

  Para esto, si bien podría elegirse un proceso al azar de entre los bloqueados, típicamente se consideran elementos adicionales como:

  • Los procesos que demandan garantías de *tiempo real* (ver sección 4.5) son los más sensibles para detener y relanzar.

  • La menor cantidad de tiempo de procesador consumido hasta el momento. Dado que el proceso probablemente tenga que ser re-lanzado (re-ejecutado), puede ser conveniente *apostarle* a un proceso que haya hecho poco cálculo (para que el tiempo que tenga que invertir para volver al punto actual sea mínimo).

- Mayor tiempo restante estimado. Si se puede estimar cuánto tiempo de procesamiento *queda pendiente*, conviene terminar al proceso que más le falte por hacer.

- Menor número de recursos asignados hasta el momento. Un poco como criterio de justicia, y otro poco partiendo de que es un proceso que está haciendo menor uso del sistema.

- Prioridad más baja. Cuando hay un ordenamiento de procesos o usuarios por prioridades, siempre es preferible terminar un proceso de menor prioridad o perteneciente a un usuario poco importante que uno de mayor prioridad.

- En caso de contar con la información necesaria, es siempre mejor interrumpir un proceso que *pueda ser repetido sin pérdida de información* que uno que la cause. Por ejemplo, es preferible interrumpir una compilación que la actualización de una base de datos.

Un punto importante a considerar es cada cuánto debe realizarse la verificación de bloqueos. Podría hacerse:

- Cada vez que un proceso solicite un recurso, pero esto llevaría a un gasto de tiempo en este análisis demasiado frecuente.

- Con una periodicidad fija, pero esto arriesga a que los procesos pasen más tiempo bloqueados.

- Cuando el nivel del uso del CPU baje de cierto porcentaje. Esto indicaría que hay un nivel elevado de procesos en espera.

- Una estrategia combinada.

Por último, si bien los dispositivos aquí mencionados requieren bloqueo exclusivo, otra estrategia es la *apropiación temporal*: tomar un recurso asignado a determinado proceso para otorgárselo *temporalmente* a otro. Esto no siempre es posible, y depende fuertemente de la naturaleza del mismo —pero podría, por ejemplo, interrumpirse un proceso que tiene asignada (pero inactiva) a una impresora para otorgársela temporalmente a otro que tiene un trabajo corto pendiente. Esto último, sin embargo, es tan sensible a detalles de cada clase de recursos que rara vez puede hacerlo el sistema operativo —es normalmente hecho *de acuerdo* entre los procesos competidores, por medio de algún protocolo pre-establecido.

3.4.4. Algoritmo del avestruz

Una cuarta línea (que, por increíble que parezca, es la más común, empleada en todos los sistemas operativos de propósito general) es el llamado *algoritmo del avestruz*: ignorar las situaciones de bloqueo (escondiéndose de ellas como avestruz que mete la cabeza bajo la tierra), esperando que su ocurrencia sea poco frecuente, o si ocurre, que su efecto no repercuta en el sistema.

Justificando a los avestruces

Hay que comprender que esto ocurre porque las condiciones impuestas por las demás estrategias resultan demasiado onerosas, el conocimiento previo resulta insuficiente, o los bloqueos simplemente pueden presentarse ante recursos externos y no controlados (o conocidos siquiera) por el sistema operativo.

Ignorar la posibilidad de un bloqueo *cuando su probabilidad es suficientemente baja* será preferible para los usuarios (y programadores) ante la disyuntiva de afrontar restricciones para la forma y conveniencia de solicitar recursos.

En este caso, se toma una decisión entre lo *correcto* y lo *conveniente* —un sistema operativo formalmente no debería permitir la posibilidad de que hubiera bloqueos, pero la inconveniencia presentada al usuario sería inaceptable.

Por último, cabe mencionar algo que a lo largo de todo este apartado mencionamos únicamente de forma casual, evadiendo definiciones claras: ¿qué es un recurso? La realidad es que no está muy bien definido. Se podría, como mencionan los ejemplos, hablar de los clásicos recursos de acceso rival y secuencial: impresoras, cintas, terminales seriales, etc. Sin embargo, también se pueden ver como recursos a otras entidades administradas por el sistema operativo —el espacio disponible de memoria, el tiempo de procesamiento, o incluso estructuras lógicas *creadas y gestionadas* por el sistema operativo, como archivos, semáforos o monitores. Y para esos casos, prácticamente ninguno de los mecanismos aquí analizados resolvería las características de acceso y bloqueo necesarias.

Enfrentando a los avestruces

La realidad del cómputo marca que es el programador de aplicaciones quien debe prever las situaciones de carrera, bloqueo e inanición en su código —el sistema operativo empleará ciertos mecanismos para asegurar la seguridad en general entre los componentes del sistema, pero el resto recae en las manos del programador.

Una posible salida ante la presencia del *algoritmo del avestruz* es adoptar un método *defensivo* de programar. Un ejemplo de esto sería que los programas soliciten un recurso pero, en vez de solicitarlo por medio de una *llamada bloqueante*, hacerlo por medio de una *llamada no bloqueante* y, en caso de fallar ésta, esperar un tiempo aleatorio e intentar nuevamente acceder al recurso un número dado de veces, y, tras n intentos, abortar limpiamente el proceso y notificar al usuario (evitando un bloqueo mutuo circular indefinido).

Por otro lado, hay una gran cantidad de aplicaciones de monitoreo en espacio de usuario. Conociendo el funcionamiento esperable específico de determinados programas es posible construir aplicaciones que los monitoreen *de una forma inteligente* y tomen acciones (ya sea alertar a los administradores o, como se revisa en la sección 3.4.3, *detección y recuperación de bloqueos*, abortar –y posiblemente reiniciar– la ejecución de aquellos procesos que no puedan recuperarse).

De avestruces, ingenieros y matemáticos

Esta misma contraposición puede leerse, hasta cierto punto en tono de broma, como un síntoma de la tensión que caracteriza al cómputo como profesión: la computación nació como *ciencia* dentro de los departamentos de matemáticas en diversas facultades, sin embargo, al pasar de los años ha ido integrando cada vez más a la *ingeniería*. Y el campo, una de las áreas más jóvenes pero, al mismo tiempo, más prolíficas del conocimiento humano, está en una constante discusión y definición: ¿cómo puede describirse mejor a sus profesionales: como matemáticos, ingenieros, o... alguna otra cosa?

La asignación de recursos puede verse desde el punto de vista matemático: es un problema con un planteamiento de origen, y hay varias estrategias distintas (los mecanismos y algoritmos descritos en esta sección); pueden no ser perfectos, pero el problema no ha *demostrado* ser intratable. Y un bloqueo es claramente un error —una situación de excepción, inaceptable. Los matemáticos del árbol genealógico académico llaman a no ignorar este problema, a resolverlo sin importar la complejidad computacional.

Los ingenieros, más aterrizados en el *mundo real*, tienen como parte básica de su formación, sí, el evitar defectos nocivos, pero también consideran el cálculo de costos, la probabilidad de impacto, los umbrales de tolerancia... Para un ingeniero, si un sistema típico *corre riesgo* de caer en un bloqueo mutuo con una probabilidad $p > 0$, dejando inservibles a dos procesos en un sistema, pero debe también considerar no sólo las fallas en hardware y en los diferentes componentes del sistema operativo, sino que en todos los demás programas que ejecutan en espacio de usuario, y considerando que prevenir el bloqueo conlleva un costo adicional en complejidad para el desarrollo o en rendimiento del sistema (dado que perderá tiempo llevando a cabo las verificaciones ante cualquier nueva solicitud de recursos), no debe sorprender a nadie que los ingenieros se inclinen por adoptar la estrategia del avestruz —claro está, siempre que no haya opción *razonable*.

3.5. Ejercicios

3.5.1. Preguntas de autoevaluación

1. ¿Qué diferencias y similitudes hay entre un programa y un proceso, y entre un proceso y un hilo?

2. Un proceso puede estar en uno de cinco *estados*. Indique cuáles son estos estados (describiendo brevemente sus características) y cuáles las transiciones definidas entre ellos.

3. Presente un ejemplo de cada uno de los tres patrones de trabajo para la *paralelización de la ejecución* en varios hilos: los patrones *jefe/trabajador*, *equipo de trabajo* y *línea de ensamblado*.

4. Defina los siguientes conceptos, e ilustre las relaciones entre ellos:

   - Concurrencia:
   - Operación atómica:
   - Condición de carrera:
   - Sección crítica:
   - Espera activa:

5. Resuelva el siguiente planteamiento, empleando múltiples hilos que se sincronicen exclusivamente por medio de las herramientas presentadas a lo largo de este capítulo:

   En un restaurante de comida rápida, en un afán de reducir las distracciones causadas por las pláticas entre los empleados, el dueño decide que cada uno de ellos estará en un cubículo aislado y no pueden comunicarse entre sí (o con el cliente) más que mediante primitivas de sincronización. Tenemos los siguientes procesos y papeles:

   n **clientes** Cada cliente que llega pide la comida y especifica cualquier particularidad para su órden (doble carne, sin picante, con/sin lechuga, tomate y cebolla, etc.) Paga lo que le indique el cajero. Espera a que le entreguen su pedido, se lo come, y deja un comentario en el libro de visitas.

   Un cajero Recibe la órden del cliente. Cobra el dinero *antes* de que comience a procesarse la órden.

   Tres cocineros Saca la carne del refrigerador, pone a la carne sobre la plancha, le da la vuelta a cada carne para que quede bien cocida y la pone en una base de pan. Sólo puede sacar la carne de la plancha si ya tiene una base de pan lista.

   Puede haber más de un cocinero, pero la estufa sólo tiene espacio para dos carnes. ¡Recuerde evitar que los cocineros pongan más de las que caben!

   Un armador Mantiene suficientes panes (y no demasiados, porque se secan) aderezados y listos para que el cocinero deposite la carne. Una vez que un pan con carne está listo, le agrega los ingredientes que hagan falta, lo cierra y entrega al cliente.

Implemente en pseudocódigo la solución para este sistema, e identifique qué patrones de sincronización fueron empleados.

6. Los *bloqueos mutuos* no sólo ocurren en el campo del cómputo. Identifique, basándose en las *condiciones de Coffman*, situaciones de la vida real que (de no ser por el ingenio o la impredictibilidad humana) constituirían bloqueos mutuos. Describa por qué considera que se cumple cada una de las condiciones.

7. Suponga un sistema con 14 dispositivos del mismo tipo que requieren acceso exclusivo. En este sistema se ejecutarán de forma simultánea cinco procesos de larga duración, cada uno de los cuales requerirá el uso de cinco de estos dispositivos —tres de ellos desde temprano en la ejecución del proceso, y los dos restantes, apenas por unos segundos y cerca del fin de su ejecución.

   - Si el sistema implementa una política muy conservadora de asignación de recursos (*serialización*), ¿cuántos dispositivos estarán ociosos como mínimo y como máximo mientras se mantengan los cinco procesos en ejecución?

   - Si el sistema implementa una política basada en el *algoritmo del banquero*, ¿cuál será el máximo de procesos que puedan avanzar al mismo tiempo, cuántos dispositivos estarán ociosos como mínimo y como máximo mientras se mantengan los cinco procesos en ejecución?

3.5.2. Temas de investigación sugeridos

Sistemas de arranque modernos en sistemas tipo Unix Un tema no directamente relacionado con el expuesto en este capítulo, pero que puede ligarse con varios de los conceptos aquí abordados, es la gestión del arranque del sistema: una vez que el núcleo carga y hace un recorrido básico del hardware creándose un mapa de cómo es el sistema en que está corriendo, tiene que llevar el equipo a un estado funcional para sus usuarios. ¿Cómo ocurre esto?

Tradicionalmente, los sistemas Unix se dividían entre dos filosofías de arranque (los sistemas *SysV* y los sistemas BSD). Pero la realidad del cómputo ha cambiado con el tiempo. Tras una etapa de largas discusiones al respecto, la mayor parte de las distribuciones están migrando a *systemd*, desarrollado originalmente por RedHat.

¿Cuáles son los planteamientos básicos de los arranques tipo *SysV* y tipo BSD; a qué tipo de cambios en *la realidad* es que se hace referencia; por qué los esquemas tradicionales ya no son suficientes para los sistemas actuales; en qué se parecen y en qué se diferencian los sistemas clásicos y *systemd*; qué ventajas y desventajas conllevan?

Problemas adicionales de sincronización De todo el libro, es en este capítulo
en el que más se trata directamente con código. Si bien para presentar
como casos de ejemplo se emplearon cinco de los casos clásicos (el *jardín
ornamental*, el *problema productor-consumidor*, el *problema lectores-escritores*,
la *cena de los filósofos* y los *fumadores compulsivos*), hay muchos otros casos
ampliamente analizados.

El libro libremente redistribuible *The little book of semaphores* (Downey
2008) tiene más de 20 problemas de sincronización, planteados junto con
su implementación empleando semáforos en el lenguaje Python. Profundizar en alguno de estos problemas adicionales ayudará al aprendizaje
de los temas expuestos.

3.5.3. Lecturas relacionadas

- Allen Downey (2008). *The little book of semaphores*. Green Tea Press. URL:
  `http://greenteapress.com/semaphores/`

- Jon Orwant y col. (1998-2014). *perlthrtut - Tutorial on threads in Perl*. URL:
  `http://perldoc.perl.org/perlthrtut.html`

- Python Software Foundation (1990-2014). *Python higher level threading interface*. URL: `http://docs.python.org/2/library/threading.`
  `html`

- Ted Baker (2010). *Spin Locks and Other Forms of Mutual Exclusion*. URL:
  `http://www.cs.fsu.edu/~baker/devices/notes/spinlock.`
  `html`

- Armando R. Gingras (ago. de 1990). «Dining Philosophers Revisited».
  En: *SIGCSE Bulletin* 22.3, 21-ff. ISSN: 0097-8418. DOI: `10.1145/101085.`
  `101091`. URL: `http://doi.acm.org/10.1145/101085.101091`

Capítulo 4

Planificación de procesos

4.1. Tipos de planificación

La *planificación de procesos* se refiere a cómo determina el sistema operativo al orden en que irá cediendo el uso del procesador a los procesos que lo vayan solicitando, y a las políticas que empleará para que el uso que den a dicho tiempo no sea excesivo respecto al uso esperado del sistema.

Hay tres tipos principales de planificación:

A largo plazo Decide qué procesos serán los siguientes en ser iniciados. Este tipo de planificación era el más frecuente en los sistemas de lotes (principalmente aquellos con *spool*) y multiprogramados en lotes; las decisiones eran tomadas considerando los requisitos pre-declarados de los procesos y los que el sistema tenía libres al terminar algún otro proceso. La planificación a largo plazo puede llevarse a cabo con periodicidad de una vez cada varios segundos, minutos e inclusive horas.

En los sistemas de uso interactivo, casi la totalidad de los que se usan hoy en día, este tipo de planificación no se efectúa, dado que es típicamente el usuario quien indica expresamente qué procesos iniciar.

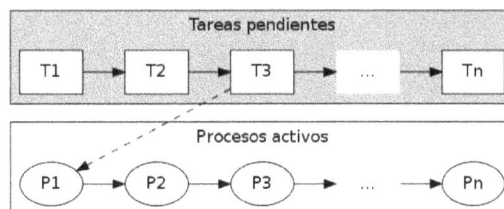

Figura 4.1: Planificador a largo plazo.

131

A mediano plazo Decide cuáles procesos es conveniente *bloquear* en determinado momento, sea por escasez/saturación de algún recurso (como la memoria primaria) o porque están realizando alguna solicitud que no puede satisfacerse momentáneamente; se encarga de tomar decisiones respecto a los procesos conforme entran y salen del estado de *bloqueado* (esto es, típicamente, están a la espera de algún evento externo o de la finalización de transferencia de datos con algún dispositivo).

En algunos textos, al *planificador a mediano plazo* se le llama *agendador (scheduler)*.

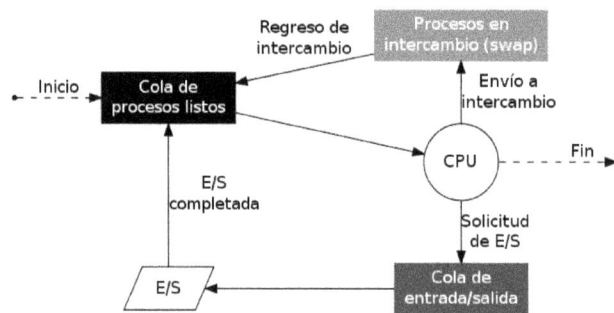

Figura 4.2: Planificador a mediano plazo, o *agendador*.

A corto plazo Decide cómo compartir *momento a momento* al equipo entre todos los procesos que requieren de sus recursos, especialmente el procesador. La planificación a corto plazo se lleva a cabo decenas de veces por segundo (razón por la cual debe ser código muy simple, eficiente y rápido); es el encargado de planificar *los procesos que están listos para ejecución.*

El *planificador a corto plazo* es también frecuentemente denominado *despachador (dispatcher)*.

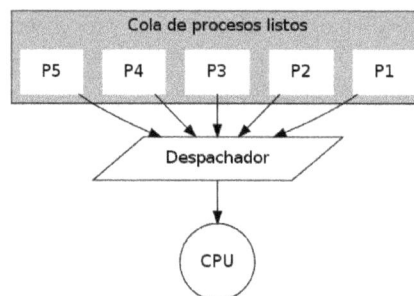

Figura 4.3: Planificador a corto plazo, o *despachador*.

Relacionando con los estados de un proceso abordados en la sección 3.1.1, y volviendo al diagrama entonces presentado (reproducido por comodidad de referencia en la figura 4.4), podrían ubicarse estos tres planificadores en las siguientes transiciones entre estados:

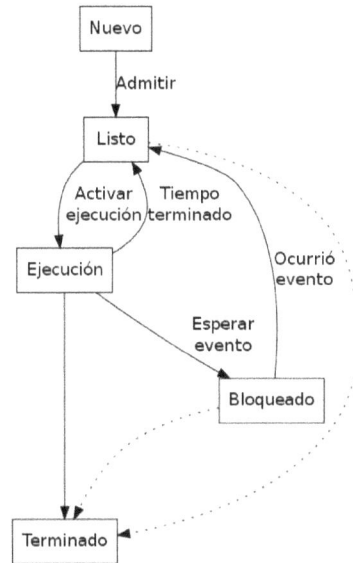

Figura 4.4: Diagrama de transición entre los estados de un proceso.

1. El planificador a largo plazo se encarga de *admitir* un nuevo proceso: la transición de *nuevo* a *listo*.

2. El planificador a mediano plazo maneja la *activación* y *bloqueo* de un proceso relacionado con *eventos*, esto es, las transiciones entre *en ejecución* y *bloqueado*, y entre *bloqueado* y *listo*.

3. El planificador a corto plazo decide entre los procesos que están listos para ejecutarse y determina a cuál de ellos *activar*, y detiene a aquellos que *exceden su tiempo* de procesador —implementa las transiciones entre los estados *listo* y *en ejecución*.

En esta sección se trata particularmente el planificador *a corto plazo*, haciendo referencia como mucho a algunos efectos del planificador *a mediano plazo*.

4.1.1. Tipos de proceso

Como ya se ha visto, los procesos típicamente alternan entre *ráfagas* (periodos, en inglés *bursts*) en que realizan principalmente cómputo interno (están *limitados por* CPU, CPU-*bound*) y otras, en que la atención está puesta en transmitir

los datos desde o hacia dispositivos externos (están *limitados por entrada-salida,
I/O-bound*). Dado que cuando un proceso se suspende para realizar entrada-
salida deja de estar *listo* (y pasa a estar *bloqueado*), y desaparece de la atención
del planificador a corto plazo, en todo momento los procesos que están en ejecución y listos pueden separarse en:

Procesos largos Aquellos que *por mucho tiempo*[1] han estado en *listos* o en ejecución, esto es, procesos que estén en una larga ráfaga limitada por CPU.

Procesos cortos Los que, ya sea que en *este momento*[2] estén en una ráfaga limitada por entrada-salida y requieran atención meramente ocasional del
procesador, o tienden a estar bloqueados esperando a eventos (como los
procesos interactivos).

Por lo general se busca dar un tratamiento *preferente* a los procesos cortos,
en particular a los interactivos. Cuando un usuario está interactuando con un
proceso, si no tiene una respuesta *inmediata* a su interacción con el equipo (sea
proporcionar comandos, recibir la respuesta a un *teclazo* o mover el puntero en
el GUI) su percepción será la de una respuesta degradada.

4.1.2. Midiendo la respuesta

Resulta intuitivo que cada patrón de uso del sistema debe seguir políticas
de planificación distintas. Por ejemplo, en el caso de un proceso interactivo,
se buscará ubicar al proceso en una *cola* preferente (para obtener un tiempo
de respuesta más ágil, para mejorar la percepción del usuario), pero en caso
de sufrir demoras, es preferible buscar dar una respuesta *consistente*, aún si
la respuesta *promedio* es más lenta. Esto es, si a todas las operaciones sigue
una demora de un segundo, el usuario sentirá menos falta de control si en
promedio tardan medio segundo, pero ocasionalmente hay picos de cinco.

Para este tema, en vez de emplear unidades temporales formales (p. ej. fracciones de segundo), es común emplear *ticks* y *quantums*. Esto es en buena medida porque, si bien en el campo del cómputo las velocidades de acceso y uso
efectivo cambian constantemente, los conceptos y las definiciones permane-
cen. Además, al ser ambos parámetros ajustables, una misma implementación
puede sobrevivir ajustándose a la evolución del hardware.

Tick Una fracción de tiempo durante la cual se puede realizar trabajo útil, esto
es, usar el CPU sin interrupción[3]. El tiempo correspondiente a un tick
está determinado por una señal (interrupción) periódica, emitida por el
temporizador (timer). La frecuencia con que ocurre esta señal se establece

---

[1]¿Cuánto es mucho? Dependerá de las políticas generales que se definan para el sistema.

[2]Y también, *este momento* debe ser interpretado con la granularidad acorde al sistema.

[3]Ignorando las interrupciones causadas por los dispositivos de entrada y salida y otras señales
que llegan al CPU.

al inicio del sistema. Por ejemplo, una frecuencia de *temporizador* de 100 Hertz implica que éste emitirá una señal cada 10 milisegundos. En Linux (a partir de la versión 2.6.8), un *tick* dura un milisegundo, en Windows, entre 10 y 15 milisegundos.

Quantum El tiempo mínimo que se permitirá a un proceso el uso del procesador. En Windows, dependiendo de la clase de proceso que se trate, un *quantum* durará entre 2 y 12 ticks (esto es, entre 20 y 180 ms), y en Linux, entre 10 y 200 ticks (10 y 200 milisegundos respectivamente).

¿Qué mecanismos o métricas se emplean para medir el comportamiento del sistema bajo determinado planificador? Partiendo de los siguientes conceptos, para un proceso p que requiere de un tiempo t de ejecución:

Tiempo de respuesta (T) Cuánto tiempo total es necesario para completar el trabajo pendiente de un proceso p, incluyendo el tiempo que está inactivo esperando ejecución (pero está en la cola de procesos listos).

Tiempo en espera ($E = T - t$) También referido como *tiempo perdido*. Del tiempo de respuesta total, cuánto tiempo p está listo y esperando ejecutar. Desde la óptica de p, se desearía que $E_p \to 0$

Proporción de penalización ($P = \frac{T}{t}$) Proporción del tiempo de respuesta en relación al tiempo de uso del procesador (en qué proporción fue penalizado el proceso).

Proporción de respuesta ($R = \frac{t}{T}$) Inverso de P. Fracción del tiempo de respuesta durante la cual p pudo ejecutarse.

Para hacer referencia a un grupo de procesos con requisitos similares, todos ellos requiriendo de un mismo tiempo t, se emplea $T(t)$, $E(t) = T(t) - t$, $P(t) = \frac{T(t)}{t}$ y $R(t) = \frac{t}{T(t)}$.

Además de estos tiempos, expresados con relación al tiempo efectivo de los diversos procesos del sistema, es necesario considerar también:

Tiempo núcleo o *kernel* Tiempo que pasa el sistema en espacio de núcleo, incluyendo entre otras funciones[4] el empleado en decidir e implementar la política de planificación y los cambios de contexto. Este tiempo no se contabiliza cuando se calcula el tiempo del CPU utilizado por un proceso.

Tiempo de sistema Tiempo que pasa un proceso en espacio núcleo atendiendo el pedido de un proceso (syscall). Se incluye dentro del tiempo de uso del CPU de un proceso y suele discriminarse del tiempo de usuario.

---

[4]Estas funciones incluyen principalmente la atención a interrupciones, el servicio a llamadas al sistema, y cubrir diversas tareas administrativas.

Tiempo de usuario Tiempo que pasa un proceso en modo usuario, es decir, ejecutando las instrucciones que forman parte explícita y directamente del programa.

Tiempo de uso del procesador Tiempo durante el cual el procesador ejecutó instrucciones por cuenta de un proceso (sean en modo usuario o en modo núcleo).

Tiempo desocupado (*idle*) Tiempo en que la cola de procesos listos está vacía y no puede realizarse ningún trabajo.

Utilización del CPU Porcentaje del tiempo en que el CPU está realizando *trabajo útil*. Si bien conceptualmente puede ubicarse dicha utilización entre 0 y 100%, en sistemas reales se ha observado (Silberschatz, Galvin y Gagne 2010: 179) que se ubica en un rango entre 40 y el 90 por ciento.

Por ejemplo, si llegan a la cola de procesos listos:

Proceso	Ticks	Llegada
A	7	0
B	3	2
C	12	6
D	4	20

Si el tiempo que toma al sistema efectuar un cambio de contexto es de un *tick*, y la duración de cada *quantum* es de cinco ticks, en un ordenamiento de ronda,[5] se observaría un resultado como el que ilustra la figura 4.5.

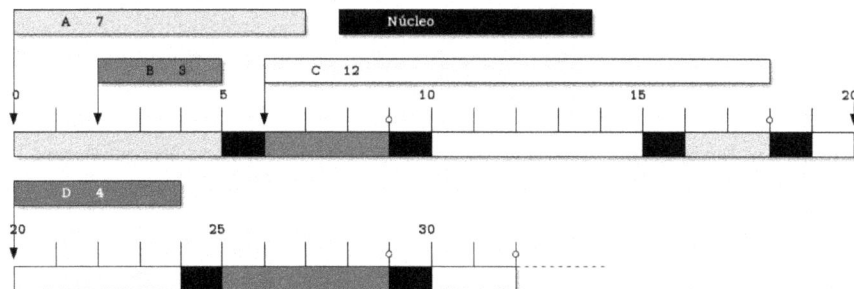

Figura 4.5: Ejecución de cuatro procesos con *quantums* de cinco *ticks* y cambios de contexto de dos *ticks*.

[5]Este mecanismo se presentará en breve, en la sección 4.2.3.

Al considerar al tiempo ocupado por el núcleo como un proceso más, cuyo trabajo en este espacio de tiempo finalizó junto con los demás,[6] se obtiene por resultado:

Proceso	t	T	E	P	R
A	7	18	11	2.57	0.389
B	3	7	4	2.33	0.429
C	12	26	14	2.17	0.462
D	4	9	5	2.25	0.444
Promedio *útil*	6.5	15	8.50	2.31	0.433
Núcleo	6	32	26	5.33	0.188
Promedio total	6.4	18.4	12.00	2.88	0.348

Abordando cada proceso, para obtener T se parte del momento en que el proceso llegó a la cola, no el punto de inicio de la línea de tiempo. En este caso, dado que el núcleo *siempre* está en ejecución, se asume que inició también en 0.

Respecto al patrón de llegada y salida de los procesos, se lo maneja también basado en una relación: partiendo de una *frecuencia α de llegada* promedio de nuevos procesos a la cola de procesos listos, y el *tiempo de servicio requerido* promedio β, se define el *valor de saturación* ρ como $\rho = \frac{\alpha}{\beta}$.

Cuando $\rho = 0$, nunca llegan nuevos procesos, por lo cual el sistema estará eventualmente *desocupado*. Cuando $\rho = 1$, los procesos son despachados al mismo ritmo al que van llegando. Cuando $\rho > 1$, el ritmo de llegada de procesos es mayor que la velocidad a la cual la computadora puede darles servicio, con lo cual la cola de procesos listos tenderá a crecer (y la calidad de servicio, la proporción de respuesta R, para cada proceso se decrementará).

4.2. Algoritmos de planificación

El planificador a corto plazo puede ser invocado cuando un proceso se encuentra en algunas de las cuatro siguientes circunstancias:

1. Pasa de estar *ejecutando* a estar *en espera* (por ejemplo, por solicitar una operación de E/S, esperar a la sincronización con otro proceso, etcétera).

2. Pasa de estar *ejecutando* a estar *listo* (por ejemplo, al ocurrir la interrupción del temporizador, o de algún evento externo).

3. Deja de estar *en espera* a estar *listo* (por ejemplo, al finalizar la operación de E/S que solicitó).

4. Finaliza su ejecución, y pasa de *ejecutando* a *terminado*.

---

[6]Normalmente *no* se considera al núcleo al hacer este cálculo, dado que en este ámbito todo el trabajo que hace puede verse como *burocracia* ante los resultados deseados del sistema.

En el primer y cuarto casos, el sistema operativo siempre tomará el control;[7] un sistema que opera bajo *multitarea apropiativa* implementará también el segundo y tercer casos, mientras que uno que opera bajo *multitarea cooperativa* no necesariamente reconocerá dichos estados.

Ahora, para los algoritmos a continuación, cabe recordar que se trata únicamente del *despachador*. Un proceso siempre abandonará la cola de procesos listos al requerir de un servicio del sistema.

Para todos los ejemplos que siguen, los tiempos están dados en *ticks*; no es relevante a cuánto *tiempo de reloj* éstos equivalen, sino el rendimiento relativo del sistema entero ante una carga dada.

La presente sección está basada fuertemente en el capítulo 2 de *An operating systems vade mecum* (Finkel 1988).

4.2.1. Objetivos de la planificación

Los algoritmos que serán presentados a continuación son respuestas que intentan, de diferentes maneras y desde distintos supuestos base, darse a los siguientes objetivos principales (tomando en cuenta que algunos de estos objetivos pueden ser mutuamente contradictorios):

Ser justo Debe tratarse de *igual manera* a todos los procesos que compartan las mismas características,[8] y nunca postergar indefinidamente uno de ellos.

Maximizar el rendimiento Dar servicio a la mayor parte de procesos por unidad de tiempo.

Ser predecible Un mismo trabajo debe tomar aproximadamente la misma cantidad de tiempo en completarse independientemente de la carga del sistema.

Minimizar la sobrecarga El tiempo que el algoritmo pierda en *burocracia* debe mantenerse al mínimo, dado que éste es tiempo de procesamiento útil perdido.

Equilibrar el uso de recursos Favorecer a los procesos que empleen recursos subutilizados, penalizar a los que peleen por un recurso sobreutilizado causando contención en el sistema.

Evitar la postergación indefinida Aumentar la prioridad de los procesos más *viejos*, para favorecer que alcancen a obtener algún recurso por el cual estén esperando.

---

[7]En el primer caso, el proceso entrará en el dominio del *planificador a mediano plazo*, mientras que en el cuarto saldrá definitivamente de la lista de ejecución.

[8]Un algoritmo de planificación puede *priorizar* de diferente manera a los procesos según distintos criterios, sin por ello dejar de ser justo, siempre que dé la misma prioridad y respuesta a procesos equivalentes.

Favorecer el *uso esperado* del sistema En un sistema con usuarios interactivos, maximizar la prioridad de los procesos que sirvan a solicitudes iniciadas por éste (aun a cambio de penalizar a los procesos *de sistema*)

Dar preferencia a los procesos que *podrían causar bloqueo* Si un proceso de baja prioridad está empleando un recurso del sistema por el cual más procesos están esperando, favorecer que éste termine de emplearlo más rápido

Favorecer los procesos con un *comportamiento deseable* Si un proceso causa muchas demoras (por ejemplo, atraviesa una ráfaga de entrada/salida que le requiere hacer muchas llamadas a sistema o interrupciones), se le puede penalizar porque degrada el rendimiento global del sistema

Degradarse suavemente Si bien el nivel ideal de utilización del procesador es al 100%, es imposible mantenerse siempre a este nivel. Un algoritmo puede buscar responder con la menor penalización a los procesos preexistentes al momento de exceder este umbral.

4.2.2. Primero llegado, primero servido (FCFS)

El esquema más simple de planificación es el *primero llegado, primero servido* (*first come, first serve*, FCFS). Este es un mecanismo cooperativo, con la mínima lógica posible: cada proceso se ejecuta en el orden en que fue llegando, y hasta que *suelta el control*. El despachador es muy simple, básicamente una cola FIFO.

Para comparar los distintos algoritmos de planificación que serán presentados, se dará el resultado de cada uno de ellos sobre el siguiente juego de procesos (Finkel 1988: 35):

Proceso	Tiempo de llegada	t	Inicio	Fin	T	E	P
A	0	3	0	3	3	0	1
B	1	5	3	8	7	2	1.4
C	3	2	8	10	7	5	3.5
D	9	5	10	15	6	1	1.2
E	12	5	15	20	8	3	1.6
Promedio		4			6.2	2.2	1.74

Si bien un esquema FCFS reduce al mínimo la *sobrecarga administrativa* (que incluye, tanto al tiempo requerido por el planificador para seleccionar al siguiente proceso, como el tiempo requerido para el cambio de contexto), el rendimiento percibido por los últimos procesos en llegar (o por procesos cortos llegados en un momento inconveniente) resulta inaceptable.

Este algoritmo dará servicio y salida a todos los procesos siempre que $\rho \leq 1$. En caso de que se sostenga $\rho > 1$, la demora para iniciar la atención de un proceso crecerá cada vez más, cayendo en una cada vez mayor inanición.

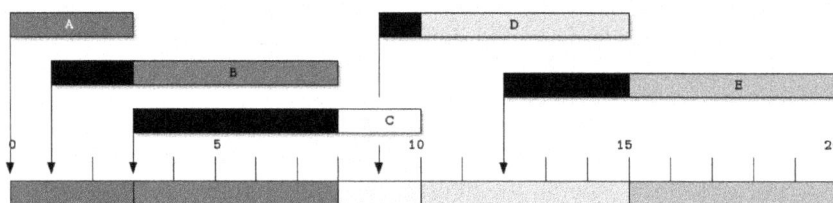

Figura 4.6: Primero llegado, primero servido (FCFS).

Puede observarse que FCFS tiene características claramente inadecuadas para trabajo interactivo, sin embargo, al no requerir de hardware de apoyo (como un temporizador) sigue siendo ampliamente empleado.

4.2.3. Ronda (*Round Robin*)

El esquema *ronda* busca dar una relación de respuesta buena, tanto para procesos largos como para los cortos. La principal diferencia entre la ronda y FCFS es que en este caso sí emplea multitarea apropiativa: cada proceso que esté en la lista de procesos listos puede ejecutarse por un sólo *quantum* (*q*). Si un proceso no ha terminado de ejecutar al final de su *quantum*, será interrumpido y puesto al final de la lista de procesos listos, para que espere a su turno nuevamente. Los procesos que sean *despertados* por los planificadores a mediano o largo plazos se agregarán también al final de esta lista.

Con la misma tabla de procesos presentada en el caso anterior (y, por ahora, ignorando la sobrecarga administrativa provocada por los cambios de contexto) se obtienen los siguientes resultados:

Proceso	Tiempo de llegada	t	Inicio	Fin	T	E	P
A	0	3	0	6	6	3	2.0
B	1	5	1	11	10	5	2.0
C	3	2	4	8	5	3	2.5
D	9	5	9	18	9	4	1.8
E	12	5	12	20	8	3	1.6
Promedio		4			7.6	3.6	1.98

La *ronda* puede ser ajustada modificando la duración de *q*. Conforme se incrementa *q*, la ronda tiende a convertirse en FCFS —si cada *quantum* es arbitrariamente grande, todo proceso terminará su ejecución dentro de su *quantum*; por otro lado, conforme decrece *q*, se tiene una mayor frecuencia de cambios de contexto; esto llevaría a una mayor ilusión de tener un procesador dedicado por parte de cada uno de los procesos, dado que cada proceso sería incapaz de

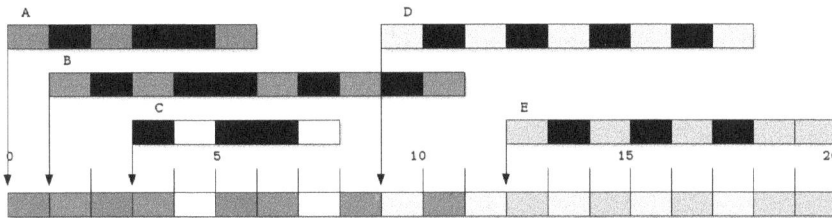

Figura 4.7: Ronda (Round Robin).

notar las *ráfagas* de atención que éste le da (avance rápido durante un periodo corto seguido de uno sin avance). Claro está, el procesador simulado sería cada vez más lento, dada la fuerte penalización que iría agregando la sobrecarga administrativa.

Finkel 1988: 35 se refiere a esto como el *principio de la histéresis*: *hay que resistirse al cambio*. Como ya se mencionó, el algoritmo FCFS mantiene al mínimo posible la sobrecarga administrativa, y –aunque sea marginalmente– resulta en mejor rendimiento global.

Si se repite el análisis anterior bajo este mismo mecanismo, pero con un *quantum* de cuatro *ticks*, el resultado es:

Proceso	Tiempo de llegada	t	Inicio	Fin	T	E	P
A	0	3	0	3	3	0	1.0
B	1	5	3	10	9	4	1.8
C	3	2	7	9	6	4	3.0
D	9	5	10	19	10	5	2.0
E	12	5	14	20	8	3	1.6
Promedio		4			7.2	3.2	1.88

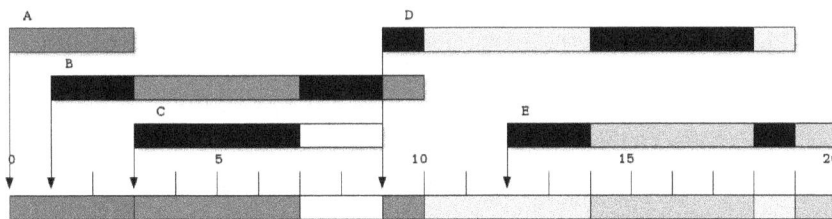

Figura 4.8: Ronda (Round Robin), con $q = 4$.

Si bien aumentar el *quantum* mejora los tiempos promedio de respuesta, aumentarlo hasta convertirlo en un FCFS efectivo degenera en una penalización a los procesos cortos, y puede llevar a la inanición cuando $\rho > 1$. Mediciones estadístcias apuntan a que típicamente el *quantum* debe mantenerse inferior a la duración promedio del 80% de los procesos (Silberschatz, Galvin y Gagne 2010: 188).

4.2.4. El proceso más corto a continuación (SPN, *shortest process next*)

Cuando no se tiene la posibilidad de implementar multitarea apropiativa, pero se requiere de un algoritmo más *justo*, contando con información *por anticipado* acerca del tiempo que requieren los procesos que forman la lista, puede elegirse el más corto de los presentes.

Ahora bien, es muy difícil contar con esta información antes de ejecutar el proceso. Es más frecuente buscar *caracterizar* las necesidades del proceso: ver si durante su historia de ejecución[9] ha sido un proceso tendiente a manejar ráfagas *limitadas por entrada-salida* o *limitadas por procesador*, y cuál es su tendencia actual.

Para estimar el tiempo que requerirá un proceso p en su próxima invocación, es común emplear el *promedio exponencial* e_p. Se define un *factor atenuante* $0 \leq f \leq 1$, que determinará qué tan reactivo será el promedio obtenido a la última duración; es común que este valor sea cercano a 0.9.

Si el proceso p empleó q *quantums* durante su última invocación,

$$e'_p = f e_p + (1 - f)q$$

Se puede tomar como *semilla* para el e_p inicial un número elegido arbitrariamente, o uno que ilustre el comportamiento actual del sistema (como el promedio del e_p de los procesos actualmente en ejecución). La figura 4.10 presenta la predicción de tiempo requerido que determinado proceso va obteniendo en sus diversas entradas a la cola de ejecución, basado en su comportamiento previo, con distintos factores atenuantes.

Empleando el mismo juego de datos de procesos que se ha venido manejando como resultados de las estimaciones, se obtiene el siguiente resultado:

---

[9]Cabe recordar que todos estos mecanismos se aplican al *planificador a corto plazo*. Cuando un proceso se bloquea esperando una operación de E/S, sigue en ejecución, y la información de contabilidad del mismo sigue alimentándose. SPN se "nutre" precisamente de dicha información de contabilidad.

Proceso	Tiempo de llegada	t	Inicio	Fin	T	E	P
A	0	3	0	3	3	0	1.0
B	1	5	5	10	9	4	1.8
C	3	2	3	5	2	0	1.0
D	9	5	10	15	6	1	1.2
E	12	5	15	20	8	3	1.6
Promedio		4			5.6	1.6	1.32

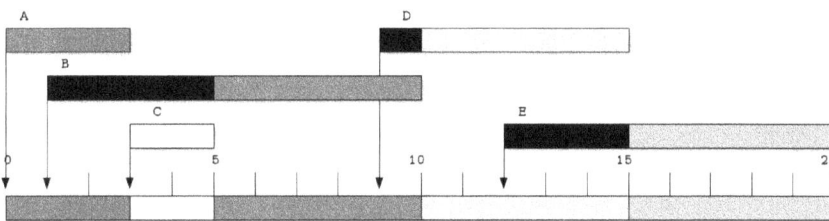

Figura 4.9: El proceso más corto a continuación (SPN).

Como era de esperarse, SPN favorece a los procesos cortos. Sin embargo, un proceso largo puede esperar mucho tiempo antes de ser atendido, especialmente con valores de ρ cercanos o superiores a 1 — un proceso más largo que el promedio está predispuesto a sufrir inanición.

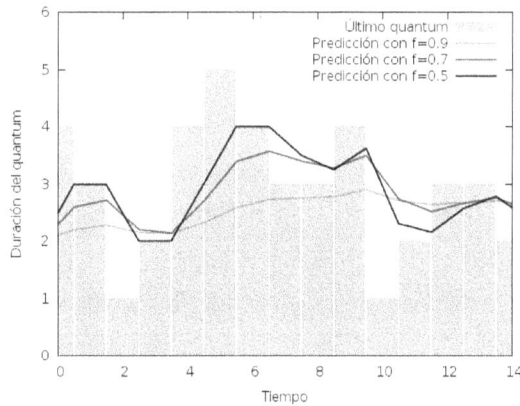

Figura 4.10: Promedio exponencial (predicción de próxima solicitud de tiempo) de un proceso.

En un sistema poco ocupado, en que la cola de procesos listos es corta, SPN generará resultados muy similares a los de FCFS. Sin embargo, puede observarse en el ejemplo que con sólo una permutación en los cinco procesos ejemplos

(*B* y *C*), los factores de penalización a los procesos ejemplo resultaron muy beneficiados.

SPN apropiativo (PSPN, *preemptive shortest process next*)

Finkel (1988: 41) apunta que, a pesar de que intuitivamente daría una mayor ganancia combinar las estrategias de SPN con un esquema de multitarea apropiativa, el comportamiento obtenido es muy similar para la amplia mayoría de los procesos. Incluso para procesos muy largos, este algoritmo no los penaliza mucho más allá de lo que lo haría la ronda, y obtiene mejores promedios de forma consistente porque, al despachar primero los procesos más cortos, mantiene la lista de procesos pendientes corta, lo que lleva naturalmente a menores índices de penalización.

El más penalizado a continuación (HPRN, *highest penalty ratio next*)

En un sistema que no cuenta con multitarea apropiativa, las alternativas presentadas hasta ahora resultan invariablmente injustas: El uso de FCFS favorece los procesos largos, y el uso de SPN los cortos. Un intento de llegar a un algoritmo más balanceado es HPRN.

Todo proceso inicia su paso por la cola de procesos listos con un valor de penalización $P = 1$. Cada vez que es obligado a esperar un tiempo w por otro proceso, P se actualiza como $P = \frac{w+t}{t}$. El proceso que se elige como activo será el que tenga mayor P. Mientras $\rho < 1$, HPRN evitará que incluso los procesos más largos sufran inanición.

En los experimentos realizados por Finkel, HPRN se sitúa siempre en un punto medio entre FCFS y SPN; su principal desventaja se presenta conforme crece la cola de procesos listos, ya que P tiene que calcularse para cada uno de ellos cada vez que el despachador toma una decisión.

4.2.5. Ronda egoísta (SRR, *selfish round robin*)

Este método busca favorecer los procesos que ya han pasado tiempo ejecutando que a los recién llegados. De hecho, los nuevos procesos no son programados directamente para su ejecución, sino que se les forma en la cola de *procesos nuevos*, y se avanza únicamente con la cola de *procesos aceptados*.

Para SRR se emplean los parámetros *a* y *b*, ajustables según las necesidades del sistema. *a* indica el ritmo según el cual se incrementará la prioridad de los procesos de la cola de *procesos nuevos*, y *b* el ritmo del incremento de prioridad para los *procesos aceptados*. Cuando la prioridad de un proceso nuevo *alcanza* a la prioridad de un proceso aceptado, el nuevo se vuelve aceptado. Si la cola de procesos aceptados queda vacía, se acepta el proceso nuevo con mayor prioridad. El comportamiento de SRR con los procesos ejemplo es:

Proceso	Tiempo de llegada	t	Inicio	Fin	T	E	P
A	0	3	0	4	4	1	1.3
B	1	5	2	10	9	4	1.8
C	3	2	6	9	6	4	3.0
D	9	5	10	15	6	1	1.2
E	12	5	15	20	8	3	1.6
Promedio		4			6.6	2.6	1.79

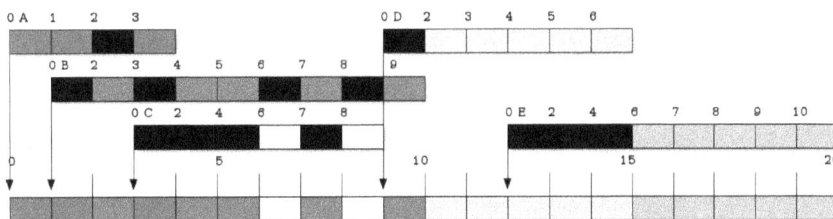

Figura 4.11: Ronda egoísta (SRR) con $a = 2$ y $b = 1$.

Mientras $\frac{b}{a} < 1$, la prioridad de un proceso entrante eventualmente alcanzará a la de los procesos aceptados, y comenzará a ejecutarse. Mientras el control va alternando entre dos o más procesos, la prioridad de todos ellos será la misma (esto es, son despachados efectivamente por una simple ronda).

Incluso cuando $\frac{b}{a} \geq 1$, el proceso en ejecución terminará, y B será aceptado. En este caso, este esquema se convierte en FCFS.

Si $\frac{b}{a} = 0$ (esto es, si $b = 0$), los procesos recién llegados serán aceptados inmediatamente, con lo cual se convierte en una ronda. Mientras $0 < \frac{b}{a} < 1$, la ronda será *relativamente egoísta*, dándole entrada a los nuevos procesos incluso si los que llevan mucho tiempo ejecutando son muy largos (y, por tanto, su prioridad es muy alta).

4.2.6. Retroalimentación multinivel (FB, multilevel feedback)

El mecanismo descrito en la sección anterior, la *ronda egoísta*, introdujo el concepto de tener no una sino varias colas de procesos, que recibirán diferente tratamiento. Este mecanismo es muy poderoso, y se emplea en prácticamente todos los planificadores en uso hoy en día. Antes de abordar el esquema de retroalimentación multinivel, conviene presentar cómo opera un sistema con múltiples colas de prioridad.

La figura 4.12 ilustra cómo se presentaría una situación bajo esta lógica: el sistema hipotético tiene cinco colas de prioridad, y siete procesos listos para ser puestos en ejecución. Puede haber colas vacías, como en este caso la 3. Dado que la cola de mayor prioridad es la 0, el planificador elegirá únicamente

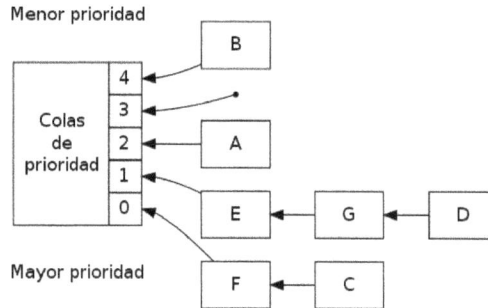

Figura 4.12: Representación de un sistema con cinco colas de prioridad y siete procesos listos.

entre los procesos que están *formados* en ella: *F* o *C*. Sólo cuando estos procesos terminen (o sean enviados a alguna otra cola), el planificador continuará con aquellos que estén en las siguientes colas.

La *retroalimentación multinivel* basa su operación en más de una cola —pero en este caso, todas ellas tendrán el mismo tratamiento *general*, distinguiéndose sólo por su nivel de *prioridad*, C_0 a C_n. El despachador elegirá para su ejecución al proceso que esté al frente de la cola de mayor prioridad que tenga algún proceso esperando C_i, y tras un número predeterminado de ejecuciones, lo *degrada* a la cola de prioridad inmediata inferior C_{i+1}.

El mecanismo de retroalimentación multinivel favorece los procesos cortos, dado que terminarán sus tareas sin haber sido marcados como de prioridades inferiores.

La ejecución del juego de datos con que han sido presentados los algoritmos anteriores bajo este esquema da los siguientes resultados:

Proceso	Tiempo de llegada	t	Inicio	Fin	T	E	P
A	0	3	0	7	7	4	1.7
B	1	5	1	18	17	12	3.4
C	3	2	3	6	3	1	1.5
D	9	5	9	19	10	5	2.0
E	12	5	12	20	8	3	1.6
Promedio		4			9	5	2.04

Dado que ahora hay que representar la cola en la que está cada uno de los procesos, en la figura 4.13 se presenta sobre cada una de las líneas de proceso la prioridad de la cola en que se encuentra antes del *quantum* a iniciar.

Llama la atención que prácticamente todos los números apuntan a que esta es una peor estrategia que las presentadas anteriormente— los únicos procesos beneficiados en esta ocasión son los recién llegados, que podrán avanzar

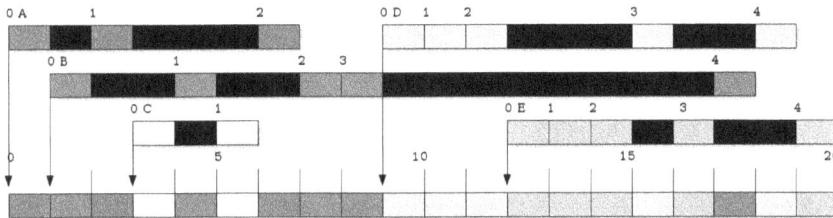

Figura 4.13: Retroalimentación multinivel (FB) básica.

al principio, mientras los procesos más largos serán castigados y podrán eventualmente (a mayor ρ) enfrentar inanición.

Sin embargo, esta estrategia permite ajustar dos variables: una es la cantidad de veces que un proceso debe ser ejecutado antes de ser *degradado* a la prioridad inferior, y la otra es la duración del *quantum* asignado a las colas subsecuentes.

Otro fenómeno digno a comentar es el que se presenta a los *ticks* 8, 10, 11, 13 y 14: el despachador interrumpe la ejecución del proceso activo, para volver a cedérsela. Esto ocurre porque, efectivamente, concluyó su *quantum*; idealmente, el despachador se dará cuenta de esta situación de inmediato y no iniciará un cambio de contexto *al mismo proceso*. En caso contrario, el trabajo perdido por gasto administrativo se vuelve innecesariamente alto.

El panorama cambia al ajustar estas variables: si se elige un *quantum* de $2^n q$, donde n es el identificador de cola y q la longitud del *quantum* base, un proceso largo será detenido por un cambio de contexto al llegar a q, $3q$, $7q$, $15q$, etc., lo que llevará al número total de cambios de contexto a $\log\left(\frac{t(p)}{q}\right)$, lo cual resulta atractivo frente a los $\frac{t(p)}{q}$ cambios de contexto que tendría bajo un esquema de ronda.

Una vez efectuados estos ajustes, la evaluación del mismo juego de procesos bajo retroalimentación multinivel con un *quantum* que sigue un incremento exponencial produce el siguiente resultado:

Proceso	Tiempo de llegada	t	Inicio	Fin	T	E	P
A	0	3	0	4	4	1	1.3
B	1	5	1	10	9	4	1.8
C	3	2	4	8	5	3	2.5
D	9	5	10	18	9	4	1.8
E	12	5	13	20	8	3	1.6
Promedio		4			7	3	1.8

Los promedios de tiempos de terminación, respuesta, espera y penalización para este conjunto de procesos resultan mejores incluso que los de la ronda.

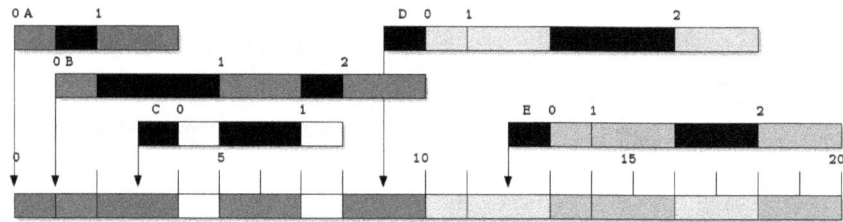

Figura 4.14: Retroalimentación multinivel (FB) con q exponencial.

En este caso, a pesar de que esta estrategia favorece a los procesos recién llegados, al *tick* 3, 9 y 10, llegan nuevos procesos, pero a pesar de estar en la cola de mayor prioridad, no son puestos en ejecución, dado que llegaron a la mitad del *quantum* (largo) de otro proceso.

Típicamente se emplean incrementos mucho más suaves, y de crecimiento más controlado, como nq o inlcuso $q\log(n)$, dado que en caso contrario un proceso muy largo podría causar muy largas inaniciones para el resto del sistema.

Para evitar la inanición, puede considerarse también la retroalimentación en sentido inverso: si un proceso largo fue *degradado* a la cola C_P y pasa determinado tiempo sin recibir servicio, puede *promoverse* de nuevo a la cola C_{P-1} para que no sufra inanición.

Hoy en día, muchos de los principales sistemas operativos operan bajo diferentes versiones de retroalimentación multinivel, y típicamente con hasta decenas de colas.

4.2.7. Lotería

Los mecanismos hasta aquí descritos vienen con largas décadas de desarrollo. Uno de los últimos algoritmos que ha sido ampliamente difundido en unirse a esta lista es el de *planificación por lotería* (Waldspurger y Weihl 1994).

Bajo el esquema de la *lotería*, cada proceso tiene un número determinado de boletos, y cada boleto le representa una oportunidad de jugar a la lotería. Cada vez que el planificador tiene que elegir el siguiente proceso a poner en ejecución, elige un número al azar[10], y otorga el siguiente quantum al proceso que tenga el boleto ganador. El boleto ganador *no es retirado*, esto es, la probabilidad de que determinado proceso sea puesto en ejecución no varía entre invocaciones sucesivas del planificador.

---

[10]Si bien operar un generador de números aleatorios en estricto sentido sería demasiado caro para un proceso que se ejecuta decenas o cientos de veces por segundo, para *jugar* a la lotería es suficiente emplear un generador débil pseudoaleatorio. El artículo en que este mecanismo fue presentado presenta la implementación del algoritmo Park-Miller, $S' = (A \times S)mod(2^{31} - 1)$ con $A = 16\,807$, implementado en 12 instrucciones de procesador RISC.

Las prioridades pueden representarse en este esquema de forma muy sencilla: un proceso al que se le quiere dar mayor prioridad simplemente tendrá más boletos; si el proceso *A* tiene 20 boletos y el proceso *B* tiene 60, será tres veces más probable que el siguiente turno toque a *B* que a *A*.

El esquema de planificación por lotería considera que los procesos puedan cooperar entre sí: si *B* estuviera esperando un resultado de *A*, podría transferirle sus boletos para aumentar la probabilidad de que sea puesto en ejecución.

A pesar de su simplicidad, el esquema de planificación por lotería resulta justo, tanto a procesos cortos, como a largos, y presenta una degradación muy suave incluso en entornos de saturación. Claro, al derivar de un proceso aleatorio, resulta imposible presentar una comparación de este mecanismo abordado previamente.

4.2.8. Esquemas híbridos

En líneas generales, los siete algoritmos presentados pueden clasificarse sobre dos discriminadores primarios: si están pensados para emplearse en multitarea cooperativa o apropiativa, y si emplean información *intrínseca* a los procesos evaluados o no lo hacen, esto es, si un proceso es tratado de distinta forma dependiendo de su historial de ejecución.

Cuadro 4.1: Caracterización de los mecanismos de planificación a corto plazo.

	NO CONSIDERA INTRÍNSECA	CONSIDERA INTRÍNSECA
COOPERATIVA	Primero llegado primero servido (FCFS)	Proceso más corto (SPN), Proceso más penalizado (HPRN)
PREVENTIVA	Ronda (RR) Lotería	Proceso más corto apropiativo (PSPN), Retroalimentación (FB), Ronda egoísta (SRR)

Ahora bien, estas características primarias pueden ser empleadas en conjunto, usando diferentes algoritmos a diferentes niveles, o cambiándolos según el patrón de uso del sistema, aprovechando de mejor manera sus bondades y logrando evitar sus deficiencias. A continuación, algunos ejemplos de esquemas híbridos.

Algoritmo por cola dentro de FB

Al introducir varias colas, se abre la posibilidad de que cada una de ellas siga un esquema diferente para elegir cuál de sus procesos está a la cabeza. En los ejemplos antes presentados, todas las colas operaban siguiendo una ronda, pero podría considerarse, por ejemplo, que parte de las colas sean procesadas siguiendo una variación de PSPN que *empuje* a los procesos más largos a colas que les puedan dar atención con menor número de interrupciones (incluso sin haberlos ejecutado aún).

Podría emplearse un esquema SRR para las colas de menor prioridad, siendo que ya tienen procesos que han esperado mucho tiempo para su ejecución, para que –sin que repercutan en el tiempo de respuesta de los procesos cortos que van entrando a las colas superiores– terminen lo antes posible su ejecución.

Métodos dependientes del estado del sistema

Los parámetros de operación pueden variar también dependiendo del estado actual del sistema, e incluso tomando en consideración valores externos al despachador. Algunas ideas al respecto son:

- Si los procesos listos son *en promedio* no muy largos, y el valor de saturación es bajo ($\rho < 1$), optar por los métodos que menos sobrecarga administrativa signifiquen, como FCFS o SPN (o, para evitar los peligros de la multitarea cooperativa, un RR con un *quantum* muy largo). Si el despachador observa que la longitud de la cola excede un valor determinado (o *muestra una tendencia* en ese sentido, al incrementarse ρ), tendrá que cambiar a un mecanismo que garantice una mejor distribución de la atención, como un RR con *quantum* corto o PSPN.

- Usar un esquema simple de ronda. La duración de un *quantum* puede ser ajustada periódicamente (a cada cambio de contexto, o como un cálculo periódico), para que la duración del siguiente *quantum* dependa de la cantidad de procesos en espera en la lista, $Q = \frac{q}{n}$.

  Si hay pocos procesos esperando, cada uno de ellos recibirá un *quantum* más largo, reduciendo la cantidad de cambios de contexto. Si hay muchos, cada uno de ellos tendrá que esperar menos tiempo para comenzar a liberar sus pendientes.

  Claro está, la duración de un *quantum* no debe reducirse más allá de cierto valor mínimo, definido según la realidad del sistema en cuestión, dado que podría aumentar demasiado la carga burocrática.

- Despachar los procesos siguiendo una ronda, pero asignarles una duración de *quantum* proporcional a su prioridad externa (fijada por el usuario). Un proceso de mayor prioridad ejecutará *quantums* más largos.

- *Peor servicio a continuación* (WSN, *worst service next*). Es una generalización sobre varios de los mecanismos mencionados; su principal diferencia respecto a HPRN es que no sólo se considera *penalización* el tiempo que ha pasado esperando en la cola, sino que se considera el número de veces que ha sido interrumpido por el temporizador o su prioridad externa, y se considera (puede ser a favor o en contra) el tiempo que ha tenido que esperar por E/S u otros recursos. El proceso que ha sufrido del *peor servicio* es seleccionado para su ejecución, y si varios empatan, se elige uno en ronda.

  La principal desventaja de WSN es que, al considerar tantos factores, el tiempo requerido, por un lado, para recopilar todos estos datos y, por otro, calcular el peso que darán a cada uno de los procesos implicados, puede repercutir en el tiempo global de ejecución. Es posible acudir a WSN periódicamente (y no cada vez que el despachador es invocado) para que reordene las colas según criterios generales, y abanzar sobre dichas colas con algoritmos más simples, aunque esto reduce la velocidad de reacción ante cambios de comportamiento.

- Algunas versiones históricas de Unix manejaban un esquema en que la prioridad especificada por el usuario[11] era matizada y re-evaluada en el transcurso de su ejecución.

  Periódicamente, para cada proceso se calcula una prioridad *interna*, que depende de la prioridad *externa* (especificada por el usuario) y el tiempo consumido recientemente por el proceso. Conforme éste recibe mayor tiempo de procesador, esta última cantidad decrece, y aumenta conforme el proceso espera (sea por decisión del despachador o por estar en alguna espera).

  Esta prioridad interna depende también del tamaño de la lista de procesos listos para su ejecución: entre más procesos haya pendientes, más fuerte será la modificación que efectúe.

  El despachador ejecutará al proceso que tenga una mayor prioridad después de realizar estos pasos, decidiendo por ronda en caso de haber empates. Claro está, este algoritmo resulta sensiblemente más caro computacionalmente, aunque más justo, que aquellos sobre los cuales construye.

4.2.9. Resumiendo

En esta sección se presentan algunos mecanismos básicos de planificación a corto plazo. Como se indica en la parte final, es muy poco común encontrar

---

[11]La *lindura*, o *niceness* de un proceso, llamada así por establecerse por medio del comando `nice` al iniciar su ejecución, o `renice` una vez en ejecución

estos mecanismos en un *estado puro* —normalmente se encuentra una combinación de ellos, con diferentes parámetros según el nivel en el cual se está ejecutando.

Rendimiento ante diferentes cargas de procesos

Los algoritmos de esta sección fueron presentados y comparados ante una determinada carga de procesos. No se puede asumir, sin embargo, que su comportamiento será igual ante diferentes distribuciones: un patrón de trabajo donde predominen los procesos cortos y haya unos pocos procesos largos probablemente se verá mucho más penalizado por un esquema SRR (y mucho más favorecido por un SPN o PSPN) que uno en el cual predominen los procesos largos.

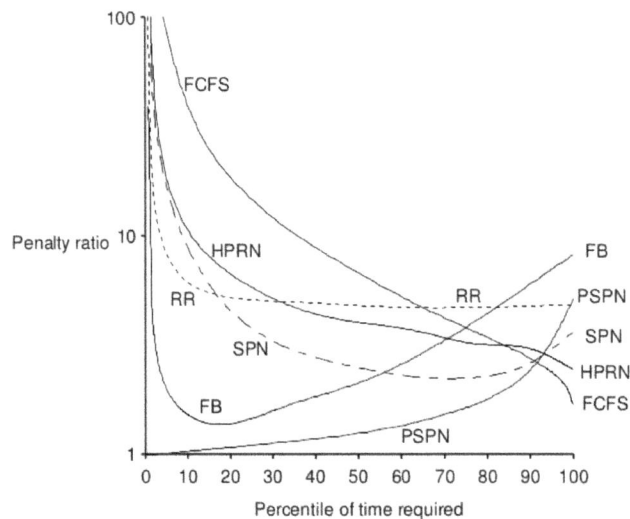

Figura 4.15: Proporción de penalización registrada por cada proceso contra el porcentaje del tiempo que éste requiere (Finkel 1988: 33).

Raphael Finkel realizó estudios bajo diversas cargas de trabajo, buscando comparar de forma *significativa* estos distintos mecanismos. Finkel simuló el comportamiento que estos algoritmos tendrían ante 50 000 procesos generados de forma aleatoria, siguiendo una distribución exponencial, tanto en sus tiempos de llegada, como en su duración en ejecución, y manteniendo como parámetro de equilibrio un nivel de saturación $\rho = 0{,}8(\alpha = 0{,}8, \beta = 1{,}0)$, obteniendo como resultado las figuras aquí reproducidas (4.15 y 4.16) comparando algunos aspectos importantes de los diferentes despachadores.

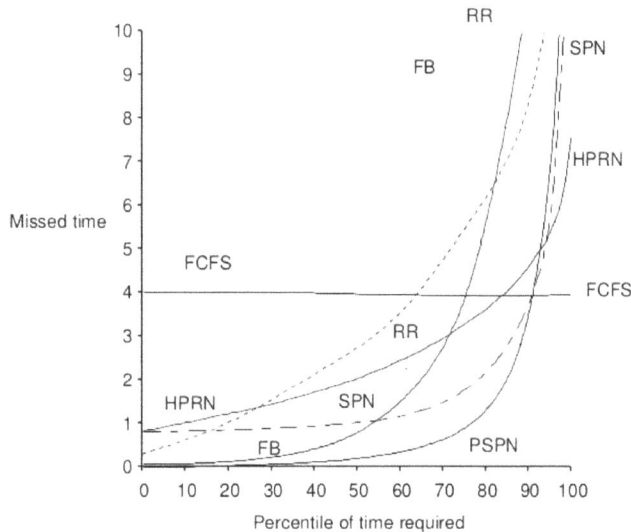

Figura 4.16: Tiempo *perdido* contra porcentaje de tiempo requerido por proceso (Finkel 1988: 34).

Duración mínima del *quantum*

La penalización por cambios de contexto en esquemas apropiativos como la *ronda* puede evitarse empleando *quantums* mayores. Pero abordando la contraparte, ¿qué tan corto tiene sentido que sea un *quantum*? Con el hardware y las estructuras requeridas por los sistemas operativos de uso general disponibles hoy en día, un cambio de contexto requiere del orden de 10 microsegundos (Silberschatz, Galvin y Gagne 2010: 187), por lo que incluso con el *quantum* de 10 ms (el más corto que manejan tanto Linux como Windows), representa apenas la milésima parte del tiempo efectivo de proceso.

Una estrategia empleada por Control Data Corporation para la CDC6600 (comercializada a partir de 1964, y diseñada por Seymour Cray) fue emplear hardware especializado que permitiera efectivamente *compartir el procesador*: un sólo procesador tenía 10 *juegos* de registros, permitiéndole alternar entre 10 procesos con un *quantum* efectivo igual a la velocidad del reloj. A cada paso del reloj, el procesador cambiaba el juego de registros. De este modo, un sólo procesador de muy alta velocidad para su momento (1 MHz) aparecía ante las aplicaciones como 10 procesadores efectivos, cada uno de 100 KHz, reduciendo los costos al implementar sólamente una vez cada una de las unidades funcionales. Puede verse una evolución de esta idea retomada hacia mediados de la década del 2000 en los procesadores que manejan hilos de ejecución.[12]

---

[12]Aunque la arquitecura de la CDC6600 era *plenamente superescalar*, a diferencia de los procesadores *Hyperthreading*, que será abordada brevemente en la sección 4.4.4, en que para que dos instrucciones se ejecuten simultáneamente deben ser de naturalezas distintas, no requiriendo am-

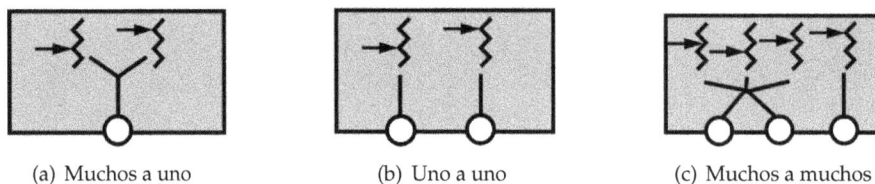

(a) Muchos a uno   (b) Uno a uno   (c) Muchos a muchos

Figura 4.17: Tres modelos de mapeo de hilos a procesos. (Imágenes: Beth Plale; véase sección 4.6.3).

Esta arquitectura permitía tener multitarea real sin tener que realizar cambios de contexto, sin embargo, al tener un *nivel de concurrencia* fijo establecido en hardware no es tan fácil adecuar a un entorno cambiante, con picos de ocupación.

4.3. Planificación de hilos

Ahora bien, tras centrar toda la presente discusión en los procesos, ¿cómo caben los *hilos* en este panorama? Depende de cómo éstos son *mapeados* a procesos a ojos del planificador.

Como fue expuesto en la sección 3.2.1, hay dos clases principales de hilo: los *hilos de usuario* o *hilos verdes*, que son completamente gestionados dentro del proceso y sin ayuda del sistema operativo, y los *hilos de núcleo* o *hilos de kernel*, que sí son gestionados por el sistema operativo como si fueran procesos. Partiendo de esto, hay tres modelos principales de mapeo:

Muchos a uno Muchos hilos son agrupados en un sólo proceso. Los *hilos verdes* entran en este supuesto: para el sistema operativo, hay un sólo proceso; mientras tiene la ejecución, éste se encarga de repartir el tiempo entre sus hilos.

Bajo este modelo, si bien el código escrito es más portable entre diferentes sistemas operativos, los hilos no aprovechan *realmente* al paralelismo, y todos los hilos pueden tener que bloquearse cuando uno solo de ellos realiza una llamada *bloqueante* al sistema.

La figura 4.17(a) ilustra este modelo.

Uno a uno Cada hilo es ejecutado como un *proceso ligero* (*lightweight process* o LWP); podría dar la impresión de que este esquema desperdicia la principal característica de los hilos, que es una mayor sencillez y rapidez de inicialización que los procesos, sin embargo, la información de estado requerida para crear un LWP es mucho menor que la de un proceso regular,

---

bas de la misma *unidad funcional* del CPU. El procesador de la CDC6600 no manejaba *pipelines*, sino que cada ejecución empleaba al CPU completo

y mantiene como ventaja que los hilos continúan compartiendo su memoria, descriptores de archivos y demás estructuras.

Este mecanismo permite a los hilos aprovechar las ventajas del paralelismo, pudiendo ejecutarse cada hilo en un procesador distinto, y como única condición, el sistema operativo debe poder implementar los LWP.

La esquematización de este modelo puede apreciarse en la figura 4.17(b).

Muchos a muchos Este mecanismo permite que hayan hilos de ambos modelos: permite *hilos unidos* (*bound threads*), en que cada hilo corresponde a un (y solo un) LWP, y de *hilos no unidos* (*unbound threads*), de los cuales *uno o más* estarán mapeados a cada LWP.

El esquema *muchos a muchos* proporciona las principales características de ambos esquemas; en caso de ejecutarse en un sistema que no soporte más que el modelo *uno a muchos*, el sistema puede caer en éste como *modo degradado*. Este modelo se presenta en la figura 4.17(c).

No se detalla en el presente texto respecto a los primeros —cada marco de desarrollo o máquina virtual (véase la sección B.2.1) que emplee *hilos de usuario* actuará cual sistema operativo ante ellos, probablemente con alguno de los mecanismos ilustrados anteriormente.

4.3.1. Los hilos POSIX (`pthreads`)

La clasificiación recién presentada de modelos de mapeo entre hilos y procesos se refleja aproximadamente en la categorización denominada el *ámbito de contención* de los hilos POSIX (`pthreads`).

Hay dos enfoques respecto a la *contención* que deben tener los hilos, esto es: en el momento que un proceso separa su ejecución en dos hilos, ¿debe cada uno de estos recibir la misma atención que recibiría un proceso completo?

Ámbito de contención de proceso (*Process Contention Scope*, PCS; en POSIX, `PTHREAD_SCOPE_PROCESS`). Una respuesta es que todos los hilos deben ser atendidos sin exceder el tiempo que sería asignado a un solo proceso. Un proceso que consta de varios hilos siguiendo el modelo *muchos a uno*, o uno que *multiplexa* varios *hilos no unidos* bajo un modelo *muchos a muchos*, se ejecuta bajo este ámbito.

Ámbito de contención de sistema (*System Contention Scope*, SCS; en POSIX, `PTHREAD_SCOPE_SYSTEM`). Este ámbito es cuando, en contraposición, cada hilo es visto por el planificador como un proceso independiente; este es el ámbito en el que se ejecutarían los hilos bajo el modelo *uno a uno*, o cada uno de los *hilos unidos* bajo un modelo *muchos a muchos*, dado que los hilos son tratados, para propósitos de planificación, cual procesos normales.

La definición de `pthreads` apunta a que, si bien el programador puede solicitar que sus hilos sean tratados bajo cualquiera de estos procesos, una implementación específica puede presentar ambos o solo uno de los ámbitos. Un proceso que solicite que sus hilos sean programados bajo un ámbito no implementado serán ejecutados bajo el otro, notificando del error (pero permitiendo continuar con la operación).

Las implementaciones de `pthreads` tanto en Windows como en Linux sólo consideran SCS.

Respecto a los otros aspectos mencionados en este capítulo, la especificación `pthreads` incluye funciones por medio de las cuales el programador puede solicitar al núcleo la prioridad de cada uno de los hilos por separado (`pthread_setschedprio`) e incluso pedir el empleo de determinado algoritmo de planificación (`sched_setscheduler`).

4.4. Planificación de multiprocesadores

Hasta este punto, el enfoque de este capítulo se ha concentrado en la planificación asumiendo un solo procesador. Del mismo modo que lo que se ha visto hasta este momento, no hay una sola estrategia que pueda ser vista como superior a las demás en todos los casos.

Para trabajar en multiprocesadores, puede mantenerse una sola lista de procesos e ir despachándolos a cada uno de los procesadores como unidades de ejecución equivalentes e idénticas, o pueden mantenerse listas separadas de procesos. A continuación se presentan algunos argumentos respecto a estos enfoques.

4.4.1. Afinidad a procesador

En un entorno multiprocesador, después de que un proceso se ejecutó por cierto tiempo, tendrá parte importante de sus datos copiados en el caché del procesador en el que fue ejecutado. Si el despachador decidiera lanzarlo en un procesador que no compartiera dicho caché, estos datos tendrían que ser *invalidados* para mantener la coherencia, y muy probablemente (por *localidad de referencia*) serían vueltos a cargar al caché del nuevo procesador.

Los procesadores actuales normalmente tienen disponibles varios niveles de caché; si un proceso es migrado entre dos núcleos del mismo procesador, probablemente solo haga falta invalidar los datos en el caché más interno (L1), dado que el caché en chip (L2) es compartido entre los varios núcleos del mismo chip; si un proceso es migrado a un CPU físicamente separado, será necesario invalidar también el caché en chip (L2), y mantener únicamente el del controlador de memoria (L3).

Pero dado que la situación antes descrita varía de una computadora a otra, no se puede enunciar una regla general —más allá de que el sistema operativo debe conocer cómo están estructurados los diversos procesadores que tiene a su disposición, y buscar realizar las migraciones *más baratas*, aquellas que tengan lugar entre los procesadores más cercanos.

Resulta obvio por esto que un proceso que fue ejecutado en determinado procesador vuelva a hacerlo en el mismo, esto es, el proceso *tiene afinidad* por cierto procesador. Un proceso que *preferentemente* será ejecutado en determinado procesador se dice que *tiene afinidad suave* por él, pero determinados patrones de carga (por ejemplo, una mucho mayor cantidad de procesos afines a cierto procesador que a otro, saturando su cola de procesos listos, mientras que el segundo procesador tiene tiempo disponible) pueden llevar a que el despachador decida activarlo en otro procesador.

Por otro lado, algunos sistemas operativos ofrecen la posibilidad de declarar *afinidad dura*, con lo cual se *garantiza* a un proceso que siempre será ejecutado en un procesador, o en un conjunto de procesadores.

Un entorno NUMA, por ejemplo, funcionará mucho mejor si el sistema que lo emplea maneja tanto un esquema de afinidad dura como algoritmos de asignación de memoria que le aseguren que un proceso siempre se ejecutará en el procesador que tenga mejor acceso a sus datos.

4.4.2. Balanceo de cargas

En un sistema multiprocesador, la situación ideal es que todos los procesadores estén despachando trabajos a 100% de su capacidad. Sin embargo, ante una definición tan rígida, la realidad es que siempre habrá uno o más procesadores con menos de 100% de carga, o uno o más procesadores con procesos encolados y a la espera, o incluso ambas situaciones.

La divergencia entre la carga de cada uno de los procesadores debe ser lo más pequeña posible. Para lograr esto, se pueden emplear esquemas de *balanceo de cargas*: algoritmos que analicen el estado de las colas de procesos y, de ser el caso, transfieran procesos entre las colas para homogeneizarlas. Claro está, el balanceo de cargas puede actuar precisamente en sentido contrario de la afinidad al procesador y, efectivamente, puede reubicar a los procesos con afinidad suave.

Hay dos estrategias primarias de balanceo: por un lado, la migración activa o migración *por empuje* (*push migration*) consiste en una tarea que ejecuta como parte del núcleo y periódicamente revisa el estado de los procesadores, y en caso de encontrar un desbalance mayor a cierto umbral, *empuja* a uno o más procesos de la cola del procesador más ocupado a la del procesador más libre. Linux ejecuta este algoritmo cada 200 milisegundos.

Por otro lado, está la migración pasiva o migración *por jalón* (*pull migration*). Cuando algún procesador queda sin tareas pendientes, ejecuta al proceso especial *desocupado* (*idle*). Ahora, el proceso *desocupado* no significa que el procesador detenga su actividad —ese tiempo puede utilizarse para ejecutar tareas del núcleo. Una de esas tareas puede consistir en averiguar si hay procesos en espera en algún otro de los procesadores, y de ser así, *jalarlo* a la cola de este procesador.

Ambos mecanismos pueden emplearse –y normalmente lo hacen– en el mismo sistema. Los principales sistemas operativos modernos emplean casi siempre ambos mecanismos.

Como sea, debe mantenerse en mente que todo balanceo de cargas que se haga entre los procesadores conllevará una penalización en términos de afinidad al CPU.

4.4.3. Colas de procesos: ¿una o varias?

En los puntos relativos al multiprocesamiento hasta ahora abordados se parte del supuesto que hay una cola de procesos listos por cada procesador. Si, en cambio, hubiera una cola global de procesos listos de la cual el siguiente proceso a ejecutarse fuera asignándose al siguiente procesador, fuera éste cualquiera de los disponibles, podría ahorrarse incluso elegir entre una estrategia de migración *por empuje* o *por jalón* —mientras hubiera procesos pendientes, éstos serían asignados al siguiente procesador que tuviera tiempo disponible.

El enfoque de una sola cola, sin embargo, no se usa en ningún sistema en uso amplio. Esto es en buena medida porque un mecanismo así haría mucho más difícil mantener la afinidad al procesador y restaría flexibilidad al sistema completo.

4.4.4. Procesadores con soporte a *hilos hardware*

El término de *hilos* como abstracción general de algo que se ejecuta con mayor frecuencia y dentro de un mismo proceso puede llevar a una confusión, dado que en esta sección se tocan dos temas relacionados. Para esta subsección en particular, se hace referencia a los *hilos en hardware* (en inglés, *hyperthreading*) que forman parte de ciertos procesadores, ofreciendo al sistema una *casi* concurrencia adicional.

Conforme han subido las frecuencias de reloj en el cómputo más allá de lo que permite llevar al sistema entero como una sola unidad, una respuesta recurrente ha sido incrementar el paralelismo. Y esto no solo se hace proveyendo componentes completos adicionales, sino separando las *unidades funcionales* de un procesador.

El flujo de una sola instrucción a través de un procesador simple como el MIPS puede ser dividido en cinco secciones principales, creando una estructura conocida como *pipeline* (tubería). Idealmente, en todo momento habrá una instrucción diferente ejecutando en cada una de las secciones del procesador, como lo ilustra la figura 4.18. El *pipeline* de los procesadores MIPS clásicos se compone de las siguientes secciones:

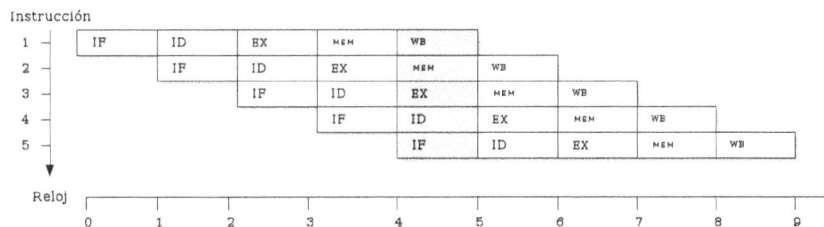

Figura 4.18: Descomposición de una instrucción en sus cinco pasos clásicos para organizarse en un *pipeline*.

- Recuperación de la instrucción (*Instruction Fetch*, IF).

- Decodificación de la instrucción (*Instruction Decode*, ID).

- Ejecución (*Execution*, EX).

- Acceso a datos (MEM).

- Almacenamiento (Writeback, WB).

La complejidad de los procesadores actuales ha crecido ya por encima de lo aquí delineado (el Pentium 4 tiene más de 20 etapas), sin embargo se presenta esta separación como base para la explicación. Un procesador puede iniciar el procesamiento de una instrucción cuando la siguiente apenas avanzó la quinta parte de su recorrido —de este modo, puede lograr un paralelismo interno, manteniendo idealmente siempre ocupadas a sus partes funcionales.

Sin embargo, se ha observado que un hay patrones recurrentes que intercalan operaciones que requieren servicio de diferentes componentes del procesador, o que requieren de la inserción de *burbujas* porque una unidad es más lenta que las otras —lo cual lleva a que incluso empleando *pipelines*, un procesador puede pasar hasta 50% del tiempo esperando a que haya datos disponibles solicitados a la memoria.

Para remediar esto, varias de las principales familias de procesadores presentan a un mismo *núcleo* de procesador como si estuviera compuesto de dos o más *hilos hardware* (conocidos en el mercado como *hyper-threads*). Esto puede llevar a una mayor utilización del procesador, siguiendo patrones como el ilustrado en la figura 4.19.

Hay que recordar que, a pesar de que se *presenten* como hilos independientes, el rendimiento de cada uno depende de la secuencia particular de instrucciones del otro —no puede esperarse que el incremento en el procesamiento sea de 2x; la figura presenta varios puntos en que un hilo está en *espera por procesador*, dado que el otro está empleando las unidades funcionales que éste requiere.

Figura 4.19: Alternando ciclos de cómputo y espera por memoria, un procesador que implementa hilos hardware (*hyperthreading*) es visto por el sistema como dos procesadores lógicos.

La planificación de los hilos hardware sale del ámbito del presente material, y este tema se presenta únicamente para aclarar un concepto que probablemente confunda al alumno por su similitud; los hilos en hardware implican cuestiones de complejidad tal como el ordenamiento específico de las instrucciones, predicción de ramas de ejecución, e incluso asuntos relativos a la seguridad, dado que se han presentado *goteos* que permiten a un proceso ejecutando en un hilo *espiar* el estado del procesador correspondiente a otro de los hilos. Para abundar al respecto, el ámbito adecuado podría ser un texto orientado a la construcción de compiladores (ordenamiento de instrucciones, aprovechamiento del paralelismo), o uno de arquitectura de sistemas (estudio del *pipeline*, aspectos del hardware).

Esta estrategia guarda gran similitud, y no puede evitar hacerse el paralelo, con la *compartición de procesador* empleada por la CDC6600, presentada en la sección 4.2.9.

4.5. Tiempo real

Todos los esquemas de manejo de tiempo hasta este momento se han enfocado a repartir el tiempo disponible entre todos los procesos que requieren atención. Es necesario también abordar los procesos que *requieren garantías de tiempo*: procesos que para poder ejecutarse deben garantizar el haber tenido determinado tiempo de proceso antes de un tiempo límite. Los procesos con estas características se conocen como *de tiempo real*.

Hay ejemplos de procesos que requieren este tipo de planificación a todo nivel; los más comunes son los controladores de dispositivos y los recodificadores o reproductores de medios (audio, video). La lógica general es la misma. Para agendarse como un proceso con requisitos de tiempo real, éste debe declarar sus requisitos de tiempo (formalmente, *efectuar su reserva de recursos*) al iniciar su ejecución o en el transcurso de la misma. Claro está, siendo que los procesos de tiempo real obtienen una *prioridad* mucho mayor a otros, normalmente se requerirá al iniciar el proceso que éste *declare* que durante parte de su ejecución trabajará con restricciones de tiempo real.

4.5.1. Tiempo real duro y suave

Supóngase que un dispositivo genera periódicamente determinada cantidad de información y la va colocando en un área determinada de memoria compartida (en un *buffer*). Al inicializarse, su controlador declarará al sistema operativo cuánto tiempo de ejecución le tomará recoger y procesar dicha información, liberando el *buffer* para el siguiente ciclo de escritura del dispositivo, y la frecuencia con que dicha operación tiene que ocurrir.

En un sistema capaz de operar con garantías de tiempo real, si el sistema operativo puede *garantizar* que en ese intervalo le otorgará al proceso en cuestión suficiente tiempo para procesar esta información, el proceso se ejecuta; en caso contrario, recibe un error *antes de que esto ocurra* por medio del cual podrá alertar al usuario.

Los sistemas en que el tiempo máximo es garantizable son conocidos como de *tiempo real duro*.

La necesidad de atención en tiempo real puede manejarse *periódica* (por ejemplo, *requiero del procesador por 30 ms cada segundo*), o *aperiódica*, por ocurrencia única (*necesito que este proceso, que tomará 600 ms, termine de ejecutarse en menos de 2 segundos*).

Realizar una reserva de recursos requiere que el planificador sepa con certeza cuánto tiempo toma realizar las tareas de sistema que ocurrirán en el periodo en cuestión. Cuando entran en juego algunos componentes de los sistemas de propósito general que tienen una latencia con variaciones impredecibles (como el almacenamiento en disco o la memoria virtual) se vuelve imposible mantener las garantías de tiempo ofrecidas. Por esta razón, en un sistema operativo de propósito general empleando hardware estándar *no es posible* implementar tiempo real duro.

Para solventar necesidades como las expresadas en sistemas de uso general, el *tiempo real suave* sigue requiriendo que los procesos críticos reciban un trato prioritario por encima de los processos comunes; agendar un proceso con esta prioridad puede llevar a la inanición de procesos de menor prioridad y un comportamiento que bajo ciertas métricas resultaría *injusto*. Un esquema de tiempo real suave puede implementarse mediante un esquema similar al de la *retroalimentación multinivel*, con las siguientes particularidades:

- La cola de tiempo real recibe prioridad sobre todas las demás colas.

- La prioridad de un proceso de tiempo real *no se degrada* conforme se ejecuta repetidamente.

- La prioridad de los demás procesos *nunca llegan a subir* al nivel de tiempo real por un proceso automático (aunque sí puede hacerse por una llamada explícita).

- La latencia de despacho debe ser mínima.

Casi todos los sistemas operativos en uso amplio hoy en día ofrecen facilidades básicas de tiempo real suave.

4.5.2. Sistema operativo interrumpible (*prevenible*)

Para que la implementación de tiempo real suave sea apta para estos requisitos es necesario modificar el comportamiento del sistema operativo. Cuando un proceso de usuario hace una llamada al sistema, o cuando una interrupción corta el flujo de ejecución, hace falta que el sistema procese completa la rutina que da servicio a dicha solicitud antes de que continúe operando. Se dice entonces que el sistema operativo *no es prevenible* o *no es interrumpible*.

Para lograr que el núcleo pueda ser interrumpido para dar el control de vuelta a procesos de usuario, un enfoque fue el poner *puntos de interrupción* en los puntos de las funciones del sistema donde fuera seguro, tras asegurarse que las estructuras estaban en un estado estable. Esto, sin embargo, no modifica mucho la situación porque estos puntos son relativamente pocos, y es muy difícil reestructurar su lógica para permitir puntos de prevención adicionales.

Otro enfoque es hacer al núcleo entero completamente interrumpible, asegurándose de que, a lo largo de todo su código, todas las modificaciones a las estructuras internas estén protegidas por mecanismos de sincronización, como los estudiados en la sección 3.3. Este método ralentiza varios procesos del núcleo, pero es mucho más flexible, y ha sido adoptado por los diversos sistemas operativos. Tiene la ventaja adicional de que permite que haya *hilos* del núcleo ejecutando de forma concurrente en todos los procesadores del sistema.

4.5.3. Inversión de prioridades

Un efecto colateral de que las estructuras del núcleo estén protegidas por mecanismos de sincronización es que puede presentarse la *inversión de prioridades*. Esto es:

- Un proceso *A* de baja prioridad hace una llamada al sistema, y es interrumpido a la mitad de dicha llamada.

- Un proceso *B* de prioridad *tiempo real* hace una segunda llamada al sistema, que requiere de la misma estructura que la que tiene bloqueada el proceso *A*.

Al presentarse esta situación, B se quedará esperando hasta que A pueda ser nuevamente agendado —esto es, un proceso de alta prioridad no podrá avanzar hasta que uno de baja prioridad libere su recurso.

La respuesta introducida por Solaris 2 a esta situación a este fenómeno es la *herencia de prioridades*: todos los procesos que estén accesando (y, por tanto, bloqueando) recursos requeridos por un proceso de mayor prioridad, serán tratados como si fueran de la prioridad de dicho recurso *hasta que terminen de utilizar el recurso en cuestión*, tras lo cual volverán a su prioridad nativa.

4.6. Ejercicios

4.6.1. Preguntas de autoevaluación

1. En un sistema interactivo, los procesos típicamente están en ejecución un largo periodo (entre minutos y días), sin embargo, en el transcurso del capítulo estos fueron casi siempre tratados como *procesos cortos*. ¿Qué significa esto? ¿Cuál sería un ejemplo de *proceso largo*?

2. Asumiendo los siguientes procesos:

Proceso	Llegada	t
A	0	8
B	2	13
C	4	3
D	4	6
E	6	8
F	6	3

   Desarrolle la representación gráfica de cómo el despachador les asignaría el CPU, y la tabla de análisis, bajo:

   - Ronda con $q = 1$
   - Ronda con $q = 3$
   - Proceso más corto a continuación
   - Retroalimentación multinivel con $q = 1$, $n = 1$ y $Q = nq$

   Compare el rendimiento bajo cada uno de estos esquemas. ¿Qué ventajas presenta cada uno?

3. ¿Cuáles de los algoritmos estudiados son más susceptibles a la inanición que se presenta cuando $\rho > 1$? ¿Cuáles menos? Identifique por lo menos dos en cada caso.

4. Evalúe al planificador *por lotería* (sección 4.2.7).

- ¿Cómo se compararía este método con los otros abordados?
- ¿Para qué tipo de carga es más apto y menos apto?
- ¿Qué tan susceptible resulta a producir inanición?
- ¿Qué tan *justa* sería su ejecución?
- ¿Qué modificaciones requeriría para planificar procesos con necesidades de tiempo real?

5. Tanto la afinidad a procesador como el balanceo de cargas son elementos importantes y deseables en todo planificador que se ejecute en un entorno multiprocesador. Sin embargo, afinidad y balanceo de cargas trabajan uno en contra del otro.

   Explique la anterior afirmación, y elabore cuándo debe predominar cada uno de estos mecanismos.

4.6.2. Temas de investigación sugeridos

Planificación en sistemas operativos *reales* A lo largo del presente capítulo se expusieron los principales esquemas base de planificación, si bien enunciados muy en líneas generales. Se mencionó también que muchos de estos esquemas pueden emplearse de forma híbrida, y que su comportamiento puede ser parametrizado llevando a resultados muy distintos.

Saliendo de la teoría hacia el terreno de lo aplicado, elija dos sistemas operativos en uso *relativamente común* en ambientes de producción, y averigüe qué mecanismos de planificación emplean.

¿A cuáles de los esquemas presentados se parece más? Los sistemas evaluados, ¿ofrecen al usuario o administrador alguna interfaz para cambiar el mecanismo empleado o ajustar sus parámetros? ¿Hay configuraciones distintas que puedan emplearse en este ámbito para sistemas de escritorio, embebidos, móviles o servidores?

Núcleo prevenible, tiempo real y optimización fina Los sistemas operativos modernos buscan *exprimir* hasta el último pedacito de rendimiento. Para estudiar cómo lo hacen, resulta interesante seguir las discusiones (y a la implementación) de Linux. Los últimos 10 años han sido de fuerte profesionalización y optimización.

Para el tema de planificación de procesos, un punto muy importante fue la introducción del *kernel prevenible* (o *interrumpible*), en 2004.

¿Qué significa que el núcleo mismo del sistema operativo puede ser interrumpido, quién lo puede interrumpir, qué consecuencias tuvo esto, en complejidad de código y en velocidad?

Pueden basarse para la preparación de este tema en un interesante reporte de NIST (Instituto Nacional de Estándares y Tecnología) de diciembre del 2002, Introduction to Linux for Real-Time Control: Introductory Guidelines and Reference for Control Engineers and Managers (Aeolean Inc. 2002). Detalla muy bien cuáles son los requisitos (y las razones detrás de ellos) para la implementación de sistemas operativos de tiempo real, e incluye una revisión del panorama de este campo, muy interesante y muy buen recurso para construir desde ahí.

Otra referencia muy recomendable al respecto es el artículo publicado por *Linux Weekly News*, Optimizing preemption (Corbet 2013c).

Si bien este tema toca principalmente temas de planificación de procesos, estos temas van relacionados muy de cerca con los presentados en el capítulo 5 y, particularmente, en las secciones 5.1.4 y 5.6.1.

Las clases de planificación en Linux y `SCHED_DEADLINE` En Linux, a partir de la versión 2.6.23, se usa un mecanismo de planificación llamado *planificador completamente justo* (*completely fair scheduler*). Sin embargo, para responder a procesos específicos con necesidades diferentes, Linux mantiene también *clases de planificación* independientes, las primeras de ellas más parecidas a los mecanismos simples aquí cubiertos: `SCHED_RR` y `SCHED_FIFO`.

En marzo del 2014, con el anuncio de la versión 3.14 del kernel, fue agregada la clase `SCHED_DEADLINE`, principalmente pensada para dar soporte a las necesidades de tiempo real. Esta opera bajo una lógica `EDF` (*primer plazo primero, earliest deadline first*).

Además de revisar este algoritmo, resulta interesante comprender cómo el sistema da soporte a la *mezcla* de distintas clases de planificación en un mismo sistema vivo; se sugiere hacer un breve análisis acerca de qué tanto `EDF` (o `SCHED_DEADLINE`, esta implementación específica) es tiempo real suave o duro.

Algunos textos que permiten profundizar al respecto:

- El artículo *Deadline scheduling: coming soon?* (Corbet 2013b), anticipando la inclusión de `SCHED_DEADLINE`, que presenta los conceptos, e incluye una discusión al respecto que puede resultarles interesante y útil.

- La página en *Wikipedia* de la clase de planificación `SCHED_DEADLINE` (Wikipedia 2011-2014).

- La documentación de `SCHED_DEADLINE` en el núcleo de Linux (Linux Project 2014).

4.6.3. Lecturas relacionadas

- P. A. Krishnan (1999-2009). *Simulation of CPU Process scheduling*. URL: `http://stimulationofcp.sourceforge.net/`; programa en Java desarrollado para un curso de sistemas operativos, presentando la simulación de distintos algoritmos de planificación.

- Neil Coffey (2013). *Thread Scheduling (ctd): quanta, switching and scheduling algorithms*. URL: `http://www.javamex.com/tutorials/threads/thread_scheduling_2.shtml`

- WikiBooks.org (2007-2013). *Microprocessor Design: Pipelined Processors*. URL: `http://en.wikibooks.org/wiki/Microprocessor_Design/Pipelined_Processors`

- Beth Plale (2003). *Thread scheduling and synchronization*. URL: `http://www.cs.indiana.edu/classes/b534-plal/ClassNotes/sched-synch-details4.pdf`

- *Páginas de manual* de Linux:

  - Linux man pages project (2014). *pthreads: POSIX threads*. URL: `http://man7.org/linux/man-pages/man7/pthreads.7.html`,
  - Linux man pages project (2008). *pthread_attr_setscope: set/get contention scope attribute in thread attributes object*. URL: `http://man7.org/linux/man-pages/man3/pthread_attr_setscope.3.html`,
  - Linux man pages project (2012). *sched_setscheduler: set and get scheduling policy/parameters*. URL: `http://man7.org/linux/man-pages/man2/sched_setscheduler.2.html`

- Mark Russinovich, David A. Solomona y Alex Ionescu (2012). *Windows Internals*. 6.ª ed. Microsoft Press. ISBN: 978-0735648739. URL: `http://technet.microsoft.com/en-us/sysinternals/bb963901.aspx`. El capítulo 5 aborda a profundidad los temas de hilos y procesos bajo Windows, y está disponible como ejemplo del libro para su descarga en la página referida.

- Jonathan Corbet (2013c). *Optimizing preemption*. URL: `https://lwn.net/Articles/563185/`

Capítulo 5

Administración de memoria

5.1. Funciones y operaciones

El único espacio de almacenamiento que el procesador puede utilizar directamente, más allá de los registros (que si bien le son internos y sumamente rápidos, son de capacidad demasiado limitada) es la memoria física. Todas las arquitecturas de procesador tienen instrucciones para interactuar con la memoria, pero ninguna lo tiene para hacerlo con medios *persistentes* de almacenamiento, como las unidades de disco. Cabe mencionar que cuando se encuentre en un texto referencia al *almacenamiento primario* siempre se referirá a la memoria, mientras que el *almacenamiento secundario* se refiere a los discos u otros medios de almacenamiento persistente.

Todos los programas a ejecutar deben cargarse a la memoria del sistema antes de ser utilizados. En este capítulo se mostrará cómo el sistema operativo administra la memoria para permitir que varios procesos la compartan — esta tarea debe preverse desde el proceso de compilación de los programas (en particular, la fase de *ligado*). Hoy en día, además, casi todos los sistemas operativos emplean implementaciones que requieren de hardware especializado: la *Unidad de Manejo de Memoria* (MMU, por sus siglas en inglés). En el transcurso de este capítulo se describirá cómo se manejaban los sistemas multitarea antes de la universalización de las MMU, y qué papel juegan hoy en día.

En esta primer sección se presentarán algunos conceptos base que se emplearán en las secciones subsecuentes.

5.1.1. Espacio de direccionamiento

La memoria está estructurada como un arreglo direccionable de bytes. Esto es, al solicitar el contenido de una dirección específica de memoria, el hardware entregará un byte (8 bits), y no menos. Si se requiere hacer una operación sobre *bits* específicos, se deberá solicitar y almacenar bytes enteros. En algunas

arquitecturas, el *tamaño de palabra* es mayor —por ejemplo, los procesadores
Alpha incurrían en *fallas de alineación* si se solicitaba una dirección de memoria
no alineada a 64 bits, y toda llamada a direcciones *mal alineadas* tenía que ser
atrapada por el sistema operativo, re-alineada, y entregada.

Un procesador que soporta un *espacio de direccionamiento* de 16 bits puede
referirse *directamente* a hasta 2^{16} bytes, esto es, hasta 65 536 bytes (64 KB). Estos
procesadores fueron comunes en las décadas de 1970 y 1980 — los más conocidos incluyen al Intel 8080 y 8085, Zilog Z80, MOS 6502 y 6510, y Motorola 6800.
Hay que recalcar que estos procesadores son reconocidos como procesadores
de *8 bits*, pero con *espacio de direccionamiento* de 16 bits. El procesador empleado en las primeras PC, el Intel 8086, manejaba un direccionamiento de 20 bits
(hasta 1 024 KB), pero al ser una arquitectura *real* de 16 bits requería del empleo
de *segmentación* para alcanzar toda su memoria.

Con la llegada de la era de las *computadoras personales*, diversos fabricantes
introdujeron, a mediados de los años 1980, los procesadores con arquitectura
de 32 bits. Por ejemplo, X86-32 de Intel tiene su inicio oficial con el procesador
80386 (o simplemente 386). Este procesador podía referenciar desde el punto
de vista teórico hasta 2^{32} bytes (4 GB) de RAM. No obstante, debido a las limi-
taciones tecnológicas (y tal vez estratégicas) para producir memorias con esta
capacidad, tomó más de 20 años para que las memorias ampliamente disponibles alcanzaran dicha capacidad.

Hoy en día, los procesadores dominantes son de 32 o 64 bits. En el caso de
los procesadores de 32 bits, sus registros pueden referenciar hasta 4 294 967 296
bytes (4 GB) de RAM, que está ya dentro de los parámetros de lo esperable hoy
en día. Una arquitectura de 32 bits sin extensiones adicionales no puede emplear una memoria de mayor capacidad. No obstante, a través de un mecanismo llamado PAE (extensión de direcciónes físicas, *Physical Address Extension*)
permite extender esto a rangos de hasta 2^{52} bytes a cambio de un nivel más de
indirección.

Un procesador de 64 bits podría direccionar hasta 18 446 744 073 709 551 616
bytes (16 Exabytes). Los procesadores comercialmente hoy en día no ofrecen
esta capacidad de direccionamiento principalmente por un criterio económico:
al resultar tan poco probable que exista un sistema con estas capacidades, los
chips actuales están limitados a entre 2^{40} y 2^{48} bits — 1 y 256 terabytes. Esta
restricción debe seguir teniendo sentido económico por muchos años aún.

5.1.2. Hardware: la unidad de manejo de memoria (MMU)

Con la introducción de sistemas multitarea, es decir, donde se tienen dos
o más programas ejecutandose, apareció la necesidad de tener más de un programa cargado en memoria. Esto conlleva que el sistema operativo, contando
con información de los programas a ejecutar, debe resolver cómo ubicar los
programas en la memoria física disponible.

A medida que los sistemas operativos y los programas crecieron en tamaño, fue necesario *abstraer* el espacio de almacenamiento para dar la ilusión de contar con más memoria de la que está directamente disponible. Con asistencia del hardware, es posible configurar un espacio lineal contiguo para cada proceso -y para el mismo sistema operativo que se *proyecta* a memoria física y a un almacenamiento secundario.

Se explicará cómo la MMU cubre estas necesidades y qué mecanismos emplea para lograrlo —y qué cuidados se deben observar, incluso como programadores de aplicaciones en lenguajes de alto nivel, para aprovechar de la mejor manera estas funciones (y evitar, por el contrario, que los programas se vuelvan lentos por no manejar la memoria correctamente).

La MMU es también la encargada de verificar que un proceso no tenga acceso a leer o modificar los datos de otro —si el sistema operativo tuviera que verificar cada una de las instrucciones ejecutadas por un programa para evitar errores en el acceso a la memoria, la penalización en velocidad sería demasiado severa.[1]

Una primera aproximación a la protección de acceso se implementa usando un *registro base* y un *registro límite*: si la arquitectura ofrece dos registros del procesador que sólo pueden ser modificados por el sistema operativo (esto es, el hardware define la modificación de dichos registros como una operación privilegiada que requiere estar ejecutando en *modo supervisor*), la MMU puede comparar sin penalidad *cada acceso a memoria* para verificar que esté en el rango permitido.

Por ejemplo, si a un proceso le fue asignado un espacio de memoria de 64 KB (65 536 bytes) a partir de la dirección 503 808 (492 KB), el *registro base* contendría 503 808, y el *registro límite* 65 536. Si hubiera una instrucción por parte de dicho proceso que solicitara una dirección menor a 503 808 o mayor a 569 344 (556 KB), la MMU lanzaría una excepción o *trampa* interrumpiendo el procesamiento, e indicando al sistema operativo que ocurrió una *violación de segmento (segmentation fault)*.[2] El sistema operativo entonces procedería a terminar la ejecución del proceso, reclamando todos los recursos que tuviera asignados y notificando a su usuario.

5.1.3. La memoria *caché*

Hay otro elemento en la actualidad que se asume como un hecho: la memoria *caché*. Si bien su manejo es (casi) transparente para el sistema operativo, es muy importante mantenerlo en mente.

Conforme el procesador avanza en la ejecución de las instrucciones (aumentando el valor almacenado en el registro de conteo de instrucción), se pro-

---

[1] Y de hecho está demostrado que no puede garantizarse que una verificación estática sea suficientemente exhaustiva

[2] ¿Por qué *de segmento*? Véase la sección 5.3.

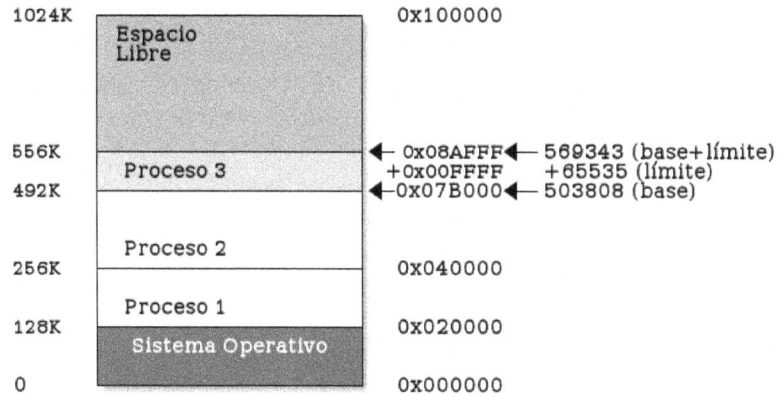

Figura 5.1: Espacio de direcciones válidas para el proceso 3 definido por un registro base y uno límite.

ducen accesos a memoria. Por un lado, tiene que buscar en memoria la siguiente instrucción a ejecutar. Por otro, estas instrucciones pueden requerirle uno o más operadores adicionales que deban ser leídos de la memoria. Por último, la instrucción puede requerir guardar su resultado también en memoria.

Hace años esto no era un problema —la velocidad del procesador estaba básicamente sincronizada con la del manejador de memoria, y el flujo podía mantenerse básicamente estable. Pero conforme los procesadores se fueron haciendo más rápidos, y conforme se ha popularizado el procesamiento en paralelo, la tecnología de la memoria no ha progresado a la misma velocidad. La memoria de alta velocidad es demasiado cara, e incluso las distancias de unos pocos centímetros se convierten en obstáculos insalvables por la velocidad máxima de los electrones viajando por pistas conductoras.

Cuando el procesador solicita el contenido de una dirección de memoria y esta no está aún disponible, *tiene que detener su ejecución* (*stall*) hasta que los datos estén disponibles. El CPU no puede, a diferencia del sistema operativo, "congelar" todo y guardar el estado para atender otro proceso: para el procesador, la lista de instrucciones a ejecutar es estrictamente secuencial, y todo tiempo que requiere esperar una transferencia de datos es tiempo perdido.

La respuesta para reducir esa espera es la *memoria caché*. Esta es una memoria de alta velocidad, situada *entre* la memoria principal y el procesador propiamente, que guarda copias de las *páginas* que van siendo accesadas, partiendo del principio de la *localidad de referencia*:

Localidad temporal Es probable que un recurso que fue empleado recientemente vuelva a emplearse en un futuro cercano.

Localidad espacial La probabilidad de que un recurso *aún no requerido* sea accesado es mucho mayor si fue requerido algún recurso cercano.

Localidad secuencial Un recurso, y muy particularmente la memoria, tiende a ser requerido de forma secuencial.

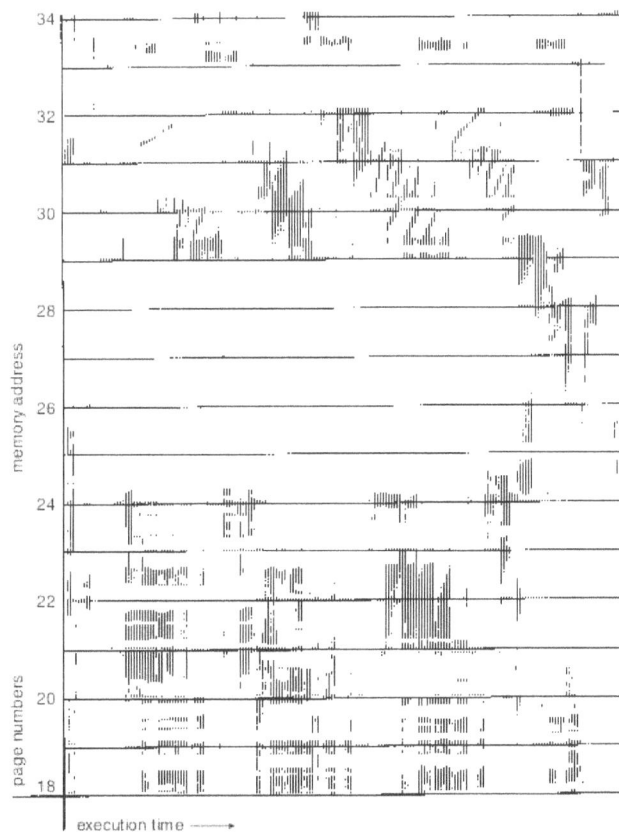

Figura 5.2: Patrones de acceso a memoria, demostrando la localidad espacial/temporal (Silberschatz, Galvin y Gagné 2010: 350).

Aplicando el concepto de localidad de referencia, cuando el procesador solicita al hardware determinada dirección de memoria, el hardware no sólo transfiere a la memoria caché el byte o palabra solicitado, sino que transfiere un bloque o *página* completo.

Cabe mencionar que hoy en día (particularmente desde que se detuvo la *guerra de los Megahertz*), parte importante del diferencial en precios de los procesadores líderes en el mercado es la cantidad de memoria caché de primero y segundo nivel con que cuentan.

5.1.4. El espacio en memoria de un proceso

Cuando un sistema operativo inicia un proceso, no se limita a volcar el archivo ejecutable a memoria, sino que tiene que proporcionar la estructura para que éste vaya guardando la información de estado relativa a su ejecución.

Sección (o segmento) de texto Es el nombre que recibe la imagen en memoria de las instrucciones a ser ejecutadas. Usualmente, la sección de texto ocupa las direcciones *más bajas* del espacio en memoria.

Sección de datos Espacio fijo preasignado para las variables globales y datos inicializados (como las cadena de caracteres por ejemplo). Este espacio es fijado en tiempo de compilación, y no puede cambiar (aunque los datos que cargados allí sí cambian en el tiempo de vida del proceso).

Espacio de *libres* Espacio de memoria que se emplea para la asignación dinámica de memoria *durante la ejecución* del proceso. Este espacio se ubica por encima de la sección de datos, y *crece hacia arriba*. Este espacio es conocido en inglés como el *Heap*.

Cuando el programa es escrito en lenguajes que requieren *manejo dinámico manual de la memoria* (como C), esta área es la que se maneja mediante las llamadas de la familia de `malloc` y `free`. En lenguajes con gestión automática, esta área es monitoreada por los *recolectores de basura*.

Pila de llamadas Consiste en un espacio de memoria que se usa para almacenar la secuencia de funciones que han sido llamadas dentro del proceso, con sus parámetros, direcciones de *retorno*, variables locales, etc. La pila ocupa la parte *más alta* del espacio en memoria, y *crece hacia abajo*. En inglés, la pila de llamadas es denominada *Stack*.

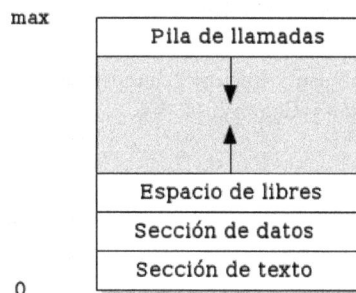

Figura 5.3: Regiones de la memoria para un proceso.

5.1.5. Resolución de direcciones

Un programa compilado no emplea nombres simbólicos para las variables o funciones que llama;[3] el compilador, al convertir el programa a lenguaje máquina, las sustituye por la dirección en memoria donde se encuentra la variable o la función.[4]

Ahora bien, en los sistemas actuales, los procesos requieren coexistir con otros, para lo cual las direcciones indicadas en el *texto* del programa pueden requerir ser traducidas al lugar *relativo al sitio de inicio del proceso en memoria* —esto es, las direcciones son *resueltas* o traducidas. Hay diferentes estrategias de resolución, que se pueden clasificar a grandes rasgos[5] en:

En tiempo de compilación El texto del programa tiene la dirección *absoluta* de las variables y funciones. Esto era muy común en las computadoras previas al multiprocesamiento. En la arquitectura compatible con PC, el formato ejecutable .COM es un volcado de memoria directo de un archivo objeto con las direcciones indicadas de forma absoluta. Esto puede verse hoy principalmente en sistemas embebidos o de función específica.

En tiempo de carga Al cargarse a memoria el programa y antes de iniciar su ejecución, el *cargador* (componente del sistema operativo) actualiza las referencias a memoria dentro del texto para que apunten al lugar correcto —claro está, esto depende de que el compilador indique dónde están todas las referencias a las variables y las funciones.

En tiempo de ejecución El programa nunca hace referencia a una ubicación absoluta de memoria, sino que lo hace siempre relativo a una *base* y un *desplazamiento* (offset). Esto permite que el proceso sea incluso reubicado en la memoria mientras está siendo ejecutado sin tener que sufrir cambios, pero requiere de hardware específico (como una MMU).

Esto es, los nombres simbólicos (por ejemplo, una variable llamada contador) para ser traducidos ya sea a ubicaciones en la memoria, pueden resolverse en tiempo de compilación (y quedar plasmada en el programa en disco con una ubicación explícita y definitiva: 510 200), en tiempo de carga (sería guardada en el programa en disco como *inicio* + 5 986 bytes, y el proceso de carga incluiría sustituirla por la dirección resuelta a la suma del registro base, 504 214, y el *desplazamiento*, 5 986, esto es, 510 200).

---

[3]Cuando se hace *ligado dinámico* a bibliotecas externas sí se mantiene la referencia por nombre, pero para los propósitos de esta sección, se habla de las referencias internas únicamente

[4]De hecho, una vez que el programa se pasa a lenguaje de máquina, no hay diferencia real entre la dirección que ocupa una variable o código ejecutable. La diferencia se establece por el uso que se dé a la referencia de memoria. En la sección 5.6.1 se abordará un ejemplo de cómo esto puede tener importantes consecuencias.

[5]Esta explicación simplifica muchos detalles; para el lector interesado en profundizar en este tema, se recomienda el libro *Linkers and Loaders* (*Ligadores y cargadores*) (Levine 1999), disponible en línea.

Por último, para emplear la resolución en tiempo de ejecución, se mantiene en las instrucciones a ser ejecutadas por el proceso la etiqueta relativa al módulo actual, *inicio* + 5 986 bytes, y es resuelta cada vez que sea requerido.

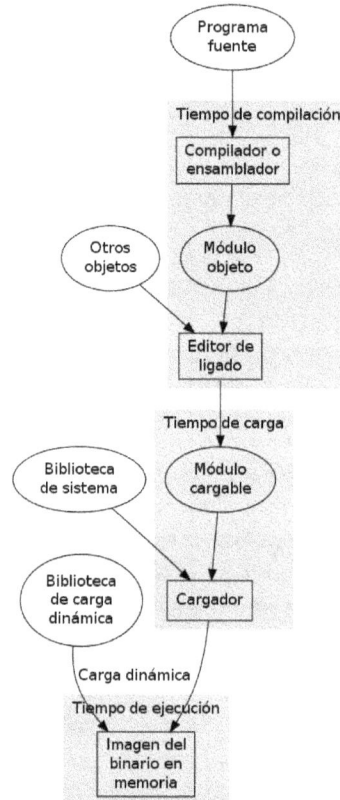

Figura 5.4: Proceso de compilación y carga de un programa, indicando el tipo de resolución de direcciones (Silberschatz, Galvin y Gagné 2010: 281).

5.2. Asignación de memoria contigua

En los sistemas de ejecución en lotes, así como en las primeras computadoras personales, sólo un programa se ejecutaba a la vez. Por lo que, más allá de la carga del programa y la satisfacción de alguna eventual llamada al sistema solicitando recursos, el sistema operativo no tenía que ocuparse de la asignación de memoria.

Al nacer los primeros sistemas operativos multitarea, se hizo necesario resolver cómo asignar el espacio en memoria a diferentes procesos.

5.2.1. Partición de la memoria

La primer respuesta, claro está, es la más sencilla: asignar a cada programa a ser ejecutado un bloque *contiguo* de memoria de un tamaño fijo. En tanto los programas permitieran la resolución de direcciones en tiempo de carga o de ejecución, podrían emplear este esquema.

El sistema operativo emplearía una región específica de la memoria del sistema (típicamente la *región baja* —desde la dirección en memoria 0x00000000 hacia arriba), y una vez terminado el espacio necesario para el núcleo y sus estructuras, el sistema asigna espacio a cada uno de los procesos. Si la arquitectura en cuestión permite limitar los segmentos disponibles a cada uno de los procesos (por ejemplo, con los registros *base* y *límite* discutidos anteriormente), esto sería suficiente para alojar en memoria varios procesos y evitar que interfieran entre sí.

Desde la perspectiva del sistema operativo, cada uno de los espacios asignados a un proceso es una *partición*. Cuando el sistema operativo inicia, toda la memoria disponible es vista como un sólo bloque, y conforme se van ejecutando procesos, este bloque va siendo subdividido para satisfacer sus requisitos. Al cargar un programa el sistema operativo calcula cuánta memoria va a requerir a lo largo de su vida prevista. Esto incluye el espacio requerido para la asignación dinámica de memoria con la familia de funciones `malloc` y `free`.

Fragmentación

Es un fenómeno que se manifiesta a medida que los procesos terminan su ejecución, y el sistema operativo libera la memoria asignada a cada uno de ellos. Si los procesos se encontraban en regiones de memoria, apartadas entre sí, comienzan a aparecer regiones de memoria disponible, *interrumpidas* por regiones de memoria usada por los procesos que aún se encuentran activos.

Si la computadora no tiene hardware específico que permita que los procesos resuelvan sus direcciones en tiempo de ejecución, el sistema operativo no puede reasignar los bloques existentes, y aunque pudiera hacerlo, mover un proceso entero en memoria puede resultar una operación costosa en tiempo de procesamiento.

Al crear un nuevo proceso, el sistema operativo tiene tres estrategias según las cuales podría asignarle uno de los bloques disponibles:

Primer ajuste El sistema toma el primer bloque con el tamaño suficiente para alojar el nuevo proceso. Este es el mecanismo más simple de implementar y el de más rápida ejecución. No obstante, esta estrategia puede causar el desperdicio de memoria, si el bloque no es exactamente del tamaño requerido.

Mejor ajuste El sistema busca entre todos los bloques disponibles cuál es el que mejor se ajusta al tamaño requerido por el nuevo proceso. Esto implica la revisión completa de la lista de bloques, pero permite que los bloques remanentes, una vez que se ubicó al nuevo proceso, sean tan pequeños como sea posible (esto es, que haya de hecho un *mejor ajuste*).

Peor ajuste El sistema busca cuál es el bloque más grande disponible, y se lo asigna al nuevo proceso. Empleando una estructura de datos como un *montículo*, esta operación puede ser incluso más rápida que la de primer ajuste. Con este mecanismo se busca que los bloques que queden después de otorgarlos a un proceso sean tan grandes como sea posible, de cierto modo balanceando su tamaño.

La *fragmentación externa* se produce cuando hay muchos bloques libres entre bloques asignados a procesos; la *fragmentación interna* se refiere a la cantidad de memoria dentro de un bloque que nunca se usará —por ejemplo, si el sistema operativo maneja *bloques* de 512 bytes y un proceso requiere sólo 768 bytes para su ejecución, el sistema le entregará dos bloques (1 024 bytes), con lo cual desperdicia 256 bytes. En el peor de los casos, con un bloque de n bytes, un proceso podría solicitar $kn + 1$ bytes de memoria, desperdiciando por fragmentación interna $n - 1$ bytes.

Según análisis estadísticos (Silberschatz, Galvin y Gagne 2010: 289), por cada N bloques asignados, se perderán del orden de $0.5N$ bloques por fragmentación interna y externa.

Compactación

Un problema importante que va surgiendo como resultado de esta fragmentación es que el espacio total libre de memoria puede ser mucho mayor que lo que requiere un nuevo proceso, pero al estar *fragmentada* en muchos bloques, éste no encontrará una partición contigua donde ser cargado.

Si los procesos emplean resolución de direcciones en tiempo de ejecución, cuando el sistema operativo comience a detectar un alto índice de fragmentación, puede lanzar una operación de *compresión* o *compactación*. Esta operación consiste en mover los contenidos en memoria de los bloques asignados para que ocupen espacios contiguos, permitiendo unificar varios bloques libres contiguos en uno solo.

La compactación tiene un costo alto —involucra mover prácticamente la totalidad de la memoria (probablemente más de una vez por bloque).

Intercambio (*swap*) con el almacenamiento secundario

Siguiendo de cierto modo la lógica requerida por la compactación se encuentran los sistemas que utilizan *intercambio* (*swap*) entre la memoria primaria y secundaria. En éstos, el sistema operativo puede *comprometer* más espacio de memoria del que tiene físicamente disponible. Cuando la memoria se acaba, el

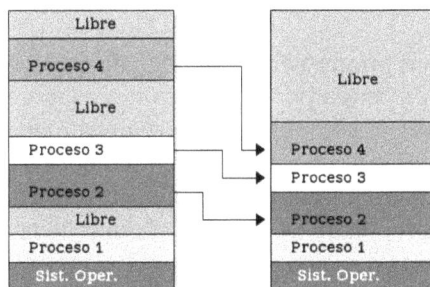

Figura 5.5: Compactación de la memoria de procesos en ejecución.

sistema suspende un proceso (usualmente un proceso "bloqueado") y almacena una copia de su imagen en memoria en almacenamiento secundario para luego poder restaurarlo.

Hay algunas restricciones que observar previo a suspender un proceso. Por ejemplo, se debe considerar si el proceso tiene pendiente alguna operación de entrada/salida, en la cual el resultado se deberá copiar en su espacio de memoria. Si el proceso resultara suspendido (retirándolo de la memoria principal), el sistema operativo no tendría dónde continuar almacenando estos datos conforme llegaran. Una estrategia ante esta situación podría ser que todas las operaciones se realicen únicamente a *buffers* (regiones de memoria de almacenamiento temporal) en el espacio del sistema operativo, y éste las transfiera el contenido del buffer al espacio de memoria del proceso suspendido una vez que la operación finalice.

Esta técnica se popularizó en los sistemas de escritorio hacia finales de los 1980 y principios de los 1990, en que las computadoras personales tenían típicamente entre 1 y 8 MB de memoria.

Se debe considerar que las unidades de disco son del orden de decenas de miles de veces más lentas que la memoria, por lo que este proceso resulta muy caro. Por ejemplo, si la imagen en memoria de un proceso es de 100 MB, bastante conservador hoy en día, y la tasa de transferencia sostenida al disco de 50 MB/s, intercambiar un proceso al disco toma dos segundos. Cargarlo de vuelta a la memoria toma otros dos segundos — y a esto debe sumarse el tiempo de posicionamiento de la cabeza de lectura/escritura, especialmente si el espacio a emplear no es secuencial y contiguo. Resulta obvio por qué esta técnica ha caído en desuso conforme aumenta el tamaño de los procesos.

5.3. Segmentación

Al desarrollar un programa en un lenguaje de alto nivel, el programador usualmente no se preocupa por la ubicación en la memoria física de los diferentes elementos que lo componen. Esto se debe a que en estos lenguajes las variables y funciones son referenciadas por sus *nombres*, no por su ubicación[6]. No obstante, cuando se compila el programa para una arquitectura que soporte segmentación, el compilador ubicará a cada una de las secciones presentadas en la sección 5.1.4 en un segmento diferente.

Esto permite activar los mecanismos que evitan la escritura accidental de las secciones de memoria del proceso que no se deberían modificar (aquellas que contienen código o de sólo lectura), y permitir la escritura de aquellas que sí (en las cuales se encuentran las variables globales, la pila o *stack* y el espacio de asignación dinámica o *heap*).

Así, los elementos que conforman un programa se organizan en *secciones*: una sección contiene el espacio para las variables globales, otra sección contiene el código compilado, otra sección contiene la *tabla de símbolos*, etc.

Luego, cuando el sistema operativo crea un proceso a partir del programa, debe organizar el contenido del archivo ejecutable en memoria. Para ello carga en memoria algunas secciones del archivo ejecutable (como mínimo la sección para las variables globales y la sección de código) y puede configurar otras secciones como la pila o la sección de libres. Para garantizar la protección de cada una de estas secciones en la memoria del proceso, el sistema puede definir que cada *sección* del programa se encuentra en un *segmento* diferente, con diferentes tipos de acceso.

La segmentación es un concepto que se aplica directamente a la arquitectura del procesador. Permite separar las regiones de la memoria *lineal* en *segmentos*, cada uno de los cuales puede tener diferentes permisos de acceso, como se explicará en la siguiente sección. La segmentación también ayuda a incrementar la *modularidad* de un programa: es muy común que las bibliotecas *ligadas dinámicamente* estén representadas en segmentos independientes.

Un código compilado para procesadores que implementen segmentación siempre generará referencias a la memoria en un espacio *segmentado*. Este tipo de referencias se denominan *direcciones lógicas* y están formadas por un *selector* de segmento y un *desplazamiento* dentro del segmento. Para interpretar esta dirección, la MMU debe tomar el selector, y usando alguna estructura de datos, obtiene la dirección base, el tamaño del segmento y sus atributos de protección. Luego, aplicando el mecanismo explicado en secciones anteriores, toma la dirección base del segmento y le suma el desplazamiento para obtener una *dirección lineal física*.

---

[6]Al programar en lenguaje C por ejemplo, un programador puede trabajar a este mismo nivel de abstracción, puede referirse directamente a las ubicaciones en memoria de sus datos empleando *aritmética de apuntadores*.

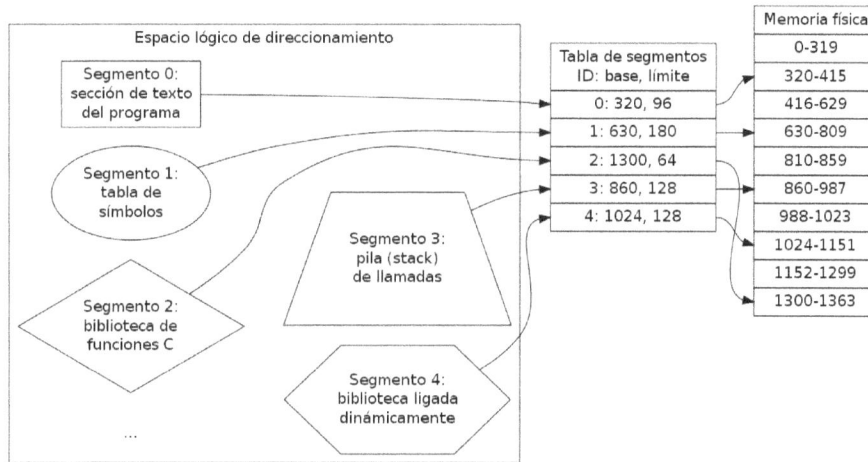

Figura 5.6: Ejemplo de segmentación.

La traducción de una dirección lógica a una dirección lineal puede fallar por diferentes razones: si el segmento no se encuentra en memoria, ocurrirá una *excepción* del tipo *segmento no presente*. Por otro lado, si el desplazamiento especificado es mayor al tamaño definido para el segmento, ocurrirá una excepción del tipo *violación de segmento*.

5.3.1. Permisos

Una de las principales ventajas del uso de segmentación consiste en permitir que cada uno de los segmentos tenga un distinto *juego de permisos* para el proceso en cuestión: el sistema operativo puede indicar, por ejemplo, que el *segmento de texto* (el código del programa) sea de lectura y ejecución, mientras que las secciones de datos, libres y pila (donde se almacena y trabaja la información misma del programa) serán de lectura y escritura, pero la ejecución estará prohibida.[7]

De este modo, se puede evitar que un error en la programación resulte en que datos proporcionados por el usuario o por el entorno modifiquen el código que está siendo ejecutado.[8] Es más, dado que el acceso de *ejecución* está limitado a sólo los segmentos cargados del disco por el sistema operativo, un

[7]Si bien este es el manejo clásico, no es una regla inquebrantable: el código *automodificable* conlleva importantes riesgos de seguridad, pero bajo ciertos supuestos, el sistema debe permitir su ejecución. Además, muchos lenguajes de programación permiten la *metaprogramación*, que requiere la ejecución de código construido en tiempo de ejecución.

[8]Sin embargo, incluso bajo este esquema, dado que la *pila de llamadas* (*stack*) debe mantenerse como escribible, es común encontrar ataques que permiten modificar la *dirección de retorno* de una subrutina, como será descrito en la sección 5.6.1.

atacante no podrá introducir código ejecutable tan fácilmente —tendría que cargarlo como un segmento adicional con los permisos correspondientes.

La segmentación también permite distinguir *niveles* de acceso a la memoria: para que un proceso pueda efectuar *llamadas al sistema*, debe tener acceso a determinadas estructuras compartidas del núcleo. Claro está, al ser memoria privilegiada, su acceso requiere que el procesador esté ejecutando en *modo supervisor*.

5.3.2. Intercambio parcial

Un uso muy común de la segmentación, particularmente en los sistemas de los 1980, era el de permitir que sólo *ciertas regiones* de un programa sean intercambiadas al disco: si un programa está compuesto por porciones de código que nunca se ejecutarán aproximadamente al mismo tiempo en sucesión, puede separar su texto (e incluso los datos correspondientes) en diferentes segmentos.

A lo largo de la ejecución del programa, algunos de sus segmentos pueden no emplearse por largos periodos. Éstos pueden ser enviados al *espacio de intercambio* (*swap*) ya sea a solicitud del proceso o por iniciativa del sistema operativo.

Rendimiento

En la sección 5.2.1, donde se presenta el concepto de intercambio, se explicó que intercambiar un proceso completo resultaba demasiado caro. Cuando se tiene de un espacio de memoria segmentado y, muy particularmente, cuando se usan bibliotecas de carga dinámica, la sobrecarga es mucho menor.

En primer término, se puede hablar de la cantidad de información a intercambiar: en un sistema que sólo maneja regiones contiguas de memoria, intercambiar un proceso significa mover toda su información al disco. En un sistema con segmentación, puede enviarse a disco cada uno de los segmentos por separado, según el sistema operativo lo juzgue necesario. Podría *sacar* de memoria a alguno de los segmentos, eligiendo no necesariamente al que más *estorbe* (esto es, el más grande), sino el que más probablemente no se utilice: emplear el principio de localidad de referencia para intercambiar al segmento *menos recientemente utilizado* (LRU, *least recently used*).

Además de esto, si se tiene un segmento de texto (sea el código programa base o alguna de las bibliotecas) y su acceso es de sólo lectura, una vez que éste fue copiado ya al disco, no hace falta volver a hacerlo: se tiene la certeza de que no será modificado por el proceso en ejecución, por lo que basta marcarlo como *no presente* en las tablas de segmentos en memoria para que cualquier acceso ocasione que el sistema operativo lo traiga de disco.

Por otro lado, si la biblioteca en cuestión reside en disco (antes de ser cargada) como una imagen directa de su representación en memoria, al sistema operativo le bastará identificar el archivo en cuestión al cargar el proceso; no hace falta siquiera cargarlo en la memoria principal y guardarlo al área de intercambio, puede quedar referido directamente al espacio en disco en que reside el archivo.

Claro está, el acceso a disco sigue siendo una fuerte penalización cada vez que un segmento tiene que ser cargado del disco (sea del sistema de archivos o del espacio de intercambio), pero este mecanismo reduce dicha penalización, haciendo más atractiva la flexibilidad del intercambio por segmentos.

5.3.3. Ejemplificando

A modo de ejemplo, y conjuntando los conceptos presentados en esta sección, si un proceso tuviera la siguiente tabla de segmentos:

Segmento	Inicio	Tamaño	Permisos	Presente
0	15 208	160	RWX	sí
1	1 400	100	R	sí
2	964	96	RX	sí
3	-	184	W	no
4	10 000	320	RWX	sí

En la columna de permisos, se indica con R el permiso de lectura (*Read*), W el de escritura (*Write*), y X el de ejecución (*eXecute*).

Un segmento que ha sido enviado al espacio de intercambio (en este caso, el 3), deja de estar presente en memoria y, por tanto, no tiene ya dirección de inicio registrada.

El resultado de hacer referencia a las siguientes direcciones y modos:

Dirección lógica	Tipo de acceso	Dirección física
0-100	R	15 308
2-84	X	1 048
2-84	W	Atrapada: violación de seguridad
2-132	R	Atrapada: desplazamiento fuera de rango
3-16	W	Atrapada: segmento faltante
3-132	R	Atrapada: segmento faltante; violación de seguridad
4-128	X	10 128
5-16	X	Atrapada: segmento inválido

Cuando se atrapa una situación de excepción, el sistema operativo debe intervenir. Por ejemplo, la solicitud de un segmento inválido, de un desplazamiento mayor al tamaño del segmento, o de un tipo de acceso que no esté autorizado, típicamente llevan a la terminación del proceso, en tanto que una de segmento faltante (indicando un segmento que está en el espacio de intercambio) llevaría a la suspensión del proceso, lectura del segmento de disco a memoria, y una vez que éste estuviera listo, se permitiría la continuación de la ejecución.

En caso de haber más de una excepción, como se observa en la solicitud de lectura de la dirección 3-132, el sistema debe reaccionar primero a la *más severa*: si como resultado de esa solicitud iniciara el proceso de carga del segmento, sólo para abortar la ejecución del proceso al detectarse la violación de tipo de acceso, sería un desperdicio injustificado de recursos.

5.4. Paginación

La fragmentación externa y, por tanto, la necesidad de compactación pueden evitarse por completo empleando la *paginación*. Ésta consiste en que cada proceso está dividio en varios bloques de tamaño fijo (más pequeños que los segmentos) llamados *páginas*, dejando de requerir que la asignación sea de un área *contigua* de memoria. Claro está, esto requiere de mayor soporte por parte del hardware, y mayor información relacionada a cada uno de los procesos: no basta sólo con indicar dónde inicia y termina el área de memoria de cada proceso, sino que se debe establecer un *mapeo* entre la ubicación real (*física*) y la presentada a cada uno de los procesos (*lógica*). La memoria se presentará a cada proceso como si fuera de su uso exclusivo.

La memoria física se divide en una serie de *marcos* (*frames*), todos ellos del mismo tamaño, y el espacio para cada proceso se divide en una serie de páginas (*pages*), del mismo tamaño que los marcos. La MMU se encarga del mapeo entre páginas y marcos mediante *tablas de páginas*.

Cuando se trabaja bajo una arquitectura que maneja paginación, las direcciones que maneja el CPU ya no son presentadas de forma absoluta. Los bits de cada dirección se separan en un *identificador de página* y un *desplazamiento*, de forma similar a lo presentado al hablar de resolución de instrucciones en tiempo de ejecución. La principal diferencia con lo entonces abordado es que cada proceso tendrá ya no un único espacio en memoria, sino una multitud de páginas.

El tamaño de los marcos (y, por tanto, las páginas) debe ser una *potencia de dos*, de modo que la MMU pueda discernir fácilmente la porción de una dirección de memoria que se refiere a la *página* del *desplazamiento*. El rango varía, según el hardware, entre los 512 bytes (2^9) y 16 MB (2^{24}); al ser una potencia de dos, la MMU puede separar la dirección en memoria entre los primeros m bits (referentes a la página) y los últimos n bits (referentes al desplazamiento).

Para poder realizar este mapeo, la MMU requiere de una estructura de datos denominada *tabla de páginas* (*page table*), que *resuelve* la relación entre páginas y marcos, convirtiendo una *dirección lógica* (en el espacio del proceso) en la

Dirección especificada — 0001 1101 0111 0010

Página (7 bits)

0001110 101110010
(0x0E)   (0x172)

Desplazamiento (9 bits)

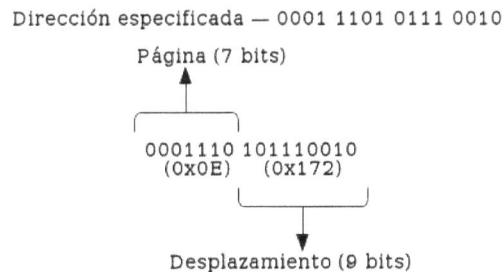

Figura 5.7: Página y desplazamiento, en un esquema de direccionamiento de 16 bits y páginas de 512 bytes.

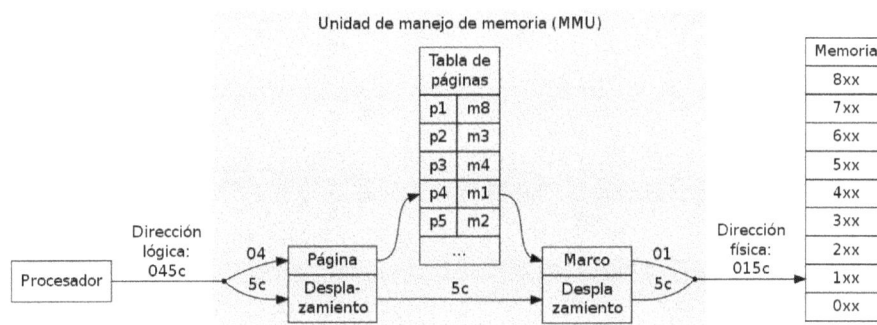

Figura 5.8: Esquema del proceso de paginación, ilustrando el papel de la MMU.

dirección física (la ubicación en que *realmente* se encuentra en la memoria del sistema).

Se puede tomar como ejemplo para explicar este mecanismo el esquema presentado en la figura 5.9 (Silberschatz, Galvin y Gagne 2010: 292). Éste muestra un esquema minúsculo de paginación: un *espacio de direccionamiento* de 32 bytes (cinco bits), organizado en ocho páginas de cuatro bytes cada una (esto es, la página es representada con los tres bits *más significativos* de la dirección, y el desplazamiento con los dos bits *menos significativos*).

El proceso que se presenta tiene una visión de la memoria como la columna del lado izquierdo: para el proceso hay cuatro páginas, y tiene sus datos distribuidos en orden desde la dirección 00 000 (0) hasta la 01 111 (15), aunque en realidad en el sistema éstas se encuentren desordenadas y ubicadas en posiciones no contiguas.

Cuando el proceso quiere referirse a la letra *f*, lo hace indicando la dirección 00 101 (5). De esta dirección, los tres bits más significativos (001, 1 —y para la computadora, lo *natural* es comenzar a contar por el 0) se refieren a la página

184 CAPÍTULO 5. ADMINISTRACIÓN DE MEMORIA

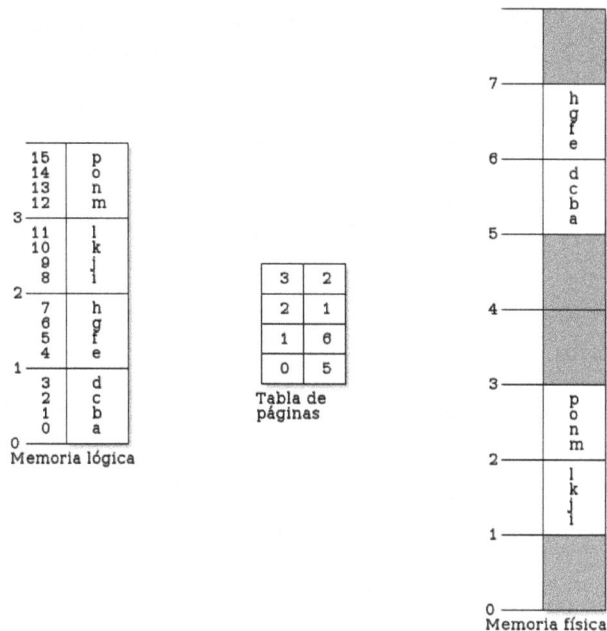

Figura 5.9: Ejemplo (minúsculo) de paginación, con un espacio de direccionamiento de 32 bytes y páginas de cuatro bytes.

uno, y los dos bits menos significativos (01, 1) indican al *desplazamiento* dentro de ésta.

La MMU verifica en la tabla de páginas, y encuentra que la página 1 corresponde al marco número 6 (110), por lo que traduce la dirección lógica 00 101 (5) a la física 11 001 (26).

Se puede tomar la paginación como una suerte de resolución o traducción de direcciones en tiempo de ejecución, pero con una *base* distinta para cada una de las páginas.

5.4.1. Tamaño de la página

Ahora, si bien la fragmentación externa se resuelve al emplear paginación, el problema de la fragmentación interna persiste: al dividir la memoria en bloques de longitud preestablecida de 2^n bytes, un proceso en promedio desperdiciará $\frac{2^n}{2}$ (y, en el peor de los casos, hasta $2^n - 1$). Multiplicando esto por el número de procesos que están en ejecución en todo momento en el sistema, para evitar que una proporción sensible de la memoria se pierda en fragmentación interna, se podría tomar como estrategia emplear un tamaño de página tan pequeño como fuera posible.

Sin embargo, la sobrecarga administrativa (el tamaño de la tabla de paginación) en que se incurre por gestionar demasiadas páginas pequeñas se vuelve una limitante en sentido opuesto:

- Las transferencias entre unidades de disco y memoria son mucho más eficientes si pueden mantenerse como recorridos continuos. El controlador de disco puede responder a solicitudes de acceso directo a memoria (DMA) siempre que tanto los fragmentos en disco como en memoria sean continuos; fragmentar la memoria demasiado jugaría en contra de la eficiencia de estas solicitudes.

- El bloque de control de proceso (PCB) incluye la información de memoria. Entre más páginas tenga un proceso (aunque éstas fueran muy pequeñas), más grande es su PCB, y más información requerirá intercambiar en un cambio de contexto.

Estas consideraciones opuestas apuntan a que se debe mantener el tamaño de página más grande, y se regulan con las primeras expuestas en esta sección.

Hoy en día, el tamaño habitual de las páginas es de 4 u 8 KB (2^{12} o 2^{13} bytes). Hay algunos sistemas operativos que soportan múltiples tamaños de página —por ejemplo, Solaris puede emplear páginas de 8 KB y 4 MB (2^{13} o 2^{22} bytes), dependiendo del tipo de información que se declare que almacenarán.

5.4.2. Almacenamiento de la tabla de páginas

Algunos de los primeros equipos en manejar memoria paginada empleaban un conjunto especial de registros para representar la tabla de páginas. Esto era posible dado que eran sistemas de 16 bits, con páginas de 8 KB (2^{13}). Esto significa que contaban únicamente con ocho páginas posibles ($16 - 13 = 3; 2^3 = 8$), por lo que resultaba sensato dedicar un registro a cada una.

En los sistemas actuales, mantener la tabla de páginas en registros resultaría claramente imposible: teniendo un procesador de 32 bits, e incluso si se definiera un tamaño de página *muy* grande (por ejemplo, 4 MB), existirían 1 024 páginas posibles;[9] con un tamaño de páginas mucho más común (4 KB, 2^{12} bytes), la tabla de páginas llega a ocupar 5 MB.[10] Los registros son muy rápidos, sin embargo, son en correspondencia muy caros. El manejo de páginas más pequeñas (que es lo normal), y muy especialmente el uso de espacios de direccionamiento de 64 bits, harían prohibitivo este enfoque. Además, nuevamente, cada proceso tiene una tabla de páginas distinta —se haría necesario hacer una transferencia de información muy grande en cada cambio de contexto.

Otra estrategia para enfrentar esta situación es almacenar la propia tabla de páginas en memoria, y apuntar al inicio de la tabla con un juego de registros

---

[9] 4 MB es 2^{22} bytes; $\frac{2^{32}}{2^{22}} = 2^{10} = 1\ 024$.

[10] $\frac{2^{32}}{2^{12}} = 2^{20} = 1\ 048\ 576$, cada entrada con un mínimo de 20 bits para la página y otros 20 para el marco. ¡La tabla de páginas misma ocuparía 1~280 páginas!

especiales: el *registro de base de la tabla de páginas* (PTBR, *page table base register*) y el *registro de longitud de la tabla de páginas* (PTLR, *page table length register*).[11] De esta manera, en el cambio de contexto sólo hay que cambiar estos dos registros, y además se cuenta con un espacio muy amplio para guardar las tablas de páginas que se necesiten. El problema con este mecanismo es la velocidad: Se estaría penalizando a *cada acceso a memoria* con uno adicional —si para resolver una dirección lógica a su correspondiente dirección física hace falta consultar la tabla de páginas en memoria, el tiempo efectivo de acceso a memoria se duplica.

El buffer de traducción adelantada (TLB)

La salida obvia a este dilema es el uso de un caché. Sin embargo, más que un caché genérico, la MMU utiliza un caché especializado en el tipo de información que maneja: el *buffer de traducción adelantada* o *anticipada*. (*Translation lookaside buffer*. El TLB es una tabla asociativa (un *hash*) en memoria de alta velocidad, una suerte de registros residentes dentro de la MMU, donde las *llaves* son las páginas y los *valores* son los marcos correspondientes. De este modo, las búsquedas se efectúan en tiempo constante.

El TLB típicamente tiene entre 64 y 1 024 entradas. Cuando el procesador efectúa un acceso a memoria, si la página solicitada está en el TLB, la MMU tiene la dirección física de inmediato.[12] En caso de no encontrarse la página en el TLB, la MMU lanza un *fallo de página* (*page fault*), con lo cual consulta de la memoria principal cuál es el marco correspondiente. Esta nueva entrada es agregada al TLB; por las propiedades de *localidad de referencia* que se presentaron anteriormente, la probabilidad de que las regiones más empleadas de la memoria durante un área específica de ejecución del programa sean cubiertas por relativamente pocas entradas del TLB son muy altas.

Como sea, dado que el TLB es limitado en tamaño, es necesario explicitar una política que indique dónde guardar las nuevas entradas (esto es, qué entrada reemplazar) una vez que el TLB está lleno y se produce un fallo de página. Uno de los esquemas más comunes es emplear la entrada *menos recientemente utilizada* (LRU, *Least Recently Used*), nuevamente apelando a la localidad de referencia. Esto tiene como consecuencia necesaria que debe haber un mecanismo que contabilice los accesos dentro del TLB (lo cual agrega tanto latencia como costo). Otro mecanismo (con obvias desventajas) es el reemplazar una página al azar. Se explicarán con mayor detalle, más adelante, algunos de los

---

[11]¿Por qué es necesario el segundo? Porque es prácticamente imposible que un proceso emplee su espacio de direccionamiento completo; al indicar el límite máximo de su tabla de páginas por medio del PTLR se evita desperdiciar grandes cantidades de memoria indicando todo el espacio no utiilzado.

[12]El tiempo efectivo de acceso puede ser 10% superior al que tomaría sin emplear paginación (Silberschatz, Galvin y Gagne 2010: 295).

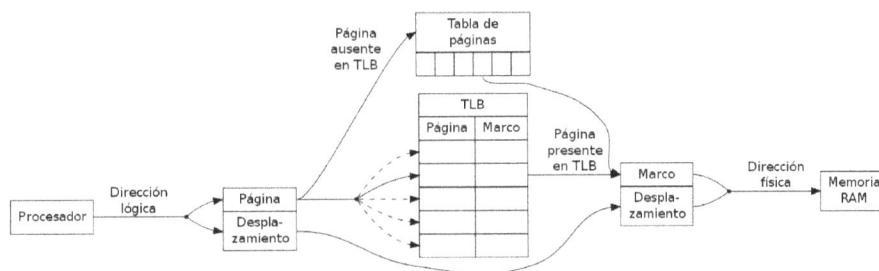

Figura 5.10: Esquema de paginación empleando un *buffer de traducción adelantada* (TLB).

mecanismos más empleados para este fin, comparando sus puntos a favor y en contra.

Subdividiendo la tabla de páginas

Incluso empleando un TLB, el espacio empleado por las páginas sigue siendo demasiado grande. Si se considera un escenario más frecuente que el propuesto anteriormente: empleando un procesador con espacio de direccionamiento de 32 bits, y un tamaño de página estándar (4 KB, 2^{12}), se tendría 1 048 576 (2^{20}) páginas. Si cada entrada de la página ocupa 40 bits[13] (esto es, cinco bytes), cada proceso requeriría de 5 MB (cinco bytes por cada una de las páginas) sólamente para representar su mapeo de memoria. Esto, especialmente en procesos pequeños, resultaría más gravoso para el sistema que los beneficios obtenidos de la paginación.

Aprovechando que la mayor parte del espacio de direccionamiento de un proceso está típicamente vacío (la pila de llamadas y el heap), se puede subdividir el identificador de página en dos (o más) niveles, por ejemplo, separando una dirección de 32 bits en una *tabla externa* de 10, una *tabla interna* de 10, y el *desplazamiento* de 12 bits.

Este esquema funciona adecuadamente para computadoras con direccionamiento de hasta 32 bits. Sin embargo, se debe considerar que cada nivel de páginas conlleva un acceso adicional a memoria en caso de fallo de página —emplear paginación jerárquica con un nivel externo y uno interno implica que un fallo de página *triplica* (y no duplica, como sería con un esquema de paginación directo) el tiempo de acceso a memoria. Para obtener una tabla de páginas manejable bajo los parámetros aquí descritos en un sistema de 64 bits, se puede *septuplicar* el tiempo de acceso (cinco accesos *en cascada* para fragmentos de 10 bits, y un tamaño de página de 14 bits, más el acceso a la página destino).

---

[13]20 bits identificando a la página y otros 20 bits al marco; omitiendo aquí la necesidad de alinear los accesos a memoria a *bytes* individuales, que lo aumentarían a 24.

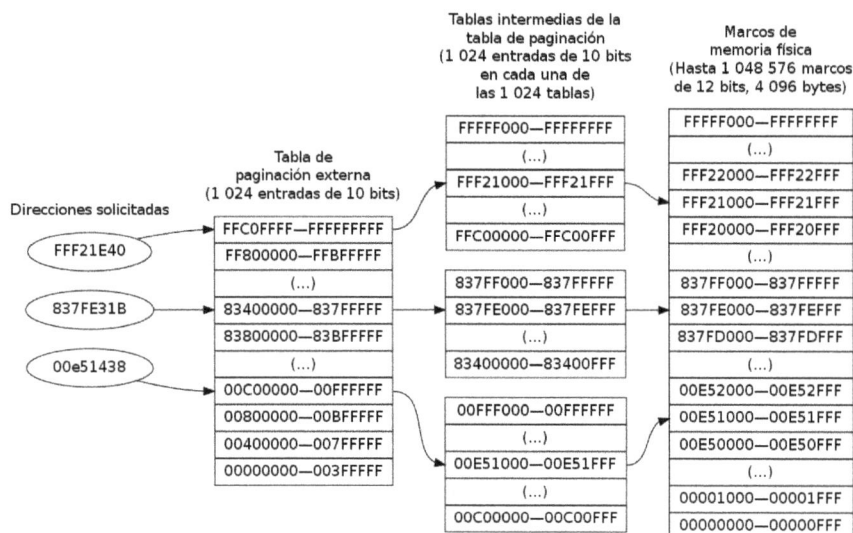

Figura 5.11: Paginación en dos niveles: una tabla externa de 10 bits, tablas intermedias de 10 bits, y marcos de 12 bits (esquema común para procesadores de 32 bits).

Otra alternativa es emplear *funciones digestoras (hash functions)*[14] para mapear cada una de las páginas a un *espacio muestral* mucho más pequeño. Cada página es mapeada a una lista de correspondencias simples.[15]

Un esquema basado en funciones digestoras ofrece características muy deseables: el tamaño de la tabla de páginas puede variar según crece el uso de memoria de un proceso (aunque esto requiera recalcular la tabla con diferentes parámetros) y el número de accesos a memoria en espacios tan grandes como el de un procesador de 64 bits se mantiene mucho más tratable. Sin embargo, por la alta frecuencia de accesos a esta tabla, debe elegirse un algoritmo digestor muy ágil para evitar que el tiempo que tome calcular la posición en la tabla resulte significativo frente a las alternativas.

5.4.3. Memoria compartida

Hay muchos escenarios en que diferentes procesos pueden beneficiarse de compartir áreas de su memoria. Uno de ellos es como mecanismo de comunica-

---

[14]Una función digestora puede definirse como $H : U \rightarrow M$, una función que *mapea* o *proyecta* al conjunto U en un conjunto M mucho menor; una característica muy deseable de toda función hash es que la *distribución resultante* en M sea homogénea y tan poco dependiente de la secuencialidad de la entrada como sea posible.

[15]A una lista y no a un valor único dado que una función digestora es necesariamente proclive a presentar *colisiones*; el sistema debe poder resolver dichas colisiones sin pérdida de información.

ción entre procesos (IPC, *inter process communication*), en que dos o más procesos pueden intercambiar estructuras de datos complejas sin incurrir en el costo de copiado que implicaría copiarlas por medio del sistema operativo.

Otro caso, mucho más frecuente, es el de *compartir código*. Si un mismo programa es ejecutado varias veces, y dicho programa no emplea mecanismos de *código auto-modificable*, no tiene sentido que las páginas en que se representa cada una de dichas instancias ocupe un marco independiente —el sistema operativo puede asignar a páginas de diversos procesos *el mismo conjunto de marcos*, con lo cual puede aumentar la capacidad percibida de memoria.

Y si bien es muy común compartir los *segmentos de texto* de los diversos programas que están en un momento dado en ejecución en la computadora, este mecanismo es todavía más útil cuando se usan *bibliotecas del sistema*: hay bibliotecas que son empleadas por una gran cantidad de programas[16].

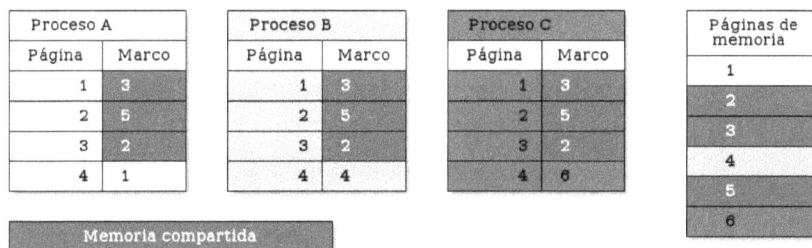

Figura 5.12: Uso de memoria compartida: tres procesos comparten la memoria ocupada por el texto del programa (azul), difieren sólo en los datos.

Claro está, para ofrecer este modelo, el sistema operativo debe garantizar que las páginas correspondientes a las *secciones de texto* (el código del programa) sean de sólo lectura.

Un programa que está desarrollado y compilado de forma que permita que todo su código sea de sólo lectura posibilita que diversos procesos entren a su espacio en memoria sin tener que sincronizarse con otros procesos que lo estén empleando.

Copiar al escribir (*copy on write*, CoW)

En los sistemas Unix, el mecanismo más frecuentemente utilizado para crear un nuevo proceso es el empleo de la llamada al sistema `fork()`. Cuando es invocado por un proceso, el sistema operativo crea un nuevo proceso

---

[16]Algunos ejemplos sobresalientes podrían ser la `libc` o `glibc`, que proporciona las funcinoes estándar del lenguaje C y es, por tanto, requerida por casi todos los programas del sistema; los diferentes entornos gráficos (en los Unixes modernos, los principales son `Qt` y `Gtk`); bibliotecas para el manejo de cifrado (`openssl`), compresión (`zlib`), imágenes (`libpng`, `libjpeg`), etcétera.

idéntico al que lo llamó, diferenciándose únicamente en *el valor entregado* por la llamada a `fork()`. Si ocurre algún error, el sistema entrega un número negativo (indicando la causa del error). En caso de ser exitoso, el proceso nuevo (o proceso *hijo*) recibe el valor 0, mientras que el preexistente (o proceso padre) recibe el PID (número identificador de proceso) del hijo. Es frecuente encontrar el siguiente código:

```
1   /* (...) */
2   int pid;
3   /* (...) */
4   pid = fork();
5   if (pid == 0) {
6     /* Soy el proceso hijo */
7     /* (...) */
8   } else if (pid < 0) {
9     /* Ocurrió un error, no se creó un proceso hijo */
10  } else {
11    /* Soy el proceso padre */
12    /* La variable 'pid' tiene el PID del proceso hijo */
13    /* (...) */
14  }
```

Este método es incluso utilizado normalmente para crear nuevos procesos, transfiriendo el *ambiente* (variables, por ejemplo, que incluyen cuál es la *entrada* y *salida* estándar de un proceso, esto es, a qué terminal están conectados, indispensable en un sistema multiusuario). Frecuentemente, la siguiente instrucción que ejecuta un proceso hijo es `execve()`, que carga a un nuevo programa sobre el actual y transfiere la ejecución a su primera instrucción.

Cuesta trabajo comprender el por qué de esta lógica si no es por el empleo de la memoria compartida: el costo de `fork()` en un sistema Unix es muy bajo, se limita a crear las estructuras necesarias en la memoria del núcleo. Tanto el proceso padre como el proceso hijo comparten *todas* sus páginas de memoria, como lo ilustra la figura 5.13(a), sin embargo, siendo dos procesos independientes, no deben poder modificarse más que por los canales explícitos de comunicación entre procesos.

Esto ocurre así gracias al mecanismo llamado *copiar al escribir* (frecuentemente referido por sus siglas en inglés, *CoW*). Las páginas de memoria de ambos procesos son las mismas *mientras sean sólo leídas*. Sin embargo, si uno de los procesos modifica cualquier dato en una de estas páginas, ésta se copia a un nuevo marco, y deja de ser una página compartida, como se puede ver en la figura 5.13(b). El resto de las páginas seguirá siendo compartido. Esto se puede lograr marcando *todas* las páginas compartidas como *sólo lectura*, con lo cual cuando uno de los dos procesos intente modificar la información de alguna página se generará un fallo. El sistema operativo, al notar que esto ocurre sobre un espacio CoW, en vez de responder al fallo terminando al proceso, copiará

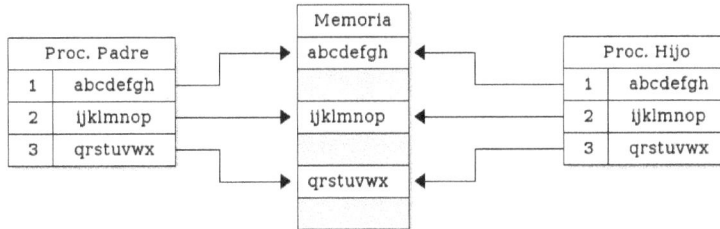

(a) Inmediatamente después de la creación del proceso hijo por `fork()`

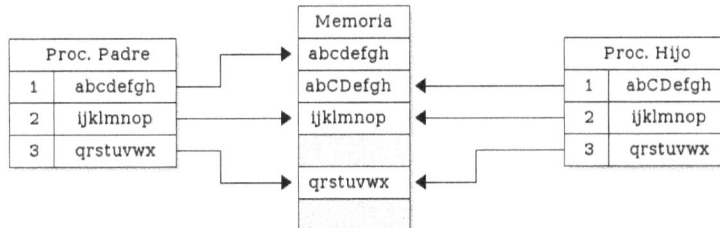

(b) Cuando el proceso hijo modifica información en la primer página de su memoria, se crea como una página nueva.

Figura 5.13: Memoria de dos procesos en un sistema que implementa *copiar al escribir.*

sólo la página en la cual se encuentra la dirección de memoria que causó el fallo, y esta vez marcará la página como *lectura y escritura.*

Incluso cuando se ejecutan nuevos programas mediante `execve()`, es posible que una buena parte de la memoria se mantenga compartida, por ejemplo, al referirse a copias de bibliotecas de sistema.

5.5. Memoria virtual

Varios de los aspectos mencionados en la sección 5.4 (*paginación*) van conformando a lo que se conoce como *memoria virtual*: en un sistema que emplea paginación, un proceso no conoce su dirección en memoria relativa a otros procesos, sino que trabajan con una *idealización* de la memoria, en la cual ocupan el espacio completo de direccionamiento, desde el cero hasta el límite lógico de la arquitectura, independientemente del tamaño físico de la memoria disponible.

Y si bien en el modelo mencionado de paginación los diferentes procesos pueden *compartir* regiones de memoria y *direccionar* más memoria de la físicamente disponible, no se ha presentado aún la estrategia que se emplearía cuando el total de páginas solicitadas por todos los procesos activos en el sistema superara el total de espacio físico. Es ahí donde entra en juego la *memoria virtual*: para ofrecer a los procesos mayor espacio en memoria de con el que se cuenta físicamente, el sistema emplea espacio en *almacenamiento secundario* (típicamente, disco duro), mediante un esquema de *intercambio (swap)* guardando y trayendo páginas enteras.

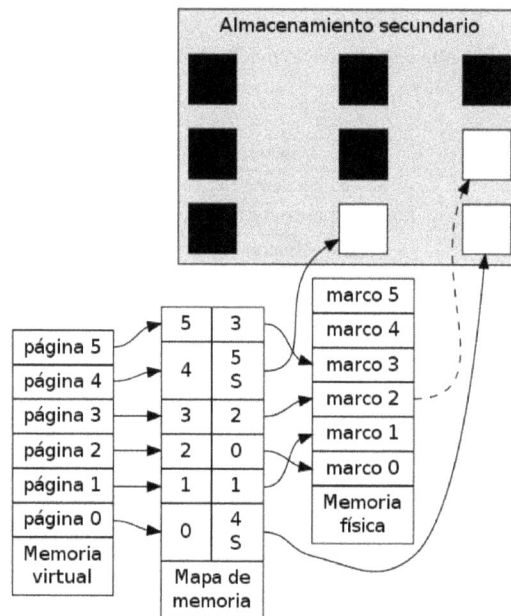

Figura 5.14: Esquema general de la memoria, incorporando espacio en almacenamiento secundario, representando la memoria virtual.

Es importante apuntar que la memoria virtual es gestionada *de forma automática y transparente* por el sistema operativo. No se hablaría de memoria virtual, por ejemplo, si un proceso pide explícitamente intercambiar determinadas páginas.

Puesto de otra manera: del mismo modo que la segmentación (sección 5.3) permitió hacer mucho más cómodo y útil al intercambio (5.2.1) por medio del intercambio parcial (5.3.2), permitiendo que continuara la ejecución del proceso, incluso con ciertos segmentos *intercambiados (swappeados)* a disco, la memoria virtual lo hace aún más conveniente al aumentar la *granularidad* del intercambio: ahora ya no se enviarán a disco secciones lógicas completas del proceso (segmentos), sino que se podrá reemplazar página por página, aumentando significativamente el rendimiento resultante. Al emplear la memoria virtual, de cierto modo la memoria física se vuelve sólo una *proyección parcial* de la memoria lógica, potencialmente mucho mayor a ésta.

Técnicamente, cuando se habla de memoria virtual, no se está haciendo referencia a un *intercambiador (swapper)*, sino al *paginador*.

5.5.1. Paginación sobre demanda

La memoria virtual entra en juego desde la carga misma del proceso. Se debe considerar que hay una gran cantidad de *código durmiente* o *inalcanzable*: aquel que sólo se emplea eventualmente, como el que responde ante una situación de excepción o el que se emplea sólo ante circunstancias particulares (por ejemplo, la exportación de un documento a determinados formatos, o la verificación de que no haya tareas pendientes antes de cerrar un programa). Y si bien a una computadora le sería imposible ejecutar código que no esté cargado en memoria,[17] éste sí puede comenzar a ejecutarse sin estar *completamente* en memoria: basta con haber cargado la página donde están las instrucciones que permiten continuar con su ejecución actual.

La *paginación sobre demanda* significa que, para comenzar a ejecutar un proceso, el sistema operativo carga *solamente la porción necesaria* para comenzar la ejecución (posiblemente una página o ninguna), y que a lo largo de la ejecución, el paginador *es flojo*:[18] sólo carga a memoria las páginas cuando van a ser utilizadas. Al emplear un paginador *flojo*, las páginas que no sean requeridas nunca serán siquiera cargadas a memoria.

La estructura empleada por la MMU para implementar un paginador flojo es muy parecida a la descrita al hablar del buffer de tradución adelantada (sección 5.4.2): la *tabla de páginas* incluirá un *bit de validez*, indicando para cada página del proceso si está presente o no en memoria. Si el proceso intenta emplear una página que esté marcada como no válida, esto causa un fallo de página, que lleva a que el sistema operativo lo suspenda y traiga a memoria la página solicitada para luego continuar con su ejecución:

1. Verifica en el PCB si esta solicitud corresponde a una página que ya ha sido asignada a este proceso.

2. En caso de que la referencia sea inválida, se termina el proceso.

3. Procede a traer la página del disco a la memoria. El primer paso es buscar un marco disponible (por ejemplo, por medio de una tabla de asignación de marcos).

4. Solicita al disco la lectura de la página en cuestión hacia el marco especificado.

---

[17] Una computadora basada en la arquitectura von Neumann, como prácticamente todas las existen hoy en día, no puede *ver* directamente más que la memoria principal.

[18] En cómputo, muchos procesos pueden determinarse como *ansiosos* (*eager*), cuando buscan realizar todo el trabajo que puedan desde el inicio, o *flojos* (*lazy*), si buscan hacer el trabajo mínimo en un principio y diferir para más tarde tanto como sea posible.

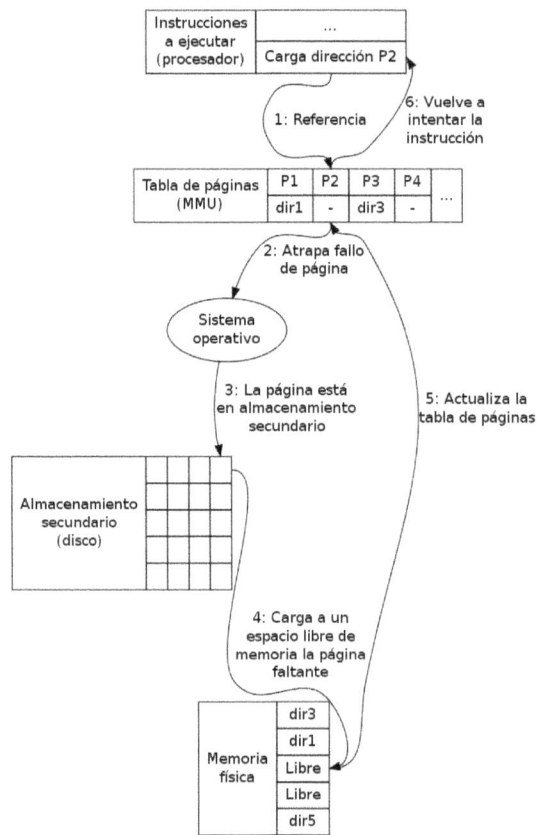

Figura 5.15: Pasos que atraviesa la respuesta a un fallo de página.

5. Una vez que finaliza la lectura de disco, modifica tanto al PCB como al TLB para indicar que la tabla está en memoria.

6. Termina la suspensión del proceso, continuando con la instrucción que desencadenó al fallo. El proceso puede continuar sin notar que la página había sido intercambiada.

Llevando este proceso al extremo, se puede pensar en un sistema de *paginación puramente sobre demanda* (*pure demand paging*): en un sistema así, *ninguna* página llegará al espacio de un proceso si no es mediante de un fallo de página. Un proceso, al iniciarse, comienza su ejecución *sin ninguna página en memoria*, y con el apuntador de siguiente instrucción del procesador apuntando a una dirección que no está en memoria (la dirección de la rutina de *inicio*). El sistema operativo responde cargando esta primer página, y conforme avanza el flujo del programa, el proceso irá ocupando el espacio real que empleará.

5.5.2. Rendimiento

La paginación sobre demanda puede impactar fuertemente el rendimiento de un proceso -se ha explicado ya que un acceso a disco es varios miles de veces más lento que el acceso a memoria. Es posible calcular el tiempo de acceso efectivo a memoria (t_e) a partir de la probabilidad que en un proceso se presente un fallo de página ($0 \leq p \leq 1$), conociendo el tiempo de acceso a memoria (t_a) y el tiempo que toma atender a un fallo de página (t_f):

$$t_e = (1 - p)t_a + pt_f$$

Ahora bien, dado que t_a ronda hoy en día entre los 10 y 200ns, mientras que t_f está más bien cerca de los 8 ms (la latencia típica de un disco duro es de 3 ms, el tiempo de posicionamiento de cabeza de 5ms, y el tiempo de transferencia es de 0.05 ms), para propósitos prácticos se puede ignorar a t_a. Con los valores presentados, seleccionando el mayor de los t_a presentados, si sólo un acceso a memoria de cada 1000 ocasiona un fallo de página (esto es, $p = \frac{1}{1\,000}$):

$$t_e = (1 - \frac{1}{1\,000}) \times 200ns + \frac{1}{1\,000} \times 8\,000\,000ns$$

$$t_e = 199{,}8ns + 8\,000ns = 8\,199{,}8ns$$

Esto es, en promedio, se tiene un tiempo efectivo de acceso a memoria *40 veces* mayor a que si no se empleara este mecanismo. Con estos mismos números, para mantener la degradación de rendimiento por acceso a memoria por debajo de 10%, se debería reducir la probabilidad de fallos de página a $\frac{1}{399\,990}$.

Cabe mencionar que esta repercusión al rendimiento no necesariamente significa que una proporción relativamente alta de fallos de página para un proceso afecte negativamente a todo el sistema —el mecanismo de paginación sobre demanda permite, al no requerir que se tengan en memoria todas las páginas de un proceso, que haya *más procesos activos* en el mismo espacio en memoria, aumentando el grado de multiprogramación del equipo. De este modo, si un proceso se ve obligado a esperar por 8 ms a que se resuelva un fallo de página, durante ese tiempo pueden seguirse ejecutando los demás procesos.

Acomodo de las páginas en disco

El cálculo recién presentado, además, asume que el acomodo de las páginas en disco es óptimo. Sin embargo, si para llegar a una página hay que resolver la dirección que ocupa en un sistema de archivos (posiblemente navegar una estructura de directorio), y si el espacio asignado a la memoria virtual es compartido con los archivos en disco, el rendimiento sufrirá adicionalmente.

Una de las principales deficiencias estructurales en este sentido de los sistemas de la familia Windows es que el espacio de almacenamiento se asigna en el espacio libre del sistema de archivos. Esto lleva a que, conforme crece la fragmentación del disco, la memoria virtual quede esparcida por todo el disco duro. La generalidad de sistemas tipo Unix, en contraposición, reservan una partición de disco *exclusivamente* para paginación.

5.5.3. Reemplazo de páginas

Si se aprovechan las características de la memoria virtual para aumentar el grado de multiprogramación, como se explicó en la sección anterior, se presenta un problema: al *sobre-comprometer* memoria, en determinado momento, los procesos que están en ejecución pueden caer en un patrón que requiera cargarse a memoria física páginas por un mayor uso de memoria que el que hay físicamente disponible.

Y si se tiene en cuenta que uno de los objetivos del sistema operativo es otorgar a los usuarios la *ilusión* de una computadora dedicada a sus procesos, no sería aceptable terminar la ejecución de un proceso ya aceptado y cuyos requisitos han sido aprobados, porque no hay suficiente memoria. Se vuelve necesario encontrar una forma justa y adecuada de llevar a cabo un *reemplazo de páginas* que permita continuar satisfaciendo sus necesidades.

El reemplazo de páginas es una parte fundamental de la paginación, ya que es la pieza que posibilita una verdadera separación entre memoria lógica y física. El mecanismo básico a ejecutar es simple: si todos los marcos están ocupados, el sistema deberá encontrar una página que pueda liberar (una *página víctima*) y llevarla al espacio de intercambio en el disco. Luego, se puede emplear el espacio recién liberado para *traer de vuelta* la página requerida, y continuar con la ejecución del proceso.

Esto implica una *doble* transferencia al disco (una para grabar la página víctima y una para traer la página de reemplazo), y por tanto, a una doble demora.

Se puede, con un mínimo de *burocracia* adicional (aunque requiere de apoyo de la MMU): implementar un mecanismo que disminuya la probabilidad de tener que realizar esta doble transferencia: agregar un *bit de modificación* o *bit de página sucia* (*dirty bit*) a la tabla de páginas. Este bit se marca como apagado siempre que se carga una página a memoria, y es automáticamente encendido por hardware cuando se realiza un acceso de escritura a dicha página.

Cuando el sistema operativo elige una página víctima, si su *bit de página sucia* está encendido, es necesario grabarla al disco, pero si está apagado, se garantiza que la información en disco es idéntica a su copia en memoria, y permite ahorrar la mitad del tiempo de transferencia.

Ahora bien, ¿cómo decidir qué páginas reemplazar marcándolas como *víctimas* cuando hace falta? Para esto se debe implementar un *algoritmo de reemplazo de páginas*. La característica que se busca en este algoritmo es que, para una patrón de accesos dado, permita obtener el menor número de fallos de página.

De la misma forma como se realizó la descripción de los algoritmos de planificación de procesos, para analizar los algoritmos de reemplazo se usará una *cadena de referencia*, esto es, una lista de referencias a memoria. Estas cadenas modelan el comportamiento de un conjunto de procesos en el sistema, y, obviamente, diferentes comportamientos llevarán a resultados distintos.

Hacer un volcado y trazado de ejecución en un sistema real puede dar una enorme cantidad de información, del orden de un millón de accesos por segundo. Para reducir esta información en un número más tratable, se puede simplificar basado en que no interesa cada referencia a una *dirección* de memoria, sino cada referencia a una *página* diferente.

Además, varios accesos a direcciones de memoria en la misma página no causan efecto en el estado. Se puede tomar como un sólo acceso a todos aquellos que ocurren de forma consecutiva (esto es, sin llamar a ninguna otra página, no es necesario que sean en instrucciones consecutivas) a una misma página.

Para analizar a un algoritmo de reemplazo, si se busca la cantidad de fallos de página producidos, además de la cadena de referencia, es necesario conocer la cantidad de páginas y marcos del sistema que se está modelando. Por ejemplo, considérese la cadena de 12 solicitudes:

1, 4, 3, 4, 1, 2, 4, 2, 1, 3, 1, 4

Al recorrerla en un sistema con cuatro o más marcos, sólo se presentarían cuatro fallos (el fallo inicial que hace que se cargue por primera vez cada una de las páginas). Si, en el otro extremo, se cuenta con sólo un marco, se presentarían 12 fallos, dado que a cada solicitud se debería reemplazar el único marco disponible. El rendimiento evaluado sería en los casos de que se cuenta con dos o tres marcos.

Anomalía de Belady

Un fenómeno interesante que se presenta con algunos algoritmos es la *anomalía de Belady*, publicada en 1969: si bien la lógica indica que a mayor número de marcos disponibles se tendrá una menor cantidad de fallos de página, como lo ilustra la figura 5.16(a), con algunas de cadenas de referencia y bajo ciertos algoritmos puede haber una *regresión* o degradación, en la cual la cantidad de fallos aumenta aún con una mayor cantidad de marcos, como se puede ver en la figura 5.16(b).

Es importante recalcar que si bien la anomalía de Belady se presenta como un problema importante ante la evaluación de los algoritmos, en (La Red 2001: 559-569) se puede observar que en simulaciones con características más cercanas a las de los patrones reales de los programas, su efecto observado es prácticamente nulo.

Para los algoritmos que se presentan a continuación, se asumirá una memoria con tres marcos, y con la siguiente cadena de referencia:

7, 0, 1, 2, 0, 3, 0, 4, 2, 3, 0, 3, 2, 1, 2, 0, 1, 7, 0, 1

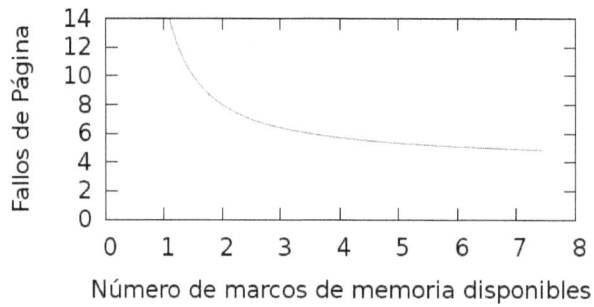

(a) Relación ideal entre el número de marcos y fallos de página.

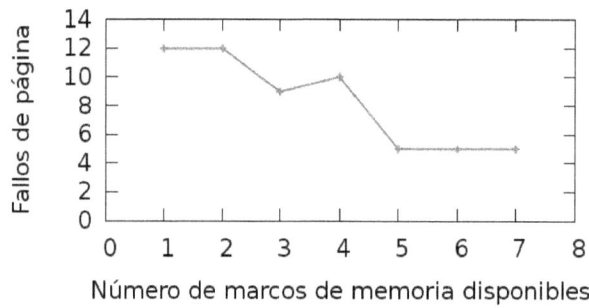

(b) Comportamiento del algoritmo *fifo* exhibiendo la anomalía de
Belady al pasar de tres a cuatro marcos.

Figura 5.16: Anomalía de Belady, empleando la cadena de referencia *1, 2, 3, 4, 1, 2,
5, 1, 2, 3, 4, 5* (Belady, 1969).

Primero en entrar, primero en salir (FIFO)

El algoritmo de más simple y de obvia implementación es, nuevamente, el
FIFO: al cargar una página en memoria, se toma nota de en qué momento fue
cargada, y cuando sea necesario reemplazar una página, se elige la que haya
sido cargada hace más tiempo.

Partiendo de un estado inicial en que las tres páginas están vacías, necesariamente las tres primeras referencias a distintas páginas de memoria (7, 0, 1)
causarán fallos de página. La siguiente (2) causará uno, pero la quinta referencia (0) puede ser satisfecha sin requerir una nueva transferencia.

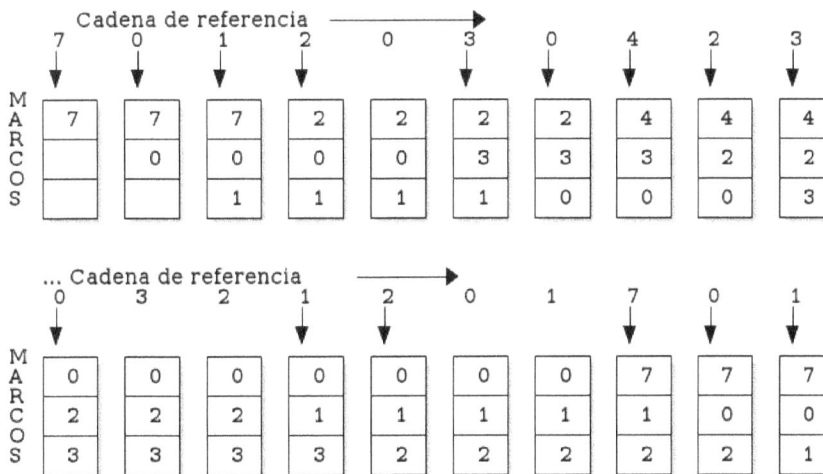

Figura 5.17: Algoritmo FIFO de reemplazo de páginas.

La principal ventaja de este algoritmo es, como ya se ha mencionado, la
simplicidad, tanto para programarlo como para comprenderlo. Su implementación puede ser tan simple como una lista ligada circular, cada elemento que
va recibiendo se agrega en el último elemento de la lista, y se "empuja" el
apuntador para convertirlo en la cabeza. Su desventaja, claro está, es que no
toma en cuenta la historia de las últimas solicitudes, por lo que puede causar
un bajo rendimiento. Todas las páginas tienen la misma probabilidad de ser
reemplazadas, sin importar su frecuencia de uso.

Con las condiciones aquí presentadas, un esquema FIFO causará 15 fallos
de página en un total de 20 accesos requeridos.

El algoritmo FIFO es vulnerable a la anomalía de Belady. La figura 5.16(b)
ilustra este fenómeno al pasar de tres a cuatro marcos.

La prevalencia de cadenas que desencadenan la anomalía de Belady fue uno de los factores principales que llevaron al diseño de nuevos algoritmos de reemplazo de páginas.

Reemplazo de páginas óptimo (OPT, MIN)

Un segundo algoritmo, de interés puramente teórico, fue propuesto, y es típicamente conocido como OPT o MIN. Bajo este algoritmo, el enunciado será elegir como página víctima a aquella página que *no vaya a ser utilizada* por un tiempo máximo (o nunca más).

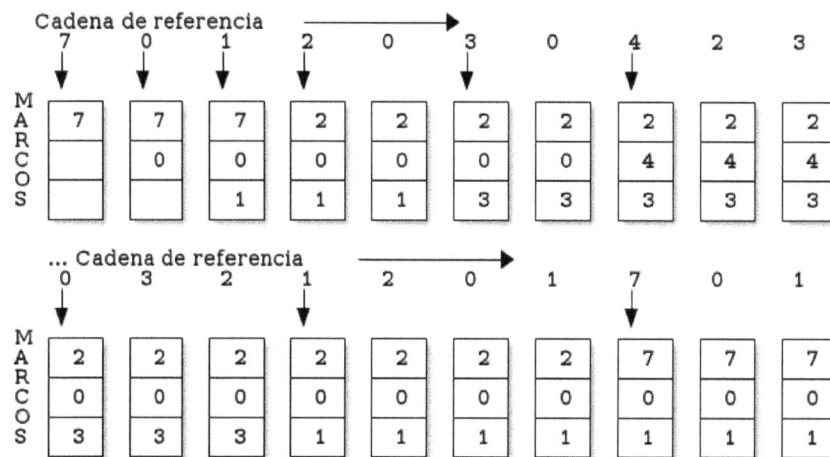

Figura 5.18: Algoritmo óptimo de reemplazo de páginas (OPT).

Si bien este algoritmo está demostrado como óptimo o mínimo, se mantiene como curiosidad teórica porque requiere conocimiento *a priori* de las necesidades a futuro del sistema —y si esto es impracticable ya en los algoritmos de despachadores, lo será mucho más con un recurso de reemplazo tan dinámico como la memoria.

Su principal utilidad reside en que ofrece una cota mínima: calculando el número de fallos que se presentan al seguir OPT, es posible ver qué tan cercano resulta otro algoritmo respecto al caso óptimo. Para esta cadena de referencia, y con tres páginas, se tiene un total de nueve fallos.

Menos recientemente utilizado (LRU)

Este esquema se ha revisado en diversos mecanismos relacionados con la administración de memoria. Busca acercarse a OPT *prediciendo* cuándo será la próxima vez en que se emplee cada una de las páginas que tiene en memoria basado en la *historia reciente* de su ejecución.

Cuando necesita elegir una página víctima, LRU elige la página que no ha sido empleada hace más tiempo.

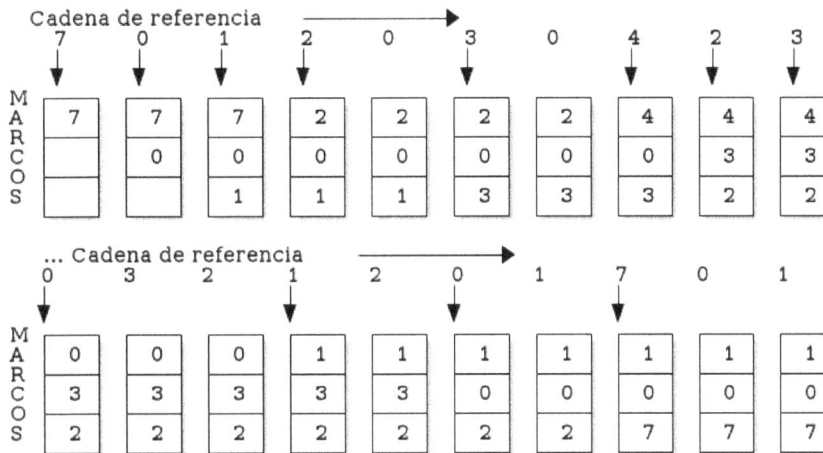

Figura 5.19: Algoritmo reemplazo de páginas menos recientemente utilizadas (LRU).

Para la cadena de referencia, LRU genera 12 fallos, en el punto medio entre OPT y FIFO.

Una observación interesante puede ser que para una cadena S y su *cadena espejo* (invertida) R^S, el resultado de evaluar S empleando LRU es igual al de evaluar R^S con OPT, y viceversa.

La principal debilidad de LRU es que para su implementación requiere apoyo en hardware[19] sensiblemente más complejo que FIFO. Una implementación podría ser agregar un contador a cada uno de los marcos, actualizarlo siempre al hacer una referenciar a dicha página, y elegir como víctima a la página con un menor conteo. Este mecanismo tiene la desventaja de que, en presencia de una gran cantidad de páginas, tiene que recorrerlas todas para buscar la más *envejecida*.

Otro mecanismo es emplear una lista doblemente ligada con dos métodos de acceso: lista y *stack*. Cada vez que se haga referencia a una página, ésta se mueve a la cabeza del *stack*, y cada vez que se busque una página víctima, se selecciona a aquella que esté en el extremo *inferior* del *stack* (tomándolo como lista). Este mecanismo hace un poco más cara la actualización (pueden requerirse hasta seis modificaciones), pero encuentra la página víctima en tiempo constante.

---

[19]Dada la frecuencia con que se efectúan referencias a memoria, emplear un mecanismo puramente en software para actualizar las entradas de los marcos resultaría inaceptablemente lento.

Se ha demostrado que LRU y OPT están libres de la anomalía de Belady, dado que, para n marcos, las páginas que estarían en memoria son un subconjunto estricto de las que estarían con $n + 1$ marcos.

Más frecuentemente utilizada (MFU)/Menos frecuentemente utilizada (LFU)

Estos dos algoritmos se basan en mantener un contador, tal como lo hace LRU, pero en vez de medir el tiempo, miden la *cantidad* de referencias que se han hecho a cada página.

El MFU parte de la lógica que, si una página fue empleada muchas veces, probablemente vuelva a ser empleada muchas veces más; LFU parte de que una página que ha sido empleada pocas veces es probablemente una página recién cargada, y va a ser empleada en el futuro cercano.

Estos dos algoritmos son tan caros de implementar como LRU, y su rendimiento respecto a OPT no es tan cercana, por lo cual casi no son empleados.

Aproximaciones a LRU

Dada la complejidad que presenta la implementación de LRU en hardware, los siguientes sistemas buscan una *aproximación* a éste.

Bit de referencia Esta es una aproximación bastante común. Consiste en que todas las entradas de la tabla de páginas tengan un bit adicional, al que llamaremos *de referencia* o *de acceso*. Al iniciar la ejecución, todos los bits de referencia están apagados (0). Cada vez que se referencia a un marco, su bit de referencia se enciende (esto, en general, lo realiza el hardware).

El sistema operativo invoca periódicamente a que se apaguen nuevamente todos los bits de referencia. En caso de presentarse un fallo de página, se elige por FIFO sobre el subconjunto de marcos que no hayan sido referenciados en el periodo actual (esto es, entre todos aquellos para los cuales el bit de referencia sea 0).

Columna de referencia Una mejoría casi trivial sobre la anterior consiste en agregar *varios* bits de referencia, conformándose como una *columna*: en vez de descartar su valor cada vez que transcurre el periodo determinado, el valor de la columna de referencia es desplazado a la derecha, descartando el bit más bajo (una actualización sólo modifica el bit más significativo). Por ejemplo, con una implementación de cuatro bits, un marco que no ha sido empleado en los últimos cuatro periodos tendría el valor 0 000, mientras que un marco que sí ha sido referenciado los últimos cuatro periodos tendría 1 111. Un marco que fue empleado hace cuatro y tres periodos, pero a partir entonces ya no, tendría el 0011.

Cuando el sistema tenga que elegir a una nueva página víctima, lo hará de entre el conjunto que tenga un número más bajo.

La parte de mantenimiento de este algoritmo es muy simple; recorrer una serie de bits es una operación muy sencilla. Seleccionar el número más bajo requiere una pequeña búsqueda, pero sigue resultando mucho más sencillo que LRU.

Segunda oportunidad (o *reloj*) El algoritmo de la segunda oportunidad trabaja también basado en un bit de referencia y un recorrido tipo FIFO. La diferencia en este caso es que, al igual que hay eventos que *encienden* a este bit (efectuar una referencia al marco), hay otros que lo *apagan*:

se mantiene un apuntador a la *próxima víctima*, y cuando el sistema requiera efectuar un reemplazo, éste verificará si el marco al que apunta tiene el bit de referencia encendido o apagado. En caso de estar apagado, el marco es seleccionado como víctima, pero en caso de estar encendido (indicando que fue utilizado recientemente), se le da una *segunda oportunidad*: el bit de referencia se apaga, el apuntador de víctima potencial avanza una posición, y vuelve a intentarlo.

A este algoritmo se le llama también *de reloj* porque puede implementarse como una lista ligada circular, y el apuntador puede ser visto como una manecilla. La manecilla avanza sobre la lista de marcos buscando uno con el bit de referencia apagado, y apagando a todos a su paso.

En el peor caso, el algoritmo de *segunda oportunidad* degenera en FIFO.

Segunda oportunidad mejorada El bit de referencia puede ampliarse con un *bit de modificación*, dándonos las siguientes combinaciones, en orden de preferencia:

(0, 0) No ha sido utilizado ni modificado recientemente. Candidato ideal para su reemplazo.

(0,1) No ha sido utilizada recientemente, pero está modificada. No es tan buena opción, porque es necesario escribir la página a disco antes de reemplazarla, pero puede ser elegida.

(1,0) El marco está *limpio*, pero fue empleado recientemente, por lo que probablemente se vuelva a requerir pronto.

(1,1) Empleada recientemente y *sucia* —sería necesario escribir la página a disco antes de reemplazar, y probablemente vuelva a ser requerida pronto. Hay que evitar reemplazarla.

La lógica para encontrar una página víctima es similar a la *segunda oportunidad*, pero busca reducir el costo de E/S. Esto puede requerir, sin embargo, dar hasta cuatro vueltas (por cada una de las listas) para elegir la página víctima.

Algoritmos con manejo de buffers

Un mecanismo que se emplea cada vez con mayor frecuencia es que el sistema no espere a enfrentarse a la necesidad de reemplazar un marco, sino que proactivamente busque tener siempre espacio vacío en memoria. Para hacerlo, conforme la carga lo permite, el sistema operativo busca las páginas *sucias* más proclives a ser llevadas a disco y va actualizando el disco (y marcándolas nuevamente como *limpias*). De este modo, cuando tenga que traer de vuelta una página, siempre habrá espacio donde ubicarla sin tener que esperar a que se transfiera una para liberarla.

5.5.4. Asignación de marcos

Abordando el problema prácticamente por el lado opuesto al del reemplazo de páginas, ¿cómo se asignan los marcos existentes a los procesos del sistema? Esto es, ¿qué esquemas se pueden definir para que la asignación inicial (y, de ser posible, en el transcurso de la ejecución) sea adecuada?

Por ejemplo, usando esquema sencillo: un sistema con 1 024 KB de memoria, compuesta de 256 páginas de 4096 bytes cada una, y basado en paginación puramente sobre demanda.

Si el sistema operativo ocupa 248 KB, el primer paso será reservar las 62 páginas que éste requiere, y destinar las 194 páginas restantes para los procesos a ejecutar.

Conforme se van lanzando y comienzan a ejecutar los procesos, cada vez que uno de ellos genere un fallo de página, se le irá asignando uno de los marcos disponibles hasta causar que la memoria entera esté ocupada. Claro está, cuando un proceso termine su ejecución, todos los marcos que tenía asignados volverán a la lista de marcos libres.

Una vez que la memoria esté completamente ocupada (esto es, que haya 194 páginas ocupadas por procesos), el siguiente fallo de página invocará a un algoritmo de reemplazo de página, que elegirá una de las 194.[20]

Este esquema, si bien es simple, al requerir una gran cantidad de fallos de página explícitos puede penalizar el rendimiento del sistema —el esquema puede resultar *demasiado flojo*, no le vendría mal ser un poco más *ansioso* y asignar, de inicio, un número determinado como mínimo utilizable de marcos.

Mínimo de marcos

Si un proceso tiene asignados muy pocos marcos, su rendimiento indudablemente se verá afectado. Hasta ahora se ha supuesto que cada instrucción

---

[20]En realidad, dentro de la memoria del sistema operativo, al igual que la de cualquier otro proceso, hay regiones que deben mantenerse residentes y otras que pueden paginarse. Se puede, simplificando, omitir por ahora esa complicación y asumir que el sistema operativo completo se mantendrá siempre en memoria

puede causar un sólo fallo de página, pero la realidad es más compleja. Cada instrucción del procesador puede, dependiendo de la arquitectura, desencadenar varias solicitudes y potencialmente varios fallos de página.

Todas las arquitecturas proporcionan instrucciones de referencia directa a memoria (instrucciones que permiten especificar una dirección de memoria para leer o escribir) — esto significa que todas requerirán que, para que un proceso funcione adecuadamente, tenga por lo menos dos marcos asignados: en caso de que se le permitiera sólo uno, si la instrucción ubicada en $0x00A2C8$ solicita la carga de $0x043F00$, ésta causaría dos fallos: el primero, cargar al marco la página $0x043$, y el segundo, cargar nuevamente la página $0x00A$, necesario para leer la siguiente instrucción a ejecutar del programa ($0x00A2CC$, asumiendo palabras de 32 bits).

Algunas arquitecturas, además, permiten *referencias indirectas a memoria*, esto es, la dirección de carga puede solicitar la dirección *que está referenciada* en $0x043F00$. El procesador tendría que recuperar esta dirección, y podría encontrarse con que hace referencia a una dirección en otra página (por ejemplo, $0x010F80$). Cada nivel de indirección que se permite aumenta en uno el número de páginas que se deben reservar como mínimo por proceso.

Algunas arquitecturas, particularmente las más antiguas,[21] permiten que tanto los operandos de algunas instrucciones aritméticas como su resultado sean direcciones de memoria (y no operan estrictamente sobre los registros, como las arquitecturas RISC). En éstas, el mínimo debe también tener este factor en cuenta: si en una sola instrucción es posible sumar dos direcciones de memoria y guardar el resultado en una adicional, el mínimo a reservar es de cuatro marcos: uno para el flujo del programa, otro para el primer operando, uno para el segundo operando, y el último para el resultado.

Esquemas de asignación

Ahora, una vez establecido el número mínimo de marcos por proceso, ¿cómo determinar el nivel *deseable*?

Partiendo de que el rendimiento de un proceso será mejor entre menos fallos de paginación cause, se podría intentar otorgar a cada proceso el total de marcos que solicita, pero esto tendría como resultado disminuir el grado de multiprogramación y, por tanto, reducir el uso efectivo total del procesador.

Otra alternativa es la *asignación igualitaria*: se divide el total de espacio en memoria física entre todos los procesos en ejecución, en partes iguales. Esto es, volviendo a la computadora hipotética que se presentó al inicio de esta sección, si hay cuatro procesos que requieren ser ejecutados, de los 194 marcos disponibles, el sistema asignará 48 (192 KB) a dos de los procesos y 49 (196 KB) a los otros dos (es imposible asignar fracciones de marcos). De este modo, el espacio será compartido por igual.

---

[21] Aquellas diseñadas antes de que la velocidad del procesador se distanciara tanto del tiempo de acceso a memoria.

La asignación igualitaria resulta ser un esquema deficiente para casi todas las distribuciones de procesos: bajo este esquema, si P_1 es un gestor de bases de datos que puede estar empleando 2 048 KB (512 páginas) de memoria virtual (a pesar de que el sistema tiene sólo 1 MB de memoria física) y P_2 es un lector de texto que está empleando un usuario, requiriendo apenas 112 KB (28 páginas), con lo cual incluso dejaría algunos de sus marcos sin utilizar.

Un segundo esquema, que resuelve mejor esta situación, es la *asignación proporcional*: dar a cada proceso una porción del espacio de memoria física proporcional a su uso de memoria virtual.

De tal suerte que, si además de los procesos anteriores se tiene a P_3 empleando 560 KB (140 páginas) y a P_4 con 320 KB (80 páginas) de memoria virtual, el uso total de memoria virtual sería de $V_T = 512 + 28 + 140 + 80 = 760$ páginas, esto es, el sistema tendría comprometido mediante la memoria virtual un sobreuso cercano a 4:1 sobre la memoria física.[22]

Cada proceso recibirá entonces $F_P = \frac{V_P}{V_T} \times m$, donde F_P indica el espacio de memoria física que el proceso recibirá, V_P la cantidad de memoria virtual que está empleando, y m la cantidad total de marcos de memoria disponibles. De este modo, P_1 recibirá 130 marcos, P_2 7, P_3 35 y P_4 20, proporcionalmente a su uso de memoria virtual.

Cabe apuntar que este mecanismo debe observar ciertos parámetros mínimos: por un lado, si el mínimo de marcos definido para esta arquitectura es de cuatro, por más que entrara en ejecución un proceso de 32 KB (ocho páginas) o aumentara al doble el grado de multiprocesamiento, ningún proceso debe tener asignado menos del mínimo definido.

La asignación proporcional también debe cuidar no sobre-asignar recursos a un proceso *obeso*: P_1 es ya mucho más grande que todos los procesos del sistema. En caso de que esta creciera mucho más, por ejemplo, si multiplicara por cuatro su uso de memoria virtual, esto llevaría a que se *castigara* desproporcionadamente a todos los demás procesos del sistema.

Por otro lado, este esquema ignora por completo las prioridades que hoy en día manejan todos los sistemas operativos; si se quisiera considerar, podría incluirse como factor la prioridad, multiplicando junto con V_P.

El esquema de asignación proporcional sufre, sin embargo, cuando cambia el nivel de multiprogramación, esto es, cuando se inicia un nuevo proceso o finaliza un proceso en ejecución, deben recalcularse los espacios en memoria física asignados a cada uno de los procesos restantes. Si finaliza un proceso, el problema es menor, pues sólo se asignan los marcos y puede esperarse a que se vayan poblando por paginación sobre demanda, pero si inicia uno nuevo, es necesario reducir de golpe la asignación de todos los demás procesos hasta abrir suficiente espacio para que quepa.

Por último, el esquema de la asignación proporcional también tiende a des-

---

[22]Ya que de los 1 024 KB, o 256 páginas, que tiene el sistema descrito, descontando los 248 KB, o 62 páginas, que ocupa el sistema operativo, quedan 194 páginas disponibles para los procesos.

perdiciar recursos: si bien hay procesos que mantienen un patrón estable de actividad a lo largo de su ejecución, muchos otros pueden tener periodos de mucho menor requisitos. Por ejemplo, un proceso servidor de documentos pasa la mayor parte de su tiempo simplemente esperando solicitudes, y podría reducirse a un uso mínimo de memoria física, sin embargo, al solicitársele un documento, se le deberían poder asignar más marcos (para trabajar en una *ráfaga*) hasta que termine con su tarea. En la sección 5.5.5 se retomará este tema.

Ámbitos del algoritmo de reemplazo de páginas

Para atender los problemas no resueltos que se describieron en la sección anterior, se puede discutir el ámbito en que operará el algoritmo de reemplazo de páginas.

Reemplazo local Mantener tan estable como sea posible el cálculo hecho por el esquema de asignación empleado. Esto significa que cuando se presente un fallo de página, las únicas páginas que se considerarán para su intercambio serán aquellas pertenecientes *al mismo proceso* que el que causó el fallo.

Un proceso tiene asignado su espacio de memoria física, y se mantendrá estable mientras el sistema operativo no tome alguna decisión por cambiarlo.

Reemplazo global Los algoritmos de asignación determinan el espacio asignado a los procesos al ser inicializados, e influyen a los algoritmos de reemplazo (por ejemplo, dando mayor peso para ser elegidas como páginas víctima a aquellas que pertenezcan a un proceso que excede de su asignación en memoria física).

Los algoritmos de reemplazo de páginas operan sobre el espacio completo de memoria, y la asignación física de cada proceso puede variar según el estado del sistema momento a momento.

Reemplazo global con prioridad Es un esquema mixto, en el que un proceso puede *sobrepasar* su límite siempre que le *robe* espacio en memoria física exclusivamente a procesos de prioridad inferior a él. Esto es consistente con el comportamiento de los algoritmos planificadores, que siempre dan preferencia a un proceso de mayor prioridad por sobre de uno de prioridad más baja.

El reemplazo local es más rígido y no permite mejorar el rendimiento que tendría el sistema si aprovechara los periodos de inactividad de algunos de los procesos. En contraposición, los esquemas basados en reemplazo global pueden llevar a rendimiento inconsistente: dado que la asignación de memoria física sale del control de cada proceso puede que la misma sección de código presente tiempos de ejecución muy distintos si porciones importantes de su memoria fueron paginadas a disco.

5.5.5. Hiperpaginación

Es un fenómeno que se puede presentar por varias razones: cuando (bajo un esquema de reemplazo local) un proceso tiene asignadas pocas páginas para llevar a cabo su trabajo, y genera fallos de página con tal frecuencia que le imposibilita realizar trabajo real. Bajo un esquema de reemplazo global, cuando hay demasiados procesos en ejecución en el sistema y los constantes fallos y reemplazos hacen imposible a todos los procesos involucrados avanzar, también se presenta hiperpaginación.[23]

Hay varios escenarios que pueden desencadenar la hiperpaginación, y su efecto es tan claro e identificable que prácticamente cualquier usuario de cómputo lo sabrá reconocer. A continuación se presentará un escenario ejemplo en que las malas decisiones del sistema operativo pueden conducirlo a este estado.

Suponga un sistema que está con una carga media normal, con un esquema de reemplazo global de marcos. Se lanza un nuevo proceso, que como parte de su inicialización requiere poblar diversas estructuras a lo largo de su espacio de memoria virtual. Para hacerlo, lanza una serie de fallos de página, a las que el sistema operativo responde reemplazando a varios marcos pertenecientes a otros procesos.

Casualmente, a lo largo del periodo que toma esta inicialización (que puede parecer una eternidad: el disco es entre miles y millones de veces más lento que la memoria) algunos de estos procesos solicitan los espacios de memoria que acaban de ser enviados a disco, por lo cual lanzan nuevos fallos de página.

Cuando el sistema operativo detecta que la utilización del procesador decrece, puede aprovechar la situación para lanzar procesos de mantenimiento. Se lanzan estos procesos, reduciendo aún más el espacio de memoria física disponible para cada uno de los procesos preexistentes.

Se ha formado ya toda una cola de solicitudes de paginación, algunas veces contradictorias. El procesador tiene que comenzar a ejecutar NOOP (esto es, no tiene trabajo que ejecutar), porque la mayor parte del tiempo lo pasa en espera de un nuevo marco por parte del disco duro. El sistema completo avanza cada vez más lento.

Los síntomas de la hiperpaginación son muy claros, y no son difíciles de detectar. ¿Qué estrategia puede emplear el sistema operativo una vez que se da cuenta que se presentó esta situación?

Una salida sería reducir el nivel de multiprogramación —si la paginación se presentó debido a que los requisitos de memoria de los procesos actualmen-

---

[23]Una traducción literal del término *thrashing*, empleado en inglés para designar a este fenómeno, resulta más gráfica: *paliza*.

Figura 5.20: Al aumentar demasiado el grado de multiprogramación, el uso del CPU cae abruptamente, entrando en hiperpaginación (Silberschatz, Galvin y Gagné 2010: 349).

te en ejecución no pueden ser satisfechos con la memoria física disponible, el sistema puede seleccionar uno (o más) de los procesos y suspenderlos por completo hasta que el sistema vuelva a un estado normal. Podría seleccionarse, por ejemplo, al proceso con menor prioridad, al que esté causando más cantidad de fallos, o al que esté ocupando más memoria.

Modelando el *conjunto activo*

Un pico en la cantidad de fallos de página no necesariamente significa que se va a presentar una situación de hiperpaginación —muchas veces indica que el proceso cambió su *atención* de un conjunto de páginas a otro, o dicho de otro modo, que cambió el *conjunto activo* del proceso, y resulta natural que, al cambiar el conjunto activo, el proceso accese de golpe una serie de páginas que no había referenciado en cierto tiempo.

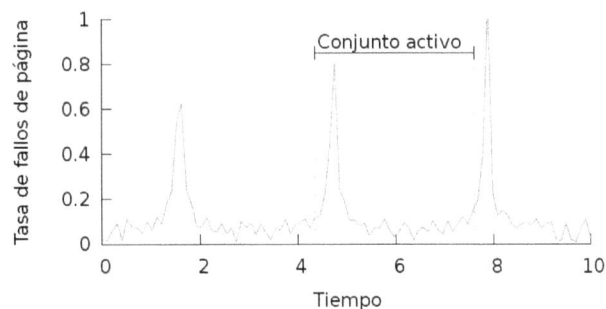

Figura 5.21: Los picos y valles en la cantidad de fallos de página de un proceso definen su *conjunto activo*.

El *conjunto activo* es, pues, la aproximación más clara a la *localidad de referen-*

cia de un proceso dado: el conjunto de páginas sobre los que está iterando en un momento dado.

Idealmente, para evitar los problemas relacionados con la hiperpaginación, el sistema debe asignar a cada proceso suficientes páginas como para que mantenga en memoria física su conjunto activo —y si no es posible hacerlo, el proceso es un buen candidato para ser suspendido. Sin embargo, detectar con suficiente claridad como para efectuar este diagnóstico *cuál* es el conjunto activo es una tarea muy compleja, que típicamente implica rastrear y verificar del orden de los últimos miles a decenas de miles de accesos a memoria.

5.6. Consideraciones de seguridad

Para una cobertura a mayor profundidad del material presentado en esta sección, se sugiere estudiar los siguientes textos:

- Smashing The Stack For Fun And Profit (Aleph One 1996)

- The Tao of Buffer Overflows (Sánchez Inédito)

5.6.1. Desbordamientos de buffer (*buffer overflows*)

Una de las funciones principales de los sistemas operativos en la que se ha insistido a lo largo del libro es la de implementar protección entre los procesos pertenecientes a diferentes usuarios, o ejecutándose con distinto nivel de privilegios. Y si bien el enfoque general que se ha propuesto es el de analizar por separado subsistema por subsistema, al hablar de administración de memoria es necesario mencionar también las implicaciones de seguridad que del presente tema se pueden desprender.

En las computadoras de arquitectura von Neumann, todo dato a ser procesado (sean instrucciones o datos) debe pasar por la memoria, por el *almacenamiento primario*. Sólo desde ahí puede el procesador leer la información directamente.

A lo largo del presente capítulo se ha mencionado que la MMU incluye ya desde el hardware el concepto de *permisos*, separando claramente las regiones de memoria donde se ubica el código del programa (y son, por tanto, ejecutables y de sólo lectura) de aquéllas donde se encuentran los datos (de lectura y escritura). Esto, sin embargo, no los pone a salvo de los *desbordamientos de buffer* (*buffer overflows*), errores de programación (típicamente, la falta de verificación de límites) que pueden convertirse en vulnerabilidades.[24]

---

[24]Citando a Theo de Raadt, autor principal del sistema operativo OpenBSD, todo error es una vulnerabilidad esperando a ser descubierta.

La *pila de llamadas* (stack)

Recordando lo mencionado en la sección 5.1.4, en que se presentó el espacio en memoria de un proceso, es conveniente profundizar un poco más acerca de cómo está estructurada la *pila de llamadas* (*stack*).

El *stack* es el mecanismo que brinda un sentido local a la representación del código estructurado. Está dividido en *marcos de activación* (sin relación con el concepto de marcos empleado al hablar de memoria virtual); durante el periodo en que es el marco *activo* (esto es, cuando no se ha transferido el control a ninguna otra función), está delimitado por dos valores, almacenados en registros:

Apuntador a la pila (*Stack pointer*, SP) Apunta al *final actual* (dirección inferior) de la pila. En arquitecturas x86, emplea el registro ESP; cuando se pide al procesador que actúe sobre el *stack* (con las operaciones pushl o popl), lo hace sobre este registro.

Apuntador del marco (*Frame pointer*, FP, o *Base local*, LB) Apunta al *inicio* del marco actual, o lo que es lo mismo, al final del marco anterior. En arquitecturas x86, emplea el registro EBP.

A cada función a la cual va entrando la ejecución del proceso, se va creando un *marco de activación* en el *stack*, que incluye:

- Los argumentos recibidos por la función.

- La dirección de retorno al código que la invocó.

- Las variables locales creadas en la función.

Con esto en mente, es posible analizar la traducción de una llamada a función en C a su equivalente en ensamblador, y en segundo término ver el marco del *stack* resultante:

```
1  void func(int a, int b, int c) {
2     char buffer1[5];
3     char buffer2[10];
4  }
5
6  void main() {
7    func(1,2,3);
8  }
```

Y lo que el código resultante en ensamblador efectúa es:

1. El procesador *empuja* (pushl) los tres argumentos al *stack* (ESP). La notación empleada ($1, $2, $3) indica que el número indicado se expresa de forma literal. Cada uno de estos tres valores restará 4 bytes (el tamaño de un valor entero en x86-32) a ESP.

2. En ensamblador, los nombres asignados a las variables y funciones no significan nada. La llamada `call` no es lo que se entendería como una llamada a función en un lenguaje de alto nivel —lo que hace el procesador es *empujar* al *stack* la dirección de la siguiente instrucción, y cargar a éste la dirección en el fuente donde está la etiqueta de la función (esto es, transferir la ejecución hacia allá).

3. Lo primero que hace la función al ser invocada es asegurarse de saber a dónde volver: *empuja* al *stack* el viejo apuntador al marco (`EBP`), y lo reemplaza (`movl`) por el actual. A esta ubicación se le llama `SFP` (*Saved Frame Pointer, apuntador al marco grabado*)

4. Por último, con `subl`, resta el espacio necesario para alojar las variables locales, `buffer1` y `buffer2`. Notarán que, si bien éstas son de 5 y 10 bytes, está recorriendo 20 bytes —esto porque, en la arquitectura x86-32, los accesos a memoria deben estar *alineados a 32 bits*.

```
1  ; main
2          pushl $3
3          pushl $2
4          pushl $1
5          call func
6
7  func:
8          pushl %ebp
9          movl %esp,%ebp
10         subl $20,%esp
```

La figura 5.22 ilustra cómo queda la región inferior del *stack* (el espacio de trabajo de la función actual) una vez que tuvieron lugar estos cuatro pasos.

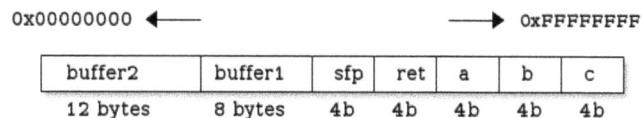

Figura 5.22: Marco del *stack* con llamada a `func(1,2,3)` en x86-32.

C y las funciones de manejo de cadenas

El lenguaje de programación C fue creado con el propósito de ser tan simple como sea posible, manteniéndose tan cerca del hardware como se pudiera, para que pudiera ser empleado como un lenguaje de programación para un sistema operativo portable. Y si bien en 1970 era visto como un lenguaje relativamente de alto nivel, hoy en día puede ubicarse como el más bajo nivel en que programa la mayor parte de los desarrolladores del mundo.

C no tiene soporte nativo para *cadenas* de caracteres. El soporte es provisto mediante *familias* de funciones en la biblioteca estándar del lenguaje, que están siempre disponibles en cualquier implementación estándar de C. Las familias principales son strcat, strcpy, printf y gets. Estas funciones trabajan con cadenas que siguen la siguiente estructura:

- Son arreglos de 1 o más caracteres (char, 8 bits).

- *Deben* terminar con el byte de terminación NUL (\0).

El problema con estas funciones es que sólo algunas de las funciones derivadas implementan verificaciones de límites, y algunas son incluso capaces de crear cadenas ilegales (que no concluyan con el terminador \0).

El problema aparece cuando el programador no tiene el cuidado necesario al trabajar con datos de los cuales no tiene *certeza*. Esto se demuestra con el siguiente código vulnerable:

```
1  #include <stdio.h>
2  int main(int argc, char **argv) {
3          char buffer[256];
4          if(argc > 1) strcpy(buffer, argv[1]);
5          printf("Escribiste %s\n", buffer);
6          return 0;
7  }
```

El problema con este código reside en el strcpy(buffer, argv[1]) —dado que el código es recibido del usuario, no se tiene la *certeza* de que el argumento que recibe el programa por línea de comandos (empleando argv[1]) quepa en el arreglo buffer[256]. Esto es, si se ejecuta el programa ejemplo con una cadena de 120 caracteres:

```
1  $ ./ejemplo1 `perl -e 'print "A" x 120'`
2  Escribiste: AAAAAAAAAAAAAAAAAAAAAAAAAAAAAAAAAAAAAAAAAAAAAAAAA
3  AAAAAAAAAAAAAAAAAAAAAAAAAAAAAAAAAAAAAAAAAAAAAAAAAAAAAAAAAAAAAA
4  AAAAAAAAAAA
5  $
```

La ejecución resulta exitosa. Sin embargo, si se ejecuta el programa con un parámetro demasiado largo para el arreglo:

```
1  $ ./ejemplo1 `perl -e 'print "A" x 500'`
2  Escribiste: AAAAAAAAAAAAAAAAAAAAAAAAAAAAAAAAAAAAAAAAAAAAAAAAA
3  AAAAAAAAAAAAAAAAAAAAAAAAAAAAAAAAAAAAAAAAAAAAAAAAAAAAAAAAAAAAAA
4  AAAAAAAAAAAAAAAAAAAAAAAAAAAAAAAAAAAAAAAAAAAAAAAAAAAAAAAAAAAAAA
```

```
 5  AAAAAAAAAAAAAAAAAAAAAAAAAAAAAAAAAAAAAAAAAAAAAAAAAAAAAAAAAAA
 6  AAAAAAAAAAAAAAAAAAAAAAAAAAAAAAAAAAAAAAAAAAAAAAAAAAAAAAAAAAA
 7  AAAAAAAAAAAAAAAAAAAAAAAAAAAAAAAAAAAAAAAAAAAAAAAAAAAAAAAAAAA
 8  AAAAAAAAAAAAAAAAAAAAAAAAAAAAAAAAAAAAAAAAAAAAAAAAAAAAAAAAAAA
 9  AAAAAAAAAAAAAAAAAAAAAAAAAAAAAAAAAAAAAAAAAAAAAAAAAAAAAAAAAAA
10  AAAAAAAAAAAAAAAAAAAAAAAAAAAAAAAA
11  Segmentation fault
12  $
```

De una falla a un ataque

En el ejemplo recién presentado, parecería que el sistema *atrapó* al error
exitosamente y detuvo la ejecución, pero no lo hizo: el Segmentation fault
no fue generado al sobreescribir el buffer ni al intentar procesarlo, sino después
de terminar de hacerlo: al llegar la ejecución del código al return 0. En este
punto, el *stack* del código ejemplo luce como lo presenta la figura 5.23.

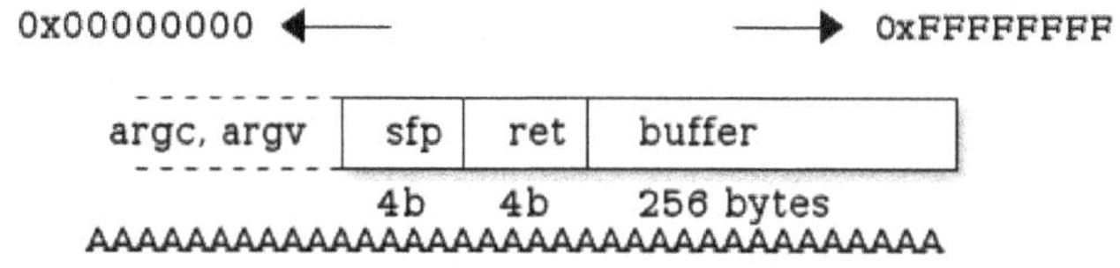

Figura 5.23: Estado de la memoria después del strcpy().

Para volver de una función a quien la invocó, incluso si dicha función es
main(), lo que hace return es restaurar el viejo SFP y hacer que el apuntador
a siguiente dirección *salte* a la dirección que tiene en RET. Sin embargo, como
se observa en el esquema, RET fue sobreescrito por la dirección 0x41414141
(AAAA). Dado que esa dirección no forma parte del espacio del proceso actual,
se lanza una excepción por violación de segmento, y el proceso es terminado.

Ahora, lo expuesto anteriormente implica que el código *es demostrado vulnerable*, pero no se ha *explotado* aún. El siguiente paso es, conociendo el acomodo
exacto de la memoria, sobreescribir únicamente lo necesario para alterar el flujo del programa, esto es, sobreescribir RET con una dirección válida. Para esto,
es necesario conocer la longitud desde el inicio del buffer hasta donde terminan RET y SFP, en este caso particular, 264 bytes (256 del buffer más cuatro de
RET más cuatro de SFP).

Citando al texto de Enrique Sánchez,

> ¿Por qué ocurre un desbordamiento de *stack*? Imagina un vaso y
> una botella de cerveza. ¿Qué ocurre si sirves la botella completa
> en el vaso? Se va a derramar. Imagina que tu variable es el vaso,

y la entrada del usuario es la cerveza. Puede ocurrir que el usuario sirva tanto líquido como el que cabe en el vaso, pero puede también seguir sirviendo hasta que se derrame. La cerveza se derramaría en todas direcciones, pero la memoria no crece de esa manera, es sólo un arreglo bidimensional, y sólo crece en una dirección.

Ahora, ¿qué más pasa cuando desbordas un contenedor? El líquido sobrante va a mojar la botana, los papeles, la mesa, etc. En el caso de los papeles, destruirá cualquier cosa que hubieras apuntado (como el teléfono que acabas de anotar de esa linda chica). Cuando tu variable se desborde, ¿qué va a sobrescribir? Al EBP, al EIP, y lo que les siga, dependiendo de la función, y si es la última función, las variables de ambiente. Puede que el programa aborte y tu shell resulte inutilizado a causa de las variables sobreescritas.

Hay dos técnicas principales: *saltar* a un punto determinado del programa, y *saltar* hacia dentro del *stack*.

Un ejemplo de la primera técnica se muestra a continuación. Si el atacante está intentando burlar la siguiente validación simple de nombre de usuario y contraseña,

```
1  if (valid_user(usr, pass)) {
2    /* (...) */
3  } else {
4    printf("Error!\n");
5    exit 1;
6  }
```

Y detecta que valid_user() es susceptible a un desbordamiento, le bastaría con incrementar en cuatro la dirección de retorno. La conversión de este if a ensamblador es, primero, saltar hacia la etiqueta valid_user, e ir (empleando al valor que ésta regrese en %EBX) a la siguiente instrucción, o saltar a la etiqueta FAIL. Esto puede hacerse con la instrucción BNE $0, %EBX, FAIL (*Branch if Not Equal*, *saltar si no es igual*, que recibe como argumentos dos valores a ser comparados, en este caso el registro %EBX y el número 0, y la etiqueta destino, FAIL). Cambiar la dirección destino significa burlar la verificación.

Por otro lado, el atacante podría usar la segunda técnica para lograr que el sistema haga algo más complejo —por ejemplo, que ejecute código arbitrario que él proporcione. Para esto, el ataque más frecuente es saltar *hacia adentro del stack*.

Para hacerlo, si en vez de proporcionar simplemente una cadena suficientemente grande para sobrepasar el buffer se *inyecta* una cadena con código ejecutable válido, y sobreescribiera la dirección de retorno con la dirección de su código *dentro del buffer*, tendría 256 bytes de espacio para especificar código arbitrario. Este código típicamente se llama *shellcode*, pues se emplea para ob-

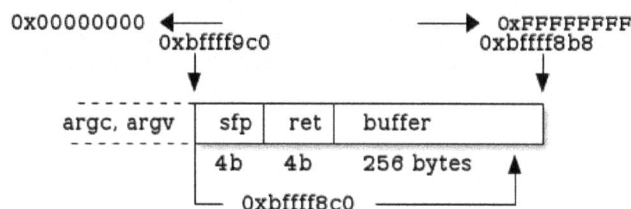

Figura 5.24: Ejecutando el código arbitrario inyectado al buffer.

tener un *shell* (un intérprete de comandos) que ejecuta con los privilegios del proceso explotado. Este escenario se ilustra en la figura 5.24.

Mecanismos de mitigación

Claro está, el mundo no se queda quieto. Una vez que estos mecanismos de ataque se dieron a conocer, comenzó un fuerte trabajo para crear mecanismos de mitigación de daños.

La principal y más importante medida es crear una cultura de programadores conscientes y prácticas seguras. Esto cruza necesariamente el no emplear funciones que no hagan verificación de límites. La desventaja de esto es que hace falta cambiar al *factor humano*, lo cual resulta prácticamente imposible de lograr con suficiente profundidad.[25] Muchos desarrolladores esgrimen argumentos en contra de estas prácticas, como la pérdida de rendimiento que estas funciones requieren, y muchos otros sencillamente nunca se dieron por enterados de la necesidad de programar correctamente.

Por esto, se han ido creando diversos mecanismos automatizados de protección ante los desbordamientos de buffer. Ninguno de estos mecanismos es *perfecto*, pero sí ayudan a reducir los riesgos ante los atacantes menos persistentes o habilidosos.

Secciones de datos no ejecutables

En secciones anteriores se describió la protección que puede imponer la MMU por regiones, evitando la modificación de código ejecutable.

En la arquitectura x86, dominante en el mercado de computadoras personales desde hace muchos años, esta característica existía en varios procesadores basados en el modelo de segmentación de memoria, pero desapareció al cambiarse el modelo predominante por uno de memoria plana paginada, y fue hasta alrededor del 2001 en que fue introducida de vuelta, bajo los nombres

---

[25]El ejemplo más claro de este problema es la función *gets*, la cual sigue siendo enseñada y usada en los cursos básicos de programación en C.

bit NX (*Never eXecute*, nunca ejecutar) o *bit XD* (*eXecute Disable*, deshabilitar ejecución), como una característica particular de las extensiones PAE.

Empleando este mecanismo, la MMU puede evitar la ejecución de código en el área de *stack*, lo cual anula la posibilidad de *saltar al stack*. Esta protección desafortunadamente no es muy efectiva: una vez que tiene acceso a un buffer vulnerable, el atacante puede *saltar a libc*, esto es, por ejemplo, proporcionar como parámetro el nombre de un programa a ejecutar, e indicar como retorno la dirección de la función system o execve de la libc.

Las secciones de datos no ejecutables son, pues, un obstáculo ante un atacante, aunque no representan una dificultad mucho mayor.

Aleatorización del espacio de direcciones

Otra técnica es que, en tiempo de carga y a cada ejecución, el proceso reciba diferentes direcciones base para sus diferentes áreas. Esto hace más difícil para el atacante poder indicar a qué dirección destino se debe saltar.

Un atacante puede emplear varias técnicas para ayudarse a *adivinar* detalles acerca del acomodo en memoria de un proceso, y, con un buffer suficientemente grande, es común ver *cadenas de NOP*, esto es, una extensión grande de operaciones nulas, seguidas del *shellcode*, para aumentar las probabilidades de que el control se transfiera a un punto útil.

Empleo de *canarios*

Se llama *canario* a un valor aleatorio de protección,[26] insertado entre los buffers y la dirección de retorno, que es verificado antes de regresar de una función. Si se presentó un desbordamiento de buffer, el valor del *canario* será reemplazado por basura, y el sistema podrá detener la ejecución del proceso comprometido antes de que brinde privilegios elevados al atacante. La figura 5.25 ilustra este mecanismo.

Un atacante tiene dos mecanismos ante un sistema que requiere del canario: uno es el atacar no directamente a la función en cuestión, sino al *manejador de señales* que es notificado de la anomalía, y otro es, ya que se tiene acceso a la memoria del proceso, *averiguar el valor del canario*. Esto requiere ataques bastante más sofisticados que los vistos en esta sección, pero definitivamente ya no fuera del alcance de los atacantes.

---

[26] Este uso proviene de la costumbre antigua de los mineros de tener un canario en una jaula en las minas. Como el canario es muy sensible ante la falta de oxígeno, si el canario moría servía como indicador a los mineros de que debían abandonar la mina de inmediato, antes de correr la misma suerte.

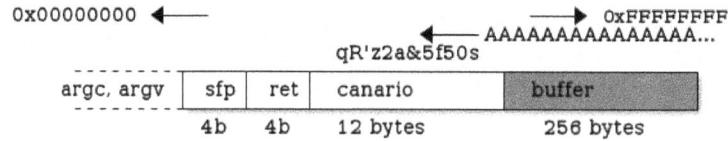

Figura 5.25: Marco de *stack* con un *canario* aleatorio protector de 12 bytes
(qR'z2a&5f50s): si este es sobreescrito por un buffer desbordado, se detendrá
la ejecución del programa.

5.6.2. Ligado estático y dinámico de bibliotecas

Las *bibliotecas de código* (o simplemente *bibliotecas*) implementan el código de
una serie de funcionalidades generales, que pueden ser usadas en diferentes
programas y contextos. Un ejemplo clásico sería la biblioteca estándar de C,
la cual ofrece funciones básicas de entrada/salida, manejo de cadenas, entre
otras.

A medida que el software crece en complejidad, los programadores recu-
rren a la *reutilización de código* para aprovechar la implementación de la funcionalidad que ofrecen las distintas bibliotecas. De esta forma, evitan "reinventar
la rueda", y se concentran en la funcionalidad específica del software que están
construyendo.

El concepto de *ligado* se refiere al proceso mediante el cual, se toma el *código
objeto* de un programa junto con el código de las bibliotecas que éste usa para
crear un archivo ejecutable. De forma general hay dos tipos de ligado, que se
explican a continuación.

El *ligado estático* consiste en tomar el código de una biblioteca e integrarlo
al código del programa para generar el archivo ejecutable. Lo anterior implica
que *cada programa* tiene su propia copia del código de la biblioteca, lo cual puede causar un desperdicio de memoria y disco si hay muchos programas que
usan la misma versión de ésta.

Por su parte, en el *ligado dinámico* el código de las bibliotecas no se copia
dentro de la imagen ejecutable del programa, pero requiere establecer algún
mecanismo para informar que el programa necesita un código externo. Esto
se puede implementar de diferentes formas. Por ejemplo, se puede incluir un
fragmento de código dentro del programa que usa la biblioteca denominado
stub, el cual en tiempo de ejecución solicita que se cargue la biblioteca requerida. Otra estrategia que se puede utilizar consiste en incluir algunas indicaciones que le permiten al sistema operativo, en el momento de crear el proceso,
ubicar las bibliotecas que este requerirá para su ejecución. En cualquier caso,
el ligado dinámico busca que las bibliotecas sólo sean cargadas cuando se las
requiera.

La figura 5.4 (p. 174) ilustra el momento en que ocurre cada uno de estos ligados: el ligado estático es realizado por el *editor de ligado*, uniendo en un solo *módulo cargable* al programa compilado (*módulo objeto*) con las bibliotecas (*otros objetos*); el ligado dinámico es realizado parcialmente en tiempo de carga (para las *bibliotecas del sistema*) y parcialmente en tiempo de ejecución (para las *bibliotecas de carga dinámica*).[27]

Las bibliotecas y la seguridad

El ligado dinámico puede traer consigo una serie de problemas, entre los cuales se destacan el manejo de versiones de las bibliotecas y potenciales vulnerabilidades. El primer problema es conocido, en ambientes Windows, como el *infierno de las DLL*. éste se puede causar de muchas formas. Por ejemplo, si al instalar un nuevo programa, se instala también una versión incompatible de una biblioteca que es usada por otros programas. Esto causa que los demás programas no se puedan ejecutar, y lo que es más, hace que la depuración del fallo sea muy difícil. Por otro lado, si no se tienen los controles suficientes, al desinstalar un programa se puede borrar una biblioteca compartida, lo cual puede llevar a que otros programas dejen de funcionar.

El *infiero de las DLL* puede ser prevenido mediante estrategias como el *versionamiento* de las biblioteca de ligado dinámico (esto es, hacer que cada componente de las bibliotecas lleve la versión que implementa o *nivel de compatibilidad* que implementa),[28] y mediante el uso de scripts de instalación o *gestores de dependencias* que verifican si en el sistema hay una versión compatible de la biblioteca. Teniendo esta información, la biblioteca en cuestión se instalará únicamente en caso necesario.

El ligado dinámico puede presentar problemas o vulnerabilidades debido a que el programa usa un código proporcionado por terceros, y *confía* en que la biblioteca funciona tal como se espera sin incluir código malicioso. Por tal razón, desde el punto de vista teórico bastaría que un atacante instale su propia versión de una biblioteca para que pueda tener el control de los programas que la usan e incluso del mismo sistema operativo.[29] En el caso de bibliotecas ligadas *estáticamente*, dado que estas forman ya parte del programa, un atacante tendría que modificar al archivo objeto mismo del programa para alterar las bibliotecas.

Así las cosas, más allá de la economía de espacio en memoria, ¿cómo se explica que sea tanto más popular el ligado dinámico en los sistemas operativos modernos?

---

[27]Refiérase al libro *Linkers and Loaders* (ligadores y cargadores) de John R. Levine (1999) para mayores detalles respecto a este proceso.

[28]Este nivel de compatibilidad incluye no sólo a la *interfaz de aplicación al programador* (API, definida en las secciones 2.7 y 2.7.1), sino también la *interfaz de aplicación binaria* (ABI), esto es, no sólo la información del nombre de las funciones que expone y los tipos de argumentos que reciben, sino también la ubicación en memoria de su definición en un archivo ya compilado.

[29]Esto se puede lograr, por ejemplo, alterando la configuración del entorno en la cual el sistema busca las bibliotecas.

Parte muy importante de la respuesta es la *mantenibilidad*: si es encontrado un fallo en una biblioteca de carga dinámica, basta con que los desarrolladores lo corrijan una vez (cuidando, claro, de mantener la compatibildad binaria) y reemplazar a dicha biblioteca en disco *una sola vez*. Todos los programas que liguen dinámicamente con esta biblioteca tendrán disponible de inmediato la versión actualizada. En mucho sistemas operativos, el *gestor de paquetes* puede detectar cuáles procesos en ejecución emplean a determinada biblioteca dinámica, y reiniciarlos de forma transparente al administrador.

En contraste, de estar el fallo en una biblioteca de ligado estático, el código afectado estaría incluido como parte de *cada uno de los programas* ligados con ella. Como consecuencia, para corregir este defecto, cada uno de los programas afectados tendría que ser recompilado (o, por lo menos, *religado*) antes de poderse beneficiar de las correcciones.

Y si bien este proceso resulta manual y tedioso para un administrador de sistemas con acceso a las fuentes de los programas que tiene instalados, resulta mucho más oneroso aún para quienes emplean software *propietario* (en la sección A.1.3 se aborda con mayor detenimiento lo que significa el software propietario en contraposición al software libre).

Cabe mencionar que el comportamiento del sistema ante la actualización de una biblioteca descrita ilustra una de las diferencias semánticas entre sistemas Windows y sistemas Unix que serán abordadas en el capítulo 6: mientras un sistema Unix permite la eliminación de un archivo *que está siendo utilizado*, Windows no la permite. Esto explica por qué las actualizaciones de bibliotecas en sistemas Windows se aplican *durante el proceso de apagado*: mientras haya procesos que tienen abierta una biblioteca, ésta no puede ser reemplazada. Caso contrario en sistemas Unix, en que el archivo puede ser sustituido, pero mientras no sean reiniciados los procesos en cuestión, éstos seguirán ejecutando la versión de la biblioteca con el error.

5.7. Ejercicios

5.7.1. Preguntas de autoevaluación

1. Diagrame el acomodo del espacio en memoria de un proceso. ¿Qué diferencias principales y qué similitudes tienen la *sección de datos* con el *espacio de libres* (*heap*), y entre el *espacio de libres* con la *pila* (*stack*)?

2. Un proceso en un sistema con arquitectura de memoria basada en la *segmentación* tiene la siguiente tabla de segmentos:

Segmento	Inicio	Tamaño	Permisos
0	240	600	RX
1	2 300	16	R
2	90	100	RW
3	1 320	950	RW
4	-	96	RX

Para cada una de las siguientes solicitudes, indique qué dirección física correspondería, y –de ser el caso– qué excepción se genera.

a) Lectura, 0-430

b) Escritura, 0-150

c) Lectura, 1-15

d) Escritura, 2-130

e) Ejecución, 4-25

3. El buffer de traducción adelantada (TLB) de un sistema en particular presenta una efectividad de 95%. Obtener un valor del TLB toma 10ns. La memoria principal tarda 120ns en recuperar un valor. ¿Cuál es el tiempo promedio para completar una operación a memoria?

4. Con la siguiente cadena de referencia, y empleando cuatro marcos de memoria física, desarrolle la asignación bajo los esquemas FIFO, OPT y LRU:

   1, 3, 2, 1, 5, 3, 4, 1, 5, 2, 6, 7, 5, 7, 2, 5, 3, 5, 3, 1

   Asumiendo que cada fallo de página toma ocho milisegundos en ser atendido, ¿qué diferencia en rendimiento puede observarse?

5. Suponga un sistema paginado con un rango de direcciones de 4 GB (4 294 967 296 direcciones).

   - ¿Cuántas páginas tendrá el sistema si se utilizan páginas de 4 096 bytes?

   - ¿Qué tamaño (en bits) tendrá una entrada de la tabla de traducción? Suponga que sólo se guarda el número de marco físico.

   - ¿Qué tamaño tendrá la tabla de paginación si se desea cubrir todo el rango?

   - Suponga que el tamaño de la tabla de paginación fuera demasiado grande. Proponga dos soluciones explicando ventajas y desventajas de cada una.

6. Explique la relación que hay entre direcciones virtuales y direcciones físicas. Indique cómo se realiza la traducción en los siguientes casos:

- Una computadora con TLB y tabla de paginación de un nivel, con la entrada cargada en la TLB.

- Una computadora con TLB y tabla de paginación de un nivel y sin la entrada cargada.

- Una computadora sin TLB y con tabla de paginación de dos niveles.

- Una computadora sin paginación ni TLB pero con segmentación.

7. Un equipo presenta rendimiento muy deficiente. Ante un análisis de utilización a lo largo de un día, se encuentra que el promedio de uso de CPU está a 20% y el uso de la interfaz al disco duro que aloja a la memoria virtual a 95%. ¿En qué condición está el sistema?

   Elija de la siguiente lista las dos respuestas que *mayor efectividad* tendrían para mejorar el rendimiento del sistema. Fundamente con una breve explicación.

   a) Reemplazar al CPU por uno 20% más rápido (pasar de 1 GHz a 1.2 GHz).

   b) Destinar un área del disco 25% más grande para la memoria virtual (pasar de 4 a 5 GB).

   c) Aumentar el grado de multiprogramación en 10% (aumentar de 20 a 22 los procesos en la cola de ejecución).

   d) Reducir el grado de multiprogramación en 10% (reducir de 20 a 18 los procesos en la cola de ejecución).

   e) Instalar un 25% más de memoria principal (pasar de 2 a 2.5 GB).

   f) Instalar un disco duro un 33% más rápido (cambiar un disco de 5 400 RPM por uno de 7 200 RPM).

8. Describa en qué consiste un ataque de *desbordamiento de pila* (*stack overflow*), y un mecanismo de protección del sistema para contrarrestarlos. ¿Puede sugerir una manera en que un atacante podría burlar dicha protección?

5.7.2. Temas de investigación sugeridos

Esquemas de asignación de memoria en una realidad NUMA La realidad que se expuso en el capítulo respecto al multiprocesamiento simétrico como fuertemente dominante en relación a los sistemas NUMA se mantiene cierta... Pero va cambiando rápidamente, y los sistemas NUMA son cada vez más comunes.

Claro está, la popularización de los sistemas NUMA tiene un alto efecto en cómo se manejan los esquemas de administración de memoria. Al entrar en juego la *afinidad* de cada proceso a un CPU dado, la administración de la memoria y el planificador (despachador) de procesos quedan fuertemente interrelacionados.

En el número de septiembre del 2013 de la revista "Communications of the ACM" aparece un artículo corto, conciso y bastante interesante: "An overview of non-uniform memory access" (Lameter 2013). Sugerimos emplearlo como punto de partida.

Cargado y ligado de programas Este tema ocupa un punto intermedio entre el estudio de los sistemas operativos y el de los compiladores. Para los lectores del presente libro, comprender este punto común puede resultar de interés.

Al convertir un programa escrito en determinado lenguaje de programación por un humano en código ejecutable, no sólo hay que convertir las instrucciones y proveer las abstracciones mínimas, también es necesario que preparar al código para poder ser *reubicado* en la memoria.

El proceso de *cargado* se refiere a cómo la imagen binaria del programa que está grabada en un medio de almacenamiento es modificada al llevarse a memoria para adecuarse al espacio que le asigna el sistema operativo; el proceso de *ligado* es cómo se maneja su integración con las bibliotecas compartidas.

En este proceso entran temas como la gestión de *memoria compartida*, las *indicaciones al compilador* para generar *código independiente de su posición*, etcétera.

Mecanismos para mantener la coherencia en caché En un entorno multiprocesador, el acceso concurrente a las mismas posiciones de memoria se vuelve muy complicado, por decir lo menos. Los distintos niveles de memoria caché tienen que sincronizar su operación (a altísima velocidad) y permitir que avancen los procesos compartiendo datos.

Hay varios mecanismos para mantener la coherencia. Algunas líneas para comenzar la investigación pueden ser, para computadoras razonablemente pequeñas, los mecanismos *fisgones* (*snoopy*) de invalidación y de actualización, y para equipos más grandes, los mecanismos por hardware de *directorio*; los protocolos *fisgones* son también conocidos por sus siglas, o por las universidades donde fueron diseñados: MSI, MESI (Illinois), MOSI (Berkeley), MOESI y MESIF.

Relación con sistemas operativos en uso Este capítulo es probablemente el que mejor permite apreciar de forma directa la relación entre los temas cubiertos y su manejo en un sistema operativo actual. Una manera sencilla de comprender el efecto de los diversos parámetros del subsistema de memoria virtual es la empírica: ¿Cómo reacciona un sistema operativo de propósito general ante cambios en los distintos valores y umbrales;

cuáles serían las condiciones límite; qué comportamientos esperaríamos
llevando al sistema a estos extremos, y cuáles encontramos en la realidad;
cómo es la interfaz al administrador del sistema?

Prácticamente todos los sistemas operativos que se emplean hoy permiten ajustar estos valores, y la comparación entre sistemas operativos distintos seguramente resultará también interesante al lector; en el caso de
Linux, se sugiere revisar la documentación de los parámetros de *sysctl*
relativos a la memoria virtual. Éstos están documentados en (van Riel
y Morreale 1998-2008).

Otras categorías de vulnerabilidad Este capítulo presentó el *desbordamiento de
pila*, una de las vulnerabilidades clásicas y que más se siguen explotando
al día de hoy. Se presentaron algunos mecanismos de mitigación, pero la
conclusión es lapidaria: la correcta protección de límites es de responsabilidad exclusiva e ineludible del desarrollador.

Sin embargo, el desbordamiento de pila no es la única vulnerabilidad.
Hay varias vulnerabilidades relacionadas con el acomodo o el tamaño
específico de los datos en la memoria. Dos ejemplos:

- En agosto del 2013, se descubrió lo que se popularizó como una *cadena Unicode de la muerte*: un conjunto de caracteres que causa que
  cualquier programa que intente desplegarlos en pantalla en la línea
  de productos Apple se *caiga*. El artículo publicado por The Register
  (Williams 2013) relata el proceso que llevó a averiguar, a partir del
  reporte de falla generado por el sistema y analizando el contenido de
  la memoria que éste reporta, cómo se puede encontrar un *desbordamiento de entero*.

- En abril de 2014 se dio a conocer un fallo en la biblioteca cripto-
  gráfica OpenSSL, particularmente en la rutina que implementa el
  Heartbeat. Dada la gran base instalada de usuarios de OpenSSL, y lo
  sensible de la información que expone al atacante, desde su descubrimiento se dio por hecho que ésta es una de las vulnerabilidades
  con mayor efecto en escala mundial. Dado el renombre que implica
  descubrir una vulnerabilidad de este tamaño, los descubridores de
  este fallo montaron el sitio http://heartbleed.com/ donde hay todo
  tipo de ligas describiendo esta problemática; otro artículo, también
  publicado por The Register (Williams 2014), explica la problemática
  explotada muy claramente.

5.7.3. Lecturas relacionadas

- Jonathan Corbet (2004a). *The Grumpy Editor goes 64-bit*. URL: `https://`
  `lwn.net/Articles/79036/`. Experiencia del editor de Linux Weekly
  News al migrar a una arquitectura de 64 bits en 2004. Lo más interesante

del artículo son los comentarios, ilustran buena parte de los pros y contras de una migración de 32 a 64 bits.

- Ian J. Campbell (2013). *Using Valgrind to debug Xen Toolstacks*. URL: `http://www.hellion.org.uk/blog/posts/using-valgrind-on-xen-toolstacks/`. Presenta un ejemplo de uso de la herramienta *Valgrind*, para encontrar problemas en la asignación, uso y liberación de memoria en un programa en C.

- John L. Males (2014). *Process memory usage*. URL: `http://troysunix.blogspot.com/2011/07/process-memory-usage.html` presenta ejemplos del uso de pmap en diferentes sistemas Unix.

- NetBSD Project (2009). *pmap – display process memory map*. URL: `http://www.daemon-systems.org/man/pmap.1.html`. Más allá de simplemente mostrar la operación de una herramienta del sistema en Unix, esta página de manual ilustra claramente la estructura de la organización de la memoria.

- John R. Levine (1999). *Linkers and Loaders*. Morgan-Kauffman. ISBN: 1-55860-496-0. URL: `http://www.iecc.com/linker/`

- L. A. Belady, R. A. Nelson y G. S. Shedler (jun. de 1969). «An Anomaly in Space-time Characteristics of Certain Programs Running in a Paging Machine». En: *Commun. ACM* 12.6, págs. 349-353. ISSN: 0001-0782. DOI: 10.1145/363011.363155. URL: `http://doi.acm.org/10.1145/363011.363155`

- Mel Gorman (2004). *Understanding the Linux Virtual Memory Manager*. Bruce Perens' Open Source Series. Pearson Education. ISBN: 0-13-145348-3. Libro de libre descarga y redistribución. Aborda a profundidad los mecanismos y algoritmos relativos a la memoria empleados por el sistema operativo Linux. Entra en detalles técnicos a profundidad, presentándolos poco a poco, por lo que no resulta demasiado complejo de leer. El primer tercio del libro describe los mecanismos, y los dos tercios restantes siguen el código comentado que los implementa.

- William Swanson (2003). *The art of picking Intel registers*. URL: `http://www.swansontec.com/sregisters.html`

- Enrique Sánchez (Inédito). *The Tao of Buffer Overflows*. URL: `http://sistop.gwolf.org/biblio/The_Tao_of_Buffer_Overflows_-_Enrique_Sanchez.pdf`

- Aleph One (ago. de 1996). «Smashing the stack for fun and profit». En: *Phrack Magazine*. URL: `http://phrack.org/issues/49/14.html`,

- Kingcopes (2013). *Attacking the Windows 7/8 Address Space Randomization.*
  URL: http://kingcope.wordpress.com/2013/01/24/ Explica cómo puede burlarse la protección basada en aleatorización de direcciones
  (ALSR) en Windows 7 y 8, logrando una dirección predecible de memoria
  hacia la cual saltar.

- Christoph Lameter (sep. de 2013). «An Overview of Non-uniform Memory Access». En: *Commun. ACM* 56.9, págs. 59-54. ISSN: 0001-0782. DOI:
  10.1145/2500468.2500477. URL: http://doi.acm.org/10.
  1145/2500468.2500477

Capítulo 6

Organización de archivos

6.1. Introducción

De los papeles que cumple el sistema operativo, probablemente el que más consciente tengan en general sus usuarios es el de la gestión del espacio de almacenamiento, esto es, la organización de la información en un *sistema de archivos*. Al día de hoy, todos los usuarios de equipo de cómputo dan por sentado y comprenden a grandes rasgos la organización del espacio de almacenamiento en un *directorio jerárquico*, con unidades de almacenamiento llamadas *archivos*, de diferentes tipos según su función. En el presente capítulo se revisará la semántica que compone a este modelo, para que en el capítulo 7 se continúe con los detalles de la gestión del espacio físico donde éstos están alojados.

La abstracción que hoy se conoce como *sistemas de archivos* es una de las que más tiempo ha vivido y se ha mantenido a lo largo de la historia de la computación, sobreviviendo a lo largo de prácticamente todas las generaciones de sistemas operativos. Sin embargo, para poder analizar cómo es que el sistema operativo representa la información en el dispositivo físico, el presente capítulo inicia discutiendo cómo es que esta información es comprendida por los niveles más altos —por los programas en espacio de usuario.

La información *cruda* tiene que pasar una serie de transformaciones. Yendo de niveles superiores a los más bajos, un programa estructura sus datos en *archivos*, siguiendo el *formato* que resulte más pertinente al tipo de información a representar. Un conjunto de archivos hoy en día es típicamente representado en una estructura de *directorios*.[1]

Cada dispositivo empleado para almacenar archivos tiene un directorio. Cuando un sistema opera con más de un dispositivo físico, hay principalmente dos mecanismos para integrar a dichos dispositivos en un *sistema de archivos*

---

[1]Se tienen otros mecanismos para su organización, pero éstos no están tan ampliamente difundidos.

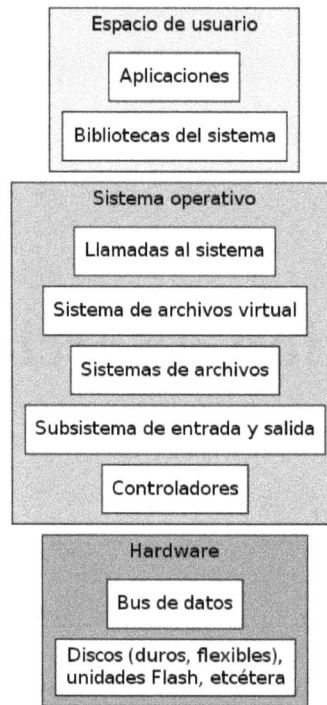

Figura 6.1: Capas de abstracción para implementar los sistemas de archivos.

virtual,[2] brindando al usuario una interfaz uniforme. Por último, los archivos son una estructura meramente lógica; deben ser convertidos para ser representados en un *dispositivo de bloques* como los diversos tipos de unidades –aunque esta nomenclatura es a veces incorrecta– como *discos*. Este último paso será abordado en el capítulo 7.

Del diagrama presentado en la figura 6.1, toca al objeto de estudio de esta obra –el sistema operativo– recibir del espacio de usuario las llamadas al sistema que presentan la interfaz de archivos y directorios, integrar el sistema de archivos virtual y traducir la información resultante a un sistema de archivos.

Cabe mencionar que varias de las capas aquí presentadas podrían perfectamente ser subdivididas, analizadas por separado, e incluso tratarse de forma completamente modular —de hecho, este es precisamente el modo en que se implementan de forma transparente características hoy en día tan comunes como sistemas de archivos en red, o compresión y cifrado de la información. Una referencia más detallada acerca de ventajas, desventajas, técnicas y mecanismos de la división y comunicación entre capas puede ubicarse en (Heidemann y Popek 1994).

---

[2]Esto será abordado en la sección 6.3.3.

6.2. Concepto de archivo

En primer término, un archivo es un *tipo de datos abstracto* —esto es, podría verse como una estructura que exclusivamente permite la manipulación por medio de una interfaz *orientada a objetos*: los procesos en el sistema sólo pueden tener acceso a los archivos por medio de la interfaz ofrecida por el sistema operativo.[3] La siguiente sección describe las principales operaciones provistas por esta interfaz.

Para el usuario, los archivos son la *unidad lógica mínima* al hablar de almacenamiento: todo el almacenamiento *persistente* (que sobrevive en el tiempo, sea a reinicios del sistema, a pérdida de corriente o a otras circunstancias en el transcurso normal de ejecución) en el sistema al que tiene acceso, se efectúa dentro de archivos; el espacio libre en los diferentes dispositivos no tiene mayor presencia fuera de saber que está *potencialmente* disponible.

Dentro de cada *volumen* (cada medio de almacenamiento), los archivos disponibles conforman un *directorio*, y son típicamente identificados por un *nombre* o una *ruta*. Más adelante se presentarán de las diferentes construcciones semánticas que pueden conformar a los directorios.

6.2.1. Operaciones con archivos

Cada sistema operativo definirá la interfaz de archivos acorde con su semántica, pero en líneas generales, las operaciones que siempre estarán disponibles con un archivo son:

Borrar Elimina al archivo del directorio y, de ser procedente, libera el espacio del dispositivo

Abrir Solicita al sistema operativo verificar si el archivo existe o puede ser creado (dependiendo del modo requerido) y se cuenta con el acceso para el *modo de acceso* al archivo indicado y si el medio lo soporta (por ejemplo, a pesar de contar con todos los permisos necesarios, el sistema operativo no debe permitir abrir para escritura un archivo en un CD-ROM u otro medio de sólo lectura). En C, esto se hace con la función `fopen()`.

Al abrir un archivo, el sistema operativo asigna un *descriptor de archivo* que identifica la relación entre el proceso y el archivo en cuestión; éstos serán definidos propiamente en la sección 6.2.2.

Todas las operaciones descritas a continuación operan sobre el descriptor de archivo, no con su nombre o ruta.

---

[3]Como se verá en la sección 7.1.3, esto no es *necesariamente* así, sin embargo, el uso de los dispositivos *en crudo* es muy bajo. Este capítulo está enfocado exclusivamente al uso estructurado en sistemas de archivos.

Cerrar Indica al sistema que *el proceso en cuestión* terminó de trabajar con el archivo; el sistema entonces debe escribir los buffers a disco y eliminar la entrada que representa a esta combinación archivo-proceso de las tablas activas, invalidando al *descriptor de archivo*. En C, para cerrar un descriptor de archivo se usa `fclose()`.

Dado que todas las operaciones se realizan por medio del descriptor de archivo, si un proceso cierra un archivo y requiere seguir utilizándolo, tendrá que abrirlo de nuevo para obtener un nuevo descriptor.

Leer Si se solicita al sistema la lectura de un archivo hacia determinado buffer, éste copia el siguiente *pedazo* de información. Este *pedazo* podría ser una línea o un bloque de longitud definida, dependiendo del modo en que se solicite la lectura. El sistema mantiene un apuntador a la última posición leída, para poder *continuar* con la lectura de forma secuencial.

La función que implementa la lectura en C es `fread()`. Cabe mencionar que `fread()` entrega el *número de caracteres* especificado; para trabajar con líneas de texto hace falta hacerlo mediante bibliotecas que implementen esta funcionalidad, como `readline`.

Escribir Teniendo un archivo abierto, guarda información en él. Puede ser que escriba desde su primer posición (*truncando* al archivo, esto es, borrando toda la información que pudiera ya tener), o *agregando* al archivo, esto es, iniciando con el apuntador de escritura al final del mismo. La función C para escribir a un descriptor de archivo es `fwrite()`.

Reposicionar Tanto la lectura como la escritura se hacen siguiendo un *apuntador*, que indica cuál fue la última posición del archivo a la que accesó el proceso actual. Al reposicionar el apuntador, se puede *saltar* a otro punto del archivo. La función que reposiciona el apuntador dentro de un descriptor de archivos es `fseek()`.

Hay varias otras operaciones comunes que pueden implementarse con llamadas compuestas a estas operaciones (por ejemplo, *copiar* un archivo puede verse como *crear* un archivo nuevo en modo de escritura, abrir en modo de lectura al archivo fuente, e ir *leyendo* de éste y *escribiendo* al nuevo hasta llegar al fin de archivo fuente).

Las operaciones aquí presentadas no son todas las operaciones existentes; dependiendo del sistema operativo, habrá algunas adicionales; estas se presentan como una base general común a los principales sistemas operativos.

Vale la pena mencionar que esta semántica para el manejo de archivos presenta a cada archivo como si fuera una *unidad de cinta*, dentro de la cual la cabeza lectora/escritora simulada puede avanzar o retroceder.

6.2.2. Tablas de archivos abiertos

Tanto el sistema operativo como cada uno de los procesos mantienen normalmente *tablas de archivos abiertos*. Éstas mantienen información acerca de todos los archivos actualmente abiertos, presentándolos hacia el proceso por medio de un *descriptor de archivo*; una vez que un archivo fue abierto, las operaciones que se realizan dentro de éste no son empleando su nombre, sino su descriptor de archivo.

En un sistema operativo multitareas, más de un proceso podría abrir el mismo archivo a la vez; lo que cada uno de ellos pueda hacer, y cómo esto repercute en lo que vean los demás procesos, depende de la semántica que implemente el sistema; un ejemplo de las diferentes semánticas posibles es el descrito en la sección 6.2.3.

Ahora, ¿por qué estas tablas se mantienen tanto por el sistema operativo como por cada uno de los procesos, no lleva esto a una situación de información redundante?

La respuesta es que la información que cada uno debe manejar es distinta. El sistema operativo necesita:

Conteo de usuarios del archivo Requiere saberse cuántos procesos están empleando en todo momento a determinado archivo. Esto permite, por ejemplo, que cuando el usuario solicite *desmontar* una partición (puede ser para expulsar una unidad removible) o eliminar un archivo, el sistema debe poder determinar cuándo es momento de declarar la solicitud como *efectuada*. Si algún proceso tiene abierto un archivo, y particularmente si tiene cambios pendientes de guardar, el sistema debe hacer lo posible por evitar que el archivo *desaparezca* de su visión.

Modos de acceso Aunque un usuario tenga permisos de acceso a determinado recurso, el sistema puede determinar negarlo si llevaría a una inconsistencia. Por ejemplo, si dos procesos abren un mismo archivo en modo de escritura, es probable que los cambios que realice uno sobreescriban a los que haga el otro.

Ubicación en disco El sistema mantiene esta información para evitar que cada proceso tenga que consultar las tablas en disco para encontrar al archivo, o cada uno de sus fragmentos.

Información de bloqueo En caso de que los modos de acceso del archivo requieran protección mutua, puede hacerlo por medio de un bloqueo.

Por otro lado, el proceso necesita:

Descriptor de archivo Relación entre el nombre del archivo abierto y el identificador numérico que maneja internamente el proceso. Un archivo abierto por varios procesos tendrá descriptores de archivo distintos en cada uno de ellos.

Al detallar la implementación, el descriptor de archivo otorgado por el sistema a un proceso es simplemente un número entero, que podría entenderse como *el n-ésimo archivo empleado por el proceso*.[4]

Permisos Los modos válidos de acceso para un archivo. Esto no necesariamente es igual a los permisos que tiene el archivo en cuestión en disco, sino que el *subconjunto* de dichos permisos bajo los cuales está operando para este proceso en particular —si un archivo fue abierto en modo de sólo lectura, por ejemplo, este campo únicamente permitirá la lectura.

6.2.3. Acceso concurrente: bloqueo de archivos

Dado que los archivos pueden emplearse como mecanismo de comunicación entre procesos que no guarden relación entre sí, incluso a lo largo del tiempo, y para emplear un archivo basta indicar su nombre o ruta, los sistemas operativos multitarea implementan mecanismos de bloqueo para evitar que varios procesos intentando emplear de forma concurrente a un archivo se corrompan mutuamente.

Algunos sistemas operativos permiten establecer bloqueos sobre determinadas regiones de los archivos, aunque la semántica más común es operar sobre el archivo entero.

En general, la nomenclatura que se sigue para los bloqueos es:

Compartido (*Shared lock*) Podría verse como equivalente a un bloqueo (o *candado*) para realizar lectura — varios procesos pueden adquirir al mismo tiempo un bloqueo de lectura, e indica que todos los que posean dicho *candado* tienen la expectativa de que el archivo no sufrirá modificaciones.

Exclusivo (*Exclusive lock*) Un bloqueo o *candado* exclusivo puede ser adquirido por un sólo proceso, e indica que realizará operaciones que modifiquen al archivo (o, si la semántica del sistema operativo permite expresarlo, a la *porción* del archivo que indica).

Respecto al *mecanismo* de bloqueo, hay también dos tipos, dependiendo de qué tan explícito tiene que ser su manejo:

Mandatorio u obligatorio (*Mandatory locking*) Una vez que un proceso adquiere un candado obligatorio, el sistema operativo se encargará de imponer las restricciones correspondientes de acceso a todos los demás pro-

---

[4]No sólo los archivos reciben descriptores de archivo. Por ejemplo, en todos los principales sistemas operativos, los descriptores 0, 1 y 2 están relacionados a *flujos de datos*: respectivamente, la entrada estándar (STDIN), la salida estándar (STDOUT) y el error estándar (STDERR); si el usuario no lo indica de otro modo, la terminal desde donde fue ejecutado el proceso.

cesos, independientemente de si éstos fueron programados para considerar la existencia de dicho bloqueo o no.

Consultivo o asesor (*Advisory locking*) Este tipo de bloqueos es manejado cooperativamente entre los procesos involucrados, y depende del programador de *cada uno* de los programas en cuestión el solicitar y respetar dicho bloqueo.

Haciendo un paralelo con los mecanismos presentados en el capítulo 3, los mecanismos que emplean mutexes, semáforos o variables de condición serían *consultivos*, y únicamente los que emplean monitores (en que la única manera de llegar a la información es por medio del mecanismo que la protege) serían *mandatorios*.

No todos los sistemas operativos implementan las cuatro posibles combinaciones (compartido mandatorio, o compartido consultivo, exclusivo mandatorio y exclusivo consultivo). Como regla general, en los sistemas Windows se maneja un esquema de bloqueo obligatorio, y en sistemas Unix es de bloqueo consultivo.[5]

Cabe mencionar que el manejo de bloqueos con archivos requiere del mismo cuidado que el de bloqueo por recursos cubierto en la sección 3.4: dos procesos intentando adquirir un candado exclusivo sobre dos archivos pueden caer en un bloqueo mutuo tal como ocurre con cualquier otro recurso.

6.2.4. Tipos de archivo

Si los archivos son la *unidad lógica mínima* con la que se puede guardar información en almacenamiento secundario, naturalmente sigue que hay archivos de diferentes tipos: cada uno podría ser un documento de texto, un binario ejecutable, un archivo de audio o video, o un larguísimo etcétera, e intentar emplear un archivo como uno de un tipo distinto puede resultar desde una frustración al usuario porque el programa no responde como éste quiere, hasta en pérdidas económicas.[6]

Hay tres estrategias principales para que el sistema operativo reconozca el tipo de un archivo:

Extensión En los sistemas CP/M de los setenta, el nombre de cada archivo se dividía en dos porciones, empleando como elemento separador al punto: el nombre del archivo y su extensión. El sistema mantenía una lista de

---

[5]Esto explica el que en Windows sea tan común que el sistema mismo rechace hacer determinada operación porque *el archivo está abierto por otro programa* (bloqueo mandatorio compartido), mientras que en Unix esta responsabilidad recae en cada uno de los programas de aplicación.

[6]Por ejemplo, imprimir un archivo binario resulta en una gran cantidad de hojas inútiles, particularmente tomando en cuenta que hay caracteres de control como el ASCII 12 (avance de forma, *form feed*), que llevan a las impresoras que operan en modo texto a iniciar una nueva página; llevar a un usuario a ejecutar un archivo ejecutable *disfrazado* de un documento inocuo, como se verá a continuación, fue un importante vector de infección de muchos virus.

extensiones conocidas, para las cuales sabría cómo actuar, y este diseño se propagaría a las aplicaciones, que sólo abrirían a aquellos archivos cuyas extensiones supieran manejar.

Esta estrategia fue heredada por VMS y MS-DOS, de donde la adoptó Windows; ya en el contexto de un entorno gráfico, Windows agrega, más allá de las extensiones directamente ejecutables, la relación de extensiones con los programas capaces de trabajar con ellas, permitiendo invocar a un programa con sólo dar "doble clic" en un archivo.

Como nota, este esquema de asociación de tipo de archivo permite ocultar las extensiones toda vez que ya no requieren ser del conocimiento del usuario, sino que son gestionadas por el sistema operativo, abre una vía de ataque automatizado que se popularizó en su momento: el envío de correos con extensiones engañosas duplicadas, esto es, el programa maligno (un *programa troyano*) se envía a todos los contactos del usuario infectado, presentándose por ejemplo como una imágen, con el nombre `inocente.png.exe`. Por el esquema de ocultamiento mencionado, éste se presenta al usuario como `inocente.png`, pero al abrirlo, el sistema operativo lo reconoce como un ejecutable, y lo ejecuta en vez de abrirlo en un visor de imágenes.

Números mágicos La alternativa que emplean los sistemas Unix es, como siempre, simple y *elegante*, aunque indudablemente presenta eventuales lagunas: el sistema mantiene una lista compilada de las *huellas digitales* de los principales formatos que debe manejar,[7] para reconocer el contenido de un archivo basado en sus primeros bytes.

Casi todos los formatos de archivo incluyen lo necesario para que se lleve a cabo este reconocimiento, y cuando no es posible hacerlo, se intenta por medio de ciertas reglas *heurísticas*. Por ejemplo, todos los archivos de imágen en *formato de intercambio gráfico* (GIF) inician con la cadena `GIF87a` o `GIF89a`, dependiendo de la versión; los archivos del lenguaje de descripción de páginas PostScript inician con la cadena `%!`, el *Formato de Documentos Portátiles* (PDF) con `%PDF`, un documento en formatos definidos alrededor de XML inicia con `<!DOCTYPE`, etcétera. Algunos de estos formatos no están *anclados* al inicio, sino en un punto específico del primer bloque.

Un caso especial de números mágicos es el llamado *hashbang* (`#!`). Esto indica a un sistema Unix que el archivo en cuestión (típicamente un archivo de texto, incluyendo código fuente en algún lenguaje de *script*) debe tratarse como un ejecutable, y empleando como *intérprete* al comando indicado inmediatamente después del *hashbang*. Es por esto que se pueden ejecutar directamente, por ejemplo, los archivos que

---

[7]Una de las ventajas de este esquema es que cada administrador de sistema puede ampliar la lista con las huellas digitales que requiera localmente.

inician con `#!/usr/bin/bash`: el sistema operativo invoca al programa `/usr/bin/bash`, y le especifica como argumento al archivo en cuestión.

Metadatos externos Los sistemas de archivos empleado por las Apple Macintosh desde 1984 separan en dos *divisiones* (*forks*) la información de un archivo: los datos que propiamente constituyen al archivo en cuestión son la *división de datos* (*data fork*), y la información *acerca del archivo* se guardan en una estructura independiente llamada *división de recursos* (*resource fork*).

Esta idea resultó fundamental para varias de las características *amigables al usuario* que presentó Macintosh desde su introducción, particularmente, para presentar un entorno gráfico que respondiera ágilmente, sin tener que buscar los datos base de una aplicación dentro de un archivo de mucho mayor tamaño. La *división de recursos* cabe en pocos sectores de disco, y si se toma en cuenta que las primeras Macintosh funcionaban únicamente con discos flexibles, el tiempo invertido en leer una lista de iconos podría ser demasiada.

La división de recursos puede contener todo tipo de información; los programas ejecutables son los que le dan un mayor uso, dado que incluyen desde los aspectos gráficos (icono a mostrar para el archivo, ubicación de la ventana a ser abierta, etc.) hasta aspectos funcionales, como la traducción de sus cadenas al lenguaje particular del sistema en que está instalado. Esta división permite una gran flexibilidad, dado que no es necesario tener acceso al fuente del programa para crear traducciones y temas.

En el tema particular que concierne a esta sección, la división de recursos incluye un campo llamado *creador*, que indica cuál programa fue el que generó al archivo. Si el usuario solicita ejecutar un archivo de datos, el sistema operativo lanzaría al programa *creador*, indicándole que abra al archivo en cuestión.

Las versiones actuales de MacOS ya no emplean esta técnica, sino que una llamada *appDirectory*, para propósitos de esta discusión, la técnica base es la misma.

6.2.5. Estructura de los archivos y métodos de acceso

La razón principal del uso de sistemas de archivos son, naturalmente, *los archivos*. En estos se almacena información de *algún tipo*, con o sin una estructura predeterminada.

La mayor parte de los sistemas operativos maneja únicamente archivos *sin estructura* —cada aplicación es responsable de preparar la información de forma congruente, y la responsabilidad del sistema operativo es únicamente entregarlo como un conjunto de bytes. Históricamente, hubo sistemas operativos, como IBM CICS (1968), IBM MVS (1974) o DEC VMS (1977), que administraban ciertos tipos de datos en un formato básico de *base de datos*.

El hecho de que el sistema operativo no imponga estructura a un archivo no significa, claro está, que la aplicación que lo genera no lo haga. La razón por la que los sistemas creados en los últimos 30 años no han implementado este esquema de base de datos es que le *resta* flexibilidad al sistema: el que una aplicación tuviera que ceñirse a los tipos de datos y alineación de campos del sistema operativo impedía su adecuación, y el que la funcionalidad de un archivo tipo base de datos dependiera de la versión del sistema operativo creaba un *acoplamiento* demasiado rígido entre el sistema operativo y las aplicaciones.

Esta práctica ha ido cediendo terreno para dejar esta responsabilidad en manos de procesos independientes en espacio de usuario (como sería un gestor de bases de datos tradicional), o de bibliotecas que ofrezcan la funcionalidad de manejo de archivos estructurados (como en el caso de SQL*ite*, empleado tanto por herramientas de adquisición de datos de bajo nivel como *systemtap* como por herramientas tan de escritorio como el gestor de fotografías *shotwell* o el navegador *Firefox*).

En los sistemas derivados de MS-DOS puede verse aún un remanente de los archivos estructurados: en estos sistemas, un archivo puede ser *de texto* o *binario*. Un archivo de texto está compuesto por una serie de caracteres que forman *líneas*, y la separación entre una línea y otra constituye de un *retorno de carro* (caracter ASCII 13, CR) seguido de un *salto de línea* (caracter ASCII 10, LF).[8]

El acceso a los archivos puede realizarse de diferentes maneras:

Acceso secuencial Mantiene la semántica por medio de la cual permite leer de los archivos, de forma equivalente a como lo harían las unidades de cinta mencionadas en la sección 6.2.1, y como lo ilustra la figura 6.2: el mecanismo principal para leer o escribir es ir avanzando consecutivamente por los bytes que conforman al archivo hasta llegar a su final.

Típicamente se emplea este mecanismo de lectura para leer a memoria código (programas o bibliotecas) o documentos, sean enteros o fracciones de los mismos. Para un contenido estructurado, como una base de datos, resultaría absolutamente ineficiente, dado que no se conoce el punto de inicio o finalización de cada uno de los registros, y probablemente sería necesario hacer *barridos secuenciales* del archivo completo para cada una de las búsquedas.

---

[8]Esta lógica es herencia de las máquinas de escribir manuales, en que el *salto de línea* (avanzar el rodillo a la línea siguiente) era una operación distinta a la del *retorno de carro* (devolver la cabeza de escritura al inicio de la línea). En la época de los teletipos, como medida para evitar que se perdieran caracteres mientras la cabeza volvía hasta la izquierda, se decidió separar el inicio de nueva línea en los dos pasos que tienen las máquinas de escribir, para inducir una demora que evitara la pérdida de información.

Lectura - - →

...Nombre##Gonzalo;Apellido##Oliva;Nombre##Raquel;Apellido##Domínguez;E...

Figura 6.2: Archivo de acceso secuencial.

Acceso aleatorio El empleo de gestores como *SQLite* u otros muchos motores de base de datos más robustos no exime al usuario de pensar en el archivo como una tabla estructurada, como lo ilustra la figura 6.3. Si la única semántica por medio de la cual el sistema operativo permitiera trabajar con los archivos fuera la equivalente a una unidad de cinta, implementar el acceso a un punto determinado del archivo podría resultar demasiado costoso.

Afortunadamente, que el sistema operativo no imponga registros de longitud fija no impide que *el programa gestor* lo haga. Si en el archivo al cual apunta el descriptor de archivo FD hay 2 000 registros de 75 bytes cada uno y el usuario requiere recuperar el registro número 65 hacia el buffer registro, puede *reposicionar* el apuntador de lectura al byte $65 \times 75 = 4\,875$ (seek(FD, 4875)) y leer los siguientes 75 bytes en registro (read(FD, *registro, 75)).

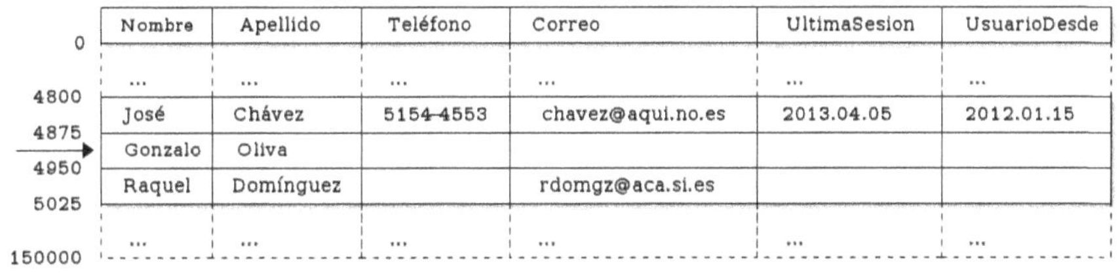

	Nombre	Apellido	Teléfono	Correo	UltimaSesion	UsuarioDesde
0						
	...	...	...	...	...	...
4800						
	José	Chávez	5154-4553	chavez@aqui.no.es	2013.04.05	2012.01.15
4875						
→	Gonzalo	Oliva				
4950						
	Raquel	Domínguez		rdomgz@aca.si.es		
5025						
	...	...	...	...	...	...
150000						

Figura 6.3: Archivo de acceso aleatorio.

Acceso relativo a índice En los últimos años se han popularizado los gestores de base de datos *débilmente estructurados* u *orientados a documentos*, llamados genéricamente *No*SQL. Estos gestores pueden guardar registros de tamaño variable en disco, por lo que, como lo ilustra la figura 6.4, no pueden encontrar la ubicación correcta por medio de los mecanismos de acceso aleatorio.

Para implementar este acceso, se divide al conjunto de datos en dos secciones (incluso, posiblemente, en dos archivos independientes): la primer sección es una lista corta de identificadores, cada uno con el punto de inicio y término de los datos a los que apunta. Para leer un registro, se emplea acceso aleatorio sobre el índice, y el apuntador se avanza a la ubicación específica que se solicita.

En el transcurso de un uso intensivo de esta estructura, dado que la porción de índice es muy frecuentemente consultada y relativamente muy pequeña, muy probablemente se mantenga completa en memoria, y el acceso a cada uno de los registros puede resolverse en tiempo muy bajo.

La principal desventaja de este modelo de indexación sobre registros de longitud variable es que sólo resulta eficiente para contenido *mayormente de lectura*: cada vez que se produce una escritura y cambia la longitud de los datos almacenados, se va generando fragmentación en el archivo, y para resolverla frecuentemente se hace necesario suspender un tiempo la ejecución de todos los procesos que lo estén empleando (e invalidar, claro, todas las copias en caché de los índices). Ahora bien, para los casos de uso en que el comportamiento predominante sea de lectura, este formato tendrá la ventaja de no desperdiciar espacio en los campos nulos o de valor irrelevante para algunos de los registros, y de permitir la flexibilidad de registrar datos originalmente no contemplados sin tener que modificar la estructura.

Es importante recalcar que la escritura en ambas partes de la base de datos (índice y datos) debe mantenerse con garantías de atomicidad — si se pierde la sincronía entre ellas, el resultado será una muy probable corrupción de datos.

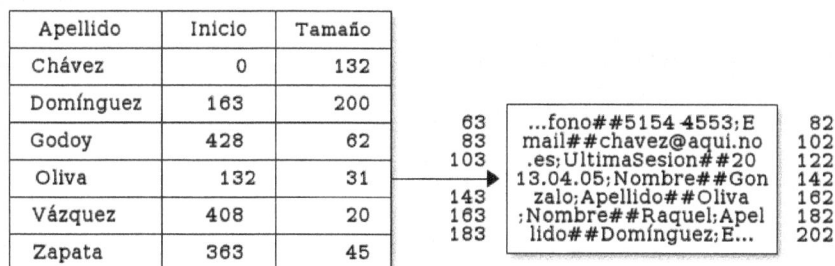

Apellido	Inicio	Tamaño
Chávez	0	132
Domínguez	163	200
Godoy	428	62
Oliva	132	31
Vázquez	408	20
Zapata	363	45

```
 63    ...fono##5154 4553;E    82
 83    mail##chavez@aqui.no   102
103    .es;UltimaSesion##20   122
143    13.04.05;Nombre##Gon   142
163    zalo;Apellido##Oliva   162
183    ;Nombre##Raquel;Apel   182
       lido##Domínguez;E...   202
```

Figura 6.4: Acceso relativo a índice: tabla con apuntadores al lugar justo en un archivo sin estructura.

6.2.6. Archivos especiales

Los sistemas de archivos son estructuras de tan fácil manejo y comprensión que resulta natural que los diseñadores de sistemas operativos buscaran aprovecharlos para presentar todo tipo de estructuras, no sólo archivos. En este sentido, la máxima Unix, *todo es un archivo*, resulta el ejemplo natural.

Este concepto fue brevemente presentado en la sección 2.8; complementando dicha sección, en un sistema Unix estándar, un archivo puede pertenecer a las siguientes categorías:

Archivo estándar Aunque suene obvio, el tipo básico de archivo es, precisamente, el archivo. Representa directamente la información que lo conforma. Su semántica de uso es la presentada en el transcurso de este capítulo.

Objetos del sistema de archivos La información acerca del sistema de archivos se almacena también dentro de archivos, aunque su tratamiento es especial (con una reminiscencia de los sistemas históricos mencionados en la sección 6.2.5): El sistema operativo oculta al archivo *real*, y gestiona su información procesada para que lo emplee el usuario. Este tipo de archivos puede referirse a directorios o a ligas simbólicas. Ambos se detallan en la sección 6.3.1.

Dispositivos Permiten el acceso directo a un dispositivo externo. Como fue presentado en la sección 2.8, pueden ser *de bloques* o *de caracteres*. El contenido del archivo son dos números, el *mayor* y el *menor*; tradicionalmente, el mayor indica de qué clase de dispositivo se trata, y el menor, la instancia de que se trata.

Por ejemplo, tanto los discos duros como sus particiones llevan por número mayor el ocho; los números menores para los duros son 0, 16, 32, 48. Cada uno de los discos puede tener hasta 15 particiones: 1 a 15, 17 a 31, etcétera.

Comunicación entre procesos Los archivos pueden representar *tuberías nombradas* y *sockets*. Ambos son mecanismos que permiten intercambiar información entre distintos procesos; la tubería nombrada es más sencilla de emplear, pero permite únicamente la comunicación unidireccional, en tanto que el socket permite comunicación bidireccional como si se tratara de una conexión por red.

6.2.7. Transferencias orientadas a bloques

Un sistema de archivos es la representación que se da a un conjunto de archivos y directorios sobre un *dispositivo de bloques*, esto es, un dispositivo que, para cualquier transferencia solicitada desde o hacia él, responderá con un bloque de tamaño predefinido.

Esto es, si bien el sistema operativo presenta una abstracción por medio de la cual la lectura (`read()`) puede ser de un tamaño arbitrario, todas las transferencias de datos desde cualquiera de los discos serán de un múltiplo del tamaño de bloques, definido por el hardware (típicamente 512 bytes).

Al leer, como en el ejemplo anterior, sólamente un registro de 75 bytes, el sistema operativo lee el bloque completo y probablemente lo mantiene en un caché en la memoria principal; si en vez de una lectura, la operación efectuada fue una de escritura (`write()`), y el sector a modificar no ha sido leído aún a memoria (o fue leído hace mucho, y puede haber sido expirado del caché), el sistema tendrá que leerlo nuevamente, modificarlo en memoria, y volver a guardarlo a disco.

6.3. Organización de archivos

Hasta este punto, el enfoque ha sido en qué es y cómo se maneja un archivo. Sin embargo, no tendría sentido hablar de *sistemas de archivos* si no hubiera una gran cantidad de archivos. Es común que un sólo medio de almacenamiento de un equipo de uso casero aloje *decenas de miles* de archivos, y en equipos dedicados, no está fuera de lugar tener cientos o miles de veces tanto. Por lo tanto, se tiene que ver también cómo organizar una gran cantidad de archivos.

6.3.1. Evolución del concepto de *directorio*

El concepto dominante en almacenamiento hoy en día es el de *directorios jerárquicos*. Esto no siempre fue así; conviene revisar brevemente su historia para explicar la razón de ciertos detalles de implementación del esquema actualmente dominante.

Convenciones de nomenclatura

Cada sistema de archivos puede determinar cuántos y qué caracteres son válidos para designar a uno de sus elementos, y cuáles son separadores válidos. El caracter que se emplea para separar los elementos de un directorio no es un estándar a través de todos los sistemas operativos —los más comunes en uso hoy en día son la diagonal (/), empleada en sistemas tipo Unix y derivados (incluyendo MacOS X y Android), y la diagonal invertida (\), empleada en CP/M y derivados, incluyendo MS-DOS y Windows.

Diversos sistemas han manejado otros caracteres (por ejemplo, el MacOS histórico empleaba los dos puntos, :), y aunque muchas veces los mantenían ocultos del usuario mediante una interfaz gráfica rica, los programadores siempre tuvieron que manejarlos explícitamente.

A lo largo del presente texto se empleará la diagonal (/) como separador de directorios.

Sistema de archivos *plano*

Los primeros sistemas de archivos limitaban el concepto de directorio a una representación plana de los archivos que lo conformaban, sin ningún concepto de *jerarquía de directorios* como el que hoy resulta natural a los usuarios. Esto se debía, en primer término, a lo limitado del espacio de almacenamiento de las primeras computadoras en implementar esta metáfora (por lo limitado del espacio de almacenamiento, los usuarios no dejaban sus archivos a largo plazo en el disco, sino que los tenían ahí meramente mientras los requerían), y en segundo término, a que no se había aún desarrollado un concepto de separación, permisos y privilegios como el que poco después aparecería.

En las computadoras personales los sistemas de archivos eran también planos en un primer momento, pero por otra razón: en los sistemas *profesionales* ya se había desarrollado el concepto; al aparecer la primer computadora personal en 1975, ya existían incluso las primeras versiones de Unix diseñadas para trabajo en red. La prioridad en los sistemas personales era mantener el código del sistema operativo simple, mínimo. Con unidades de disco capaces de manejar entre 80 y 160 KB, no tenía mucho sentido implementar directorios — si un usuario quisiera llevar a cabo una división temática de su trabajo, lo colocaría en distintos *discos flexibles*. El sistema operativo CP/M nunca soportó jerarquías de directorios, como tampoco lo hizo la primer versión de MS-DOS.[9]

El sistema de archivos original de la Apple Macintosh, MFS, estaba construido sobre un modelo plano, pero presentando la *ilusión* de directorios de una forma comparable a las etiquetas: eran representados bajo *ciertas* vistas (aunque notoriamente no en los diálogos de abrir y grabar archivos), pero el nombre de cada uno de los archivos tenía que ser único, dado que el directorio al que pertenecía era básicamente sólo un atributo del archivo.

Y contrario a lo que dicta la intuición, el modelo de directorio plano no ha desaparecido: el sistema de *almacenamiento en la nube* ofrecido por el servicio *Amazon S3* (*simple storage service*, *servicio simple de almacenamiento*) maneja únicamente *objetos* (comparable con la definición de *archivos* que se ha venido manejando) y *cubetas* (de cierto modo comparables con las *unidades* o *volúmenes*), y permite referirse a un objeto o un conjunto de éstos basado en *filtros* sobre el total que conforman una cubeta.

Conforme se desarrollen nuevas interfaces al programador o al usuario, probablemente se popularicen más ofertas como la que hoy hace Amazon S3. Al día de hoy, sin embargo, el esquema jerárquico sigue, con mucho, siendo el dominante.

---

[9]El soporte de jerarquías de directorios fue introducido apenas en la versión 2.0 de dicho sistema operativo, junto con el soporte a discos duros de 10 MB, acompañando al lanzamiento de la IBM PC modelo XT.

Directorios de profundidad fija

Las primeras implementaciones de directorios eran *de un sólo nivel*: el total de archivos en un sistema podía estar dividido en directorios, fuera por tipo de archivo (separando, por ejemplo, programas de sistema, programas de usuario y textos del correo), por usuario (facilitando una separación lógica de los archivos de un usuario de pertenecientes a los demás usuarios del sistema)

El directorio *raíz* (base) se llama en este esquema MFD (*master file directory*, *directorio maestro de archivos*), y cada uno de los directorios derivados es un UFD (*user file directory*, *directorio de archivos de usuario*).

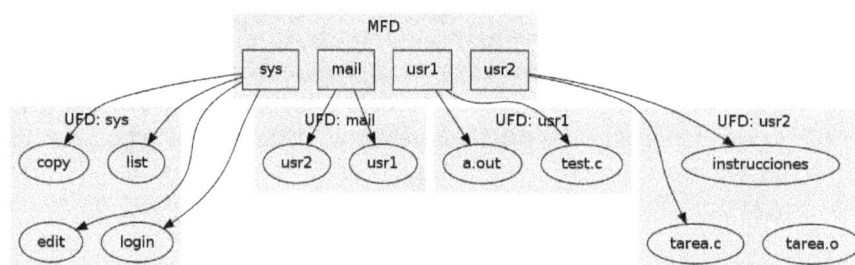

Figura 6.5: Directorio simple, limitado a un solo nivel de profundidad.

Este esquema resuelve el problema principal del nombre global único: antes de los directorios, cada usuario tenía que cuidar que los nombres de sus archivos fueran únicos en el sistema, y ya teniendo cada uno su propio espacio, se volvió una tarea mucho más simple. La desventaja es que, si el sistema restringe a cada usuario a escribir en su UFD, se vuelve fundamentalmente imposible trabajar en algún proyecto conjunto: no puede haber un directorio que esté tanto dentro de usr1 como de usr2, y los usuarios encontrarán más difícil llevar un proyecto conjunto.

Directorios estructurados en árbol

El siguiente paso natural para este esquema es permitir una *jerarquía ilimitada*: en vez de exigir que haya una capa de directorios, se le puede *dar la vuelta* al argumento, y permitir que cada directorio pueda contener a otros archivos o directorios anidados arbitrariamente. Esto permite que cada usuario (y que el administrador del sistema) estructure su información siguiendo criterios lógicos y piense en el espacio de almacenamiento como un espacio a largo plazo.

Junto con esta estructura nacen las *rutas de búsqueda* (*search path*): tanto los programas como las bibliotecas de sistema ahora pueden estar en cualquier lugar del sistema de archivos. Al definirle al sistema una *ruta de búsqueda*, el usuario operador puede desentenderse del lugar exacto en el que está deter-

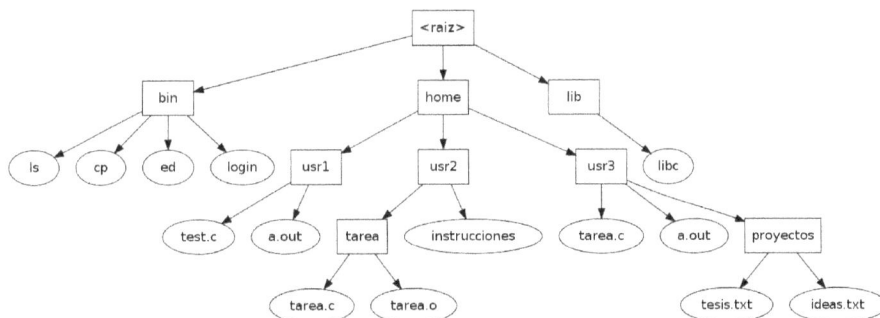

Figura 6.6: Directorio estucturado en árbol.

minado programa —el sistema se encargará de buscar en todos los directorios mencionados los programas o bibliotecas que éste requiera.[10]

El directorio como un *grafo dirigido*

Si bien parecería que muchos de los sistemas de archivos empleados hoy en día pueden modelarse suficientemente con un árbol, donde hay un sólo nodo raíz, y donde cada uno de los nodos tiene un sólo nodo padre, la semántica que ofrecen es en realidad un *superconjunto estricto* de ésta: la de un grafo dirigido.

En un grafo dirigido como el presentado en la figura 6.7, un mismo nodo puede tener varios directorios *padre*, permitiendo, por ejemplo, que un directorio de trabajo común sea parte del directorio personal de dos usuarios. Esto es, *el mismo objeto* está presente en más de un punto del árbol.

Un sistema de archivos puede permitir la organización como un *grafo dirigido*, aunque es común que la interfaz que presenta al usuario[11] se restrinja a un *grafo dirigido acíclico*: las ligas múltiples son permitidas, siempre y cuando no generen un ciclo.

La semántica de los sistemas Unix implementa directorios como grafos dirigidos por medio de dos mecanismos:

Liga o enlace duro La entrada de un archivo en un directorio Unix es la relación entre la ruta del archivo y el *número de i-nodo* en el sistema de archivos.[12] Si a partir de un archivo en cualquier punto del árbol se crea una

---

[10]La *ruta de búsqueda* refleja la organización del sistema de archivos en el contexto de la instalación específica. Es común que la ruta de búsqueda de un usuario estándar en Unix sea similar a `/usr/local/bin:/usr/bin:/bin:~/bin` — esto significa que cualquier comando que sea presentado es buscado, en el orden indicado, en los cuatro directorios presentados (separados por el caracter `:`, la notación ~ indica el directorio personal del usuario activo). En Windows, es común encontrar la ruta de búsqueda `c:\WINDOWS\system32;c:\WINDOWS`

[11]Esta simplificación es simplemente una abstracción, y contiene una pequeña mentira, que será desmentida en breve.

[12]El significado y la estructura de un i-nodo se abordan en el capítulo 7.

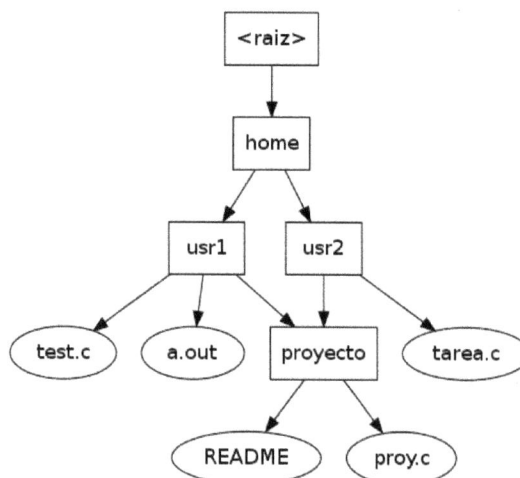

Figura 6.7: Directorio como un *grafo dirigido acíclico*: el directorio `proyecto` está tanto en el directorio `/home/usr1` como en el directorio `/home/usr2`.

liga dura a él, ésta es sencillamente otra entrada en el directorio apuntando al mismo *i-nodo*. Ambas entradas, pues, son el mismo archivo —no hay uno *maestro* y uno *dependiente*.

En un sistema Unix, este mecanismo tiene sólo dos restricciones:

1. Sólo se pueden hacer ligas duras dentro del mismo volumen.

2. No pueden hacerse ligas duras a directorios, sólo a archivos.[13]

Liga o enlace simbólico Es un archivo *especial*, que meramente indica a dónde apunta. El encargado de seguir este archivo a su destino (esto es, de *resolver* la liga simbólica) es el sistema operativo mismo; un proceso no tiene que hacer nada especial para seguir la liga.

Una liga simbólica puede *apuntar* a directorios, incluso creando ciclos, o a archivos en otros volúmenes.

Cuando se crea una liga simbólica, la liga y el archivo son dos entidades distintas. Si bien cualquier proceso que abra al archivo destino estará trabajando con la misma entidad, en caso de que éste sea renombrado o eliminado, la liga quedará *rota* (esto es, apuntará a una ubicación inexistente).

Si bien estos dos tipos de liga son válidos también en los sistemas Win-

---

[13]Formalmente, puede haberlas, pero sólo el administrador puede crearlas; en la sección 6.3.2 se cubre la razón de esta restricción al hablar de recorrer los directorios.

dows,[14] en dichos sistemas sigue siendo más común emplear los *accesos directos*. Se denomina así a un archivo (identificado por su extensión, `.lnk`), principalmente creado para poder *apuntar* a los archivos desde el escritorio y los menúes; si un proceso solicita al sistema abrir el *acceso directo*, no obtendrá al archivo destino, sino al acceso directo mismo.

Si bien el API de Win32 ofrece las funciones necesarias para emplear las ligas, tanto duras como simbólicas, éstas no están reflejadas desde la interfaz usuario del sistema — y son sistemas donde el usuario promedio no emplea una interfaz programador, sino que una interfaz gráfica. Las ligas, pues, no son más empleadas por *cuestión cultural*: en sus comunidades de usuarios, nunca fueron frecuentes, por lo cual se mantienen como conceptos empleados sólo por los *usuarios avanzados*.

Ya con el conocimiento de las ligas, y reelaborando la figura 6.7 con mayor apego a la realidad: en los sistemas operativos (tanto Unix como Windows), todo directorio tiene dos entradas especiales: los directorios `.` y `..`, que aparecen tan pronto como el directorio es creado, y resultan fundamentales para mantener la *navegabilidad* del árbol.

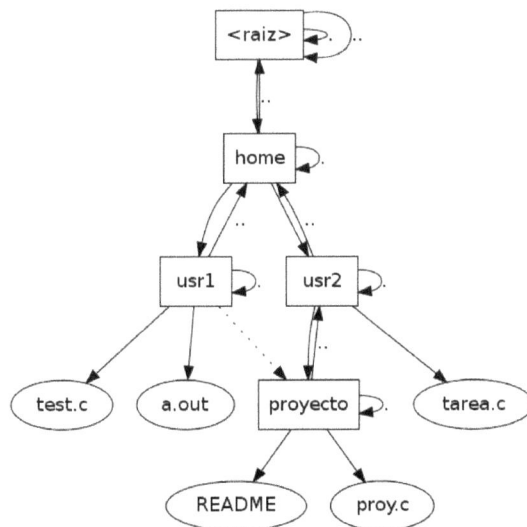

Figura 6.8: Directorio como un *grafo dirigido*, mostrando los *enlaces ocultos* al directorio actual `.` y al directorio *padre* `..`

Como se puede ver en la figura 6.8, en todos los directorios, `.` es una liga dura al mismo directorio, y `..` es una liga al directorio *padre* (de nivel jerárquico inmediatamente superior). Claro está, como sólo puede haber una liga `..`, un directorio enlazado desde dos lugares distintos sólo apunta hacia uno

---

[14]Únicamente en aquellos que emplean el sistema de archivos que introdujo Windows NT, el NTFS, no en los que utilizan alguna de las variantes de FAT.

de ellos con su enlace `..`; en este caso, el directorio común `proyecto` está dentro del directorio `/home/usr2`. La figura representa la *liga simbólica* desde `/home/usr1` como una línea punteada.

Hay una excepción a esta regla: el directorio raíz. En este caso, tanto `.` como `..` apuntan al mismo directorio.

Esta es la razón por la cual no se puede tomar rigurosamente un árbol de archivos como un *grafo dirigido acíclico*, ni en Windows ni en Unix: tanto las entradas `.` (al apuntar al mismo directorio donde están contenidas) como las entradas `..` (al apuntar al directorio padre) crean ciclos.

6.3.2. Operaciones con directorios

Al igual que los archivos, los directorios tienen una semántica básica de acceso. Éstos resultan también tipos de datos abstractos con algunas operaciones definidas. Muchas de las operaciones que pueden realizarse con los directorios son análogas a las empleadas para los archivos.[15] Las operaciones básicas a presentar son:

Abrir y cerrar Como en el caso de los archivos un programa que requiera trabajar con un directorio deberá *abrirlo* para hacerlo, y *cerrarlo* cuando ya no lo requiera. Para esto, en C, se emplean las funciones `opendir()` y `closedir()`. Estas funciones trabajan asociadas a un *flujo de directorio* (*directory stream*), que funciona de forma análoga a un descriptor de archivo.

Listado de archivos Para mostrar los archivos que conforman a un directorio, una vez que se abrió el directorio se *abre*, el programa *lee* (con `readdir()`) cada una de sus entradas. Cada uno de los resultados es una estructura `dirent` (*directory entry*, esto es, *entrada de directorio*), que contiene su nombre en `d_name`, un apuntador a su *i-nodo* en `d_ino`, y algunos datos adicionales del archivo en cuestión.

Para presentar al usuario la lista de archivos que conforman un directorio, podría hacerse:

```
1  #include <stdio.h>
2  #include <dirent.h>
3  #include <sys/types.h>
4
5  int main(int argc, char *argv[]) {
6    struct dirent *archivo;
7    DIR *dir;
8    if (argc != 2) {
9      printf("Indique el directorio a mostrar\n");
```

---

[15]De hecho, en muchos sistemas de archivos los directorios son meramente archivos de tipo especial, que son presentados al usuario de forma distinta. En la sección 7.1.4 se presenta un ejemplo.

```
10       return 1;
11    }
12    dir = opendir(argv[1]);
13    while ((archivo = readdir(dir)) != 0) {
14      printf("%s\t", archivo->d_name);
15    }
16    printf("\n");
17    closedir(dir);
18  }
```

Al igual que en al hablar de archivos se puede *reposicionar* (seek()) al descriptor de archivo, para *rebobinar* el descriptor del directorio al principio del listado se emplea rewinddir().

Buscar un elemento Si bien en el transcurso del uso del sistema operativo resulta una operación frecuente que el usuario solicite el listado de archivos dentro de un directorio, es mucho más frecuente buscar a un archivo en particular. La llamada fopen() antes descrita efectúa una búsqueda similar a la presentada en el ejemplo de código anterior, claro está, deteniéndose cuando encuentra al archivo en cuestión.

Crear, eliminar o renombrar un elemento Si bien estas operaciones se llevan a cabo sobre el directorio, son invocadas por medio de la semántica orientada a archivos: un archivo es creado con fopen(), eliminado con remove(), y renombrado con rename().

Recorriendo los directorios

Es frecuente tener que aplicar una operación a todos los archivos dentro de cierto directorio, por ejemplo, para agrupar un directorio completo en un archivo comprimido, o para copiar todos sus contenidos a otro medio; procesar todas las entradas de un directorio, incluyendo las de sus subdirectorios, se denomina *recorrer el directorio* (en inglés, *directory traversal*).

Si se trabaja sobre un sistema de archivos plano, la operación de recorrido completo puede realizarse con un programa tan simple como el presentado en la sección anterior.

Al hablar de un sistema de profundidad fija, e incluso de un directorio estructurado en árbol, la lógica se complica levemente, dado que para recorrer el directorio es necesario revisar, entrada por entrada, si ésta es a su vez un directorio (y en caso de que así sea, entrar y procesar a cada uno de sus elementos). Hasta aquí, sin embargo, se puede recorrer el directorio sin mantener estructuras adicionales en memoria representando el estado.

Sin embargo, al considerar a los grafos dirigidos, se vuelve indispensable mantener en memoria la información de todos los nodos que ya han sido tocados —en caso contrario, al encontrar ciclo (incluso si éste es creado por mecanismos como las *ligas simbólicas*), se corre el peligro de entrar en un bucle infinito.

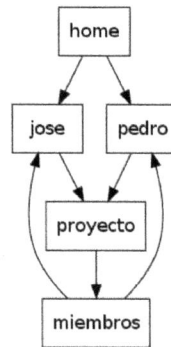

Figura 6.9: Directorio basado en grafo dirigido que incluye ciclos.

Para recorrer al directorio ilustrado como ejemplo en la figura 6.9, no bastaría tomar nota de las rutas de los archivos conforme son recorridas —cada vez que los sean procesados, su ruta será distinta. Al intentar respaldar el directorio /home/jose/proyecto, por ejemplo, el recorrido resultante podría ser:

- /home/jose/proyecto

- /home/jose/proyecto/miembros

- /home/jose/proyecto/miembros/jose

- /home/jose/proyecto/miembros/jose/proyectos

- /home/jose/proyecto/miembros/jose/proyectos/miembros

- ...Y un etcétera infinito.

Para resolver esta situación, los programas que recorren directorios en los sistemas de archivos *reales* deben emplear un indexado basado en *i-nodo*,[16] que identifica sin ambigüedad a cada uno de los archivos. En el caso presentado, si el i-nodo de jose fuera 10 543, al consultar a los miembros de miembros el sistema encontrará que su primer entrada apunta al i-nodo 10 543, por lo cual la registraría sólo como un apuntador a datos *ya archivados*, y continuaría con la segunda entrada del directorio, que apunta a pedro.

---

[16]Que si bien no ha sido definido aún formalmente, para esta discusión bastará saber que es un número único por volumen.

Otros esquemas de organización

Por más que el uso de sistemas de archivos basados en directorios jerárquicos parece universal y es muy ampliamente aceptado, hay cada vez más casos de uso que apuntan a que se pueda estar por dar la bienvenida a una nueva metáfora de organización de archivos.

Hay distintas propuestas, y claro está, es imposible aún saber cuál dirección obtendrá el favor del mercado —o, dado que no necesariamente siga habiendo un modelo apto para todos los usos, de *qué* segmento del mercado.

6.3.3. *Montaje* de directorios

Para trabajar con el contenido de un sistema de archivos, el sistema operativo tiene que *montarlo*: ubicarlo en algún punto del árbol de archivos visible al sistema y al usuario.

Es muy común, especialmente en los entornos derivados de Unix, que un sistema operativo trabaje con distintos sistemas de archivos al mismo tiempo. Esto puede obedecer a varias causas, entre las cuales se encuentran:

Distintos medios físicos Si la computadora tiene más de una unidad de almacenamiento, el espacio dentro de cada uno de los discos se maneja como un sistema de archivos indepentiente. Esto es especialmente cierto en la presencia de unidades removibles (CD, unidades USB, discos duros externos, etc.)

Diferentes usos esperados Como se verá más adelante, distintos *esquemas de organización* (esto es, distintos sistemas de archivos) presentan ventajas para diversos patrones de uso. Por ejemplo, tiene sentido que una base de datos resida sobre una organización distinta a la de los programas ejecutables (binarios) del sistema.

Abstracciones de sistemas no-físicos El sistema operativo puede presentar diversas estructuras *con una estructura* de sistema de archivos. El ejemplo más claro de esto es el sistema de archivos virtual `/proc`, presente en los sistemas Unix, que permite ver diversos aspectos de los procesos en ejecución (y, en Linux, del sistema en general). Los archivos bajo `/proc` no están en ningún disco, pero se presentan como si fueran archivos estándar.

Razones administrativas El administrador del sistema puede emplear sistemas de archivos distintos para aislar espacios de usuarios entre sí: por ejemplo, para evitar que un exceso de mensajes enviados en la bitácora (típicamente bajo `/var/log`) saturen al sistema de archivos principal, o para determinar patrones de uso máximo por grupos de usuarios.

En los sistemas tipo Unix, el mecanismo para montar los archivos es el de un árbol con *puntos de montaje*. Esto es, *todos los archivos y directorios* del sistema operativo están estructurados en *un único árbol*. Cuando se solicita al sistema operativo *montar* un sistema de archivos en determinado lugar, éste se integra al árbol, ocultando todo lo que el directorio en cuestión previamente tuviera.[17]

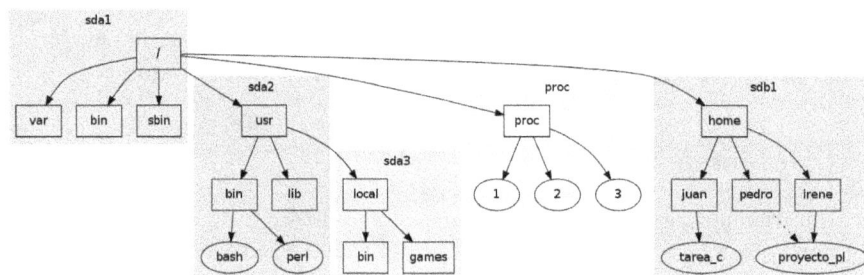

Figura 6.10: Árbol formado del montaje de `sda1` en la raíz, `sda2` como `/usr`, `sdb1` como `/home`, y el directorio virtual `proc`.

La manera en que esto se presenta en sistemas Windows es muy distinta. Ahí, cada uno de los volumenes *detectados* recibe un *identificador de volumen*, y es montado automáticamente en un sistema de directorio estructurado como árbol de un sólo nivel representando a los dispositivos del sistema.[18] Este árbol es presentado a través de la interfaz gráfica (aunque este nombre no significa nada para el API del sistema) como *Mi Computadora*.

Para especificar la *ruta completa* a determinado archivo, se inicia con el identificador del volumen. De este modo, la especificación absoluta de un archivo es una cadena como `VOL:\Dir1\Dir2\Archivo.ext` — el caracter : separa al volumen del árbol del sistema de archivos, y el caracter \ separa uno de otro a los directorios. Por convención, si no se especifica la unidad, el sistema asumirá que se está haciendo referencia a la *unidad actual* (a grandes rasgos, la última unidad en ser utilizada).

Los identificadores de volumen están preasignados, muchos de ellos según un esquema heredado desde la época de las primeras PC: los volúmenes A y B están reservados para las unidades de disco flexible; C se refiere al disco duro de arranque, y las unidades posteriores que va detectando el sistema son D, E, F, etcétera.

Es posible modificar esta nomenclatura y configurar a los discos para estar

---

[17]Hay implementaciones que exigen que el montaje se realice exclusivamente en directorios vacíos; se tienen otras, como UnionFS, que buscan seguir presentando una interfaz *de lectura* a los objetos que existían en el directorio previo al montaje, pero realizan las escrituras únicamente en el sistema ya montado; estas complican fuertemente algunos aspectos semánticos, por lo cual resultan poco comunes.

[18]En realidad, este árbol no sólo incluye a los volúmenes de almacenamiento, sino que a los demás dispositivos del sistema, como los distintos puertos, pero los *oculta* de la interfaz gráfica.

en otra ubicación, pero muchas aplicaciones dependen ya de este comportamiento y configuración específica.

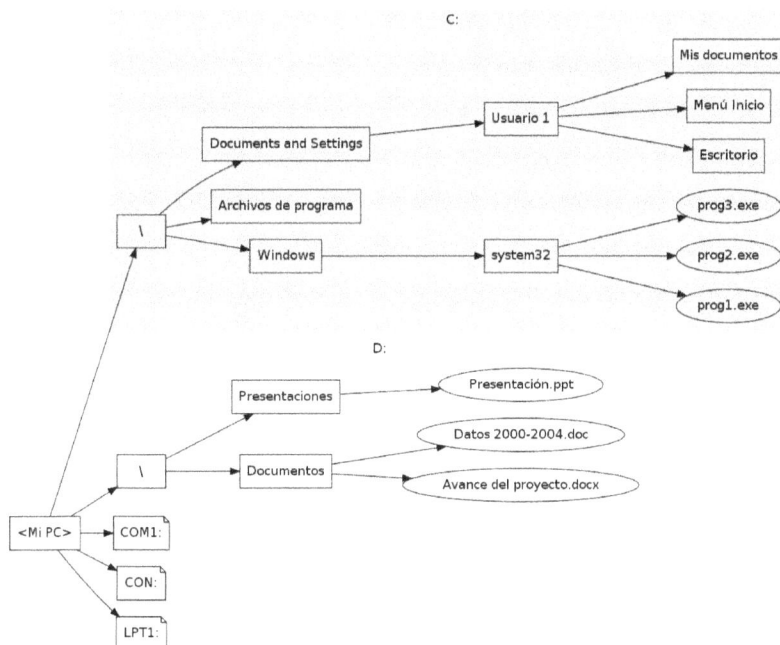

Figura 6.11: Jerarquía de dispositivos y volúmenes de archivos en un sistema Windows.

6.4. Control de acceso

Parte importante de la información que se almacena respecto a cada uno de los archivos, directorios u otros objetos son sus permisos de acceso. Éstos indican al sistema qué puede hacerse y qué no con cada uno de los objetos, posiblemente diferenciando el acceso dependiendo del usuario o clase de usuarios de que se trate.

Hay muchos esquemas de control de acceso; a continuación se presentan tres esquemas, comenzando por el más simple, y avanzando hacia los más complejos.

6.4.1. Sistemas FAT

El sistema de archivos FAT[19] fue diseñado a fines de los setenta, y al día de hoy es muy probablemente el sistema de archivos más ampliamente utilizado del mundo. Su diseño es suficientemente simple para ser incluido en dispositivos muy limitados; esta simplicidad se demostrará al analizar sus principales estructuras son analizadas en el capítulo 7. Y por otro lado, con sólo modificaciones relativamente menores a su diseño original, ha logrado extenderse de un sistema pensado para volúmenes de 150 KB hasta llegar a las decenas de gigabytes.

En cada una de las entradas del directorio en un sistema FAT, el byte número 12 almacena los siguientes *atributos*:

Oculto Si está encendido, el archivo no se deberá mostrar al usuario en listados de directorio.

Sólo lectura El sistema operativo debe evitar toda modificación al archivo, esto es, rechazar las llamadas al sistema que soliciten esta modificación.

Sistema Como se explicará en la sección 7.1.4, un sistema de archivos FAT tiende conforme se va utilizando a *fragmentar* los archivos que almacena. La carga del sistema operativo tiene que realizarse empleando código lo más compacto y sencillo posible: sin siquiera tener conocimiento del sistema de archivos. Este atributo indica que el sistema operativo debe cuidar no mover ni fragmentar al archivo en cuestión.

Archivado MS-DOS incluía herramientas bastante sencillas para realizar respaldos; estas basaban su operación en este atributo: Conforme se realizaba un respaldo, todos los archivos iban siendo marcados como *archivados*. Y cuando un archivo era modificado, el sistema operativo retiraba este atributo. De esta manera, el siguiente respaldo contendría únicamente los archivos que habían sido modificados desde el respaldo anterior.

Estos atributos eran suficientes para las necesidades de un sistema de uso personal de hace más de tres décadas. Sin embargo, y dado que está reservado todo un byte para los atributos, algunos sistemas extendieron los atributos cubriendo distintas necesidades. Estos cuatro atributos son, sin embargo, la base del sistema.

Puede verse que, bajo MS-DOS, no se hace diferencia entre *lectura* y *ejecución*. Como se presentó en la sección 6.2.4, el sistema MS-DOS basa la identificación de archivos en su *extensión*. Y, claro, siendo un sistema concebido como *monousuario*, no tiene sentido condicionar la *lectura* de un archivo: el sistema operativo siempre permitirá la lectura de cualquier archivo.

---

[19]Recibe su nombre de las siglas de su estructura fundamental, la *Tabla de Asignación de Archivos*, o *File Allocation Table*.

6.4.2. Modelo tradicional Unix

El sistema Unix precede a MS-DOS por una década. Sin embargo, su concepción es de origen para un esquema multiusuario, con las provisiones necesarias para que cada uno de ellos indique qué usuarios pueden o no tener diferentes tipos de acceso a los archivos.

En Unix, cada uno de los usuarios pertenece a uno o más *grupos*. Estos grupos son gestionados por el administrador del sistema.

Cada objeto en el sistema de archivos describe sus permisos de acceso por nueve bits, y con el identificador de su usuario y grupo propietarios.

Estos bits están dispuestos en tres grupos de tres; uno para el *usuario*, uno para el *grupo*, y uno para los *otros*. Por último, los tres grupos de tres bits indican si se otorga permiso de *lectura*, *escritura* y *ejecución*. Estos permisos son los mismos que fueron presentados en la sección 5.3.1, relativos al manejo de memoria.

Estos tres grupos de tres permiten suficiente *granularidad* en el control de acceso para expresar casi cualquier combinación requerida.

Por poner un ejemplo, si los usuarios jose, pedro y teresa están colaborando en el desarrollo de un sistema de facturación, pueden solicitar al administrador del sistema la creación de un grupo, factura. Una vez creado el sistema, y suponiendo que el desarrollo se efectúa en el directorio /usr/local/factura/, podrían tener los siguientes archivos:

```
$ ls -la /usr/local/factura/
drwxrwxr-x root    factura    4096 .
drwxr-xr-x root    root       4096 ..
-rw-r----- root    factura   12055 compilacion.log
-rwxrwxr-x pedro   factura  114500 factura
-rw-rw-r-- teresa  factura   23505 factura.c
-rw-rw-r-- jose    factura    1855 factura.h
-rw-rw---- teresa  factura   36504 factura.o
-rw-rw---- teresa  factura   40420 lineamientos.txt
-rw-rw-r-- pedro   factura    3505 Makefile
```

Este ejemplo muestra que cada archivo puede pertenecer a otro de los miembros del grupo.[20] Para el ejemplo aquí mostrado, el usuario propietario es menos importante que el grupo al que pertenece.

La ejecución sólo está permitida, para los miembros del grupo factura, en el archivo factura: los demás archivos son ya sea el código fuente que se emplea para *generar* dicho archivo ejecutable, o la información de desarrollo y compilación.

Respecto al acceso del resto de los usuarios (esto es, aquellos no pertenecientes al grupo factura), todos tienen permiso de lectura sobre todos

---

[20]Los archivos pertenecen al usuario que los creó, a menos que su propiedad sea *cedida* por el administrador a otro usuario.

los archivos a excepción del archivo intermedio de compilación, `factura.o`, el documento de diseño, `lineamientos.txt`, y la bitácora de compilación, `compilacion.log`

Este ejemplo muestra los directorios `.` y `..`, que fueron presentados en la sección 6.3.1. Para los directorios, se emplea el mismo sistema de permisos; el permiso de escritura indica quién puede crear o eliminar archivos dentro de él, el de lectura indica qué usuarios pueden averiguar la lista de archivos contenidos en dicho directorio, y el de ejecución indica qué usuarios pueden *entrar* al directorio. En este caso, todos los usuarios pueden listar (leer) y ejecutar (entrar) al directorio, pero únicamente el administrador `root` y los miembros del grupo `factura` pueden modificar los archivos que contiene.

Claro está, el directorio `..` (que apunta de vuelta al directorio padre, `/usr/local/`) es del sistema, y permite sólo la lectura y ejecución a todos los usuarios (incluyendo al grupo `factura`).

En este punto, cabe recordar que, en un sistema Unix, los dispositivos del sistema así como varios objetos virtuales (como las *tuberías* de comunicación entre procesos) son representados en el sistema de archivos. Esto significa que, por medio de estos permisos, el administrador del sistema puede indicar qué usuarios pueden tener permisos de lectura o modificación sobre los diferentes componentes hardware del sistema.

El esquema de permisos de Unix presenta algunas características adicionales, como los bits SUID/SGID o los *atributos extendidos* que presentan ciertas implementaciones; se sugiere al lector interesado referirse a las *páginas de manual* de Linux para los comandos `chmod` y `chattr`, respectivamente.

6.4.3. Listas de control de acceso

Una de las desventajas del modelo tradicional de usuarios Unix es que requiere de la intervención del administrador del sistema para cada nuevo proyecto: el administrador del sistema tuvo que crear al grupo `factura` antes de que pudiera realizarse ningún trabajo de forma colaborativa. Además, encontrar la representación justa para indicar un conjunto específico de permisos puede ser complicado. Dado que un archivo no puede pertenecer a más de un grupo, puede hacerse necesario crear conjuntos de grupos adicionales que intersectan aspectos específicos: una salida muy poco elegante.

Varios sistemas operativos, incluyendo particularmente a las versiones de Windows derivadas del NT, han agregado *listas de control de acceso* (o ACL, del inglés, *Access Control Lists*): cada uno de los archivos tiene asociada una lista donde se indican los permisos particulares que tendrá sobre éste cada usuario o grupo particular. La figura 6.12 muestra un ejemplo de la definición del control de acceso a un archivo en el sistema operativo *Windows 7*.

Si bien el modelo de listas de control de acceso brinda un control mucho más fino sobre cada uno de los archivos, no está exento de desventajas: en pri-

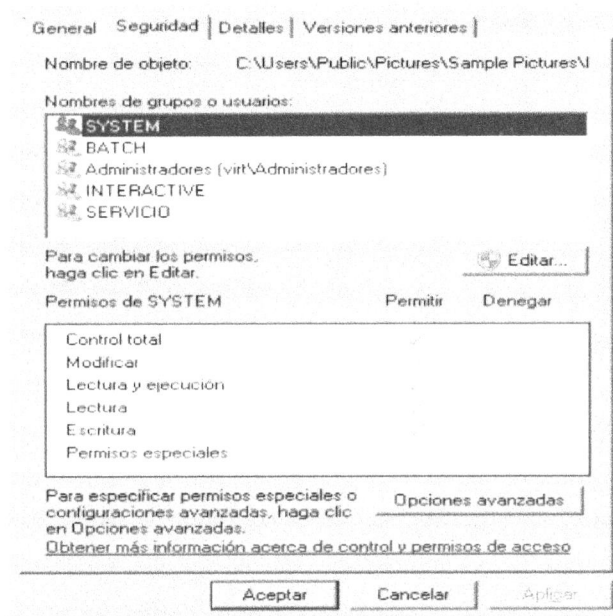

Figura 6.12: Lista de control de acceso a un archivo en Windows 7: en esta vista, muestra que el grupo SYSTEM tiene permiso para todo tipo de acceso, con excepción del definido por *Permisos especiales*.

mer término, todos los permisos particulares que tenga un archivo tienen que almacenarse junto con su *i-nodo*. Dado que su longitud es variable, se representan como una estructura adicional adjunta a los datos del archivo, y esto se traduce en un tiempo de acceso ligeramente mayor.

En segundo término, resulta más difícil presentar un listado compacto y completo de los permisos para todos los archivos en determinado directorio. Realizar una evaluación *al vuelo* de los controles de acceso se vuelve más complejo para el administrador.

Por último, este esquema da lugar a ambigüedades, cuya política de resolución debe establecerse *a priori*. Por ejemplo, si un usuario pertenece a dos grupos distintos, uno de ellos con *aprobación explícita* para la escritura a cierto archivo, y otro con *denegación explícita* para la escritura al mismo, debe haber una política global para resolver si el permiso será otorgado o rechazado. Estas políticas no siempre resultan fáciles de comprender por los usuarios del sistema.

6.5. Sistemas de archivos remotos

Uno de los principales y primeros usos que se dio a la comunicación en red fue el de compartir archivos entre computadoras independientes. En un principio, esto se realizaba de forma *explícita*, con transferencias manuales mediante de programas dedicados a ello, como sería hoy en día el FTP.

Por otro lado, desde mediados de los ochenta, es posible realizar estas transferencias de forma *implícita* y *automática*, empleando *sistemas de archivos sobre la red* (o lo que es lo mismo, *sistemas de archivos remotos*). Éstos se presentan como caso particular de la *abstracción de sistemas no-físicos* que fueron mencionados en la sección anterior: si bien el sistema operativo no tiene acceso *directo* a los archivos y directorios que le solicitará el usuario, por medio de los módulos de red, sabe cómo obtenerlos y presentarlos *como si fueran locales*.

Al hablar de sistemas de archivos en red, casi siempre se hará siguiendo un *modelo cliente-servidor*. Estos términos no se refieren a las prestaciones relativas de una computadora, sino al papel que ésta desempeña *dentro de cada conexión*, esto es, se designa como *cliente* a la computadora que solicita un servicio, y como *servidor* a la que lo provee; es frecuente que dos computadoras sean tanto servidor como cliente la una de la otra en distintos servicios.

6.5.1. Network File System (NFS)

El *Sistema de Archivos en Red* (*Network File System*, mejor conocido como NFS) fue creado por Sun Microsystems, y desde 1984 forma parte de su sistema operativo —resultó una implementación tan exitosa que a los pocos años formaba parte de todos los sistemas tipo Unix.

Está construido sobre el mecanismo RPC (*remote procedure call, llamada a procedimientos remotos*), un mecanismo de mensajes y manejo básico de sesión que actúa como una capa superior a TCP/IP, incluyendo facilidades de *descubrimiento de recursos* y *abstracción*. RPC puede ser comparado con protocolos como DCE/RPC de OSF, DCOM de Microsoft, y hoy en día, SOAP y XML-RPC. Estos mecanismos permiten al programador delegar en un *servicio* el manejo de las conexiones de red, particularmente (en el caso particular aquí descrito) la persistencia de sesiones en caso de desconexión, y limitar su atención a una *conexión virtual establecida*.

La motivación de origen para la creación de NFS fue presentar una solución que aprovechara el hardware ya común en dicha época, y que centralizara la administración: ofrecer las facilidades para contar con redes donde hubiera un *servidor de archivos*, y donde las estaciones de trabajo tuvieran únicamente una instalación básica,[21] y el entorno de usuario completo estuviera disponible en cualquiera de las estaciones.

---

[21]Incluso manejando estaciones de trabajo *diskless*, esto es, computadoras sin disco duro, cuyo sistema de arranque tiene la capacidad de solicitar al servidor le envíe incluso el núcleo del sistema operativo que ejecutará.

El sistema de archivos que ofrece sobre la red NFS cumple con la semántica Unix completa — para emplear un sistema remoto, basta montarlo[22] y usarlo como si fuera local. El manejo de permisos, usuarios, e incluso las ligas duras y simbólicas se manejan exactamente como se haría localmente.

El NFS viaja sobre un protocolo muy ligero; no implementa cifrado ni verificaciones adicionales. Al día de hoy, es uno de los mejores mecanismos para el envío de grandes cantidades de información — pero siempre en redes que sean *completamente confiables*.

Ahora, NFS se presenta como uno de los componentes de una solución completa. Dado que se espera que la información de usuarios y permisos sea *consistente* en todos los clientes; Sun ofrecía también un esquema llamado *Yellow Pages* (posteriormente renombrado a NIS, *Network Information System*) para compartir la información de autenticación y listas de usuarios.

La desventaja, en entornos sin NIS, es que los permisos se manejan según el identificador numérico del usuario. Si en diferentes sistemas el mismo usuario tiene distintos identificadores, los permisos no coincidirán. Es más, dado que el control de acceso principal es únicamente por dirección IP, para tener acceso irrestricto a los archivos de otros usuarios en NFS basta con tener control pleno de una computadora cualquiera en la red para poder *asumir o usurpar la identidad* de cualquier otro usuario.

Por último, para garantizar que las escrituras a archivos se llevaran a cabo cuando eran solicitadas (en contraposición a asumir éxito y continuar), todas las escrituras en un principio sobre NFS eran manejadas de forma *síncrona*, esto es, tras grabar un archivo, el cliente no continuaba con la ejecución hasta no tener confirmación por parte del servidor de que los datos estaban ya guardados en disco. Esto, si bien asegura que el usuario recibirá retroalimentación confiable respecto a la operación que realizó, ocasiona demoras que muchas veces son percibidas como excesivas.

Versiones posteriores del protocolo mejoraron sobre los puntos débiles aquí mencionados. Al día de hoy, casi 30 años después de su presentación, NFS es aún un sistema de archivos en red muy ampliamente empleado.

6.5.2. Common Internet File System (CIFS)

El equivalente a NFS en los entornos donde predominan los sistemas Windows es el protocolo CIFS (*Common Internet File System*, Sistema de Archivos Común para Internet). Aparece en los sistemas primarios de Microsoft alrededor de 1990,[23] originalmente bajo el nombre SMB (*server message block, bloque de mensaje del servidor*).

---

[22]Para montar un sistema remoto, se emplea un comando como `mount archivos.unam.mx:/ext/home /home`, con lo cual el directorio `/ext/home` ubicado en el servidor `archivos.unam.mx` aparecerá montado como directorio `/home` local.

[23]El desarrollo de SMB nació como LAN Manager, originalmente para OS/2.

Las primeras implementaciones estaban basadas en el protocolo NBF, frecuentemente conocido como NetBEUI, un protocolo no ruteable diseñado para redes pequeñas y entornos sencillos de oficina. A partir de Windows 2000 se ha reimplementado completamente para operar sobre TCP/IP. Es a partir de este momento que se le comienza a denominar CIFS, aunque el nombre SMB sigue siendo ampliamente utilizado.[24]

El sistema CIFS se ajusta mucho más a la semántica de los sistemas frecuentemente encontrados en las PC, MS-DOS y Windows, aunque dado el lapso transcurrido desde su introducción y el volumen de cambios en su mercado objetivo, ha pasado por varios cambios fundamentales, que al día de hoy complican su uso.

Para tener acceso a un volumen compartido por SMB se introdujo el comando NET;[25] basta indicar desde la línea de comando a DOS o Windows NET USE W: \\servidor\directorio para que el recurso compartido bajo el nombre directorio dentro del equipo conocido como servidor aparezca en el árbol *Mi PC*, y el usuario pueda emplear sus contenidos como si fuera un sistema de archivos local, con un volumen asignado de W:.

Cuando LAN Manager fue introducido al mercado, los sistemas Microsoft no manejaban aún el concepto de usuarios, por lo que la única medida de seguridad que implementaba SMB era el manejo de hasta dos contraseñas por directorio compartido: con una, el usuario obtenía acceso de sólo lectura, y con la otra, de lectura y escritura. Tras la aparición de Windows NT, se agregó un esquema de identificación por usuario/contraseña, que posibilita el otorgamiento de permisos con una *granularidad* mucho menor.[26]

El protocolo empleado por SMB fue pensado originalmente para una red *pequeña*, con hasta un par de decenas de equipos. La mayor parte de los paquetes eran enviados en modo *de difusión* (*broadcast*), por lo que era fácil llegar a la saturación, y no había un esquema centralizado de resolución de nombres, por lo que era frecuente *no encontrar* a determinado equipo.

Los cambios que CIFS presenta a lo largo de los años son muy profundos. Las primeras implementaciones presentan fuertes problemas de confiabilidad, rendimiento y seguridad, además de estar planteadas para su uso en un sólo tipo de sistema operativo; al día de hoy, todos estos puntos han mejorado fuertemente. En sistemas Unix, la principal implementación, *Samba*, fue creada haciendo ingeniería inversa sobre el protocolo; a lo largo de los años, se ha convertido en un esquema tan robusto que es hoy por hoy tomado como implementación refrencia.

---

[24]Es debido a este nombre que la implementación de CIFS para sistemas Unix, *Samba*, fue llamado de esta manera.

[25]Este comando es empleado en MS-DOS, pero está también disponible en Windows, y al día de hoy es una de las principales herramientas para administrar usuarios.

[26]Esto significa, que puede controlarse el acceso permitido más finamente, tanto por archivo como por usuario individual.

6.5.3. Sistemas de archivos distribuidos: Andrew File System

Los dos ejemplos de sistema de archivos en red presentados hasta ahora comparten una visión *tradicional* del modelo cliente-servidor: al ver el comando que inicializa una conexión, e incluso a ver la información que guarda el núcleo del cliente respecto a cualquiera de los archivos, resulta claro cuál es el servidor para cada uno de ellos.

Andrew File System, o AFS, desarrolaldo en la Carnegie Mellon University[27] y publicado en 1989, plantea presentar un verdadero *sistema de archivos distribuido*, en el cual los *recursos compartidos* no tengan que estar en un servidor en particular, sino que un conjunto de equipos se repartan la carga (esto es, *agnosticismo a la ubicación*). AFS busca también una *fácil escalabilidad*, la capacidad de agregar tanto espacio de almacenamiento como equipos con papeles de servidor. AFS permite inclusive migrar completamente un volumen mientras está siendo empleado de forma transparente.

Ante la complejidad e inestabilidad adicional que presentan con tanta frecuencia las redes grandes[28] (y lo hacían mucho más hace 30 años): AFS debe operar tan confiablemente como sea posible, *incluso sin la certeza de que la red opera correctamente*.

La autenticación en AFS se basa fuertemente sobre el modelo de *tickets* y credenciales de *Kerberos*,[29] pero se aleja sensiblemente de la semántica de operación de archivos que hasta ahora se han presentado. Muchos eventos, operaciones y estados van ligados al *momento en el tiempo* en que se presentan, mediante un *modelo de consistencia débil* (*weak consistency model*). Muy a grandes rasgos, esto significa que:

- Cuando se abre un archivo, éste se copia completo al cliente. Todas las lecturas *y escrituras* (a diferencia de los esquemas tradicionales, en que éstas son enviadas al servidor *lo antes posible* y de forma síncrona) se dirigen únicamente a la copia local.

- Al cerrar el archivo, éste se copia de vuelta al *servidor de origen*, el cual se *compromete* a notificar a los clientes si un archivo abierto fue modificado (esto es, a *hacer una llamada* o *callback*). Los clientes pueden entonces intentar incorporar los cambios a su versión de trabajo, o continuar con la copia ya obtenida —es *de esperarse* que si un segundo cliente realiza alguna modificación, incorpore los cambios hechos por el primero, pero esta responsabilidad se deja a la implementación del programa en cuestión.

Esto significa en pocas palabras que los cambios a un archivo abierto por un usuario no son visibles a los demás de inmediato; sólo una vez que se cierra

---

[27]Como parte del *Proyecto Andrew*, denominado así por el nombre de los fundadores de esta universidad: Andrew Carnegie y Andrew Mellon.

[28]El uso típico de AFS se planteaba para organizaciones grandes, del orden de decenas de miles de estaciones.

[29]Un sistema de autenticación y autorización centralizado para entornos corporativos.

un archivo, los cambios hechos a éste son puestos a disposición de las sesiones abiertas actuales, y sólo son enviados como *versión actual* a las sesiones abiertas posteriormente.

Con este cambio semántico, debe quedar claro que AFS no busca ser un sistema para todo uso ni un reemplazo universal de los sistemas de archivos locales, en contraposición de los sistemas de archivos centralizados. AFS no plantea en ningún momento una operación *diskless*. Bajo el esquema aquí descrito, las lecturas y escrituras resultan baratas, porque se realizan exclusivamente sobre el caché local, pero abrir y cerrar un archivo puede ser muy caro, porque debe transferirse el archivo completo.

Hay aplicaciones que verdaderamente sufrirían si tuvieran que implementarse sobre un sistema de archivos distribuido, por ejemplo, si una base de datos se distribuyera sobre AFS, la carencia de mecanismos de bloqueo sobre *secciones* del archivo, y el requisito de operar sobre *archivos completos* harían impracticable compartir un archivo de uso intensivo y aleatorio.

6.6. Ejercicios

6.6.1. Preguntas de autoevaluación

1. Identifique diferentes sistemas de cómputo (computadoras, teléfonos, dispositivos móviles, dispositivos de función específica como cámaras digitales o reproductores de medios, etc.) a los que tiene acceso. ¿Cómo identifica cada uno de ellos el tipo de archivos? ¿Implementan alguna abstracción ocultando o traduciendo la presentación de determinados archivos de forma transparente al usuario?

2. Hay diferentes modos en que un programa puede accesar a la información contenida en un archivo; siendo los principales *secuencial*, *aleatorio* y *relativo a índice*. Indique qué casos de uso resuelve mejor cada uno de estos modos de acceso.

3. ¿Qué tipo de optimización podría llevar a cabo el sistema operativo si requiriera que todo programa declarara al momento de abrir un archivo si va a utilizarlo de forma mayormente secuencial o aleatoria?

4. De las siguientes afirmaciones, identifique cuáles se refieren a *ligas duras*, a *ligas simbólicas*, y a *enlaces directos*. Hay una sóla respuesta correcta para cada afirmación.

    a) Son dos (o más) entradas en el directorio apuntando al mismo i-nodo.

    b) Es un archivo normal e independiente en el sistema de archivos, que podría ser abierto directamente por los programas.

c) Pueden apuntar a directorios, incluso creando ciclos.

d) Su tipo de archivo en el directorio está indicado por la extensión `.LNK`.

e) El sistema operativo *resuelve directamente* todas las operaciones *como si fueran* al archivo referido.

f) No pueden referirse a archivos en sistemas de archivos distintos del propio.

g) Pueden formar representarse en un sistema de archivos tipo FAT.

h) Si un usuario elimina cualquiera de las referencias a un archivo empleando este esquema, el archivo sigue existiendo en las demás.

5. Cuando se habla acerca de los sistemas de archivos remotos o en red, ¿qué significa la *semántica de manejo de errores*? Presente un ejemplo de cómo se refleja una distinta semántica entre un sistema de archivos local y uno en red.

6. Suponga que hay un archivo `file0` en un sistema de archivos con semántica tipo Unix. Explique qué ocurre en cada situación (con su inodo, con sus sectores de contenido, entradas de directorio, etcétera):

   - Copiado: `cp file0 file1`
   - Liga dura: `ln file0 file1`
   - Liga simbólica: `ln -s file0 file1`
   - Eliminación: `rm file0`

7. La estructura i-nodo tiene, en casi todos los sistemas de archivos, un campo de *conteo de ligas*. Explique qué es. ¿Qué operaciones llevan a que se modifique, qué ocurre si llega a cero?

6.6.2. Temas de investigación sugeridos

Sistemas de archivos distribuidos En este capítulo se abordaron tres sistemas de archivos *remotos*, de los cuales sólo el último puede verse como un sistema de archivos *distribuido*: bajo AFS, los datos almacenados no están en una única computadora. Pero AFS tiene ya muchos años de haber sido desarrollado, por lo cual su diseño no consideró muchos de los aspectos de las redes de datos globales actuales.

En los últimos años se han presentado varias propuestas de sistemas de archivos verdaderamente distribuidos, aptos para la implementación de *nubes* de datos y de una distribución geográfica de la información; algunos ejemplos de estos sistemas de archivos son GlusterFS (desarrollado por RedHat), S3 (de Amazon), GoogleFS (de Google), Windows Distributed File System (de Microsoft), y CEPH (también de RedHat).

¿Qué semántica ofrecen estos sistemas de archivos, cómo se comparan con la nativa de las diferentes plataformas, cómo se opera en caso de desconexión o falla, parcial o total, qué características hacen a estos sistemas *especialmente* buenos para su uso distribuido, habría alguna desventaja de emplear esos sistemas en un entorno de red local?

6.6.3.   Lecturas relacionadas

- Sandra Loosemore y col. (1993-2014). «File System Inteface: Functions for manipulating files». En: *The GNU C Library Reference Manual*. Free Software Foundation. Cap. 14, págs. 376-421. URL: `https://www.gnu.org/software/libc/manual/pdf/libc.pdf`

- Marshall Kirk McKusick (sep. de 2012). «Disks from the Perspective of a File System». En: *ACM Queue* 10.9. URL: `https://queue.acm.org/detail.cfm?id=2367378`

  - Traducción al español: César Yáñez (2013). *Los discos desde la perspectiva de un Sistema de Archivos*. URL: `http://cyanezfdz.me/2013/07/04/los-discos-desde-la-perspectiva-de-un-sistema-de-archivos-es.html`

- John S. Heidemann y Gerald J. Popek (feb. de 1994). «File-system Development with Stackable Layers». En: *ACM Trans. Comput. Syst.* 12.1, págs. 58-89. ISSN: 0734-2071. DOI: `10.1145/174613.174616`. URL: `http://doi.acm.org/10.1145/174613.174616`

- Thomas E. Anderson y col. (feb. de 1996). «Serverless Network File Systems». En: *ACM Trans. Comput. Syst.* 14.1, págs. 41-79. ISSN: 0734-2071. DOI: `10.1145/225535.225537`. URL: `http://doi.acm.org/10.1145/225535.225537`

- Sean A. Walberg (2006). *Finding open files with lsof*. IBM DeveloperWorks. URL: `http://www.ibm.com/developerworks/aix/library/au-lsof.html`

Capítulo 7

Sistemas de archivos

7.1. Plasmando la estructura en el dispositivo

A lo largo del capítulo 6 se abordaron los elementos del sistema de archivos tal como son presentados al usuario final, sin entrar en detalles respecto a cómo organiza toda esta información el sistema operativo en un *dispositivo persistente* —mencionamos algunas estructuras base, pero dejándolas explícitamente pendientes de definición. En este capítulo se tratarán las principales estructuras y mecanismos empleados para que un sistema de archivos sea ya no sólamente una estructura formal ideal, sino que una entidad almacenada en un dispositivo.

A lo largo de la historia del cómputo, el almacenamiento no siempre se realizó en discos (dispositivos giratorios de acceso aleatorio). Por varias décadas, los medios principales almacenamiento eran de acceso estrictamente secuencial (tarjetas perforadas, cintas de papel, cintas magnéticas); por más de 30 años, el medio primario de almacenamiento han sido los distintos tipos de discos magnéticos, y desde hace algunos años, estamos viendo una migración a *almacenamiento de estado sólido*, a dispositivos sin partes móviles que guardan la información en un tipo particular de memoria (tema que se abordará en la sección C.1.2). Volviendo a las categorías presentadas en la sección 2.8, los medios de acceso secuencial son *dispositivos de caracteres*, y tanto discos como unidades de estado sólido son *dispositivos de bloques*.

7.1.1. Conceptos para la organización

Los sistemas de archivo están en general desarrollados pensando en *discos*, y a lo largo de este capítulo, se hará referencia como *el disco* al medio de almacenamiento persistente en el cual esté plasmado el sistema de archivos. En el apéndice C se tocarán algunos de los aspectos que debemos considerar al hablar de sistemas de archivos respaldados en medios *distintos* a un disco.

Mientras tanto, conviene mantener una visión aún bastante idealizada y abstracta: un *disco* visto desde la perspectiva del sistema operativo será presentado a lo largo del presente capítulo[1] como un arreglo muy grande de *bloques* de tamaño fijo, cada uno de ellos *directamente direccionable*; esto significa que el sistema operativo puede referirse por igual a cualquiera de los bloques del disco mediante una dirección física e inambigua dentro del disco entero. Partiendo de esto, se emplean los siguientes conceptos para almacenar, ubicar o recuperar la información:

Partición Una subdivisión de un disco, por medio de la cual el administrador o usuario del sistema puede definir la forma en que se emplea el espacio del disco, segmentándolo según haga falta.

Un disco puede tener varias particiones, y cada una de ellas puede tener un sistema de archivos independiente.

Volumen Colección de bloques *inicializados* con un sistema de archivos que pueden presentarse al usuario como una unidad. Típicamente un volumen coincide con una partición (pero no siempre es el caso, como se describirá en las secciones C.2 y C.3).

El volumen se *describe* ante el sistema operativo en el *bloque de control de volumen*, también conocido como *superbloque* en Unix, o *tabla maestra de archivos* (*master file table*) en NTFS.

Sistema de archivos Esquema de organización que sigue un determinado *volumen*. Dependiendo del sistema de archivos elegido, cada uno de los componentes aquí presentados ocuparán un distinto lugar en el disco, presentando una semántica propia.

Para poder tener acceso a la información almacenada en determinado volumen, el sistema operativo debe tener soporte para el sistema de archivos particular en que éste esté estructurado.

Directorio raíz La estructura que relaciona cada nombre de archivo con su números de *i-nodo*. Típicamente sólo almacena los archivos que están en el *primer nivel jerárquico* del sistema, y los directorios derivados son únicamente referenciados desde éste.

En sistemas de archivos modernos, el directorio normalmente incluye sólo el nombre de cada uno de los archivos y el número de *i-nodo* que lo describe, todos los *metadatos* adicionales están en los respectivos *i-nodos*.

Metadatos Recibe este nombre toda la información *acerca de* un archivo que *no es* el contenido del archivo mismo. Por ejemplo, el nombre, tamaño o tipo del archivo, su propietario, el control de acceso, sus fechas de creación, último acceso y modificación, ubicación en disco, etcétera.

---

[1]Para un punto de vista más riguroso de cómo se relaciona el sistema operativo con los discos y demás mecanismos de almacenamiento, refiérase al apéndice C.

I-nodo Del inglés *i-node, information node* (nodo de información); en los sistemas tipo Windows, normalmente se le denomina *bloque de control de archivo* (FCB). Es la estructura en disco que guarda los *metadatos* de cada uno de los archivos, proporcionando un vínculo entre la *entrada en el directorio* y los datos que lo conforman.

La información almacenada incluye todos los metadatos relacionados con el archivo *a excepción del nombre* (mismo que radica únicamente en el *directorio*): los permisos y propietarios del archivo, sus fechas de creación, última modificación y último acceso, y la *relación de bloques* que ocupa en el disco. Más adelante se abordarán algunos de los esquemas más comunes para presentar esta relación de bloques.

Esta separación entre directorio e *i-nodo* permite a un mismo archivo formar parte de distintos directorios, como se explicó en la sección 6.3.1.

***Mapa de bits* de espacio libre** La función del bitmap es poder gestionar el espacio libre del disco. Recuérdese que el disco se presenta asignado por *bloques*, típicamente de 4 096 bytes — en el bitmap cada bloque se representa con un bit, con lo que aquí se puede encontrar de forma compacta el espacio ocupado y disponible, así como el lugar adecuado para crear un nuevo archivo.

El bitmap para un disco de 100 GB, de esta manera, se puede representar en 23 MB ($\frac{100\times10^9}{4\,096}$), cantidad que puede razonablemente mantener en memoria un sistema de escritorio promedio hoy en día.[2]

Más adelante se verán algunas estructuras avanzadas que permiten mayor eficiencia en este sentido.

7.1.2. Diferentes sistemas de archivos

Un sistema operativo puede dar soporte a varios distintos sistemas de archivos; un administrador de sistemas puede tener muy diferentes razones que influyan para elegir cuál sistema de archivos empleará para su información; algunas razones para elegir a uno u otro son que el rendimiento de cada uno puede estar *afinado* para diferentes patrones de carga, necesidad de emplear un dispositivo portátil para intercambiar datos con distintos sistemas, e incluso restricciones de hardware.[3]

A lo largo de esta sección se revisará cómo los principales conceptos a abordar se han implementado en distintos sistemas de archivos; se hará referencia

---

[2]Esto explica porqué, incluso sin estar trabajando activamente con ningún archivo contenido en éste, el solo hecho de montar un volumen con gran cantidad de datos obliga al sistema a reservarle una cantidad de memoria.

[3]Por ejemplo, los *cargadores de arranque* en algunas plataformas requieren poder leer el volumen donde está alojada la imágen del sistema operativo —lo cual obliga a que esté en un sistema de archivos nativo a la plataforma.

principalmente a una familia de sistema de archivos simple de comprender, aunque muestra claramente su edad: el sistema FAT. La razón para elegir al sistema de archivos FAT es la simplicidad de sus estructuras, que permiten comprender la organización general de la información. Donde sea pertinente, se mencionará en qué puntos principales estiba la diferencia con los principales sistemas de la actualidad.

El sistema FAT fue creado hacia finales de los setenta, y su diseño muestra claras evidencias de haber sido concebido para discos flexibles. Sin embargo, por medio de varias extensiones que se han presentado con el paso de los años (algunas con compatibilidad hacia atrás,[4] otras no), sigue siendo uno de los sistemas más empleados al día de hoy, a pesar de que ya no es recomendado como sistema primario por ningún sistema operativo de escritorio.

Si bien FAT tuvo su mayor difusión con los sistemas operativos de la familia MS-DOS, es un sistema de archivos nativo para una gran cantidad de otras plataformas (muchas de ellas dentro del mercado *embebido*), lo cual se hace obvio al revisar el soporte a atributos extendidos que maneja.

7.1.3. El volumen

Lo primero que requiere saber el sistema operativo para poder montar un volumen es su estructura general: en primer término, de qué *tipo* de sistema de archivos se trata, y acto seguido, la descripción básica del mismo: su extensión, el tamaño de los *bloques lógicos* que maneja, si tiene alguna *etiqueta* que describa su función ante el usuario, etc. Esta información está contenida en el *bloque de control de volumen*, también conocido como *superbloque* o *tabla maestra de archivos*.[5]

Tras leer la información del superbloque, el sistema operativo determina en primer término si puede proceder — si no sabe cómo trabajar con el sistema de archivos en cuestión, por ejemplo, no puede presentar información útil alguna al usuario (e incluso arriesgaría destruirla).

Se mencionó ya que el tamaño de bloques (históricamente, 512 bytes; el estándar *Advanced Format* en marzo del 2010 introdujo bloques de 4 096 bytes) es establecido por el hardware. Es muy común que, tanto por razones de eficiencia como para alcanzar a direccionar mayor espacio, el sistema de archivos *agrupe* a varios bloques físicos en uno lógico. En la sección 7.1.4 se revisará qué factores determinan el tamaño de bloques en cada sistema de archivos.

Dado que describir el volumen es la más fundamental de las operaciones a realizar, muchos sistemas de archivos mantienen *copias adicionales* del superbloque, a veces dispersas a lo largo del sistema de archivos, para poder recuperarlo en caso de que se corrompa.

---

[4]Se denomina *compatibilidad hacia atrás* a aquellos cambios que permiten interoperar de forma transparente con las versiones anteriores.

[5]Y aquí hay que aclarar: este bloque *no contiene a los archivos*, ni siquiera a las estructuras que apuntan hacia ellos, sólo describe al volumen para que pueda ser montado.

En el caso de FAT, el volumen indica no sólo la *generación* del sistema de archivos que se está empleando (FAT12, FAT16 o FAT32, en los tres casos denominados así por la cantidad de bits para referenciar a cada uno de los bloques lógicos o *clusters*), sino el tamaño de los *clusters*, que puede ir desde los dos y hasta los 32 KB.

Volúmenes *crudos*

Si bien una de las principales tareas de un sistema operativo es la organización del espacio de almacenamiento en sistemas de archivos y su gestión para compartirse entre diversos usuarios y procesos, hay algunos casos en que un dispositivo orientado a bloques puede ser puesto a disposición de un proceso en particular para que éste lo gestione directamente. Este modo de uso se denomina *dispositivos crudos* o *dispositivos en crudo* (*raw devices*).

Pueden encontrarse dos casos de uso primarios hoy en día para dispositivos orientados a bloques no administrados mediante la abstracción de los sistemas de archivos:

Espacio de intercambio Como se vio en la sección 5.5.2, la gestión de la porción de la memoria virtual que está en disco es mucho más eficiente cuando se hace sin cruzar por la abstracción del sistema operativo — esto es, cuando se hace en un volumen en crudo. Y si bien el gestor de memoria virtual es parte innegable del sistema operativo, en un sistema *microkernel* puede estar ejecutándose como proceso de usuario.

Bases de datos Las bases de datos relacionales pueden incluir volúmenes muy grandes de datos estrictamente estructurados. Algunos gestores de bases de datos, como Oracle, MaxDB o DB2, recomiendan a sus usuarios el uso de volúmenes crudos, para optimizar los accesos a disco sin tener que cruzar por tantas capas del sistema operativo.

La mayor parte de los gestores de bases de datos desde hace varios años no manejan esta modalidad, por la complejidad adicional que supone para el administrador del sistema y por lo limitado de la ventaja en rendimiento que supone hoy en día, aunque es indudablemente un tema que se presta para discusión e investigación.

7.1.4. El directorio y los *i-nodos*

El directorio es la estructura que relaciona a los archivos como son presentados al usuario –identificados por una ruta y un nombre– con las estructuras que los describen ante el sistema operativo — los *i-nodos*.

A lo largo de la historia de los sistemas de archivos, se han implementado muy distintos esquemas de organización. Se presenta a continuación la estructura básica de la popular familia de sistemas de archivos FAT.

El directorio raíz

Una vez que el sistema de archivos está *montado* (véase 6.3.3), todas las referencias a archivos dentro de éste deben pasar a través del directorio. El directorio raíz está siempre en una ubicación *bien conocida* dentro del sistema de archivos — típicamente al inicio del volumen, en los primeros sectores.[6] Un disco flexible tenía 80 *pistas* (típicamente denominadas *cilindros* al hablar de discos duros), con lo que, al ubicar al directorio en la pista 40, el tiempo promedio de movimiento de cabezas para llegar a él se reducía a la mitad. Si todas las operaciones de abrir un archivo tienen que pasar por el directorio, esto resultaba en una mejoría muy significativa.

El directorio es la estructura que determina el formato que debe seguir el nombre de cada uno de los archivos y directorios: es común que en un sistema moderno, el nombre de un archivo pueda tener hasta 256 caracteres, incluyendo espacios, caracteres internacionales, etc. Algunos sistemas de archivos son *sensibles a mayúsculas*, como es el caso de los sistemas nativos a Unix (el archivo `ejemplo.txt` es distinto de `Ejemplo.TXT`), mientras que otros no lo son, como es el caso de NTFS y VFAT (`ejemplo.txt` y `Ejemplo.TXT` son idénticos ante el sistema operativo).

Todas las versiones de FAT siguen para los nombres de archivos un esquema claramente arcaico: los nombres de archivo pueden medir hasta ocho caracteres, con una extensión opcional de tres caracteres más, dando un total de 11. El sistema no sólo no es sensible a mayúsculas y minúsculas, sino que todos los nombres deben guardarse completamente en mayúsculas, y permite sólo ciertos caracteres no alfanuméricos. Este sistema de archivos no implementa la separación entre directorio e i-nodo, que hoy es la norma, por lo que cada una de las entradas en el directorio mide exactamente 32 bytes. Como es de esperarse en un formato que ha vivido tanto tiempo y ha pasado por tantas generaciones como FAT, algunos de estos campos han cambiado sustancialmente sus significados. La figura 7.1 muestra los campos de una entrada del directorio bajo FAT32.

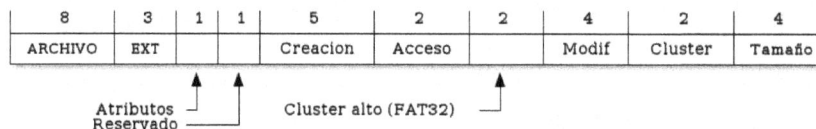

Figura 7.1: Formato de la entrada del directorio bajo FAT (Mohammed, 2007).

---

[6]Una excepción a esta lógica se presentó en la década de los 1980, cuando los diseñadores del sistema AmigaOS, decidieron ubicar al directorio en el sector *central* de los volúmenes, para reducir a la mitad el tiempo promedio de acceso a la parte más frecuentemente referida del disco.

La extensión VFAT fue agregada con el lanzamiento de Windows 95. Esta extensión permitía que, si bien el nombre *real* de un archivo seguiría estando limitada al formato presentado, pudieran agregarse entradas adicionales al directorio utilizando el atributo de *etiqueta de volumen* de maneras que un sistema MS-DOS debiera ignorar.[7]

Esto presenta una complicación adicional al hablar del directorio *raíz* de una unidad: si bien los directorios derivados no tienen este límite, al estar el directorio raíz ubicado en una sección fija del disco, tiene una longitud límite máxima: en un disco flexible (que hasta el día de hoy, por su baja capacidad, se formatea bajo FAT12), desde el bloque 20 y hasta el 33, esto es, 14 bloques. Con un tamaño de sector de 512 bytes, el directorio raíz mide $512 \times 14 = 7\,168$ bytes, esto es $\frac{7\,168}{32} = 224$ entradas como máximo. Y si bien esto puede no parecer muy limitado, ocupar cuatro entradas por archivo cuando, empleando VFAT, se tiene un nombre medianamente largo reduce fuertemente el panorama.

El problema no resulta tan severo como podría parecer: para FAT32, el directorio raíz ya no está ubicado en un espacio reservado, sino que como parte del espacio de datos, por lo cual es extensible en caso de requerirse.

Los primeros sistemas de archivos estaban pensados para unidades de muy baja capacidad; por mucho tiempo, las implementaciones del directorio eran simplemente listas lineales con los archivos que estaban alojados en el volumen. En muchos de estos primeros sistemas no se consideraban directorios jerárquicos, sino que presentaban un único espacio *plano* de nombres; cuando estos sistemas fueron evolucionando para soportar directorios anidados, por compatibilidad hacia atrás (y por consideraciones de rendimiento que se abordan a continuación) siguieron almacenando únicamente al directorio raíz en esta posición privilegiada, manejando a todos los directorios que derivaran de éste como si fueran archivos, repartidos por el disco.

En un sistema que implementa los directorios como listas lineales, entre más archivos haya, el tiempo que toma casi cualquier operación se incrementa linealmente (dado que potencialmente se tiene que leer el directorio completo para encontrar un archivo). Y las listas lineales presentan un segundo problema: cómo reaccionar cuando se *llena* el espacio que tienen asignado.

Como ya se presentó, FAT asigna un espacio fijo al directorio raíz, pero los subdirectorios pueden crecer abritrariamente. Un subdirectorio es básicamente una entrada con un tipo especial de archivo —si el doceavo byte de una entrada de directorio, que indica los *atributos del archivo* (véase la figura 7.1 y el cuadro 7.1) tiene al bit cuatro activado, la región de datos correspondientes a dicho archivo será interpretada como un subdirectorio.

---

[7]La *etiqueta de volumen* estaba definida para ser empleada exclusivamente *a la cabeza* del directorio, dando una etiqueta global al sistema de archivos completo; el significado de una entrada de directorio con este atributo hasta antes de la incorporación de VFAT *no estaba definida*.

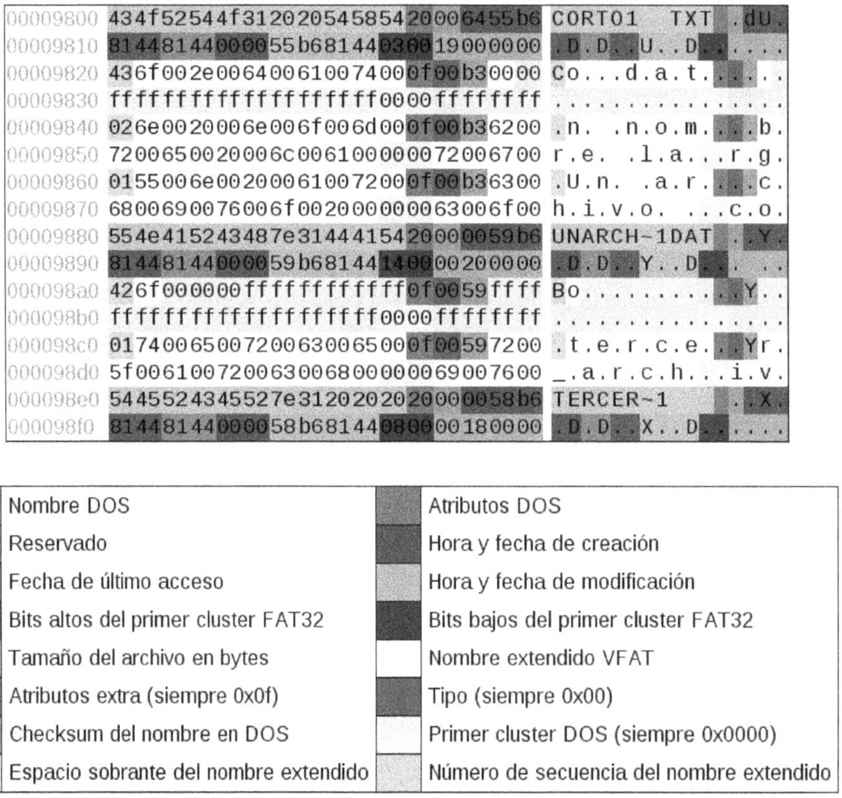

```
00009800  434f52544f31202054585420006455b6   CORTO1   TXT .dU.
00009810  814481440000055b68144030019000000   .D.D.U..D..,...
00009820  436f002e0064006100740000f00b30000   Co...d.a.t.....
00009830  ffffffffffffffffff0000ffffffff       ...............
00009840  026e0020006e006f006d000f00b36200   .n. .n.o.m....b.
00009850  7200650020006c0061000000072006700   r.e. .l.a...r.g.
00009860  0155006e00200061007200f00b36300    .U.n. .a.r.....c.
00009870  6800690076006f0020000000063006f00   h.i.v.o. ...c.o.
00009880  554e415243487e3144415420000059b6    UNARCH~1DAT .Y.
00009890  814481440000059b6814414000020000    .D.D..Y..D..,...
000098a0  426f000000ffffffffffff0f0059ffff   Bo.........Y..
000098b0  ffffffffffffffffff0000ffffffff       ...............
000098c0  01740065007200630065000f005972000  .t.e.r.c.e...Yr.
000098d0  5f006100720063006800000069007600    _.a.r.c.h...i.v.
000098e0  54455243455237e3120202020000058b6   TERCER~1    .X.
000098f0  814481440000058b6814408000018000    .D.D..X..D..,...
```

Nombre DOS		Atributos DOS
Reservado		Hora y fecha de creación
Fecha de último acceso		Hora y fecha de modificación
Bits altos del primer cluster FAT32		Bits bajos del primer cluster FAT32
Tamaño del archivo en bytes		Nombre extendido VFAT
Atributos extra (siempre 0x0f)		Tipo (siempre 0x00)
Checksum del nombre en DOS		Primer cluster DOS (siempre 0x0000)
Espacio sobrante del nombre extendido		Número de secuencia del nombre extendido

Figura 7.2: Entradas representando archivos con (y sin) nombre largo bajo VFAT.

La tabla de asignación de archivos

Queda claro que FAT es un sistema heredado, y que exhibe muchas prácticas que ya se han abandonado en diseños modernos de sistemas de archivos. Se vio que dentro de la entrada de directorio de cada archivo está prácticamente su *i-nodo* completo: la información de permisos, atributos, fechas de creación, y muy particularmente, el apuntador al *cluster* de inicio (bytes 26-28, más los 20-22 para FAT32). Esto resulta en una de las grandes debilidades de FAT: la tendencia a la fragmentación.

La familia FAT obtiene su nombre de la tabla de asignación de archivos (*file allocation table*), que aparece antes del directorio, en los primeros sectores del disco.[8] Cada byte de la FAT representa un *cluster* en el área de datos; cada entrada en el directorio indica, en su campo correspondiente, cuál es el primer *cluster* del archivo. Ahora bien, conforme se usa un disco, y los archivos crecen y se eliminan, y van llenando los espacios vacíos que van dejando, FAT va

---

[8]Esta tabla es tan importante que, dependiendo de la versión de FAT, se guarda por duplicado, o incluso por triplicado.

Cuadro 7.1: Significado de cada uno de los bits del byte de *atributos del archivo* en el directorio FAT. La semántica que se presenta es la empleada por los sistemas MS-DOS y Windows; otros sistemas pueden presentar comportamientos adicionales.

Bit	Nombre	Descripción
0	Sólo lectura	El sistema no permitirá que sea modificado.
1	Oculto	No se muestra en listados de directorio.
2	Sistema	El archivo pertenece al sistema y no debe moverse de sus *clusters* (empleado, por ejemplo, para los componentes a cargar para iniciar al sistema operativo).
3	Etiqueta	Indica el nombre del volumen, no un archivo. En VFAT, expresa la *continuación* de un nombre largo.
4	Subdirectorio	Los *clusters* que componen a este archivo son interpretados como un subdirectorio, no como un archivo.
5	Archivado	Empleado por algunos sistemas de respaldo para indicar si un archivo fue modificado desde su última copia.
6	Dispositivo	Para uso interno del sistema operativo, no fue adoptado para los archivos.
7	Reservado	Reservado, no debe ser manipulado.

asignando espacio *conforme encuentra nuevos clusters libres*, sin cuidar que sea espacio continuo. Los apuntadores al *siguiente cluster* se van marcando en la tabla, *cluster* por *cluster*, y el último de cada archivo recibe el valor especial (dependiendo de la versión de FAT) 0xFFF, 0xFFFF o 0xFFFFFFFF.

Ahora bien, si los directorios son sencillamente archivos que reciben un tratamiento especial, éstos son también susceptibles a la fragmentación. Dentro de un sistema Windows 95 o superior (empleando las extensiones VFAT), con directorios anidados a cuatro o cinco niveles como lo establece su jerarquía estándar,[9] la simple tarea de recorrerlos para encontrar determinado archivo puede resultar muy penalizado por la fragmentación.

La eliminación de entradas del directorio

Sólo unos pocos sistemas de archivos guardan sus directorios ordenados — si bien esto facilitaría las operaciones más frecuentes que se realizan sobre ellos (en particular, la búsqueda: cada vez que un directorio es recorrido

---

[9]Por ejemplo, `C:\Documents and Settings\Usuario\Menú Inicio\Programa Ejemplo\Programa Ejemplo.lnk`

hasta encontrar un archivo tiene que leerse potencialmente completo), mantenerlo ordenado ante cualquier modificación resultaría mucho más *caro*, dado
que tendría que reescribirse el directorio completo al crearse o eliminarse un
archivo dentro de éste, y lo que es más importante, más *peligroso*, dado que
aumentaría el tiempo que los datos del directorio están en un estado inconsistente, aumentando la probabilidad de que ante una interrupción repentina
(fallo de sistema, corte eléctrico, desconexión del dispositivo, etc.) se presen-
tara corrupción de la información llevando a pérdida de datos. Al almacenar
las entradas del directorio sin ordenar, las escrituras que modifican esta crítica
estructura se mantienen atómicas: un solo sector de 512 bytes puede almacenar
16 entradas básicas de FAT, de 32 bytes cada una.[10]

Ordenar las entradas del directorio teniendo sus contenidos ya en memoria
y, en general, diferir las modificaciones al directorio resulta mucho más conveniente en el caso general. Esto vale también para la eliminación de archivos
—a continuación se abordará la estrategia que sigue FAT. Cabe recordar que
FAT fue diseñado cuando el medio principal de almacenamiento era el disco
flexible, decenas de veces más lento que el disco duro, y con mucha menor
confiabilidad.

Cuando se le solicita a un sistema de archivos FAT eliminar un archivo, éste
no se borra del directorio, ni su información se libera de la tabla de asignación de archivos, sino que se *marca* para ser ignorado, reemplazando el primer
caracter de su nombre por 0xE5. Ni la entrada de directorio, ni la *cadena* de
clusters correspondiente en las tablas de asignación,[11] son eliminadas —sólo
son marcadas como *disponibles*. El espacio de almacenamiento que el archivo
eliminado ocupa debe, entonces, ser *sumado* al espacio libre que tiene el volumen. Es sólo cuando se crea un nuevo archivo empleando esa misma entrada,
o cuando otro archivo ocupa el espacio físico que ocupaba el que fue eliminado, que el sistema operativo marca *realmente* como desocupados los *clusters* en
la tabla de asignación.

Es por esto por lo que desde los primeros días de las PC hay tantas herramientas de recuperación (o *des-borramiento*, *undeletion*) de archivos: siempre
que no haya sido creado uno nuevo que ocupe la entrada de directorio en cuestión, recuperar un archivo es tan simple como volver a ponerle el primer caracter a su nombre.

Este es un ejemplo de un *mecanismo flojo* (en contraposición de los *mecanismos ansiosos*, como los vistos en la sección 5.5.1). Eliminar un archivo requiere
de un trabajo mínimo, mismo que es *diferido* al momento de reutilización de la
entrada de directorio.

---

[10]Aunque en el caso de VFAT, las diferentes entradas que componen un sólo nombre de archivo
pueden quedar separadas en diferentes sectores.

[11]Este tema será abordado en breve, en la sección 7.2.4, al hablar de las tablas de asignación de
archivos.

7.1.5. Compresión y *desduplicación*

Los archivos almacenados en un área dada del disco tienden a presentar patrones comunes. Algunas situaciones ejemplo que llevarían a estos patrones comunes son:

- Dentro del directorio de trabajo de cada uno de los usuarios hay típicamente archivos creados con los mismos programas, compartiendo encabezado, estructura, y ocasionalmente incluso parte importante de los datos.

- Dentro de los directorios de binarios del sistema, habrá muchos archivos ejecutables compartiendo el mismo *formato binario*.

- Es muy común también que un usuario almacene versiones distintas del mismo documento.

- Dentro de un mismo documento, es frecuente que el autor repita en numerosas ocasiones las palabras que describen sus conceptos principales.

Conforme las computadoras aumentaron su poder de cómputo, desde finales de los ochenta se presentaron varios mecanismos que permitían aprovechar las regularidades en los datos almacenados en el disco para comprimir el espacio utilizable en un mismo medio. La compresión típicamente se hace por medio de mecanismos estimativos derivados del análisis del contenido,[12] que tienen como resultado un nivel variable de compresión: con tipos de contenido altamente regulares (como podría ser texto, código fuente, o audio e imágenes *en crudo*), un volumen puede almacenar frecuentemente mucho más de 200% de su espacio real.

Con contenido poco predecible o con muy baja redundancia (como la mayor parte de formatos de imágenes y audio, que incluyen ya una fase de compresión, o empleando cualquier esquema de cifrado) la compresión no ayuda, y sí reduce el rendimiento global del sistema en que es empleada.

Compresión de volumen completo

El primer sistema de archivos que se popularizó fue *Stacker*, comercializado a partir de 1990 por *Stac Electronics*. *Stacker* operaba bajo MS-DOS, creando un dispositivo de bloques virtual alojado en un disco estándar.[13] Varias implementaciones posteriores de esta misma época se basaron en este mismo principio.

---

[12]Uno de los algoritmos más frecuentemente utilizados y fáciles de entender es la *Codificación Huffman*; éste y la familia de algoritmos *Lempel-Ziv* sirven de base para prácticamente la totalidad de las implementaciones.

[13]Esto significa que, al solicitarle la creación de una unidad comprimida de 30 MB dentro del volumen C (disco duro primario), ésta aparecería disponible como un volumen adicional. El nuevo volumen requería de la carga de un *controlador* especial para ser *montado* por el sistema operativo.

Ahora, sumando la variabilidad derivada del enfoque probabilístico al uso del espacio con el ubicarse como una compresión orientada al volumen entero, resulta natural encontrar una de las dificultades resultantes del uso de estas herramientas: dado que el sistema operativo estructura las operaciones de lectura y escritura por bloques de dimensiones regulares (por ejemplo, el tamaño típico de sector hardware de 512 bytes), al poder éstos traducirse a más o menos bloques reales tras pasar por una capa de compresión, es posible que el sistema de archivos tenga que reacomodar constantemente la información al *crecer* alguno de los bloques previos. Conforme mayor era el tiempo de uso de una unidad comprimida por *Stacker*, se notaba más degradación en su rendimiento.

Además, dado que bajo este esquema se empleaba el sistema de archivos estándar, las tablas de directorio y asignación de espacio resultaban también comprimidas. Estas tablas, como ya se ha expuesto, contienen la información fundamental del sistema de archivos; al comprimirlas y reescribirlas constantemente, la probabilidad de que resulten dañadas en alguna falla (eléctrica o lógica) aumenta. Y si bien los discos comprimidos por *Stacker* y otras herramientas fueron populares, principalmente durante la primera mitad de los noventa, conforme aumentó la capacidad de los discos duros fue declinando su utilización.

Compresión archivo por archivo

Dado el éxito del que gozó *Stacker* en sus primeros años, Microsoft anunció como parte de las características de la versión 6.0 de MS-DOS (publicada en 1993) que incluiría *DoubleSpace*, una tecnología muy similar a la de *Stacker*. Microsoft incluyó en sus sistemas operativos el soporte para DoubleSpace por siete años, cubriendo las últimas versiones de MS-DOS y las de Windows 95, 98 y Millenium, pero como ya se vio, la compresión de volumen completo presentaba importantes desventajas.

Para el entonces nuevo sistemas de archivos NTFS, Microsoft decidió incluir una característica distinta, más segura y más modular: mantener el sistema de archivos funcionando de forma normal, sin compresión, y habilitar la compresión *archivo por archivo* de forma transparente al usuario.

Este esquema permite al administrador del sistema elegir, por archivos o carpetas, qué areas del sistema de archivos desea almacenar comprimidas; esta característica viene como parte de todos los sistemas operativos Windows a partir de la versión XP, liberada en el año 2003.

Si bien la compresión transparente por archivo se muestra mucho más atractiva que la de volumen completo, no es una panacea y es frecuente encontrar en foros en línea la recomendación de deshabilitarla. En primer término, comprimir un archivo implica que un cambio pequeño puede tener un efecto mucho mayor: modificar un bloque puede implicar que el tamaño final de los datos cambie, lo cual se traduciría a la reescritura del archivo desde ese punto en adelante; esto podría mitigarse insertando espacios para preservar el espacio ya ocupado, pero agrega complejidad al proceso (y abona en contra de la compresión). Los archivos comprimidos son además mucho más sensibles a la corrupción de datos, particularmente en casos de fallo de sistema o de energía: dado que un cambio menor puede resultar en la necesidad de reescribir al archivo completo, la ventana de tiempo para que se produzca un fallo se incrementa.

En archivos estructurados para permitir el acceso aleatorio, como podrían ser las tablas de bases de datos, la compresión implicaría que los registros no estarán ya alineados al tamaño que el programa gestor espera, lo cual acarreará necesariamente una penalización en el rendimiento y en la confiabilidad.

Por otro lado, los formatos nativos en que se expresan los datos que típicamente ocupan más espacio en el almacenamiento de los usuarios finales implican ya un alto grado de compresión: los archivos de fotografías, audio o video se codifican bajo diversos esquemas de compresión aptos para sus particularidades. Y comprimir un archivo que ya está comprimido no sólo no reporta ningún beneficio, sino que resulta en desperdicio de trabajo por el esfuerzo invertido en descomprimirlo cada vez que es empleado.

La compresión transparente, archivo por archivo, tiene innegables ventajas, sin embargo, por las desventajas que implica, no puede tomarse como el modo de operación por omisión.

Desduplicación

Hay una estrategia fundamentalmente distinta para optimizar el uso del espacio de almacenamiento, logrando muy altos niveles de *sobreuso*: guardar *sólo una copia* de cada cosa.

Desde fines de los ochenta se han planteado sistemas implementando distintos tipos de desduplicación, aunque su efectividad era muy limitada y, por tanto, su nivel de adopción se mantuvo muy reducido hasta recientemente.

El que se retomara la desduplicación se debe en buena medida a la *consolidación* de servidores ante la adopción a gran escala de mecanismos de virtualización (véanse apéndice B y en particular la sección B.5). Dado que un mismo servidor puede estar alojando a decenas o centenas de *máquinas virtuales*, muchas de ellas con el mismo sistema operativo y programas base, los mismos archivos se repiten muchas veces; si el sistema de archivos puede determinar que cierto archivo o bloque está ya almacenado, podría guardar sólamente una copia.

La principal diferencia entre la desduplicación y las *ligas duras* mencionadas en la sección 6.3.1 es que, en caso de que cualquiera de estos archivos (o bloques) sea modificado, el sistema de archivos tomará el espacio necesario para representar estos cambios y evitará que esto afecte a los demás archivos. Además, si dos archivos inicialmente distintos se hacen iguales, se liberará el espacio empleado por uno de ellos de forma automática.

Para identificar qué datos están duplicados, el mecanismo más utilizado es calcular el *hash criptográfico* de los datos;[14] este mecanismo permite una búsqueda rápida y confiable de coincidencias, ya sea por archivo o por bloque.

La desduplicación puede realizarse *en línea* o *fuera de línea* — esto es, analizar los datos buscando duplicidades al momento que estos llegan al sistema, o (dado que es una tarea intensiva, tanto en uso de procesador, como de entrada/salida) realizarla como una tarea posterior de mantenimiento, en un momento de menor ocupación del sistema.

Desduplicar por archivo es mucho más ligero para el sistema que hacerlo por bloque, aunque dadas las estructuras comunes que comparten muchos archivos, desduplicar por bloque lleva típicamente a una mucho mayor optimización del uso de espacio.

Al día de hoy, el principal sistema de archivos que implementa desduplicación es ZFS,[15] desarrollado por Sun Microsystems (hoy Oracle). En Linux, esta característica forma parte de BTRFS, aunque no ha alcanzado los niveles de estabilidad como para recomendarse para su uso en entornos de producción.

En Windows, esta funcionalidad se conoce como *single instance storage* (*almacenamiento de instancia única*). Esta característica apareció, implementada en espacio de usuario y, por tanto, operando únicamente por archivo, como una de las características del servidor de correo *Exchange Server* entre los años 2000 y 2010. A partir de Windows Server 2003, la funcionalidad de desduplicación existe directamente para NTFS, aunque su uso es poco frecuente.

El uso de desduplicación, particularmente cuando se efectúa por bloques, tiene un alto costo en memoria: para mantener buenos niveles de rendimiento, la tabla que relaciona el hash de datos con el sector en el cual está almacenado debe mantenerse en memoria. En el caso de la implementación de ZFS en FreeBSD, la documentación sugiere dedicar 5 GB de memoria por cada TB de almacenamiento (0.5% de la capacidad total) (Rhodes y col. 1995-2014).

7.1.6. Sistemas de archivos virtuales

Los sistemas de archivos nacieron para facilitar el uso de dispositivos de almacenamiento para la información que debe persistir a largo plazo. Sin embargo, dado que la abstracción para su uso resulta tan natural para representar todo tipo de información, desde la década de los ochenta aparecieron diversas implementaciones de discos RAM: programas diseñados para tomar un espacio de memoria y darle la semántica de un disco, permitiendo manipular su contenido como si fuera un disco cualquiera. Esto es, presenta almacenamiento volátil, pero de muy alta velocidad.

---

[14]Por ejemplo, empleando el algoritmo SHA-256, el cual brinda una probabilidad de *colisión* de 1 en 2^{256}, suficientemente confiable para que la pérdida de datos sea mucho menos probable que la falla del disco.

[15]Las características básicas de ZFS serán presentadas en la sección C.3.2.

Estos esquemas gozaron de relativa popularidad a lo largo de los ochenta y noventa; fue, sin embargo, con la popularización de los sistemas que implementan memoria virtual que este esquema se volvió verdaderamente popular. En los sistemas Linux modernos, la norma es el uso de sistemas de archivos virtuales para el espacio de almacenamiento temporal /tmp, e incluso otros espacios tradicionalmente persistentes (como el directorio con los archivos de dispositivos, /dev) se han convertido en virtuales.

Una ventana al núcleo

El artículo titulado *Processes as files* (Killian 1984), presentado en el congreso de desarrolladores de sistemas Unix del grupo USENIX, presenta la implementación un sistema de archivos virtual para ser montado en el directorio /proc del sistema. Dicho sistema de archivos, en vez de representar un mapa de bloques en un dispositivo físico, presentó una ventana a la lista de procesos en ejecución en el sistema. El uso de /proc fue incorporado a prácticamente todos los sistemas tipo Unix.

Esta idea ha avanzado y madurado, y al día de hoy es una herramienta fundamental para la administración de sistemas. Si bien la propuesta original de Killian estaba encaminada principalmente a facilitar la implementación de depuradores presentando el espacio de memoria de los procesos, /proc es hoy en día una suerte de ventana a estructuras internas del sistema: un árbol de directorios con una gran cantidad de archivos por medio de los cuales se puede monitorear el estado del sistema (memoria libre, número de procesos, consumo de procesador, etc.), e incluso modificar la configuración del sistema en ejecución.

Por ejemplo, en Linux, leer de /proc/sys/vm/swappiness dará, por omisión, un valor de 60. Escribir el valor 100 a este archivo tendrá por resultado inmediato que el sistema sea más *agresivo* con la paginación de memoria virtual, buscando dejar más espacio de memoria física disponible (véase la sección 5.5) de lo que normalmente haría. Por otro lado, escribir el valor uno tendrá por efecto que el sistema operativo realice la paginación sólo si no tiene otra alternativa. Un valor de cero tendrá como efecto el deshabilitar la paginación por completo. Este archivo, al igual que todos los que conforman /proc, se presenta ante los procesos en ejecución como un archivo de tipo normal —la particularidad radica en el sistema de archivos en que se ubica.

Claro está, por más que parezca una simple lectura de un archivo, el leer o modificar un valor dentro de /proc cruza también por una serie de llamadas al sistema; el que la configuración de la memoria virtual esté disponible mediante algo que *parece ser* un archivo (sin serlo) es precisamente un caso de abstracción hacia una interfaz consistente y conocida.

7.2. Esquemas de asignación de espacio

Hasta este punto, la presentación de la *entrada de directorio* se ha limitado a indicar que ésta tiene un apuntador al lugar donde inicia el espacio empleado por el archivo. No se ha detallado en cómo se implementa la asignación y administración de dicho espacio. En esta sección se hará un breve repaso de los tres principales mecanismos, para después explicar cómo es la implementación de FAT, abordando sus principales virtudes y debilidades.

7.2.1. Asignación contigua

Los primeros sistemas de archivos en disco empleaban un esquema de *asignación contigua*. Para implementar un sistema de archivos de este tipo, no haría falta contar con una *tabla de asignación de archivos*: bastaría con la información que forma parte del directorio de FAT —la extensión del archivo y la dirección de su primer *cluster*.

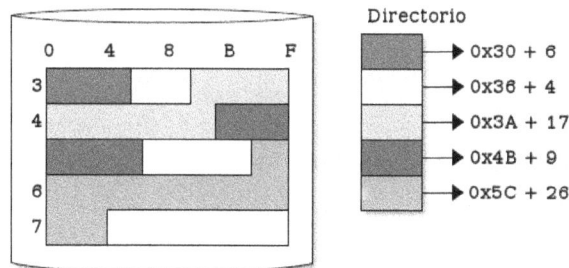

Figura 7.3: Asignación contigua de archivos: directorio con inicio y longitud.

La principal ventaja de este mecanismo de asignación, claro está, es la simplicidad de su implementación. Brinda además la mejor velocidad de transferencia del archivo, dado que al estar cada uno de los archivos en espacio contiguo en el disco, el movimiento de cabezas se mantiene al mínimo. Sin embargo, este mecanismo se vuelve sumamente inconveniente en medios que soporten lectura y escritura: es muy sensible a la *fragmentación externa*; si un archivo requiere crecer, debe ser movido íntegramente a un bloque más grande (lo cual toma demasiado tiempo), y el espacio que libera un archivo en caso de reducirse su necesidad de espacio queda *atrapado* entre bloques asignados. Podemos tener mucho más espacio disponible que el que podamos asignar a un nuevo archivo.

Los esquemas de asignación contigua se emplean hoy en día principalmente en sistemas de archivo de sólo lectura, por ejemplo, lo emplea el sistema principal que utilizan los CD-ROM, ISO-9660, pensado para aprovechar al máximo un espacio que, una vez grabado, sólo podrá abrirse en modo de sólo lectura. Esto explica porqué, a diferencia de lo que ocurre en cualquier otro medio de almacenamiento, al *quemar* un CD-ROM es necesario preparar primero una *imagen* en la que los archivos ocupen sus posiciones definitivas, y esta imagen debe grabarse en el disco en una sola operación.

7.2.2. Asignación ligada

Un enfoque completamente distinto sería el de *asignación ligada*. Este esquema brinda mucho mayor flexibilidad al usuario, sacrificando la simplicidad y la velocidad: cada entrada en el directorio apunta a un primer *grupo* de sectores (o *cluster*), y éste contiene un apuntador que indica cuál es el siguiente.

Para hacer esto, hay dos mecanismos: el primero, reservar un espacio al final de cada *cluster* para guardar el apuntador y, el segundo, crear una tabla independiente, que guarde únicamente los apuntadores.

En el primer caso, si se manejan *clusters* de 2 048 bytes, y se reservan los cuatro bytes (32 bits) finales de cada uno, el resultado sería de gran incomodidad a los programadores, ya que, frecuentemente, buscan alinear sus operaciones con las fronteras de las estructuras subyacentes, para optimizar los accesos (por ejemplo, evitar que un sólo registro de base de datos requiera ser leído de dos distintos bloques en disco). El programador tendría que diseñar sus estructuras para ajustarse a la poco ortodoxa cantidad de 2 044 bytes.

Y más allá de esta inconveniencia, guardar los apuntadores al final de cada *cluster* hace mucho más lento el manejo de todos los archivos: al no tener en una sola ubicación la relación de *clusters* que conforman un archivo, todas las transferencias se convierten en *secuenciales*: para llegar directamente a determinado bloque del archivo, habrá que pasar por todos los bloques previos para encontrar su ubicación.

Particularmente por este segundo punto es mucho más común el empleo de una *tabla de asignación de archivos* —y precisamente así es como opera FAT (de hecho, esta tabla es la que le da su nombre). La tabla de asignación es un mapa de los *clusters*, representando a cada uno por el espacio necesario para guardar un apuntador.

La principal ventaja del empleo de asignación ligada es que desaparece la *fragmentación interna*.[16] Al ya no requerir la *pre-asignación* de un espacio contiguo, cada uno de los archivos puede crecer o reducirse según sea necesario.

Ahora, la *asignación ligada* no sólo resulta más lenta que la contigua, sino que presenta una mayor *sobrecarga administrativa*: el espacio desperdiciado para

---

[16]Con *fragmentación interna* se hace aquí referencia al concepto presentado en la sección 5.2.1. El fenómeno generalmente conocido como *fragmentación* se refiere a la necesidad de *compactación*; es muy distinto, y sí se presenta bajo este esquema: cada archivo se separa en pequeños *fragmentos* que pueden terminar esparcidos por todo el disco, afectando fuertemente en el rendimiento del sistema.

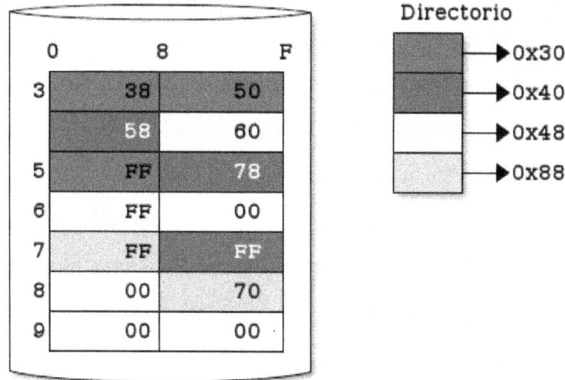

Figura 7.4: Asignación ligada de archivos: directorio con apuntador sólo al primer *cluster*.

almacenar los apuntadores típicamente es cercano a 1% del disponible en el medio.

Este esquema también presenta *fragilidad de metadatos*: si alguno de los apuntadores se pierde o corrompe, lleva a que se pierda el archivo *completo* desde ese punto y hasta su final (y abre la puerta a la corrupción de otro archivo, si el apuntador queda apuntando hacia un bloque empleado por éste; el tema de fallos y recuperación bajo estos esquemas se cubrirá en la sección 7.3).

Hay dos mecanismos de mitigación para este problema: el empleado por los sistemas FAT es guardar una (o, bajo FAT12, dos) copias adicionales de la tabla de asignación, entre las cuales el sistema puede verificar que se mantengan consistentes y buscar corregirlas en caso contrario. Por otro lado, puede manejarse una estructura de *lista doblemente ligada* (en vez de una *lista ligada* sencilla) en que cada elemento apunte tanto al siguiente como al anterior, con lo cual, en caso de detectarse una inconsistencia en la información, ésta pueda ser recorrida *de atrás hacia adelante* para confirmar los datos correctos. En ambos casos, sin embargo, la sobrecarga administrativa se duplica.

7.2.3. Asignación indexada

El tercer modelo es la *asignación indexada*, el mecanismo empleado por casi todos los sistemas de archivos modernos. En este esquema, se crea una estructura intermedia entre el directorio y los datos, única para cada archivo: el *i-nodo* (o *nodo de información*). Cada uno guarda los metadatos y la lista de bloques del archivo, reduciendo la probabilidad de que se presente la *corrupción de apuntadores* mencionada en la sección anterior.

La sobrecarga administrativa bajo este esquema potencialmente es mucho

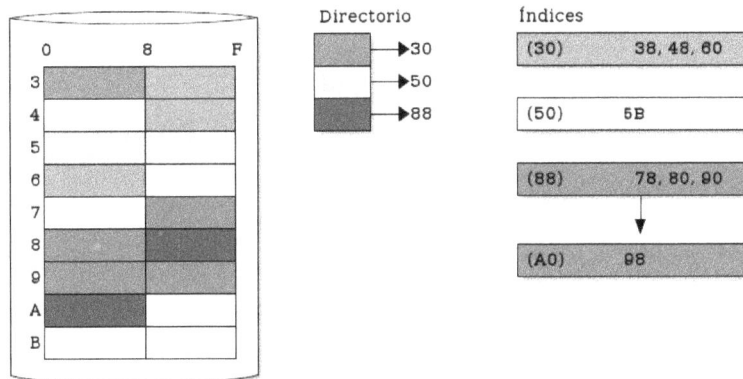

Figura 7.5: Asignación indexada de archivos: directorio con apuntador al i-nodo (ejemplificado con un i-nodo de tamaño extremadamente ineficiente).

mayor: al asignar el i-nodo, éste se crea ocupando como mínimo un *cluster* completo. En el caso de un archivo pequeño, que quepa en un sólo *cluster*, esto representa un desperdicio de 100% de espacio (un *cluster* para el i-nodo y otro para los datos);[17] para archivos más grandes, la sobrecarga relativa disminuye, pero se mantiene siempre superior a la de la asignación ligada.

Un esquema de asignación indexada brinda una mayor eficiencia de caché que la asignación ligada: si bien en dicho caso es común guardar copia de la tabla de asignación en memoria para mayor agilidad, con la asignación inde-xada bastará hacer caché *sólo de la información importante*, esto es, únicamente de los archivos que se emplean en un momento dado. El *mapa de asignación* para los archivos y directorios que no hayan sido empleados recientemente no requerirán estar en memoria.

Claro está, mientras que en los esquemas anteriores la tabla central de asig-nación de archivos puede emplearse directamente como el *bitmap* del volumen, en los sistemas de archivos de asignación indexada se vuelve necesario contar con un *bitmap* independiente — pero al sólo requerir representar si cada *cluster* está vacío u ocupado (y ya no apuntar al siguiente), resulta de mucho menor tamaño.

Ahora, ¿qué pasa cuando la lista de *clusters* de un archivo no cabe en un i-nodo? Este ejemplo se ilustra en el tercer archivo de la figura 7.6: en este caso, cada i-nodo puede guardar únicamente tres apuntadores.[18] Al tener un archivo

---

[17]Algunos sistemas de archivos, como Reiser, BTRFS o UFS, presentan esquemas de asignación *sub-cluster*. Estos denominan *colas* (*tails*) a los archivos muy pequeños, y pueden ubicarlos ya sea dentro de su mismo i-nodo o compartiendo un mismo *cluster* con un *desplazamiento* dentro de éste. Esta práctica no ha sido adoptada por sistemas de archivos de uso mayoritario por su complejidad relativa.

[18]Esto resulta un límite demasiado bajo, y fue elegido meramente para ilustrar el presente punto.

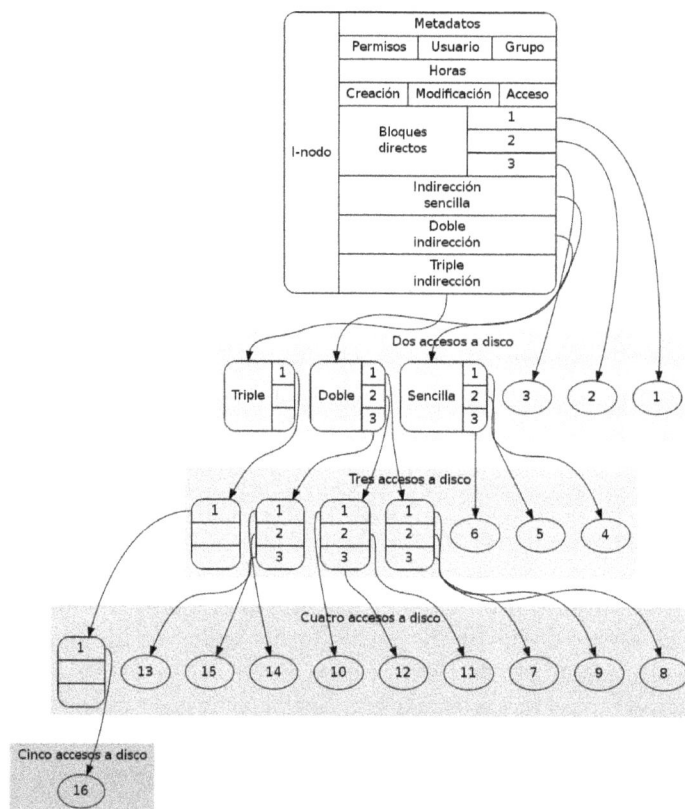

Figura 7.6: Estructura típica de un i-nodo en Unix, mostrando además el número de accesos a disco necesarios para llegar a cada *cluster* (con sólo tres *cluster* por lista).

con cuatro *clusters*, se hace necesario extender al i-nodo con una lista adicional. La implementación más común de este mecanismo es que, dependiendo del tamaño del archivo, se empleen apuntadores con los niveles de indirección que *vayan haciendo falta*.

¿Qué tan grande sería el archivo máximo direccionable bajo este esquema y únicamente tres indirecciones? Suponiendo magnitudes típicas hoy en día (*clusters* de 4 KB y direcciones de 32 bits), en un *cluster* vacío caben 128 apuntadores ($\frac{4\,096}{32}$). Si los metadatos ocupan 224 bytes en el i-nodo, dejando espacio para 100 apuntadores:

- Un archivo de hasta $(100 - 3) \times 4$ KB = 388 KB puede ser referido por completo directamente en el i-nodo, y es necesario un sólo acceso a disco para obtener su lista de *clusters*.

- Un archivo de hasta $(100 - 3 + 128) \times 4$ KB = 900 KB puede representarse con el bloque de indirección sencilla, y obtener su lista de *clusters* significa dos accesos a disco adicionales.

- Con el bloque de doble indirección, puede hacerse referencia a archivos mucho más grandes:

$$(100 - 3 + 128 + (128 \times 128)) \times 4 \text{ KB} = 66\,436 \text{ KB} \approx 65 \text{ MB}$$

Sin embargo, a estas alturas comienza a llamar la atención otro importante punto: para acceder a estos 65 MB, es necesario realizar hasta 131 accesos a disco. A partir de este punto, resulta importante que el sistema operativo asigne *clusters* cercanos para los metadatos (y, de ser posible, para los datos), pues la diferencia en tiempo de acceso puede ser muy grande.

- Empleando triple indirección, se puede llegar hasta:

$$(100 - 3 + 128 + (128 \times 128) + (128 \times 128 \times 128)) \times 2 \text{ KB} = 8\,455\,044 * kb* \approx 8 \text{ GB}$$

Esto es ya más de lo que puede representarse en un sistema de 32 bits. La cantidad de bloques a leerse, sin embargo, para encontrar todos los *clusters* significarían hasta 16\,516 accesos a disco (en el peor de los casos).

7.2.4. Las tablas en FAT

Volviendo al caso que se presenta como ejemplo, para el sistema de archivos FAT, cada entrada del directorio apunta al primer *cluster* que ocupa cada uno de los archivos, y se emplea un esquema de asignación ligada. El directorio tiene también un campo indicando la *longitud total* del archivo, pero esto no es empleado para leer la información, sino para poderla presentar más ágilmente al usuario (y para que el sistema operativo sepa dónde indicar *fin de archivo* al leer el último *cluster* que compone a determinado archivo).

La estructura fundamental de este sistema de archivos es la tabla de asignación de archivos (*file allocation table*) — tanto que de ella toma el nombre por el cual se le conoce, FAT.

Cada entrada de la FAT mide lo que la longitud correspondiente a su versión (12, 16 o 32 bits), y almacena ya sea el siguiente *cluster* del archivo, o alguno de los valores especiales descritos en el cuadro 7.2.

Llama la atención que haya un valor especial para indicar que un *cluster* tiene sectores dañados. Esto remite de vuelta al momento histórico de la creación de la familia FAT: siendo el medio predominante de almacenamiento el disco flexible, los errores en la superficie eran mucho más frecuentes de lo que lo son hoy en día.

Una característica que puede llamar la atención de FAT es que parecería permitir la fragmentación de archivos *por diseño*: dado que el descriptor de cada *cluster debe apuntar* al siguiente, puede asumirse que el *caso común* es que los

Cuadro 7.2: Valores especiales que puede almacenar FAT; cualquier otro valor indica la dirección del siguiente *cluster* que forma parte del archivo al cual pertenece el registro en cuestión.

FAT12	FAT16	FAT32	Significado
0x000	0x0000	0x00000000	Disponible, puede ser asignado.
0xFF7	0xFFF7	0xFFFFFFF7	*Cluster* dañado, no debe utilizarse.
0xFFF	0xFFFF	0xFFFFFFFF	Último *cluster* de un archivo.

clusters no ocuparán contiguos en el disco. Claro está, la tabla puede apuntar a varios *clusters* adyacentes, pero el sistema de archivos mismo no hace nada para que así sea.

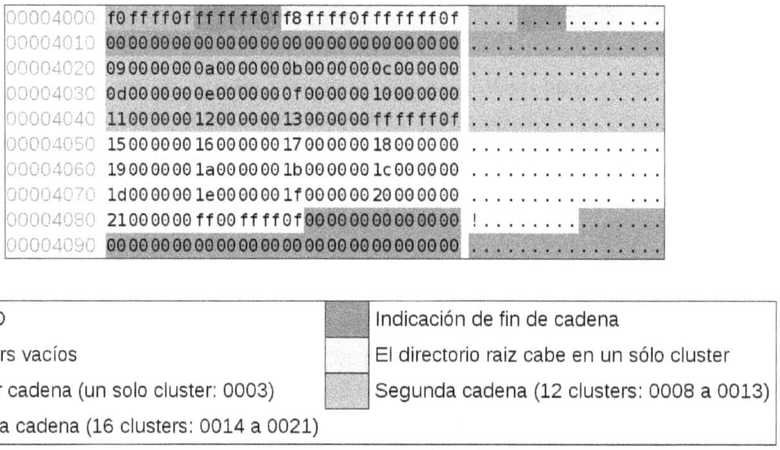

Figura 7.7: Ejemplo de entradas en la tabla de asignación de archivos en FAT32.

En la sección 7.1.4, al presentar el formato del directorio de FAT, se mencionó que los subdirectorios son en realidad archivos de un tipo especial: una suerte de archivos estructurados (véase la sección 6.2.5), gestionados por el sistema operativo. Lo único que distingue a un directorio de un archivo normal es que, en la entrada que lo describe en su directorio padre, el doceavo byte de la entrada (que indica los *atributos del archivo*, véanse la figura 7.1 y el cuadro 7.1) tiene activado el bit cuatro.

Un directorio es almacenado en disco *exactamente* como cualquier otro archivo. Si se le asigna únicamente un *cluster*, y el tamaño del *cluster* es pequeño (2 KB), podrá almacenar sólo 64 entradas ($\frac{2\,048}{32}$) y cada *cluster* adicional le dará 64 entradas más. Y dado que es tratado tal cual si fuera un archivo normal, estará sujeto también a la fragmentación: conforme se agreguen entradas al directorio, éste crecerá. Llegado el momento, requerirá *clusters* adicionales. Y si un directorio termina disperso por todo el disco, resultará –como cualquier otro archivo– más lento leerlo y trabajar con él. Siempre que se abra un archivo dentro de un directorio grande, o que se le recorra para abrir algún archivo en un subdirectorio suyo, el sistema tendrá que buscar todos sus fragmentos a lo largo del disco.

Ante estos dos aspectos, no puede perderse de vista la edad que tiene el sistema FAT. Otros sistemas de archivos más modernos han resuelto este problema mediante los *grupos de asignación*: los directorios del sistema son *esparcidos* a lo largo del volumen, y *se intenta* ubicar los archivos cerca de los directorios desde donde son referidos.[19] Esto tiene como consecuencia que los archivos que presentan *cercanía temática* (que pertenecen al mismo usuario o proyecto, o que por alguna razón están en la misma parte de la jerarquía del sistema) quedan ubicados en disco cerca unos de otros (y cerca de sus directorios). Y dado que es probable que sean empleados aproximadamente al mismo tiempo, esto reduce las distancias que recorrerán las cabezas. Además, al esparcir los archivos, se distribuye también mejor el espacio libre, por lo cual el efecto de los cambios de tamaño de un archivo en lo relativo a la fragmentación se limita a los que forman parte del mismo bloque de asignación.

Los sistemas de archivos que están estructurados siguiendo esta lógica de grupos de asignación no evitan la fragmentación, pero sí la mayor parte de sus consecuencias negativas. Para mantener este esquema operando confiablemente, eso sí, requieren de mantener disponibilidad de espacio — al presentarse saturación, esta estrategia pierde efectividad. Para evitar que esto ocurra, es muy frecuente en los sistemas Unix que haya un cierto porcentaje (típicamente cercano a 5%) del disco disponible únicamente para el administrador — en caso de que el sistema de archivos pase de 95%, los usuarios no podrán escribir en él, pero el administrador puede efectuar tareas de mantenimiento para volver a un rango operacional.

7.3. Fallos y recuperación

El sistema de archivos FAT es *relativamente frágil*: no es difícil que se presente una situación de *corrupción de metadatos*, y muy particularmente, que ésta afecte la estructura de las tablas de asignación. Los usuarios de sistemas basados en FAT en Windows sin duda conocen a CHKDSK y SCANDISK, dos programas que implementan la misma funcionalidad base, y difieren principalmente en su interfaz al usuario: CHKDSK existe desde los primeros años de MS-DOS, y está pensado para su uso interactivo en línea de comando; SCANDISK se ejecuta desde el entorno gráfico, y presenta la particularidad de que no requiere (aunque sí recomienda fuertemente) *acceso exclusivo* al sistema de archivos mientras se ejecuta.

---

[19]Claro está, en el caso de los archivos que están como *ligas duras* desde varios directorios, pueden ubicarse sólo cerca de uno de ellos.

¿Cómo es el funcionamiento de estos programas?

A lo largo de la vida de un sistema de archivos, conforme los archivos se van asignando y liberando, cambian su tamaño, y conforme el sistema de archivos se monta y desmonta, pueden ir apareciendo *inconsistencias* en su estructura. En los sistemas tipo FAT, las principales inconsistencias[20] son:

Archivos cruzados (*cross-linked file*) Recuérdese que la entrada en el directorio de un archivo incluye un apuntador al primer *cluster* de una *cadena*. Cada cadena debe ser única, esto es, ningún *cluster* debe pertenecer a más de un archivo. Si dos archivos incluyen al mismo *cluster*, esto indica una inconsistencia, y la única forma de resolverla es *truncar* uno de los archivos en el punto inmediato anterior a este cruce.

Cadenas perdidas o *huérfanas* (*lost clusters*) Cuando hay espacio marcado como ocupado en la tabla de asignación, pero no hay ninguna entrada de directorio haciendo referencia a ella, el espacio está efectivamente bloqueado y, desde la perspectiva del usuario, inutilizado; además, estas cadenas pueden ser un archivo que el usuario aún requiera.

Este problema resultó tan frecuente en versiones históricas de Unix que incluso hoy es muy común tener un directorio llamado lost+found en la raíz de todos los sistemas de archivos, donde fsck (el equivalente en Unix de CHKDSK) creaba ligas a los archivos perdidos por corrupción de metadatos.

Cada sistema de archivos podrá presentar un distinto conjunto de inconsistencias, dependiendo de sus estructuras básicas y de la manera en que cada sistema operativo las maneja.

En la década de los 1980 comenzaron a venderse los *controladores de disco inteligentes*, y en menos de 10 años dominaban ya el mercado. Estos controladores, con interfaces físicas tan disímiles como SCSI, IDE, o los más modernos, SAS y SATA, introdujeron muchos cambios que fueron disociando cada vez más al sistema operativo de la gestión física directa de los dispositivos; en el apéndice C se presenta con mayor profundidad lo que esto ha significado para el desarrollo de sistemas de archivos y algoritmos relacionados. Sin embargo, para el tema en discusión, los *controladores inteligentes* resultan relevantes porque, si bien antes el sistema operativo podía determinar con toda certeza si una operación se había realizado o no, hoy en día los controladores dan un *acuse de recibo* a la información en el momento en que la colocan en el caché incorporado del dispositivo —en caso de un fallo de corriente, esta información puede no haber sido escrita por completo al disco.

Es importante recordar que las operaciones con los metadatos que conforman el sistema de archivos no son atómicas. Por poner un ejemplo, crear un archivo en un volumen FAT requiere:

---

[20]Que no las únicas. Éstas y otras más están brevemente descritas en la página de manual de dosfsck (véase la sección 7.4.3).

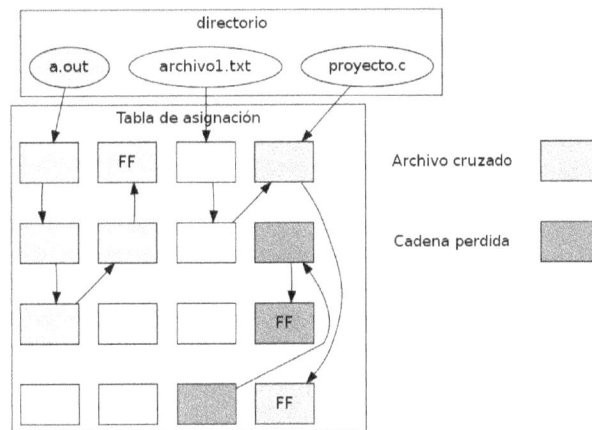

Figura 7.8: Inconsistencias en un sistema de archivos tipo FAT.

1. Encontrar una lista de *clusters* disponibles suficiente para almacenar la información que conformará al archivo.

2. Encontrar el siguiente espacio disponible en el directorio.

3. Marcar en la tabla de asignación la secuencia de *clusters* que ocupará el archivo.

4. Crear en el espacio encontrado una entrada con el nombre del archivo, apuntando al primero de sus *clusters*.

5. Almacenar los datos del archivo en cuestión en los *clusters* determinados en el paso 1.

Cualquier fallo que se presente después del tercer paso (tras efectuarse la primera modificación) tendrá como consecuencia que el archivo resulte corrupto, y muy probablemente todo que el sistema de archivos *presente inconsistencias* o *esté en un estado inconsistente*.

7.3.1. Datos y metadatos

En el ejemplo recién presentado, el sistema de archivos estará en un estado consistente siempre que se terminen los pasos 3 y 4 —la consistencia del sistema de archivos es independiente de la validez de los datos del archivo. Lo que busca el sistema de archivos, más que garantizar la integridad de los *datos* de uno de los archivos, es asegurar la de los *metadatos*: los datos que describen la estructura.

En caso de que un usuario desconecte una unidad a media operación, es muy probable que se presente pérdida de información, pero el sistema de archivos debe buscar no presentar ningún problema que ponga en riesgo *operaciones posteriores* o *archivos no relacionados*. La corrupción y recuperación de datos en archivos corruptos y truncados, si bien es también de gran importancia, cae más bien en el terreno de las aplicaciones del usuario.

7.3.2. Verificación de la integridad

Cada sistema operativo incluye programas para realizar verificación (y, en su caso, corrección) de la integridad de sus sistemas de archivo. En el caso de MS-DOS y Windows, como ya se vio, estos programas son CHKDSK y SCANDISK; en los sistemas Unix, el programa general se llama fsck, y típicamente emplea a asistentes según el tipo de sistema que haya que revisar — fsck.vfat, fsck.ext2, etcétera.

Estos programas hacen un *barrido* del sistema de archivos, buscando evidencias de inconsistencia. Esto lo hacen, en líneas generales:

- Siguiendo todas las cadenas de *clusters* de archivos o tablas de i-nodos, y verificando que no haya archivos cruzados (compartiendo erróneamente bloques).

- Verificando que todas las cadenas de *clusters*, así como todos los directorios, sean alcanzables y sigan una estructura válida.

- Recalculando la correspondencia entre las estructuras encontradas y los diferentes bitmaps y totales de espacio vacío.

Estas operaciones son siempre procesos intensivos y complejos. Como requieren una revisión profunda del volumen entero, es frecuente que duren entre decenas de minutos y horas. Además, para poder llevar a cabo su tarea deben ejecutarse teniendo acceso exclusivo al volumen a revisar, lo cual típicamente significa colocar al sistema completo en modo de mantenimiento.

Dado el elevado costo que tiene verificar el volumen entero, en la década de los noventa surgieron varios esquemas orientados a evitar la necesidad de invocar a estos programas de verificación: las *actualizaciones suaves*, los *sistemas de archivos con bitácora*, y los *sistemas de archivos estructurados en bitácora*.

7.3.3. Actualizaciones suaves

El esquema de *actualizaciones suaves* (*soft updates*) aparentemente es el más simple de los que se presentan, pero su implementación resultó mucho más compleja de lo inicialmente estimado y, en buena medida, por esta causa no ha sido empleado más ampliamente. La idea básica detrás de este esquema es estructurar el sistema de archivos de una forma más simple y organizar las escrituras del mismo de modo que el estado resultante *no pueda* ser inconsistente, ni siquiera en caso de fallo, y de exigir que todas las operaciones de actualización de metadatos se realicen de forma *síncrona*.[21]

Ante la imposibilidad de tener un sistema *siempre consistente*, esta exigencia se relajó para permitir inconsistencias *no destructivas*: pueden presentarse *cadenas perdidas*, dado que esto no pone en riesgo a ningún archivo, sólo disminuye el espacio total disponible.

Esto, aunado a una reestructuración del programa de verificación (`fsck`) como una tarea *ejecutable en el fondo*[22] y en una tarea de *recolector de basura*, que no requiere intervención humana (dado que no pueden presentarse inconsistencias destructivas), permite que un sistema de archivos que no fue *limpiamente desmontado* pueda ser montado y utilizado de inmediato, sin peligro de pérdida de información o de corrupción.

Al requerir que todas las operaciones sean síncronas, parecería que el rendimiento global del sistema de archivos tendría que verse afectado, pero por ciertos patrones de acceso muy frecuentes, resulta incluso beneficioso. Al mantenerse un ordenamiento lógico entre las dependencias de todas las operaciones pendientes, el sistema operativo puede *combinar* muchas de estas y reducir de forma global las escrituras a disco.

A modo de ejemplos: si varios archivos son creados en el mismo directorio de forma consecutiva, cada uno de ellos mediante una llamada `open()` independiente, el sistema operativo combinará todos estos accesos en uno solo, reduciendo el número de llamadas. Por otro lado, un patrón frecuente en sistemas Unix es que, para crear un archivo de uso temporal reforzando la confidencialidad de su contenido, el proceso solicite al sistema la creación de un archivo, abra el archivo recién creado, y ya teniendo al descriptor de archivo, lo elimine —en este caso, con estas tres operaciones seguidas, *soft updates* podría ahorrarse por completo la escritura a disco.

Esta estrategia se vio afectada por los controladores inteligentes: si un disco está sometido a carga intensa, no hay garantía para el sistema operativo del orden que seguirán *en verdad* sus solicitudes, que se *forman* en el caché propio del disco. Dado que las actualizaciones suaves dependen tan profundamente de confiar en el ordenamiento, esto rompe por completo la confiabilidad del proceso.

Las actualizaciones suaves fueron implementadas hacia 2002 en el sistema operativo FreeBSD, y fueron adoptadas por los principales sistemas de la familia BSD, aunque NetBSD lo retiró en 2012, prefiriendo el empleo de sistemas con bitácora, tema que será tratado a continuación. Muy probablemente, la lógica detrás de esta decisión sea la cantidad de sistemas que emplean esta segunda

---

[21]Esto es, no se le reporta éxito en alguna operación de archivos al usuario sino hasta que ésta es completada y grabada a disco.

[22]Una tarea que no requiere de intervención manual por parte del operador, y se efectúa de forma automática como parte de las tareas de mantenimiento del sistema.

estrategia, y lo complejo que resulta dar mantenimiento dentro del núcleo a dos estrategias tan distintas.

7.3.4. Sistemas de archivo con bitácora

Este esquema tiene su origen en el ámbito de las bases de datos distribuidas. Consiste en separar un área del volumen y dedicarla a llevar una bitácora (*journal*) con todas las *transacciones* de metadatos.[23] Una *transacción* es un conjunto de operaciones que deben aparecer como atómicas.

La bitácora se implementa generalmente como una *lista ligada circular*, con un apuntador que indica cuál fue la última operación realizada exitosamente. Periódicamente, o cuando la carga de transferencia de datos disminuye, el sistema verifica qué operaciones quedaron pendientes, y *avanza* sobre la bitácora, marcando cada una de las transacciones conforme las realiza.

En caso de tener que recuperarse de una condición de fallo, el sistema operativo sólo tiene que leer la bitácora, encontrar cuál fue la última operación efectuada, y aplicar las restantes.

Una restricción de este esquema es que las transacciones guardadas en la bitácora deben ser *idempotentes*— esto es, si una de ellas es efectuada dos veces, el efecto debe ser exactamente el mismo que si hubiera sido efectuada una sola vez. Por poner un ejemplo, no sería válido que una transacción indicara "agregar al directorio x un archivo llamado y", dado que si la falla se produce después de procesar esta transacción pero antes de avanzar al apuntador de la bitácora, el directorio x quedaría con dos archivos y —una situación inconsistente. En todo caso, tendríamos que indicar "registrar al archivo y en la posición z del directorio x"; de esta manera, incluso si el archivo ya había sido registrado, puede volverse a hacerlo sin peligro.

Este esquema es el más utilizado hoy en día, y está presente en casi todos los sistemas de archivos modernos. Si bien con un sistema con bitácora no hace falta verificar el sistema de archivos completo tras una detención abrupta, esta no exime de que, de tiempo en tiempo, el sistema de archivos sea verificado: es altamente recomendado hacer una verificación periódica en caso de presentarse alguna corrupción, sea por algún bug en la implementación, fallos en el medio físico, o factores similarmente poco frecuentes.

La mayor parte de los sistemas de archivos incluyen contadores de *cantidad de montajes* y de *fecha del último montaje*, que permiten que el sistema operativo determine, automáticamente, si corresponde hacer una verificación preventiva.

---

[23]Hay implementaciones que registran también los datos en la bitácora, pero tanto por el tamaño que ésta requiere como por el efecto en velocidad que significa, son poco utilizadas. La sección 7.3.5 presenta una idea que elabora sobre una bitácora que almacena tanto datos como metadatos.

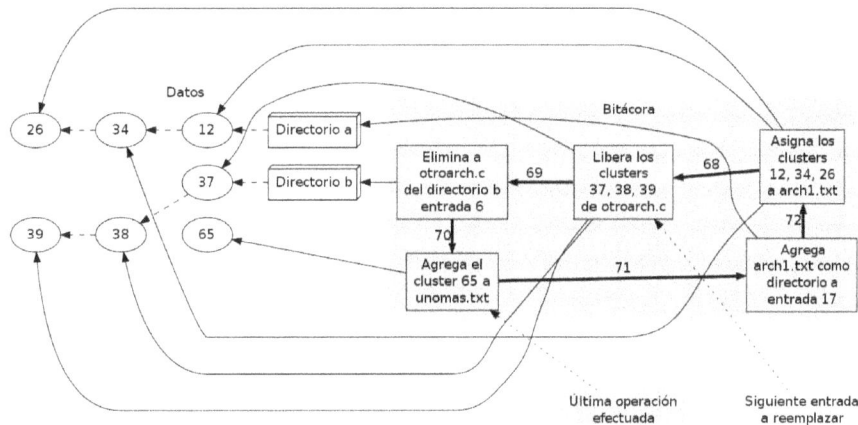

Figura 7.9: Sistema de archivos con bitácora.

7.3.5. Sistemas de archivos estructurados en bitácora

Si se lleva el concepto del sistema de archivos con bitácora a su límite, y se designa a *la totalidad* del espacio en el volumen como la bitácora, el resultado es un sistema de archivos *estructurado en bitácora* (*log-structured file systems*). Obviamente, este tipo de sistemas de archivos presenta una organización completa radicalmente diferente de los sistemas de archivo tradicionales.

Las ideas básicas detrás de la primer implementación de un sistema de archivos de esta naturaleza (Ousterhut y Rosenblum, 1992) apuntan al empleo agresivo de caché de gran capacidad, y con un fuerte mecanismo de *recolección de basura*, reacomodando la información que esté más cerca de la *cola* de la bitácora (y liberando toda aquella que resulte redundante).

Este tipo de sistemas de archivos facilita las escrituras, haciéndolas siempre secuenciales, y buscan –por medio del empleo del caché ya mencionado– evitar que las cabezas tengan que desplazarse con demasiada frecuencia para recuperar fragmentos de archivos.

Una consecuencia directa de esto es que los sistemas de archivos estructurados en bitácora fueron los primeros en ofrecer *fotografías* (*snapshots*) del sistema de archivos: es posible apuntar a un momento en el tiempo, y –con el sistema de archivos aún en operación– montar una copia de sólo lectura con la información del sistema de archivos *completa* (incluyendo los datos de los archivos).

Los sistemas de archivo estructurados en bitácora, sin embargo, no están optimizados para cualquier carga de trabajo. Por ejemplo, una base de datos relacional, en que cada uno de los registros es típicamente actualizado de forma independiente de los demás, y ocupan apenas fracciones de un bloque, resultaría tremendamente ineficiente. La implementación referencia de Ousterhut y Rosenblum fue parte de los sistemas BSD, pero dada su tendencia a la *extrema fragmentación*, fue eliminado de ellos.

Este tipo de sistemas de archivo ofrece características muy interesantes, aunque es un campo que aún requiere de mucha investigación e implementaciones ejemplo. Muchas de las implementaciones en sistemas libres han llegado a niveles de funcionalidad aceptables, pero por diversas causas han ido perdiendo el interés o el empuje de sus desarrolladores, y su ritmo de desarrollo ha decrecido. Sin embargo, varios conceptos muy importantes han nacido bajo este tipo de sistemas de archivos, algunos de los cuales (como el de las *fotografías*) se han ido aplicando a sistemas de archivo estándar.

Por otro lado, dado el fuerte crecimiento que están registrando los medios de almacenamiento de estado sólido (en la sección C.1.2 se abordarán algunas de sus particularidades), y dado que estos sistemas logran aprovechan mejor varias de sus características, es probable que el interés en estos sistemas de archivos resurja.

7.4. Ejercicios

7.4.1. Preguntas de autoevaluación

1. Asuma el siguiente sistema de archivos basado en *asignación indexada*. Cada *cluster* mide 4 096 bytes, y el apuntador a un bloque requiere 32 bits (4 bytes). Dados los metadatos que van a almacenarse en el i-nodo del archivo, dentro del i-nodo principal puede guardar 24 apuntadores directos, y está considerando permitir indirección sencilla y doble.

   ¿Cuál es el tamaño máximo de archivo que podrá manejar este sistema de archivos?

2. El sistema de archivos *Reiser* está basado en la *asignación indexada*, pero introduce un nuevo concepto: las *colitas* (*tails*). Éstas permiten que distintos archivos pequeños, de hasta 4 KB, puedan ser almacenados *en un mismo cluster*. Esto permite a Reiser ahorrar espacio en disco (se estima que logra una eficiencia hasta 5% mayor que sistemas que no emplean esta técnica), y además reduce el tiempo requerido para recuperar estos archivos, dado que los datos pueden almacenarse en el mismo i-nodo que alguna de sus bibliotecas, sin requerir leer ningún bloque adicional.

   Reiser se popularizó alrededor del 2001, pero su desarrollo se ha detenido, y esta característica en particular no ha sido adoptada más que por unos pocos sistemas de archivos (UFS2 y BTRFS). ¿Qué problemas encuentra con el planteamiento de las *colitas*?

3. Describa el funcionamiento de un *sistema de archivos con bitácora* (*journaling file system*). ¿Cómo nos asegura que el sistema se mantendrá consistente después de una interrupción abrupta del suministro eléctrico?

7.4.2. Temas de investigación sugeridos

Desduplicación Una de las características que ofrecen varios sistemas operativos de última generación es la *desduplicación*, presentada en la sección 7.1.5: la detección de sectores idénticos pertenecientes a más de un archivo, para evitar repetirlos varias veces en el disco (es un fenómeno que ocurre mucho más de lo que esperaríamos). Esta detección se realiza típicamente por medio de *hashes criptográficos*.

¿Cómo opera un poco más a detalle este mecanismo, qué tan confiable es? (esto es, ¿se recomienda utilizar ya en sistemas en producción?) ¿Qué tan eficiente resulta con los datos que se encuentran típicamente, qué pasa con el espacio libre reportado al sistema, no se cae en riesgos de *sobre-comprometimiento* (*overcommit*)? Respecto a su forma de operación, ¿qué diferencias tienen la *desduplicación en línea* y la *desduplicación fuera de línea* (*online deduplication, offline deduplication*), Cómo opera el *hash criptográfico*? Y de forma general, ¿hay veces que este mecanismo resulte insuficiente, qué alternativas hay?

Como referencia informal al respecto, léase el siguiente hilo de discusión al respecto en la lista de DebConf (el Congreso de Debian):

`http://lists.debconf.org/lurker/message/`
`20130813.100610.f38cd67f.en.html`

7.4.3. Lecturas relacionadas

- Dominic Giampaolo (1999). *Practical File System Design with the Be File System*. Morgan Kaufmann Publishers Inc. ISBN: 1-55860-497-9. URL: `http://www.nobius.org/~dbg/practical-file-system-design.pdf`. El autor fue parte del equipo que implementó el sistema operativo BeOS, un sistema de alto rendimiento pensado para ejecutar en estaciones de alto rendimiento, particularmente enfocado al video. El proyecto fracasó a la larga, y BeOS (así como BeFS, el sistema que describe) ya no se utilizan. Este libro, descargable desde el sitio Web de su autor, tiene una muy buena descripción de varios sistemas de archivos, y aborda a profundidad técnicas que hace 15 años eran verdaderamente novedosas y hoy forman parte de casi todos los sistemas de archivos con uso amplio, e incluso algunas que no se han logrado implementar y que BeFS sí ofrecía.

- T. J. Killian (1984). «Processes as Files». En: USENIX Association. Salt Lake City. URL: `http://lucasvr.gobolinux.org/etc/Killian84-Procfs-USENIX.pdf`

- David A. Huffman (1952). «A method for the construction of Minimum-Redundancy Codes». En: vol. 40. I. R. E. URL: `http://compression.`

`graphicon.ru/download/articles/huff/huffman_1952_minimum-redundancy-codes.pdf`

- Mufti Mohammed (2007). *FAT Root Directory Structure on Floppy Disk and File Information*. Codeguru. URL: `http://www.codeguru.com/cpp/cpp/cpp_mfc/files/article.php/c13831`

- Peter Clark (2001). *Beginning to see the light — FAT16, File Allocation Table: 16bit*. URL: `http://www.beginningtoseethelight.org/fat16)`

- Marshall K. McKusick y col. (ago. de 1984). «A Fast File System for UNIX». En: *ACM Trans. Comput. Syst.* 2.3, págs. 181-197. ISSN: 0734-2071. DOI: `10.1145/989.990`. URL: `http://doi.acm.org/10.1145/989.990`

- Marshall Kirk McKusick (sep. de 2012). «Disks from the Perspective of a File System». En: *ACM Queue* 10.9. URL: `https://queue.acm.org/detail.cfm?id=2367378`

  - Traducción al español: César Yáñez (2013). *Los discos desde la perspectiva de un Sistema de Archivos*. URL: `http://cyanezfdz.me/2013/07/04/los-discos-desde-la-perspectiva-de-un-sistema-de-archivos-es.html`

- Mendel Rosenblum (jun. de 1992). «The Design and Implementation of a Log-structured File System». Tesis doct. EECS Department, University of California, Berkeley. URL: `http://www.eecs.berkeley.edu/Pubs/TechRpts/1992/6267.html`

- Dave Poirier (2001-2011). *The Second Extended File System: Internal Layout*. URL: `http://www.nongnu.org/ext2-doc/`

- César Yáñez (2012). *NILFS2 en Linux*. URL: `http://cyanezfdz.me/2012/08/30/nilfs2-en-linux-es.html`

- Jonathan Corbet (2012a). *A hash-based DoS attack on Btrfs*. URL: `http://lwn.net/Articles/529077/,`

- Christoph Berg. *Default /etc/apache2/mods-available/disk_cache.conf is incompatible with ext3*. Debian Project. URL: `bugs.debian.org/682840`. Reporte de fallo de Debian ilustrando los límites en números de archivos para Ext3.

- John S. Heidemann y Gerald J. Popek (feb. de 1994). «File-system Development with Stackable Layers». En: *ACM Trans. Comput. Syst.* 12.1, págs. 58-89. ISSN: 0734-2071. DOI: `10.1145/174613.174616`. URL: `http://doi.acm.org/10.1145/174613.174616`

- Thomas E. Anderson y col. (feb. de 1996). «Serverless Network File Systems». En: *ACM Trans. Comput. Syst.* 14.1, págs. 41-79. ISSN: 0734-2071. DOI: 10.1145/225535.225537. URL: http://doi.acm.org/10.1145/225535.225537

- Valerie Aurora (2009). *Log-structured file systems: There's one in every SSD*. URL: https://lwn.net/Articles/353411/

Apéndice A

Software libre
y licenciamiento

A.1. Software libre

Este apéndice, a diferencia del resto del libro, no se enfoca a asuntos técnicos, sino que a un aspecto *social*: a la construcción del conocimiento de forma colectiva, colaborativa, que ha resultado en el movimiento del software libre.

Si bien este tema es meramente tangente al que desarrolla el libro, los autores consideran importante incluirlo no sólo por la importancia que el software libre ha tenido para el desarrollo y estudio de los sistemas operativos, sino que directamente –como se explica en la sección A.2– para el presente libro en particular.

A.1.1. *Free as in Freedom*: el proyecto GNU

Citando la definición que brinda la Fundación del Software Libre (Free Software Foundation 1996-2014a), el software libre es todo programa en el cual los usuarios tienen la libertad para *ejecutar, copiar, distribuir, estudiar, modificar y mejorar el software*. Esto es, todo programa cuyo modelo de licenciamiento respete las *cuatro libertades del software*:

- La libertad de ejecutar el programa para cualquier propósito.
- La libertad de estudiar cómo funciona el programa, y cambiarlo para que haga lo que usted quiera. El acceso al código fuente es una condición necesaria para ello.
- La libertad de redistribuir copias para ayudar a su prójimo.
- La libertad de distribuir copias de sus versiones modificadas a terceros. Esto le permite ofrecer a toda la comunidad la opor-

tunidad de beneficiarse de las modificaciones. El acceso al código fuente es una condición necesaria para ello.

El software libre en tanto *movimiento ideológico* tiene bien identificados sus orígenes y génesis: en septiembre de 1983, Richard M. Stallman anunció el nacimiento del Proyecto GNU (Free Software Foundation 1996-2014b),[1] que buscaba crear un sistema operativo tipo Unix, junto con todas las herramientas básicas del sistema (partiendo naturalmente desde la creación de un entorno de edición y un compilador). Tras sistematizar los fundamentos del proyecto, en marzo de 1985 Stallman publicó el Manifiesto GNU, documento que hoy es lectura obligada para comprender al fenómeno que nació en ese momento (Stallman 1985).

Algunos meses más tarde, en octubre de 1985, creó la *Fundación de Software Libre* (FSF, *Free Software Foundation*), enfocada en la consecución de fondos para impulsar la creación de dicho sistema, en dar a conocer su trabajo, tanto para lograr que fuera ampliamente utilizado como para reclutar a más programadores y acelerar su ritmo de desarrollo.

El trabajo de la FSF es desde cualquier óptica impresionante por su magnitud y por su envergadura técnica. Sin embargo, probablemente su mayor contribución sea la *Licencia Pública General* (General Public License, GPL), que será abordada en la sección A.1.4.

## A.1.2.	El software libre antes de GNU

El software libre como hoy se conoce existió mucho antes del nacimiento del Proyecto GNU: era la norma prácticamente hasta la aparición de las computadoras personales.

Los sistemas operativos, las herramientas de sistema y los compiladores eran, en un principio, entregados por los fabricantes junto con el equipo de cómputo no sólo como *objetos binarios*, sino como código fuente. Esto era natural: los operadores de las computadoras no limitaban su uso a adecuar el software, sino que era común que adecuaran también el hardware: cada equipo instalado era, hasta cierto punto, único.

Para hacerlo, claro, casi siempre era necesario modificar al software de forma correspondiente. Esto requería el acceso al código fuente, e implícitamente pasaba por las *cuatro libertades* ya enunciadas.

Durante las primeras décadas, prácticamente la totalidad del desarrollo del cómputo se llevó a cabo siguiendo la *tradición académica*: los programas eran distribuidos, ya fuera en cintas o incluso en listados impresos, requiriendo únicamente –como en un artículo científico– que se preserve la *atribución de autoría*. Sólo de este modo puede entenderse el desarrollo (y la supervivencia hasta el

---

[1]Con el particular sentido del humor que caracteriza a Stallman, las siglas que eligió para el proyecto, GNU, son un *acrónimo recursivo*, significan GNU *is Not Unix:* GNU no es Unix.

día de hoy) de sistemas con la relevancia de CP-CMS, creado por la muy pragmática y corporativa empresa IBM y cuya progenie sigue empleándose como núcleo de su arquitectura de virtualización z/VM (véase la sección B.3) o Unix.

Unix nació como una reacción al sistema operativo *Multics*, desarrollado principalmente entre 1965 y 1970, y en el que participaban de forma conjunta varias empresas y el Instituto de Tecnología de Massachusetts (MIT). Multics resultó un proyecto demasiado grande y AT&T lo abandonó en 1969; del equipo de AT&T que trabajaba en Unix, dos de los desarrolladores (Ken Thompson y Dennis Ritchie) comenzaron a escribir en 1969 un sistema mucho menos ambicioso, tomando algunos de los principales criterios de diseño, pero simplificando fuertemente el modelo de usuario y los requisitos en hardware. El nombre de Unix (originalmente *Unics*) es, de hecho, una broma sobre el nombre *Multics*.

Citando de (Ritchie 1979):

> Lo que queríamos preservar no sólo era un buen ambiente en el cual programar, sino que un sistema alrededor del cual pudiera formarse una cofradía. Sabíamos por experiencia propia que la esencia del cómputo comunal, provisto por computadoras de acceso remoto y tiempo compartido, no se limita únicamente a escribir programas en una terminal en vez de emplear tarjetas perforadas, sino que favorece la comunicación cercana.

El párrafo inicial de este apéndice, que hace referencia a la *naturaleza social* del software libre, resuena con esta cita. El desarrollo de software va mucho más allá de su efecto técnico: es una actividad tan social como cualquier otro desarrollo intelectual.

A lo largo de sus primeros 10 años de vida, Unix pasó rápidamente de ser un sistema *de juguete* a ser, sin proponérselo, la base de desarrollo tecnológico sobre la cual se tendieron las bases de Internet. Decenas de empresas y universidades obtuvieron copias de Unix y lo modificaron, agregando funcionalidad —y *compartiendo* esta nueva funcionalidad con el resto de la *comunidad* que se formó alrededor de Unix.

A.1.3. El *software propietario* como anomalía histórica

La *anomalía histórica* resulta, más bien, el auge que tuvo el software *propietario* o *privativo*.[2] Una de las probables razones para su surgimiento puede ser, paradójicamente, el nacimiento del segmento del cómputo *aficionado*, como se presentó en la sección 1.4: las primeras computadoras personales carecían del almacenamiento y poder de cómputo suficiente para siquiera compilar sus propios entornos operativos, razón por la cual las empresas productoras recurrieron a una *distribución exclusivamente binaria*.

---

[2]Se designa de esta forma al software *no-libre*.

El inicio de la masificación del cómputo llevó a que varias empresas nacientes identificaran un nicho de mercado donde podrían vender *licencias de uso* de los programas que produjeran, cobrando relativamente poco por cada licencia, pero aspirando a vender un gran volumen.

En este sentido, vale mucho la pena leer la carta abierta a los entusiastas que Bill Gates, socio de la entonces naciente y pequeña empresa *Micro-Soft*, publicó en varias revistas de cómputo personal (Gates 1976); la publicación original fue en el *Homebrew Computer Club Newsletter* (*Periódico del Club de Cómputo Casero*) en febrero de 1976, y fue replicada en varias otras revistas.

Esta carta abierta tuvo amplias repercusiones, y desató un interesante debate que los lectores interesados podrán encontrar (y seguir en copias de los textos originales) desde el artículo de Wikipedia repecto a esta carta abierta (Wikipedia 2003-2014).

A.1.4.   Esquemas libres de licenciamiento

Las licencias resultan fundamentales para comprender al software libre, tanto en su planteamiento ideológico primigenio, como en el tipo de comunidad de desarrollo que aglutinan. Lo que es más, sólo se puede hablar de software libre en tanto esté asociado a un esquema de licenciamiento, dado que es éste el que determina las condiciones de uso a que estará sujeto un programa.[3]

A continuación, se abordan los dos principales enfoques del licenciamiento libre.

Licenciamiento académico/permisivo: MIT, BSD, X11, etcétera

Las licencias derivadas del *primer momento* del software libre descrito son, en su conjunto, como licencias *académicas* o *permisivas*. Esto es porque, sin dejar de cubrir las cuatro libertades presentadas al principio del presente apéndice, el único requisito que imponen ante el usuario o distribuidor es el de la *atribución*.

De ahí el símil con la *academia*. No es de sorprender que algunas de las licencias más frecuentemente referidas de este tipo provengan directamente del ámbito universitario: la licencia MIT proviene del Instituto de Tecnología de Massachusetts (ampliamente conocido bajo dicha sigla), y la licencia BSD hace referencia a la *Distribución de Software de Berkeley*, una de las principales ramas del desarrollo histórico de Unix, liderada por la Universidad de California en Berkeley.

Hay decenas de licencias que caben en esta categoría, con variaciones relativamente muy menores entre ellas. Sus principales puntos en común son:

---

[3]Todos los países firmantes de la Convención de Berna garantizan la protección del derecho de autor *sin necesidad de registro*, de donde deriva que todo programa que sea publicado sin una licencia que *expresamente* lo haga libre, estará sujeto a *todos los derechos reservados*: prohibición a todo tipo de uso sin autorización expresa y explícita del autor.

- Licencias *muy cortas*. Siendo documentos legales, son muy sencillas y no dejan espacio a interpretaciones ambiguas.

- Se limitan a autorizar expresamente el uso del software, en fuente o en binario, y a *rechazar cualquier reclamo de garantía o responsabilidad derivados de su uso.*

- Permiten la derivación en proyectos propietarios.

Una crítica reiterada al uso de estos esquemas de licenciamiento por parte de la FSF es que permiten la *privatización* de mejorías hechas al software libre —pero al mismo tiempo, este punto constituye una de las principales fortalezas de este licenciamiento.

La masificación de Internet, y su adopción en los sistemas operativos más variados, se debió en gran parte a que el desarrollo de los protocolos que conforman TCP/IP fue liberado bajo un licenciamiento tipo BSD. Al día de hoy, muchos de los componentes fundamentales de conectividad en prácticamente la totalidad de sistemas operativos siguen incluyendo la nota de que los derechos de autor de determinados componentes pertenecen a *los regentes de la Universidad de California*.

Dado que empresas tan dispares como Sun Microsystems, Digital Research, IBM, Hewlett-Packard, Microsoft y Apple (por mencionar sólo a las que han dirigido distintos aspectos del mercado del cómputo) pudieron adoptar esta pila ya desarrollada, y que había una masa crítica de *sistemas abiertos* empleando TCP/IP, este protocolo de red creció hasta eclipsar a las diversas apuestas propietarias de las diferentes empresas. Posteriormente, con el auge de los sistemas operativos libres, estos pudieron también adoptar esta base tecnológica en igualdad de condiciones.

Licenciamiento *Copyleft*: GPL, LGPL, MPL, CDDL, etcétera

Para la FSF, el desarrollo de software es explícitamente un hecho social, y la creación de un sistema libre es un imperativo ético. La principal herramienta que emplearon para difundir y *exigir* la libertad del software fue el conjunto de licencias *Copyleft*.[4] Y como se vio, si bien esto podría no ser compartido por los diferentes actores (personas y empresas), el desarrollo de Unix partió desde este mismo punto de vista.

Como se mencionó al inicio del presente apéndice, una de las principales obras de la FSF fue la creación de un modelo de licenciamiento que expresa este imperativo ético: una familia de licencias cuyos principales exponentes son la *Licencia Pública General* (*General Public License*, GPL) y la *Licencia Pública General para Bibliotecas* (*Library General Public License*, LGPL, hoy renombrada a *Licencia Pública General Disminuida*, *Lesser General Public License*).

---

[4]Término empleado para contraponerse a la noción de *Copyright*, *derecho de autor*.

Hay varios ejemplos de licenciamiento que siguen estas ideas básicas; probablemente los más importantes sean la *Licencia Pública de Mozilla*, creada por la empresa homónima, o la *Licencia Común de Distribución y Desarrollo*, creada por Sun Microsystems (respectivamente, MPL y CDDL, por sus siglas en inglés). Su principal diferencia con las presentadas por la FSF es que fueron propuestas no por grupos idealistas para el desarrollo de software aún inexistente, sino que por empresas que tenían ya un cuerpo de software, y encontraron este modelo como el más *sustentable* para continuar su desarrollo.

La principal característica de estos esquemas es que permiten el uso del software para cualquier fin, imponiendo como única condición que, *en caso de redistribución* (ya sea en su estado original o con modificaciones), el destinatario no sólo reciba el objeto binario ejecutable sino que el código fuente del cual éste provino, *bajo las mismas condiciones de licenciamiento original*.

Este esquema asegura que lo que una vez fue software libre *Copyleft* siempre lo siga siendo. El licenciamiento GPL ha llevado a que muchas empresas empleen al sistema operativo Linux como base para su desarrollo *contribuyan* sus cambios de vuelta a la comunidad —convirtiendo a Linux, al paso de los años, de un sistema relativamente aficionado y con mediocre soporte a hardware en uno verdaderamente sólido y universal.

Muchos han criticado a este *espíritu viral* de las licencias *Copyleft*: una vez que un proyecto incorpora componentes GPL, esta licencia podría *infectar* al proyecto entero obligándolo a adoptar esta licencia, resultando en graves perjuicios para las empresas que invierten en desarrollo. Si bien esto se ha demostrado falso repetidamente, sigue siendo un punto de propaganda frecuentemente empleado para evitar el empleo de software libre.

El objetivo del presente apéndice no es entrar a desmenuzar las diferencias entre estos esquemas o resolver las controversias, sino únicamente presentarlos de forma descriptiva.

A.2. Obras culturales libres

Los distintos esquemas de software libre fueron logrando una masa crítica y poco a poco rompieron las predicciones de fracaso. Un año crítico fue 1998, en que importantes proyectos propietarios decidieron migrar a un licenciamiento libre por resultar más conveniente y sustentable.

Ya con esta experiencia previa, y conforme el acceso a Internet se masificaba cada vez más, comenzó a verse la necesidad de crear con esquemas similares de licenciamiento libre para otros productos de la creatividad humana, no únicamente para el desarrollo del software. Si bien las licencias académicas podrían aplicarse sin demasiado problema a productos que no fueran software, las licencias *Copyleft* llevan demasiadas referencias al *código fuente* y al *binario* como parte de su definición.

Del mismo modo que hay diferentes *escuelas de pensamiento* y puntos de vista ideológicos que han llevado al surgimiento de diversas licencias de software libre, respondiendo a distintas necesidades y matices ideológicos.

El proyecto *Wikipedia* fue anunciado en enero del 2001. Al convocar a *todo mundo* y no sólo a un manojo de especialistas, a crear contenido enciclopédico, este experimento, iniciado por Jimmy Wales y Larry Sanger, demostró que la creación es un acto profundamente social. Miles de voluntarios de todo el mundo han contribuido para hacer de la Wikipedia el compendio de conocimiento humano más grande de la historia. Al nacer, la Wikipedia adoptó el modelo de licenciamiento recomendado por la FSF para manuales y libros de texto: la *Licencia de Documentación Libre de* GNU (GFDL, por sus siglas en inglés).

El modelo de la GFDL resulta, sin embargo, de difícil comprensión y aplicación para muchos autores, y la licencia no resulta apta para obras creativas más allá de lo que puede tomarse como *documentación*.

El marco regulatorio de la Convención de Berna, que rige al derecho de autor, estipula (como ya se mencionó) que toda creación plasmada en un medio físico está protegida, y todo uso no expresamente autorizado por una licencia expresa está prohibido. La tarea de crear esquemas de licenciamiento aptos para lo que se fue definiendo como *obras culturales libres* resultó más compleja por la riqueza de su expresión. En pocos años hubo una proliferación de licencias que buscaban ayudar a los autores de obras creativas de todo tipo — no se abordarán los distintos intentos, sino que –aprovechando que la distancia en tiempo permiten simplificar– se tocará sólo el esquema de licenciamiento que más repercusión ha tenido.

A.2.1. La familia de licencias *Creative Commons*

En el año 2001, el abogado estadounidense Larry Lessig inició el proyecto *Creative Commons*[5] (en adelante, CC). Citando del libro *Construcción Colaborativa del Conocimiento* (Wolf y Miranda, 2011):

> Pero no sólo el conocimiento formalizado puede compartirse. En 2001 nació Creative Commons (CC), impulsada por el abogado estadounidense Larry Lessig. Esta organización liderada localmente en una gran cantidad de países por personalidades versadas en temas legales, fue creada para servir como punto de referencia para quien quiera crear obras artísticas, intelectuales y científicas libres. Asimismo, ofrece un marco legal para que la gente no experta en estos temas pueda elegir los términos de licenciamiento que juzgue más adecuados para su creación, sin tener que ahondar de más en las áridas estepas legales; se mantiene asesorada y liderada por un grupo de abogados, cuya principal labor es traducir y adecuar

---

[5]http://www.creativecommons.org/

las licencias base de CC para cada una de las jurisdicciones en que
sean aplicables. Alrededor de este modelo ha surgido un grupo de
creadores, y una gran cantidad de sitios de alto perfil en la red han
acogido su propuesta. Si bien no todas las licencias de CC califican
como cultura libre, algunas que claramente sí lo son, han ayudado
fuertemente a llevar estas ideas a la conciencia general.

El grupo CC creó un conjunto de licencias, permitiendo a los autores expresar distintos *grados* de libertad para sus obras. Uno de los principales elementos
para su éxito y adopción masiva fue simplificar la explicación de estos distintos
elementos, y la presentación de las alternativas bajo siglas mnemotécnicas.

Las licencias CC han pasado, al momento de edición del presente material,
por cuatro versiones mayores, que han ido corrigiendo defectos en el lenguaje
legal, y agregando o clarificando conceptos. Las opciones que ofrece el conjunto
de licencias CC[6] son:

CC0 **(Dominio Público)** La rigidez del convenio de Berna hace muy difícil en
la mayor parte de las jurisdicciones el liberar una obra renunciando expresamente todos los derechos patrimoniales que conlleva.

La licencia *cero* o *dedicación al dominio público* explicita esta renuncia expresa de derechos.

BY **(Atribución)** Todas las combinaciones de licencias CC a excepción de CC0
incluyen la cláusula de *atribución*: la obra puede emplearse para cualquier fin, pero toda redistribución debe reconocer el crédito de manera
adecuada, proporcionar un enlace a la licencia, e indicar si se han realizado cambios. Puede hacerlo en cualquier forma razonable, pero no de
forma tal que sugiera que tiene el apoyo del licenciante o lo recibe por el
uso que hace.

SA **(Compartir Igual)** Si un usuario de la obra en cuestión decide mezclar,
transformar o crear nuevo material a partir de ella, puede distribuir su
contribución siempre que utilice la misma licencia que la obra original.
Esto es, la cláusula *Compartir Igual* le confiere un caracter *Copyleft* al licenciamiento elegido.

NC **(No Comercial)** La obra puede ser utilizada, reproducida o modificada según lo permitido por los otros componentes elegidos de la licencia siempre y cuando esto no se considere o dirija hacia una ganancia comercial o
monetaria.

---

[6]Parte del texto aquí presentado ha sido tomado del asistente para la elección de licencias de
Creative Commons disponible en https://creativecommons.org/choose/?lang=es; dicho texto está licenciado bajo un esquema CC-BY (atribución) 4.0.

ND **(No Derivadas)** La obra puede ser redistribuida acorde con los otros componentes elegidos de la licencia, pero debe serlo sólo si no se afecta su integridad: no puede ser modificada sin autorización expresa del autor.

Las licencias CC han sido empleadas para todo tipo de creaciones: libros, música, películas, artes plásticas —incluso, si bien no era su fin original, para licenciamiento de software. Su gran éxito estiba no sólo en su uso, sino en que han llevado la noción del licenciamiento permisivo y de las obras culturales libres a una gran cantidad de creadores que, sin CC, probablemente habrían publicado sus creaciones bajo la tradicional modalidad *todos los derechos reservados*.

Creative Commons y las obras culturales libres

No todas las licencias CC califican de *obras culturales libres*: en 2005, Benjamin *Mako* Hill exploró el paralelismo entre CC y el movimiento del software libre en su texto *Towards a standard of freedom: Creative commons and the free software movement* (Hill 2005); este trabajo sirvió como semilla para la definición de *Obras culturales libres*, publicada en 2006 (Freedom Defined 2006). De forma paralela a las cuatro libertades del software, esta definición acepta como obras libres a aquellas que garantizan:

- La libertad de usar el trabajo y disfrutar de los beneficios de su uso.

- La libertad de estudiar el trabajo y aplicar el conocimiento que pueda adquirirse de él.

- La libertad de hacer y redistribuir copias, totales o parciales, de la información o expresión.

- La libertad de hacer cambios y mejoras, y distribuir obras derivadas.

De las opciones de licenciamiento CC, las que están aprobados como obras culturales libres son CC0 (dominio público), BY (atribución) y SA (compartir igual). Las variedades NC (no comercial) y ND (no derivadas), si bien permiten una mayor divulgación y circulación de la obra, restringen demasiado la apropiación que puede realizar un usuario, por lo que no constituyen obras culturales libres.

A.3. El licenciamiento empleado para la presente obra

Los autores de este libro buscaron contribuir con material de calidad libremente apropiable y reutilizable para la enseñanza superior en países hispanoparlantes. Para lograr este fin, todo el material contenido en el libro (texto, código fuente e imágenes) está licenciado bajo *Creative Commons Atribución-CompartirIgual 4.0 Internacional* (CC BY SA 4.0),[7] salvo si se menciona explícitamente de otra manera.

Esto significa que el usuario es libre para:

- *Compartir* —copiar y redistribuir el material en cualquier medio o formato, y mediante cualquier mecanismo.

- *Adaptar* —remezclar, transformar y crear a partir del material.

- Para cualquier propósito, *incluso comercialmente*.

- El licenciante no puede revocar estas libertades en tanto usted siga los términos de la licencia.

Bajo los siguientes términos:

- *Atribución* —se debe reconocer el crédito de una obra de manera adecuada, proporcionar un enlace a la licencia, e indicar si se han realizado cambios. Puede hacerse en cualquier forma razonable, pero no de manera tal que sugiera que tiene el apoyo del licenciante o lo recibe por el uso que hace.

- *CompartirIgual* —si se mezcla, transforma o crea nuevo material a partir de esta obra, se podrá distribuir su contribución siempre que utilice la *misma licencia* que la obra original.

No hay restricciones adicionales —usted no puede aplicar términos legales ni medidas tecnológicas que restrinjan legalmente a otros hacer cualquier uso permitido por la licencia.

A.4. Lecturas relacionadas

- Richard M. Stallman (mar. de 1985). *El manifiesto de GNU*. URL: `https://www.gnu.org/gnu/manifesto.es.html`

- Free Software Foundation (2007). *GNU General Public License version 3.* URL: `https://gnu.org/licenses/gpl.html`

---

[7]https://creativecommons.org/licenses/by-sa/4.0/deed.es

- Dennis Ritchie (1979). «The Evolution of the Unix Time-sharing System». En: *Language Design and Programming Methodology*. Sydney, Australia: Springer Verlag. URL: `http://cm.bell-labs.com/cm/cs/who/dmr/hist.html`

- David A. Wheeler (2006). *GPL, BSD, and NetBSD - why the *gpl* rocketed Linux to success*. URL: `http://www.dwheeler.com/blog/2006/09/01/`

- Jonathan Corbet (2004b). *The Grumpy Editor's guide to free documentation licenses*. URL: `https://lwn.net/Articles/108250/`

- Free Software Foundation (2008). *GNU Free Documentation License version 1.3*. URL: `https://gnu.org/licenses/fdl.html`

- Gunnar Wolf y Alejandro Miranda (2011). *Construcción Colaborativa del Conocimiento*. Universidad Nacional Autónoma de México. URL: `http://seminario.edusol.info/`

- Benjamin Mako Hill (2005). *Towards a Standard of Freedom: Creative Commons and the Free Software Movement*. URL: `http://www.advogato.org/article/851.html`

- Freedom Defined (2006). *Definición de obras culturales libres*. URL: `http://freedomdefined.org/Definition/Es`

Apéndice B

Virtualización

B.1. Introducción

La *virtualización* no es un concepto nuevo. Sin embargo, tras largos años de estar relegado a un segundo plano, en la actualidad se torna fundamental en referencia a los sistemas operativos, particularmente en papel de servidores. Este tema se abordará de momento desde un punto de vista más bien descriptivo, y posteriormente se profundizará en algunos de sus asepectos.

En primer término, es importante aclarar que el concepto de *virtualización* no se refiere a una única tecnología o metodología, es un término que agrupa a muy distintas tecnologías que hay –de diversas formas– desde hace décadas. Cada una de ellas tiene su lugar, con diferentes usos y propósitos, algunos de los cuales se usan de forma transparente para el usuario promedio.

Del mismo modo, aunque se abordarán diversas tecnologías que pueden clasificarse como virtualización, la línea divisoria entre cada una de ellas no siempre es clara. Una implementación específica puede caer en más de una categoría, o puede ir migrando naturalmente de un tipo hacia otro.

En escala general, *virtualizar* consiste en proveer algo que no está ahí, aunque parezca estarlo. Más específicamente, presentar a un sistema elementos que se comporten de la misma forma que un componente físico (hardware), sin que exista en realidad —un acto de ilusionismo o de magia, en el cual se busca presentar el elemento de forma tan convincente que la ilusión se mantenga tanto como sea posible.[1]

La naturaleza de dichos elementos, y el cómo se implementan, dependen del tipo de virtualización.

---

[1]Una aproximación inicial a este concepto puede ser un archivo con la imagen de un disco en formato ISO: mediante determinados mecanismos, es posible "engañar" a un sistema operativo de forma que "piense" que al acceder al archivo ISO está efectivamente leyendo un CD o DVD de una unidad que no existe físicamente.

Para casi todos los casos que se presentan, se emplearán los siguientes términos:

Anfitrión El hardware o sistema *real*, que ofrece el mecanismo de virtualización. En inglés se le denomina *host*.

Huésped El sistema o las aplicaciones que se ejecutan en el entorno virtualizado. En inglés se les denomina *guest*.

B.2. Emulación

La técnica de virtualización más sencilla, y que hace más tiempo tienen las computadoras personales, es la emulación. Emular consiste en implementar *en software* algo que se presente como el hardware de un sistema de cómputo completo, típicamente de una arquitectura hardware distinta a la del anfitrión (la arquitectura *nativa*).[2] El emulador puede ser visto (de una forma tremendamente simplificada) como una lista de equivalencias, de cada una de las instrucciones en la arquitectura *huésped* a la arquitectura del sistema *anfitrión*.

Vale la pena recalcar que una emulación no se limita con traducir del lenguaje y la estructura de un procesador a otro —para que una computadora pueda ser utilizada, requiere de una serie de chips de apoyo, desde los controladores de cada uno de los *buses* hasta los periféricos básicos (teclado, video). Casi todas las emulaciones incluirán un paso más allá: los periféricos mismos (discos, interfaces de red, puertos). Todo esto tiene que ser implementado por el emulador.

Resulta obvio que emular un sistema completo es *altamente* ineficiente. Los sistemas huéspedes resultantes típicamente tendrán un rendimiento cientos o miles de veces menor al del anfitrión.

Ahora bien, ¿qué pasa cuando hay dos arquitecturas de cómputo que emplean el mismo procesador? Este caso fue relativamente común en la década de los ochenta y noventa; si bien en general las computadoras de 8 bits no tenían el poder de cómputo necesario para implementar la emulación de arquitecturas similares, al aparecer tres líneas de computadoras basadas en el CPU Motorola 68000 (Apple Macintosh, Atari ST y Commodore Amiga), diferenciadas principalmente por sus *chipsets*, aparecieron emuladores que permitían ejecutar programas de una línea en la otra, prácticamente a la misma velocidad que en el sistema nativo.

Hoy en día, la emulación se emplea para hacer *desarrollos cruzados*, más que para emplear software *ya escrito y compilado*. La mayor parte de la emulación tradicional se emplea para el *desarrollo de software*. Hoy en día, la mayor parte

---

[2]A lo largo de esta discusión, se hará referencia a la *arquitectura hardware* como al juego de instrucciones que puede ejecutar *nativamente* un procesador. Por ejemplo, un procesador x86 moderno puede ejecutar nativamente código i386 y x86_64, pero no ARM.

de las computadoras vendidas son sistemas *embebidos*[3] o dispositivos móviles, que hacen imposible (o, por lo menos, muy difícil) desarrollar software directamente en ellos. Los programadores desarrollan en equipos de escritorio, ejecutan entornos de prueba en emuladores del equipo destino. A pesar del costo computacional de realizar la emulación, la diferencia de velocidad entre los equipo de escritorio de gama alta y los embebidos permiten que frecuentemente la velocidad del emulador sea muy similar –incluso superior– a la del hardware emulado.

B.2.1. Emulando arquitecturas inexistentes

Pero la emulación no se limita a hardware existente, y no sólo se emplea por la comodidad de no depender de la velocidad de equipos específicos. Es posible crear emuladores para arquitecturas que *nunca han sido implementadas* en hardware real.

Esta idea viene de los setenta, cuando comenzó la explosión de arquitecturas. La Universidad de California en San Diego propuso una arquitectura llamada *p-system*, o *sistema-p*, la cual definiría una serie de instrucciones a las que hoy se clasificarían como *código intermedio* o *bytecode*, a ser ejecutado en una *máquina-p*, o *p-machine*. El lenguaje base para este sistema fue el *Pascal*, mismo que fue adoptado muy ampliamente de manera principal en entornos académicos a lo largo de los setenta y ochenta por su limpieza y claridad estructural. Todo programa compilado para ejecutarse en un *sistema-p* ejecutaría sin modificaciones en cualquier arquitectura hardware que lo implementara.

Los *sistemas-p* gozaron de relativa popularidad hasta mediados de los ochenta, logrando implementaciones para las arquitecturas de microcomputadoras más populares —el MOS 6502, el Zilog Z80 y el Intel 80x86.

Hay una diferencia muy importante entre la emulación de una arquitectura real y la de una inexistente: emular una computadora entera requiere implementar no sólo las instrucciones de su procesador, sino que *todos los chips de apoyo*, ¡incluso hay que convertir la entrada del teclado en las interrupciones que generaría un controlador de teclado! Emular una arquitectura hipotética permite manejar diversos componentes de forma abstracta, y también definir estructuras de mucho más alto nivel que las que se encuentran implementadas en hardware. Por ejemplo, si bien resultaría impráctico crear como tipo de datos nativo para una arquitectura en hardware una abstracción como las cadenas de caracteres, estas sí existen como *ciudadanos de primera clase* en casi todas las arquitecturas meramente virtuales.

Esta idea ha sido ampliamente adoptada y forma parte de la vida diaria. En la década de los noventa, *Sun Microsystems* desarrolló e impulsó la arquitectura

---

[3]Computadoras pequeñas, limitadas en recursos, y típicamente carentes de una interfaz usuario — desde puntos de acceso y ruteadores hasta los controladores de cámaras, equipos de sonido, automóviles, y un larguísimo etcétera.

312 APÉNDICE B. VIRTUALIZACIÓN

Java, actualizando la idea de las *máquinas-p* a los paradigmas de desarrollo que aparecieron a lo largo de 20 años, y dado que el cómputo había dejado de ser un campo especializado y escaso para masificarse, invirtiendo fuertemente en publicidad para impulsar su adopción.

Uno de los slogans que mejor describen la intención de Sun fue WORA: *Write Once, Run Anywhere* (escribe una vez, ejecuta donde sea). El equivalente a una *máquina-p* (rebautizada como JVM: *Máquina Virtual Java*) se implementaría para las arquitecturas hardware más limitadas y más poderosas. Sun creó también el lenguaje Java, diseñado para aprovechar la arquitectura de la JVM, enfatizando en la orientación a objetos e incorporando facilidades multi-hilos. Al día de hoy hay distintas implementaciones de la JVM, de diferentes empresas y grupos de desarrolladores y con diversos focos de especialización, pero todas ellas deben poder ejecutar el *bytecode* de Java.

A principios de los años 2000, y como resultado del litigio con Sun que imposibilitó a Microsoft a desarrollar extensiones propietarias a Java (esto es, desarrollar máquinas virtuales que se salieran del estándar de la JVM), Microsoft desarrolló la arquitectura .NET. Su principal aporte en este campo es la separación definitiva entre lenguaje de desarrollo y código intermedio producido: la máquina virtual de .NET está centrada en el CLI (*Common Language Infrastructure*, Infraestructura de Lenguajes Comunes), compuesta a su vez por el CIL (*Common Intermediate Language*, Lenguaje Intermedio Común, que es la especificación del *bytecode* o código intermedio) y el CLR (*Common Language Runtime*, Ejecutor del Lenguaje Común, que es la implementación de la máquina virtual sobre la arquitectura hardware nativa).

En los años noventa, una de las principales críticas a Java (la cual podría ampliarse hacia cualquier otra plataforma comparable) era el desperdicio de recursos de procesamiento al tener que traducir, una y otra vez, el código intermedio para su ejecución en el procesador. Hacia el 2010, el panorama había cambiado fuertemente. Hoy en día las máquinas virtuales implementan varias técnicas para reducir el tiempo que se desperdicia emulando:

Traducción dinámica Compilación parcial del código a ejecutar a formatos nativos, de modo que sólo la primera vez que se ejecuta el código intermedio tiene que ser traducido.

Traducción predictiva Anticipar cuáles serán las siguientes secciones de código que tendrán que ser ejecutadas para, paralelamente al avance del programa, traducirlas a código nativo de forma preventiva.

Compilación *justo a tiempo* (JIT) Almacenar copia del código ya traducido de un programa, de modo que no tenga que hacerse ni siquiera en cada ejecución, sino que sólo una vez en la vida de la máquina virtual.

Mediante estas estrategias, el rendimiento de las arquitecturas emuladas es ya prácticamente idéntico al del código compilado nativamente.

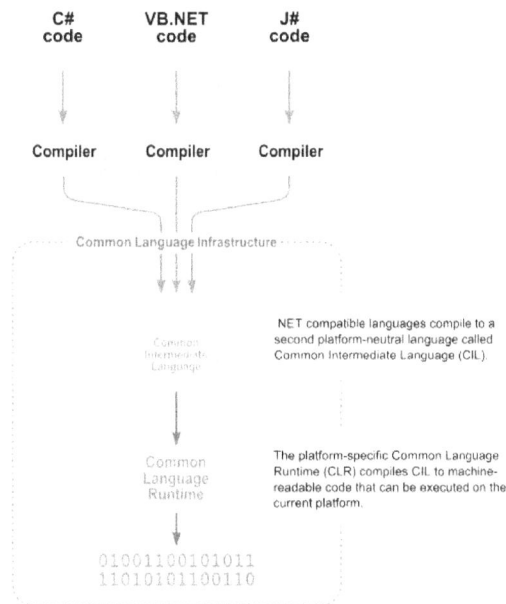

Figura B.1: Arquitectura de la infraestructura de lenguajes comunes (CLI) de .NET (imagen de la Wikipedia: *Common Language Infrastructure*).

B.2.2. De lo abstracto a lo concreto

Si bien las arquitecturas de máquinas virtuales planteadas en el apartado anterior se plantearon directamente para no ser implementadas en hardware, el éxito comercial de la plataforma llevó a crear una línea de chips que ejecutara *nativamente* código intermedio Java, con lo cual podrían ahorrarse pasos y obtener mejor rendimiento de los sistemas destino. Sun definió la arquitectura MAJC (*Microprocessor Architecture for Java Computing*, arquitectura de microprocesadores para el cómputo con Java) en la segunda mitad de los noventa, e incluso produjo un chip de esta arquitectura, el MAJC 5200.

La arquitectura MAJC introdujo conceptos importantes que han sido retomados para el diseño de procesadores posteriores, pero la complejidad llevó a un rendimiento deficiente, y el chip resultó un fracaso comercial.

Es importante mencionar otra aproximación. Transitando en el sentido inverso al de Sun con MAJC, *Transmeta*, una empresa hasta entonces desconocida, anunció en el 2000 el procesador *Crusoe*, orientado al mercado de bajo consumo energético. Este procesador, en vez de implementar una arquitectura ya existente para entrar a un mercado ya muy competido y dinámico, centró su oferta en que Crusoe trabajaría mano a mano con un módulo llamado CMS (*Code Morphing Software*, Software de Transformación de Código), siendo así el primer procesador diseñado para *emular por hardware* a otras arquitecturas.

Crusoe fue lanzado al mercado con el CMS para la arquitectura x86 de Intel, y efectivamente, la emulación era completamente transparente al usuario.[4] El procesador mismo, además, no implementaba algunas características que hoy se consideran fundamentales, como una unidad de manejo de memoria, dado que eso podía ser implementado por software en el CMS. Separando de esta manera las características complejas a una segunda capa, podían mantenerse más bajos tanto el número de transistores (y, por tanto, el gasto energético) y los costos de producción.

La segunda generación de chips Transmeta (*Efficeon*) estaba basada en una arquitectura muy distinta, buscando un rendimiento mejorado. Pero, gracias al CMS, esto resulta imperceptible al usuario.

A pesar de estas ideas interesantes y novedosas, Transmeta no pudo mantener el dinamismo necesario para despegar, y cesó sus operaciones en 2009.

B.2.3. ¿Emulación o simulación?

Una pregunta frecuente que se presenta al hablar de este tema es acerca de la diferencia entre la *emulación* y la *simulación*. Todos los casos presentados anteriormente se tratan de *emulación*.

Emular significa *imitar las acciones de otro, procurando igualarlas e incluso excederlas* (Diccionario de la Real Academia Española, 23ª edición). Esto significa que un emulador reproduce todos los procesos internos que realizaría el sistema nativo, y busca cubrir todos los comportamientos respectivos implementando los mismos mecanismos.

Simular, por otra parte, y según este mismo diccionario, significa *representar algo, fingiendo o imitando lo que no es*. Un sistema simulador simula o finge las áreas de determinado sistema que interesan al usuario; puede emplear datos precargados para generar ciertas respuestas, obviando los procesos que los generarían.

A diferencia de los ejemplos presentados a lo largo de esta sección, que llevan a ejecutar software arbitrario para la plataforma destino buscando idealmente que éstos no detecten siquiera una diferencia en comportamiento, un simulador puede presentar mucho mayor detalle en determinadas áreas, pero no realiza las funciones sustantivas del sistema simulado. Por ejemplo, es muy común (incluso para el entrenamiento de pilotos reales) el uso de simuladores de vuelo; estos programas pueden representar una cabina equivalente a la de un avión real, con todos sus monitores y controles, pero nadie esperaría que lo trasladen de un lugar a otro. Muchos de los lectores habrán empleado software

---

[4]Empleando Transmeta, se podían observar ciertos comportamientos curiosos: por ejemplo, dado el amplio espacio de caché que implementaba el CMS, el código ejecutable se mantenía *ya traducido* listo para el procesador. Por tal motivo, la primera vez que se ejecutaba una función era notablemente más lenta que en ejecuciones posteriores. Sin embargo, si bien estas diferencias son medibles y no deben escapar a la vista de quien está analizando a conciencia estos procesadores, resultaban invisibles para el usuario final.

de simulación de circuitos electrónicos, que permiten el diseño y pruebas simples de circuitos, pero no esperarán que simular en la computadora un núcleo de ferrita rodeado por una bobina resulte en un receptor de radio.

B.3. Virtualización asistida por hardware

Actualmente se usa la virtualización como una herramienta para la consolidación de servicios, de gran ayuda para los administradores de sistemas. Este uso se refiere principalmente a lo que se presentará en este apartado, así como en las secciones B.4 (*Paravirtualización*) y B.5 (*Contenedores*). Y si bien este *zumbido* de la virtualización se ha producido mayormente a partir del 2006-2007, no se trata de tecnologías o ideas novedosas — pueden encontrarse ejemplos desde finales de los sesenta. Hasta hace algunos años, sin embargo, se mantenía dentro del ámbito de los servidores en gran escala, fuera del alcance de la mayor parte de los usuarios. Es necesario estudiar la génesis de esta herramienta, para poder comprender mejor cómo opera y se implementa.

En 1964, IBM creó la primer *familia de computadoras*, la serie 360. Presentaron la entonces novedosa idea de que una organización podía adquirir un modelo sencillo y, si sus necesidades se ajustaban al modelo de cómputo, podrían migrar fácilmente hacia otros más poderosos, dado que tendrían *compatibilidad binaria*.

Uno de los modelos de esta familia fue la *S-360-67*, con la característica distintiva de ser la única de la serie 360 en ofrecer una unidad de manejo de memoria (MMU), con lo cual permitía la reubicación de programas en memoria. Esto, sin embargo, creaba un problema: el software desarrollado para los equipos más pequeños de la familia estaba creado bajo un paradigma de usuario único, y si bien podría ser ejecutado en este modelo, eso llevaría a un desperdicio de recursos (dado que el modelo 67 tenía todo lo necesario para operar en modo multitarea).

La respuesta de IBM fue muy ingeniosa: desarrollar un sistema operativo mínimo, CP (*Control Program*, Programa de Control) con el único propósito de crear y gestionar *máquinas virtuales* en del hardware S/360-67, dentro de *cada una de las cuales* pudiera ejecutarse *sin requerir modificaciones* un sistema operativo estándar de la serie 360. Entre los varios sistemas operativos disponibles para la S/360, el que más frecuentemente se utilizó fue el *cms*,[5] un sistema sencillo, interactivo y monousuario. La combinación CP/CMS proporcionaba un sistema operativo multiusuario, con plena protección entre procesos, y con compatibilidad con los modelos más modestos de la serie 360.

Aún después de la vida útil de la serie 360 original, IBM mantuvo compati-

---

[5]Originalmente, las siglas CMS eran por el *Cambridge Monitor System*, por haber sido desarrollado en la división de investigación de IBM en Cambridge, pero posteriormente fue renombrado a *Conversational Monitor System*, *Sistema de Monitoreo Conversacional*.

bilidad con este modelo hacia la serie 370, e incluso hoy, 50 años más tarde, se encuentra aún como z/VM z/VM en la línea de *Sistemas z*.

Vale la pena mencionar que tanto CP como CMS fueron distribuidos desde el principio de forma consistente con lo que en la actualidad se conoce como *software libre*: IBM los distribuía en fuentes, con permiso de modificación y redistribución, y sus diferentes usuarios fueron enviando las mejoras que realizaban de vuelta a IBM, de modo que hoy incorpora el trabajo de 50 años de desarrolladores.

B.3.1. El hipervisor

El modelo CP/CMS lleva a una separación bastante limpia entre un *multiplexador de hardware* (CP) y el sistema operativo propiamente dicho (CMS). Y si bien la dupla puede ser vista como un sólo sistema operativo, conforme se fueron ejecutando en máquinas virtuales sistemas operativos más complejos se hizo claro que el CP tendría que ser *otra cosa*. Partiendo del concepto de que el sistema operativo es el *supervisor* de la actividad de los usuarios, yendo un paso más hacia arriba, se fue popularizando el nombre de *hipervisor* para el programa que administra y virtualiza a los supervisores. Algunas características primarias que definen qué es un hipervisor son:

- Es únicamente un *micro-sistema operativo*, dado que no cubre muchas de las áreas clásicas ni presenta las interfaces abstractas al usuario final —sistemas de archivos, mecanismos de comunicación entre procesos, gestión de memoria virtual, evasión de bloqueos, etcétera.

- Se limita a gestionar bloques de memoria física contiguos y fijos, asignación de dispositivos y *poco* más que eso.

- Normalmente no tiene una interfaz usuario directa, sino que es administrado por medio de llamadas privilegiadas desde alguno de los sistemas operativos huésped.

Estas líneas se han ido haciendo borrosas con el tiempo. Ahora, por ejemplo, muchos hipervisores entienden a los sistemas de archivos, permitiendo que los espacios de almacenamiento ofrecidos a sus sistemas operativos huésped sean simples archivos para el sistema anfitrión (y no particiones o dispositivos enteros). Algunos hipervisores, como KVM bajo Linux se presentan integrados como un componente más de un sistema operativo estándar.

B.3.2. Virtualización asistida por hardware en x86

Hasta alrededor del año 2005, la virtualización no se mencionaba muy frecuentemente. Si bien había hardware virtualizable 40 años atrás, era bastante especializado— y caro. Ese año, Intel sacó al mercado los procesadores con las extensiones necesarias para la virtualización, bajo el nombre *Vanderpool Technology* (o VT/x). Al año siguiente, AMD hizo lo propio, denominándolas *extensiones Pacífica*. Ahora casi todas las computadoras de escritorio de rango medio-alto tienen el sopote necesario para llevar a cabo virtualización asistida por hardware. Y si bien en un principio el tema tardó en tomar tracción, llevó a un replanteamiento completo de la metodología de trabajo tanto de administradores de sistemas como de programadores.

En contraste con las arquitecturas diseñadas desde un principio para la virtualización, los usuarios de computadoras personales (inclusive cuando éstas son servidores en centros de datos, siguen estando basadadas en la misma arquitectura básica) se enfrentan a una mayor variedad de dispositivos para todo tipo de tareas.[6] Si bien la virtualización permite aparentar varias computadoras distintas ejecutando sobre el mismo procesador, ésta no incluye los dispositivos. Al presentarse una máquina virtual, el sistema anfitrión esta casi siempre[7] emulando hardware. Claro está, lo más frecuente es que el hipervisor ofrezca a los huéspedes la emulación de dispositivos relativamente viejos y simples.[8] Esto no significa que estén limitados a las prestaciones del equipo emulado (por ejemplo, a los 10 Mbps para los que estaba diseñada una tarjeta de red NE2000), sino que la interfaz del núcleo para enviar datos a dicho dispositivo es una sencilla y que ha sido empleada tanto tiempo que presenta muy poca inestabilidad.

Y este último punto permite un acercamiento mayor a una de las ventajas que ofrecen los sistemas operativos virtualizados —la estabilidad. Los controladores de dispositivos provistos por fabricante han sido responsabilizados una y otra vez, y con justa razón, de la inestabilidad de los sistemas operativos de escritorio. En particular, son en buena medida culpables de la fama de inestabilidad que obtuvo Windows. Los fabricantes de hardware no siempre gozan de suficiente conocimiento acerca del sistema operativo como para escribir controladores suficientemente seguros y de calidad, y por muchos años, los sistemas Windows no implementaban mayor verificación al comportamiento de los controladores — que, siendo un sistema monolítico, eran código ejecutado con privilegios de núcleo.

Al emplear el sistema operativo huésped únicamente controladores ampliamente probados y estabilizados a lo largo de muchos años, la estabilidad que ofrece una máquina virtualizada muchas veces supera a la que obtendría ejecutándose de forma nativa. Claro, el conjunto de máquinas virtuales que se ejecu-

---

[6]Una descripción completa de la complejidad a la que debe enfrentarse un hipervisor bajo arquitectura x86 excede con mucho el ámbito del presente texto; se sugiere a los lectores interesados referirse al excelente artículo que detallan la implementación de *VMWare* (Bugnion y col. 2012).

[7]Hay mecanismos para reservar y dirigir un dispositivo físico existente a una máquina virtual específica, pero hacerlo implica que este dispositivo no será *multiplexado* hacia las demás máquinas virtuales que se ejecuten paralelamente.

[8]Por ejemplo, KVM bajo Linux emula tarjetas de red tipo NE2000, tarjetas de sonido tipo Soundblaster16 y tarjetas de video Cirrus Logic, todos ellos de la década de los noventa.

te dentro de un sistema anfitrión sigue siendo susceptible a cualquier inestabilidad del mismo sistema anfitrión, sin embargo, es mucho menos probable que un programa mal diseñado logre congelarse esperando respuesta del hardware (emulado), y mucho menos afectar a los demás huéspedes.

B.4. Paravirtualización

La virtualización asistida por hardware, por conveniente que resulte, sigue presentando algunas desventajas:

- No todos los procesadores cuentan con las extensiones de virtualización. Si bien cada vez es más común encontrarlas, es aún en líneas generales un factor de diferenciación entre las líneas económicas y de lujo.

- La capa de emulación, si bien es delgada, conlleva un cierto peso.

- Si bien es posible virtualizar arquitecturas como la x86, hay muchas otras para las cuales no se tienen las extensions hardware necesarias.

La *paravirtualización*, o *virtualización asistida por el sistema operativo*, parte de un planteamiento distinto: en vez de *engañar* al sistema operativo para que funcione sobre un sistema que parece real pero no lo es, la paravirtualización busca hacerlo *con pleno conocimiento y cooperación* por parte de los sistemas huéspedes. Esto es, la paravirtualización consiste en alojar sistemas operativos huésped que, a sabiendas de que están ejecutando en hardware virtualizado, *no hacen llamadas directas a hardware* sino que las traducen a llamadas al sistema operativo anfitrión.

Vale la pena reiterar en este punto: los sistemas operativos huésped bajo un entorno paravirtualizado saben que no están ejecutando sobre hardware real, por lo que en vez de enviar las instrucciones que controlen al hardware, envían llamadas al sistema a su hipervisor. Hasta cierto punto, el proceso de adecuación de un sistema para que permita ser paravirtualizado puede ser equivalente a adecuar al sistema operativo para que ejecute en una arquitectura nueva — muy parecida a la del hardware *real*, sí, pero con diferencias fundamentales en aspectos profundos.

Y si bien ya se explicó en la sección anterior que la virtualización puede ayudar a presentar un sistema idealizado que reduzca la inestabilidad en un sistema operativo, al hablar de paravirtualización este beneficio naturalmente crece: los controladores de hardware sencillos y bien comprendidos que se usaban para gestionar los dispositivos emulados se convierten casi en simples pasarelas de llamadas al sistema, brindando además de una sobrecarga mínima, aun mayor estabilidad por simplicidad del código.

B.4.1. Paravirtualización y software libre

La paravirtualización resulta muy atractiva, presentando muy obvias ventajas. Pero a pesar de que es posible emplearla en cualquier arquitectura hardware, algunas veces no lo es.

Como se mencionó anteriormente, incorporar dentro de un sistema operativo el soporte para una arquitectura de paravirtualización es casi equivalente a traducirlo a una nueva arquitectura hardware. Para que los autores de un entorno que implemente paravirtualización logren que un sistema operativo nuevo pueda ser ejecutado en su arquitectura, deben poder manipular y modificar su código fuente: de otra manera, ¿cómo se le podría adecuar para que supiera desenvolverse en un entorno no nativo?

El proyecto de gestión de virtualización y paravirtualización *Xen* nació como un proyecto académico de la Universidad de Cambridge, presentando su versión 1.x mediante un artículo (Barham y col. 2003). Este artículo presenta su experiencia paravirtualizando a una versión entonces actual de Linux y de Windows. Sin embargo, Xen sólo pudo ser empleado por muchos años como plataforma de paravirtualización de Linux porque, dado que la adaptación de Windows se realizó bajo los términos del *Academic Licensing Program*, que permitía a los investigadores acceso y modificación al código fuente, pero no su redistribución —la versión paravirtualizable de Windows XP fue desarrollada, pero no puede distribuirse fuera de los participantes de dicho programa de licenciamiento.

En tanto, el trabajo necesario para lograr la paravirtualización de un sistema operativo libre, como Linux, FreeBSD u otros, puede ser libremente redistribuido. No sólo eso, sino que el esfuerzo de realizar la adaptación pudo compartirse entre desarrolladores de todo el mundo, dado que esta entonces novedosa tecnología resultaba de gran interes.

B.4.2. Paravirtualización de dispositivos

Las ideas derivadas de la paravirtualización pueden emplearse también bajo entornos basados en virtualización plena: si el sistema operativo está estructurado de una forma modular (sin que esto necesariamente signifique que es un sistema *microkernel*, sino que permita la carga dinámica de controladores o *drivers* para el hardware, como prácticamente la totalidad de sistemas disponibles comercialmente hoy en día), no hace falta modificar al sistema operativo completo para gozar de los beneficios de la paravirtualización en algunas áreas.

De esta manera, si bien es posible ejecutar un sistema operativo *sin modificaciones* que espera ser ejecutado en hardware real, los dispositivos que típicamente generan más actividad de entrada y salida[9] pueden ser atendidos por

---

[9]Medios de almacenamiento, interfaz de red y salida de video.

drivers paravirtuales. Por supuesto, varios aspectos que son parte del núcleo *duro* del sistema, como la administración de memoria o el manejo de interrupciones (incluyendo el temporizador) tendrán que seguirse manejando mediante una emulación, aunque mucho más delgada.

Según mediciones empíricas realizadas en 2007 por Qumranet (quienes liderearon el desarrollo del módulo de virtualización asistido por hardware KVM en Linux), las clases de dispositivos virtio y pv resultaron entre 5 y 10 veces más rápidas que la emulación de dispositivos reales.

Mediante esta estrategia es posible ejecutar sistemas operativos propietarios, como los de la familia Windows, con buena parte de las ventajas de la paravirtualización, sobre entornos de virtualización asistida por hardware.

B.5. Contenedores

Una estrategia completamente distinta para la creación de máquinas virtuales es la de *contenedores*. A diferencia de emulación, virtualización asistida por hardware y paravirtualización, al emplear contenedores *sólo se ejecuta un sistema operativo*, que es el mismo para los sistemas anfitrión y huésped. El anfitrión implementará una serie de medidas para *aumentar el grado de separación* que mantiene entre procesos, agregando la noción de *contextos* o *grupos* que se describirán en breve. Dado que el sistema operativo es el único autorizado para tener acceso directo al hardware, no hace falta ejecutar un hipervisor.

Podría presentarse un símil: las tecnologías antes descritas de virtualización implementan *hardware virtual* para cada sistema operativo, mientras que los contenedores más bien presentan un *sistema operativo virtual* para el conjunto de procesos que definen el comportamiento de cada máquina virtual —muchos autores presentan la virtualización por contenedores bajo el nombre *virtualización a nivel sistema operativo*. Y si bien el efecto a ojos del usuario puede ser comparable, este método más que una multiplexación de máquinas virtuales sobre hardware real opera mediante restricciones adicionales sobre los procesos de usuario.

Al operar a un nivel más alto, un contenedor presenta algunas limitantes adicionales (principalmente, se pierde la flexibilidad de ejecutar sistemas operativos distintos), pero obtiene también importantes ventajas.

El desarrollo histórico de los contenedores puede rastrearse a la llamada al sistema chroot(), que restringe la visión del sistema de archivos de un proceso a sólo el directorio hacia el cual ésta fue invocada.[10] Esto es, si dentro de un proceso se invoca chroot('/usr/local') y posteriormente se le pide

---

[10]La llamada chroot() fue creada por Bill Joy en 1982 para ayudarse en el desarrollo del sistema Unix 4.2BSD. Joy buscaba probar los cambios que iba haciendo en los componentes en espacio de usuario del sistema sin modificar su sistema *vivo* y en producción, esto es, sin tener que reinstalar y reiniciar cada vez, y con esta llamada le fue posible instalar los cambios dentro de un directorio específico y probarlos como si fueran en la raíz.

abrir el archivo `/boot.img`, a pesar de que éste indique una ruta absoluta, el archivo que se abrirá será `/usr/local/boot.img`

Ahora bien, `chroot()` no es (ni busca ser) un verdadero aislamiento, sólo proporciona un inicio[11] —pero conforme más usuarios comenzaban a utilizarlo para servicios en producción, se hizo claro que resultaría útil ampliar la conveniencia de `chroot()` a un verdadero aislamiento.

El primer sistema en incorporar esta funcionalidad fue FreeBSD creando el subsistema *Jails* a partir de su versión 4.0, del año 2000. No tardaron mucho en aparecer implementaciones comparables en los distintos sistemas Unix. Hay incluso un producto propietario, el *Parallels Virtuozzo Containers*, que implementa esta funcionalidad para sistemas Windows.

Un punto importante a mencionar cuando se habla de contenedores es que se pierde buena parte de la universalidad mencionada en las secciones anteriores. Si bien las diferentes implementaciones comparten principios básicos de operación, la manera en que logran la separación e incluso la nomenclatura que emplean difieren fuertemente.

El núcleo del sistema crea un *grupo* para cada *contenedor* (también conocido como *contexto de seguridad*), aislándolos entre sí por lo menos en las siguientes áreas:

Tablas de procesos Los procesos en un sistema Unix se presentan como un árbol, en cuya raíz está siempre el proceso 1, `init`. Cada contenedor inicia su existencia ejecutando un `init` propio y enmascarando su identificador de proceso real por el número 1.

Señales, comunicación entre procesos Ningún proceso de un contenedor debe poder interferir con la ejecución de uno en otro contenedor. El núcleo restringe toda comunicación entre procesos, regiones de memoria compartida y envío de señales entre procesos de distintos grupos.

Interfaces de red Varía según cada sistema operativo e implementación, pero en líneas generales, cada contenedor tendrá una interfaz de red con una *dirección de acceso a medio (*mac*)* distinta.[12] Claro está, cada una de ellas recibirá una diferente dirección IP, y el núcleo ruteará e incluso aplicará reglas de firewall entre ellas.

Dispositivos de hardware Normalmente los sistemas huésped no tienen acceso directo a ningún dispositivo en hardware. En algunos casos, el acceso a dispositivos será multiplexado y, en otros, un dispositivo puede especificarse por medio de su configuración. Cabe mencionar que, dado que esta multiplexión no requiere *emulación*, sino únicamente una cuidadosa *planificación*, no resulta tan oneroso como la emulación.

---

[11]Como referencia a por qué no es un verdadero aislamiento, puede referirse a (Simes 2002)

[12]Es común referirse a las direcciones MAC como direcciones físicas, sin embargo, todas las tarjetas de red permiten configurar su dirección, por lo cual la apelación *física* resulta engañosa.

Límites en consumo de recursos Casi todas las implementaciones permiten asignar cotas máximas para el consumo de recursos compartidos, como espacio de memoria o disco o tiempo de CPU empleados por cada uno de los contenedores.

Nombre del equipo Aunque parezca trivial, el nombre con el que una computadora *se designa a sí misma* debe también ser aislado. Cada contenedor debe poder tener un nombre único e independiente.

Una de las principales características que atrae a muchos administradores a elegir la virtualización por medio de contenedores es un consumo de recursos óptimo: bajo los demás métodos de virtualización (y, particularmente, al hablar de emulación y de virtualización asistida por hardware), una máquina virtual siempre ocupará algunos recursos, así esté inactiva. El hipervisor tendrá que estar notificando a los temporizadores, enviando los paquetes de red recibidos, etc. Bajo un esquema de contenedores, una máquina virtual que no tiene trabajo se convierte sencillamente en un grupo de procesos *dormidos*, probables candidatos a ser *paginados* a disco.

B.6. Ejercicios

B.6.1. Preguntas de autoevaluación

1. En este capítulo se presentaron diversas tecnologías para la virtualización: emulación, virtualización asistida por hardware, paravirtualización y contenedores. Las cuatro categorías tienen su lugar y casos de uso recomendados. Elabore un cuadro comparativo, presentando las ventajas y desventajas relativas de cada categoría respecto a las demás.

2. A continuación se presentan varias afirmaciones. Evalúe si cada una de ellas es verdadera o falsa, sustentando con argumentos su conclusión.

   - La emulación implica naturalmente implementar un intérprete del código que fue originado para una arquitectura distinta. Este proceso necesariamente tiene un alto costo en tiempo de cómputo, y una infraestructura basada en emulación siempre será por lo menos un órden de magnitud más lenta que lo que resultaría de su ejecución nativa. La popularización de la emulación deriva, por un lado, de la diferencia de poder de cómputo entre las arquitecturas de escritorio y las embebidas y, por el otro, de la conveniencia de contar con código que pueda ser transportado fácilmente (*write once, run anywhere*).

   - La *Ley de Moore* (presentada en la sección 2.9.1) ha llevado a una cada vez mayor integración y ha llevado a que el desarrollo del cómputo por fin cruzara obligadamente por el multiprocesamiento, el desarrollo de código paralelizable es mucho más complejo para los programadores; casi todo el material de la presente obra deriva del cuestionamiento de cómo compartir recursos entre procesos rivales.

En este sentido, una de las grandes ventajas que ofrece la virtualización es que, al separar las aplicaciones en máquinas virtuales distintas, mantener una separación de recursos se simplifica. Cada máquina virtual puede correr en un entorno monotarea, con la ilusión de recursos dedicados.

3. De los recursos que administra un sistema operativo, algunos pueden ser fácilmente compartidos, en tanto que otros requieren un uso exclusivo para cada una de las máquinas virtuales. ¿Cuáles entrarían en cada una de estas clases, qué estrategia podría sugerir para compartir un dispositivo cuya naturaleza fuera de uso exclusivo?

4. Identifique cuál de las siguientes afirmaciones describe la mayor diferencia entre la paravirtualización y la virtualización asistida por hardware:

   a) La virtualización asistida por hardware requiere de electrónica específica para ser empleada, mientras que la paravirtualización evalúa por software todas las instrucciones e intercepta las instrucciones "peligrosas", a cambio de un menor rendimiento.

   b) La virtualización permite ejecutar al sistema huésped sin modificaciones, como si fuera en una computadora real, mientras que la paravirtualización requiere que éste esté preparado para ser virtualizado.

   c) Se efectúa únicamente sobre cada uno de los dispositivos, mientras que la virtualización plena se aplica sobre del sistema completo.

5. En el corazón de las arquitecturas de virtualización asistida por hardware encontraremos un programa llamado hipervisor. Indique cuáles de las siguientes afirmaciones respecto a esta tecnología son verdaderas, y cuáles falsas. Busque sustentarlo con ejemplos de sistemas existentes.

   a) Monitorea la actividad de los sistemas operativos.

   b) Se mantiene completamente invisible ante la perspectiva del sistema huésped.

   c) Es completamente transparente: un hipervisor debe poder correr otros dentro de sí.

   d) Cubre algunas de las tareas que realiza normalmente el sistema operativo.

B.6.2. Temas de investigación sugeridos

Sistemas operativos mínimos para la nube Al hablar de virtualización, sea asistida por hardware o paravirtualización, varias voces se han levantado, indicando que ejecutar un sistema operativo completo dentro de una máquina virtual es un desperdicio de recursos. A fin de cuentas, si el sistema operativo típico a correr dentro de una máquina virtual en el CP del S/360 de IBM, hace más de 40 años, era un sistema *sencillo, interactivo y monousuario* (CMS), ¿por qué no repetir la experiencia?

Un ejemplo de sistema mínimo fue presentado en septiembre de 2013: OSv. Este sistema busca *no implementar* los subsistemas innecesarios de un Linux tradicional, sino únicamente permitir la ejecución de varios de los procesos más comunes en una máquina virtual. Pueden buscar al respecto:

- Presentación del proyecto, del congreso CloudOpen: (Laor y Kivity 2013)

- Presentación técnica del proyecto, del congreso anual USENIX: (Kivity, Laor y col. 2014)

- Artículo periodístico respecto al lanzamiento de OSv en The Register: (J. Clark 2013)

Algunos puntos a desarrollar:

- Qué gana OSv y otros proyectos por el estilo, y qué pierden.

- Cómo ha avanzado la adopción de estas ideas.

- Qué le agrega o quita a la complejidad de la administración de sistemas.

B.6.3. Lecturas relacionadas

- Edouard Bugnion y col. (nov. de 2012). «Bringing Virtualization to the x86 Architecture with the Original VMware Workstation». En: *ACM Trans. Comput. Syst.* 30.4, 12:1-12:51. ISSN: 0734-2071. DOI: 10.1145/2382553. 2382554. URL: http://doi.acm.org/10.1145/2382553. 2382554

- VMWare Inc. (2006-2009). *Performance Evaluation of Intel EPT Hardware Assist.* URL: http://www.vmware.com/pdf/Perf_ESX_Intel-EPT-eval.pdf

- Ole Agesen (2007). *Performance Aspects of x86 Virtualization.* VMWare. URL: http://communities.vmware.com/servlet/JiveServlet/download/1147092-17964/PS_TA68_288534_166-1_FIN_v5.pdf

- P. Barham y col. (oct. de 2003). «Xen and the art of virtualization». En: *Proceedings of the 19th ACM SOSP*, págs. 164-177. URL: `http://www.cl.cam.ac.uk/research/srg/netos/papers/2003-xensosp.pdf`

- Avi Kivity, Yaniv Kamay y col. (2007). «KVM: The Linux Virtual Machine Monitor». En: *Proceedings of the Linux Symposium*. Qumranet / IBM. URL: `http://kernel.org/doc/ols/2007/ols2007v1-pages-225-230.pdf`

- Dor Laor (2007). *KVM PV Devices*. Qumranet. URL: `http : / / www . linux - kvm . org / wiki / images / d / dd / KvmForum2007 \ $kvm_pv_drv.pdf`

- Simes (2002). *How to break out of a chroot() jail*. URL: `http://www.bpfh.net/computing/docs/chroot-break.html`

- Jonathan Corbet (2007). *Notes from a container*. URL: `https://lwn.net/Articles/256389/`

- Paul Menage (2004-2006). *CGROUPS*. Google. URL: `https : / / www . kernel.org/doc/Documentation/cgroups/cgroups.txt`

Apéndice C

El medio físico
y el almacenamiento

C.1. El medio físico

A lo largo del presente texto, particularmente de los capítulos 6 y 7 y siguiendo las prácticas a que ha impuesto la realidad de los últimos 40 años, el término genérico de *disco* se ha empleado prácticamente como sinónimo de *medio de almacenamiento a largo plazo*.

En este apéndice se abordan en primer término las características principales del medio aún prevalente, los discos duros magnéticos rotativos, y una introducción a las diferencias que presentan respecto a otros medios, como los discos ópticos y los de estado sólido, así como las implicaciones que éstos tienen sobre el material presentado en el capítulo 7.

Cabe mencionar que la razón de separar este contenido hacia un apéndice es que, si bien estas funciones resultan relevantes para los sistemas operativos y éstos cada vez más van asumiendo las funciones que aquí serán descritas, éstas comenzaron siendo implementadas por hardware especializado; fue apenas hasta la aparición de los esquemas de manejo avanzado de volúmenes (que serán cubiertos en la sección C.3) que entran al ámbito del sistema operativo.

C.1.1. Discos magnéticos rotativos

El principal medio de almacenamiento empleado en los últimos 40 años es el *disco magnético*. Hay dos tipos diferentes de disco, aunque la lógica de su funcionamiento es la misma: los *discos duros* y los *flexibles* (o *floppies*).

La principal diferencia entre éstos es que, los primeros, son típicamente almacenamiento *interno* en los equipos de cómputo y, los segundos, fueron pensados para ser almacenamiento *transportable*. Los discos duros tienen mucha mayor capacidad y son mucho más rápidos, pero a cambio de ello, son correspondientemente más sensibles a la contaminación por partículas de polvo y a daños mecánicos, razón por la cual hoy en día se venden, junto con el mecanismo lector e incluso la electrónica de control, en empaque sellado.

Un disco flexible es una hoja de material plástico, muy similar al empleado en las cintas magnéticas, resguardado por un estuche de plástico. Al insertarse el disco en la unidad lectora, esta lo hace girar sujetándolo por el centro, y las cabezas lectoras (en un principio una sola; posteriormente aparecieron las unidades de doble cara, con dos cabezas lectoras) se deslizan por una ventana que tiene el estuche.

La mayor parte de los discos flexibles presentaban velocidades de rotación de entre 300 y 400 revoluciones por minuto —presentaban, pues, una *demora rotacional* de entre 0.15 y 0.2 segundos. La *demora rotacional* es el tiempo que toma la cabeza lectora en volver a posicionarse sobre un mismo sector del disco (véase la figura C.1).

A lo largo de más de 20 años se presentaron muy diferentes formatos físicos siguiendo esta misma lógica, designándose principalmente por su tamaño (en pulgadas). La capacidad de los discos, claro está, fue creciendo con el paso de los años —esto explica la aparente contradicción de que los discos (físicamente) más chicos tenían más capacidad que los más grandes.

Cuadro C.1: Principales formatos de disco flexible que lograron popularizarse en el mercado.

	8 pulgadas	5.25 pulgadas	3.5 pulgadas
Fecha de introducción	1971	1976	1982
Capacidad	150 KB a 1.2 MB	110 KB a 1.2 MB	264 KB a 2.88 MB
Velocidad (kbit/s)	33	125-500	250-1000
Pistas por pulgada	48	48-96	135

El nombre de *disco duro* o *disco flexible* se debe al medio empleado para el almacenamiento de la información (y no a la rigidez de su *estuche*, como mucha gente erróneamente cree): mientras que los discos flexibles emplean una hoja plástica flexible, los duros son metálicos. Los discos están *permanentemente* montados sobre un eje, lo que permite que tengan una velocidad de giro entre 20 y 50 veces mayor que los discos flexibles — entre 4 200 y 15 000 revoluciones por minuto (RPM), esto es, con una demora rotacional de entre dos y 7.14 milisegundos.

Además, a excepción de algunos modelos tempranos, los discos duros constituyen un paquete cerrado y sellado que incluye las cabezas de lectura y escritura, y toda la electrónica de control. Esto permite que los discos duros tengan densidades de almacenamiento y velocidades de transmisión muy superiores a la de los discos flexibles: los primeros discos duros que se comercializaron para computadoras personales eran de 10 MB (aproximadamente 70 discos flexibles de su época), y actualmente hay ya discos de 4 TB. La velocidad máxima de transferencia sostenida hoy en día es superior a los 100 MB por segundo, 100 veces más rápido que la última generación de discos flexibles.

Para medir la eficiencia de un disco duro, además de la *demora rotacional* presentada unos párrafos atrás, el otro dato importante es el tiempo que toma la cabeza en moverse por la superficie del disco. Hoy en día, las velocidades más comunes son de 20 ms para un *recorrido completo* (desde el primer hasta el último sector), y entre 0.2 y 0.8 ms para ir de un cilindro al inmediato siguiente. Como punto de comparación, el recorrido completo en una unidad de disco flexible toma aproximadamente 100 ms, y el tiempo de un cilindro al siguiente va entre 3 y 8 ms.

Notación C-H-S

En un principio, y hasta la década de los noventa, el sistema operativo siempre hacía referencia a la ubicación de un bloque de información en el disco empleando la *notación C-H-S* — indicando el cilindro, cabeza y sector (*Cylinder, Head, Sector*) para ubicar a cada bloque de datos. Esto permite mapear el espacio de almacenamiento de un disco a un espacio tridimensional, con el cual resulta trivial ubicar un conjunto de datos en una región contigua.

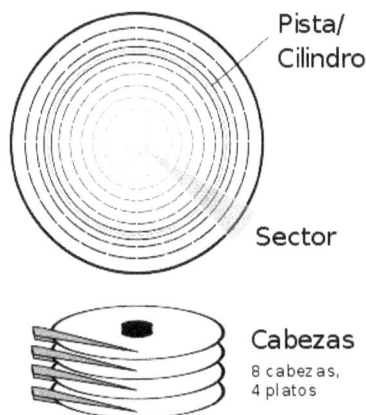

Figura C.1: Coordenadas de un disco duro, ilustrando su geometría basada en cabeza, cilindro y sector (imagen de la Wikipedia: *Cilindro Cabeza Sector*).

La *cabeza* indica a cuál de las superficies del disco se hace referencia; en un disco flexible hay sólo una o dos cabezas (cuando aparecieron las unidades de doble lado eran un lujo y, al paso de los años, se fueron convirtiendo en la norma), pero en un disco duro es común tener varios *platos* paralelos. Todas las cabezas van fijas a un mismo motor, por lo que no pueden moverse de forma independiente.

El *cilindro* indica la distancia del centro a la orilla del disco. Al cilindro también se le conoce como *pista* (*track*), una metáfora heredada de la época en que la música se distribuia principalmente en discos de vinil, y se podía ver a simple vista la frontera entre una pista y la siguiente.

Un *sector* es un segmento de arco de uno de los cilindros y contiene siempre la misma cantidad de información (históricamente 512 bytes; actualmente se están adoptando gradualmente sectores de 4 096 bytes. Refiérase a la sección C.1.1 para una mayor discusión al respecto.)

Un archivo almacenado secuencialmente ocupa *sectores adyacentes* a lo largo de una misma pista y con una misma cabeza.

Algoritmos de planificación de acceso a disco

Las transferencias desde y hacia los discos son uno de los procesos más lentos de los que gestiona el sistema operativo. Cuando éste tiene varias solicitudes de transferencia pendientes, resulta importante encontrar un mecanismo óptimo para realizar la transferencia, minimizando el tiempo de demora. A continuación se describirán a grandes rasgos tres de los algoritmos históricos de planificación de acceso a disco — para abordar después el por qué estos hoy en día casi no son empleados.

Como con los demás escenarios en que se han abordado algoritmos, para analizar su rendimiento, el análisis se realizará sobre una *cadena de referencia*. Este ejemplo supone un disco hipotético de 200 cilindros, la cadena de solicitudes *83, 175, 40, 120, 15, 121, 41, 42,* y teniendo la cabeza al inicio de la operación en el cilindro 60.

En la figura C.2 puede apreciarse de forma gráfica la respuesta que presentarían los distintos algoritmos ante la cadena de referencia dada.

FIFO Del mismo modo que cuando fueron presentados los algoritmos de asignación de procesador y de reemplazo de páginas, el primero y más sencillo de implementar es el FIFO — *primero llegado, primero servido.*

Este algoritmo puede verse como muy *justo*, aunque sea muy poco eficiente: el movimiento total de cabezas para el caso planteado es de 622 cilindros, equivalente a poco más que recorrer de extremo a extremo el disco completo tres veces. Esto es, despreciando la demora rotacional la demora mecánica para que el brazo se detenga por completo antes de volver a moverse, esta lectura tomaría un mínimo de 60 ms, siendo el recorrido completo del disco 20 ms.

Puede identificarse como causante de buena parte de esta demora a la quinta posición de la cadena de referencia: entre solicitudes para los cilindros contiguos 120 y 121, llegó una solicitud al 15.

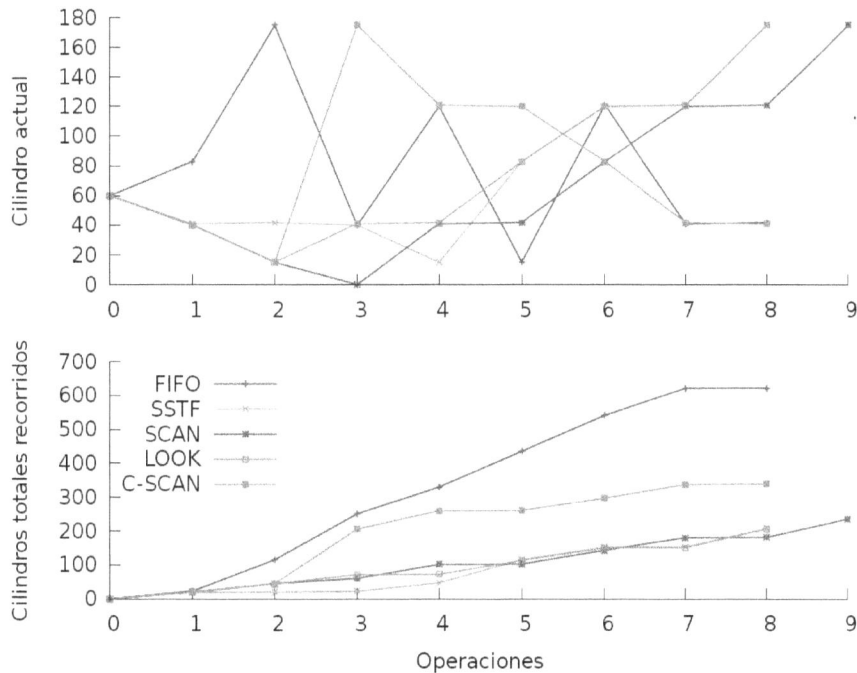

Figura C.2: Movimientos de las cabezas bajo los diferentes algoritmos planificadores de acceso a disco, indicando la distancia total recorrida por la cabeza bajo cada uno, iniciando con la cabeza en la posición 60. Para SCAN, LOOK y C-SCAN, se asume que la cabeza inicia avanzando en dirección decreciente.

Atender esta solicitud en FIFO significa un desplazamiento de $(120 - 15) + (121 - 15) = 211$ cilindros, para volver a quedar prácticamente en el mismo lugar de inicio. Una sola solicitud resulta responsable de la tercera parte del tiempo total.

SSTF Ahora bien, si el factor que impone la principal demora es el movimiento de la cabeza, el segundo algoritmo busca reducir al mínimo el movimiento de la cabeza: SSTF (*Shortest Seek Time First*, *Tiempo de búsqueda más corto a continuación*) es el equivalente en este ámbito del *Proceso más corto a continuación*, presentado en la sección 4.2.4 — con la ventaja de no estar prediciendo comportamiento futuro, sino partir de una lista de solicitudes pendientes. Empleando SSTF, el tiempo de desplazamiento para este caso se reduce a tan sólo 207 cilindros, muy cerca del mínimo absoluto posible.

Una desventaja de SSTF es que puede llevar a la inanición: si hay una gran densidad de solicitudes para determinada zona del disco, una solicitud para un cilindro alejado puede quedar a la espera indefinidamente.

Ejemplificando esto con una serie de solicitudes distinta a la cadena referencia: si el sistema tuviera que atender solicitudes por los cilindros *15, 175, 13, 20, 14, 32, 40, 5, 6, 7,* SSTF *penalizaría* a la segunda solicitud (175) hasta terminar con los cilindros bajos. Si durante el tiempo que tome responder a estas solicitudes llegan otras adicionales, el proceso que está esperando el contenido del cilindro 175 puede quedar en espera de forma indefinida.

Familia de algoritmos *de elevador* **(SCAN, LOOK, C-SCAN)** En este tercer lugar se abordará ya no un sólo algoritmo, sino que una *familia*, dado que parten de la misma idea, pero con modificaciones menores llevan a que el patrón de atención resultante sea muy distinto.

El planteamiento base para el algoritmo básico de elevador (SCAN) busca evitar la inanición, minimizando al mismo tiempo el movimiento de las cabezas. Su lógica indica que la cabeza debe recorrer el disco de un extremo a otro, como si fuera un elevador en un edificio alto, atendiendo a todas las solicitudes que haya pendientes en su camino. Si bien los recorridos para ciertos patrones pueden resultar en mayores desplazamientos a los que daría SSTF, la garantía de que ningún proceso esperará indefinidamente lo hace muy atractivo.

Atender la cadena de referencia bajo SCAN, asumiendo un estado inicial *descendente* (esto es, la cabeza está en el cilindro 60 y va bajando) da un recorrido total de 235 cilindros; empleando LOOK, se reduce a 205 cilindros, y evita el movimiento innecesario hasta el límite del disco.

Una primer (y casi obvia) modificación a este algoritmo sería, cada vez que la cabeza se detenga para satisfacer una solicitud, verificar si hay alguna otra solicitud pendiente en la *dirección actual*, y de no ser así, emprender el camino de regreso sin llegar a la orilla del disco. Esta modificación es frecuentemente descrita como LOOK.

Sin embargo, el patrón de atención a solicitudes de SCAN y LOOK dejan qué desear: al llegar a un extremo del recorrido, es bastante probable que no haya ninguna solicitud pendiente en la primer mitad del recorrido de vuelta (dado que acaban de ser atendidas). El tiempo que demora atender a una solictud se compone de la suma del desplazamiento de la cabeza y la demora rotacional (que depende de cuál sector del cilindro fue solicitado). Para mantener una tasa de transferencia más predecible, el algoritmo C-SCAN (SCAN Circular) realiza las operaciones en el disco únicamente en un sentido — si el algoritmo lee en orden *descendente*, al llegar a la solicitud del cilindro más bajo, saltará de vuelta hasta el más alto para volver a iniciar desde ahí. Esto tiene como resultado, claro, que el recorrido total aumente (aumentando hasta los 339 para la cadena de referencia presentada).

Limitaciones de los algoritmos presentados

Ahora bien, ¿por qué se mencionó que estos algoritmos hoy en día ya casi no se usan?

Hay varias razones. En primer término, todos estos algoritmos están orientados a reducir el traslado *de la cabeza*, pero ignoran la *demora rotacional*. Como se explicó, en los discos duros actuales, la demora rotacional va entre $\frac{1}{10}$ y $\frac{1}{3}$ del tiempo total de recorrido de la cabeza. Y si bien el sistema podría considerar esta demora como un factor adicional al planificar el siguiente movimiento de forma que se redujera el tiempo de espera, los algoritmos descritos obviamente requieren ser replanteados por completo.

Por otro lado, el sistema operativo muchas veces requiere dar distintas prioridades a los diferentes tipos de solicitud. Por ejemplo, se esperaría que diera preferencia a los accesos a memoria virtual por encima de las solicitudes de abrir un nuevo archivo. Estos algoritmos tampoco permiten expresar esta necesidad.

Pero el tercer punto es mucho más importante aún: del mismo modo que los procesadores se van haciendo más rápidos y que la memoria es cada vez de mayor capacidad, los controladores de discos también son cada vez más *inteligentes*, y *esconden* cada vez más información del sistema operativo, por lo cual éste cada vez más carece de la información necesaria acerca del acomodo *real* de la información como para planificar correctamente sus accesos.

Uno de los cambios más importantes en este sentido fue la transición del empleo de la notación C-H-S al esquema de *direccionamiento lógico de bloques* (*Logical Block Addressing*, LBA) a principios de los noventa. Hasta ese momento, el sistema operativo tenía información de la ubicación *física* de todos los bloques en el disco.

Una de las desventajas, sin embargo, de este esquema es que hacía necesario que el BIOS conociera la *geometría* de los discos — y éste presentaba límites duros en este sentido: principalmente, no le era posible referenciar más allá de 64 cilindros. Al aparecer la interfaz de discos IDE (*electrónica integrada al dispositivo*) e ir reemplazando a la ST-506, se introdujo LBA.

Este mecanismo convierte la dirección C-H-S a una dirección *lineal*, presentando el disco al sistema operativo ya no como un espacio *tridimensional*, sino que como un gran arreglo de bloques. En este primer momento, partiendo de que CPC denota el número de cabezas por cilindro y SPC el número de sectores por cilindro, la equivalencia de una dirección C-H-S a una LBA era:

$$LBA = ((Cilindro \times CPC) + Cabeza) \times SPC + Sector - 1$$

La transición de CHS a LBA significó mucho más que una nueva notación: marcó el inicio de la transferencia de inteligencia y control del CPU al controlador de disco. El efecto de esto se refleja directamente en dos factores:

Sectores variables por cilindro En casi todos los discos previos a LBA,[1] el número de sectores por pista se mantenía constante, se tratara de las pistas más internas o más externas. Esto significa que, a igual calidad de la cobertura magnética del medio, los sectores ubicados en la parte exterior del disco desperdiciaban mucho espacio (ya que el *área por bit* era mucho mayor).

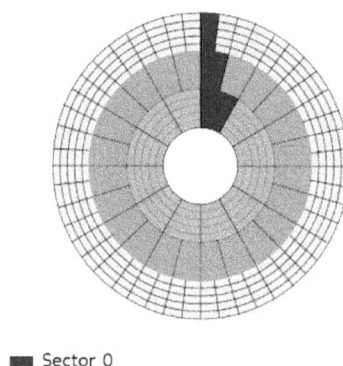

■ Sector 0

Figura C.3: Disco formateado bajo *densidad de bits por zona*, con más sectores por pista en las pistas exteriores (imagen de la Wikipedia: *Zone Bit Recording*).

Bajo LBA, los discos duros comenzaron a emplear un esquema de *densidad de bits por zona* (*zone bit recording*), con la que en los cilindros más externos se aumenta.

Reubicación de sectores Conforme avanza el uso de un disco, es posible que algunos sectores vayan resultando *difíciles* de leer por daños microscópicos a la superficie. El controlador es capaz de detectar estos problemas, y de hecho, casi siempre puede rescatar la información de dichos sectores de forma imperceptible al usuario.

Los discos duros ST-506 típicamente iban acompañados por una *lista de defectos*, una lista de coordenadas C-H-S que desde su fabricación habían presentado errores. El usuario debía ingresar estos defectos al formatear el disco *a bajo nivel*.

Hoy en día, el controlador del disco detecta estos fallos y se los *salta*, presentando un mapa LBA lineal y completo. Los discos duros típicamente vienen con cierto número de *sectores de reserva* para que, conforme se

[1]Las unidades de disco *Commodore 1541* y *Macintosh Superdrive*, que empleaban velocidad variable por cilindro para aprovechar mejor el medio magnético, constituyen notorias excepciones; en ambos casos, sin embargo, terminaron desapareciendo por cuestiones de costos y de complejidad al sistema.

van detectando potenciales daños, estos puedan reemplazarse de forma transparente.

A estos factores se suma que a los controladores de disco se les agregó también una memoria caché dedicada para las operaciones de lectura y escritura. El controlador del disco es hoy en día capaz de implementar estos mismos algoritmos de forma completamente autónoma del sistema operativo.

Y si bien las diferentes unidades de disco duro habían mantenido sectores de 512 bytes desde los primeros discos duros, a partir de la aprobación del *Formato Avanzado* en 2010 que incrementa los sectores a 4 096 bytes, presenta otra abstracción más: un disco con sectores de 4 096 bytes que es empleado por el sistema operativo como si fuera de 512^2 tiene que efectuar, dentro de la lógica de su controlador, una emulación — y una modificación de un solo sector se vuelve un *ciclo lectura-modificación-escritura* (RMW), que redunda en una espera de por lo menos una revolución adicional (8 ms con un disco de 7 200 RPM) del disco antes de que la operación pueda completarse.

Resulta claro que, dados estos cambios en la manera en que debe referirse a los bloques del disco, el sistema operativo no cuenta ya con la información necesaria para emplear los algoritmos de planificación de acceso a disco.

C.1.2. Almacenamiento en estado sólido

Desde hace cerca de una década va creciendo consistentemente el uso de medios de almacenamiento de *estado sólido* — esto es, medios sin partes móviles. Las características de estos medios de almacenamiento son muy distintas de las de los discos.

Si bien las estructuras lógicas que emplean hoy en día prácticamente todos los sistemas de archivos en uso mayoritario están pensadas siguiendo la lógica de los medios magnéticos rotativos, como se verá en esta sección, el empleo de estructuras más acordes a las características del medio físico. Este es indudablemente un área bajo intensa investigación y desarrollo, y que seguramente ofrecerá importantes novedades en los próximos años.

Lo primero que llama la atención de estos medios de almacenamiento es que, a pesar de ser fundamentalmente distintos a los discos magnéticos, se presentan ante el sistema operativo como si fueran lo mismo: en lo que podría entenderse como un esfuerzo para ser utilizados pronto y sin tener que esperar a que los desarrolladores de sistemas operativos adecuaran los controladores, se conectan mediante la misma interfaz y empleando la misma semántica que un disco rotativo.[3] Esto no sólo evita que se aprovechen sus características únicas,

---

[2]Al día de hoy, los principales sistemas operativos pueden ya hacer referencia al nuevo tamaño de bloque, pero la cantidad de equipos que ejecutan sistemas *heredados* o de controladores que no permiten este nuevo modo de acceso limitan una adopción al 100 por ciento.

[3]Las unidades de estado sólido cuentan con una *capa de traducción* que emula el comportamiento de un disco duro, y presenta la misma interfaz tanto de bus como semántica.

adoptando restricciones y criterios de diseño que ahora resultan indudablemente artificiales, sino que incluso se exponen a mayor *stress* por no emplearse de la forma que les resultaría natural.

Antes de ver por qué, conviene hacer un breve repaso de los tipos de discos de estado solido que hay. Al hablar de la tecnología sobre la cual se implementa este tipo de almacenamiento, los principales medios son:

NVRAM Unidades RAM No Volátil. Almacenan la información en chips de RAM estándar, con un respaldo de batería para mantener la información cuando se desconecta la corriente externa. Las primeras unidades de estado sólido eran de este estilo; hoy en día son poco comunes en el mercado, pero todavía hay.

Su principal ventaja es la velocidad y durabilidad: el tiempo de acceso o escritura de datos es el mismo que el que podría esperarse de la memoria principal del sistema, y al no haber demoras mecánicas, este tiempo es el mismo independientemente de la dirección que se solicite.

Su principal desventaja es el precio: en líneas generales, la memoria RAM es, por volumen de almacenamiento, cientos de veces más cara que el medio magnético. Y si bien el medio no se degrada con el uso, la batería sí, lo que podría poner en peligro a la supervivencia de la información.

Estas unidades típicamente se instalan internamente como una tarjeta de expansión.

Figura C.4: Unidad de estado sólido basado en RAM: DDRdrive X1 (imagen de la Wikipedia: *Solid state drive*).

Memoria *flash* Derivada de los EEPROM (*Electrically Erasable Programmable Read-Only Memory, Memoria de Sólo Lectura Programable y Borrable Eléctricamente*). Los EEPROM tienen la característica de que, además de lectura y escritura, hay un tercer tipo de operación que deben implementar: el *borrado*. Un EEPROM ya utilizado debe borrarse antes de volverse a escribir a él. La principal característica que distingue a las memorias *flash* de los EEPROM tradicionales es que el espacio de almacenamiento está dividido en muchas *celdas*, y el controlador puede leer, borrar o escribir a cada uno de ellos por separado.[4]

El uso de dispositivos *flash* para almacenamiento de información inició hacia 1995 como respuesta a las necesidades de las industrias aeroespacial y militar, dada la frecuencia de los daños a la información que presentaban los medios magnéticos por la vibración. Hoy en día hay dispositivos *flash* de muy bajo costo y capacidad, aunque presentan una gran variabilidad tanto en su tiempo de acceso como en su durabilidad. En este sentido, hay dos tipos principales de dispositivos *flash*:

Almacenamiento primario (SSD) Las llamadas formalmente *unidad de estado sólido* (*Solid State Drive*)[5] son unidades *flash* de alta velocidad y capacidad, y típicamente presentan una interfaz similar a la que tienen los discos duros; hoy en día, la más común es SATA.

Figura C.5: Unidad de estado sólido basado en *flash* con interfaz SATA (imagen de la Wikipedia: *Solid state drive*).

Su velocidad de lectura es muy superior y su velocidad de escritura (incluyendo el borrado) es comparable a la de los discos magnéticos. Su precio por el mismo volumen de almacenamento es entre 5 y 10 veces el de los discos magnéticos.

Estas unidades se emplean tanto como unidades independientes en servidores, equipos de alto desempeño e incluso algunas subportátiles (*netbooks*) o como un componente de la tarjeta madre en dispositivos móviles como teléfonos y tabletas.

Transporte de archivos Esta tecnología también está presente en las diversas unidades extraíbles o móviles, como las unidades USB, SD,

---

[4]Estos dispositivos se conocen como *flash* en referencia a los chips EPROM (antes de que fuera posible borrar *eléctricamente*): estos chips tenían una ventana en la parte superior, y debían operar siempre cubiertos con una etiqueta. Para borrar sus contenidos, se retiraba la etiqueta y se les administraba una descarga lumínica — un *flash*.

[5]Un error muy común es confundir la *D* con *Disk*, que denotaría que llevan un *disco*, un *medio rotativo*.

Memory Stick, Compact Flash, etc. La principal diferencia entre éstas son los diferentes conectores que emplean; todas estas tecnologías presentan dispositivos que varían fuertemente en capacidad, velocidad y durabilidad.

Figura C.6: Unidad de estado sólido basado en *flash* con interfaz USB (imagen de la Wikipedia: *Solid state drive*).

Independientemente del tipo, las unidades de estado sólido presentan ventajas ante los discos rotativos, como un muy bajo consumo eléctrico, operación completamente silenciosa, y resistencia a la vibración o a los golpes. Además, el medio es *verdaderamente* de acceso aleatorio: al no ser ya un disco, desaparecen tanto la demora de movimiento de cabezas como la rotacional.

Desgaste del medio

La memoria *flash* presenta patrones de desgaste muy distintos de los que presentan otros medios. La memoria *flash* tiene capacidad de aguantar un cierto número de operaciones de borrado por página[6] antes de comenzar a degradarse y fallar. Las estructuras tradicionales de sistemas de archivos basados en disco *concentran* una gran cantidad de modificaciones frecuentes a lo largo de la operación normal del sistema en ciertas regiones clave: las tablas de asignación y directorios registran muchos más cambios que la región de datos.

Casi todos los controladores de discos *flash* cuentan con mecanismos de *nivelamiento de escrituras* (*write leveling*). Este mecanismo busca reducir el desgaste focalizado modificando el mapeo de los sectores que ve el sistema operativo respecto a los que son grabados *en verdad* en el medio: en vez de actualizar un bloque (por ejemplo, un directorio) *en su lugar*, el controlador le asigna un nuevo bloque de forma transparente, y marca el bloque original como libre.

Los mecanismos más simples de nivelamiento de escrituras lo hacen únicamente intercambiando los bloques libres con los recién reescritos; mecanismos más avanzados buscan equilibrar el nivel de reescritura en toda la unidad reubicando periódicamente también a los bloques que no son modificados, para no favorecerlos injustamente y hacer un mejor balanceo de uso.

---

[6]Dependiendo de la calidad, va entre las 3 000 y 100 000.

Emulación de discos

Hoy en día, casi la totalidad de medios de estado sólido se presentan ante el sistema con una interfaz que emula la de los discos, la FTL (*Flash Translation Layer, Capa de Traducción de Flash*). La ventaja de esta emulación es que no hizo falta desarrollar controladores adicionales para comenzar a emplear estos medios. La desventaja, sin embargo, es que al ocultarse el funcionamiento *real* de las unidades de estado sólido, el sistema operativo no puede aprovechar las ventajas estructurales — y más importante aún, no puede evitar las debilidades inherentes al medio.

Uno de los ejemplos más claros de esta falta de control real del medio la ilustra Aurora (2009), que menciona que tanto la poca información públicamente disponible acerca del funcionamiento de los controladores como los patrones de velocidad y desgaste de los mismos apuntan a que la estructura subyacente de casi todos los medios de estado sólido es la de un *sistema de archivos estructurado en bitácora*.

Aurora indica que hay varias operaciones que no pueden ser traducidas eficientemente por medio de esta capa de emulación, y que seguramente permitirían un mucho mejor aprovechamiento del medio. Como se mencionó en la sección 7.3.5 (*Sistemas de archivo estructurados en bitácora*), si bien varios de estos sistemas de archivos han presentado implementaciones completamente utilizables, la falta de interés ha llevado a que muchos de estos proyectos sean abandonados.

Brown (2012) apunta a que Linux tiene una interfaz apta para manipular directamente dispositivos de estado sólido, llamada mtd — *memory technology devices, dispositivos de tecnología de memoria.*

Si bien los discos duros se han empleado por ya 50 años y los sistemas de archivos están claramente desarrollados para aprovechar sus detalles físicos y lógicos, el uso de los dispositivos de estado sólido apenas está despegando en la última década. Y si bien esta primer aproximación que permite emplear esta tecnología transparentemente es *suficientemente buena* para muchos de los usos básicos, sin duda hay espacio para mejorar. Este es un tema que seguramente brinda amplio espacio para investigación y desarrollo para los próximos años.

C.2. RAID: **Más allá de los límites físicos**

En la sección 7.1.1 se presentó muy escuetamente al concepto de *volumen*, mencionando que un volumen *típicamente* coincide con una partición, aunque no siempre es el caso — sin profundizar más al respecto. En esta sección se presentará uno de los mecanismos que permite combinar diferentes *dispositivos físicos* en un sólo volumen, llevando –bajo sus diferentes modalidades– a mayor confiabilidad, rendimiento y espacio disponible.

El esquema más difundido para este fin es conocido como RAID, *Arreglo Redundante de Discos Baratos* (*Redundant Array of Inexpensive Disks*),[7] propuesto en 1988 por David Patterson, Garth Gibson y Randy Katz ante el diferencial que se presentaba (y se sigue presentando) entre el avance en velocidad y confiabilidad de las diversas áreas del cómputo en relación con el almacenamiento magnético.

Bajo los esquemas RAID queda sobreentendido que los diferentes discos que forman parte de un volumen son del mismo tamaño. Si se reemplaza un disco de un arreglo por uno más grande, la capacidad *en exceso* que tenga éste sobre los demás discos será desperdiciada.

Por muchos años, para emplear un *arreglo* RAID era necesario contar con controladores dedicados, que presentaban al conjunto como un dispositivo único al sistema operativo. Hoy en día, prácticamente todos los sistemas operativos incluyen la capacidad de integrar varias unidades independientes en un arreglo por software; esto conlleva un impacto en rendimiento, aunque muy pequeño. Hay también varias tecnologías presentes en distintos sistemas operativos modernos que heredan las ideas presentadas por RAID, pero integrándolos con funciones formalmente implementadas por capas superiores.

La operación de RAID, más que un único esquema, especifica un *conjunto* de *niveles*, cada uno de ellos diseñado para mejorar distintos aspectos del almacenamiento en discos. Se exponen a continuación las características de los principales niveles en uso hoy en día.

C.2.1. RAID nivel 0: división en *franjas*

El primer nivel de RAID brinda una ganancia tanto en espacio total, dado que presenta un volumen grande en vez de varios discos más pequeños (simplificando la tarea del administrador) como de velocidad, dado que las lecturas y escrituras al volumen ya no estarán sujetas al movimiento de una sola cabeza, sino que habrá una cabeza independiente por cada uno de los discos que conformen al volumen.

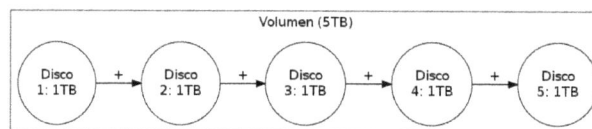

Figura C.7: Cinco discos organizados en RAID 0.

Los discos que participan en un volumen RAID 0 no están sencillamente *concatenados*, sino que los datos son *divididos en franjas* (en inglés, el proceso se

---

[7]Ocasionalmente se presenta a RAID como acrónimo de *Arreglo Redundante de Discos Independientes* (*Redundant Array of Independent Disks*)

conoce como *striping*, de la palabra *stripe*, franja; algunas traducciones al español se refieren a este proceso como *bandeado*). Esto hace que la carga se reparta de forma uniforme entre todos los discos, y asegura que todas las transferencias mayores al tamaño de una franja provengan de más de un disco independiente.

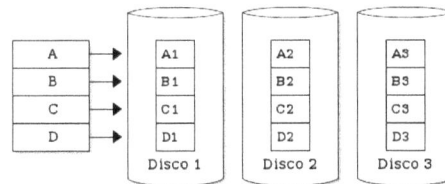

Figura C.8: División de datos en *franjas*.

La confiabilidad del volumen, sin embargo, disminuye respecto a si cada uno de los discos se manejara por separado: basta con que uno de los discos presente daños para que la información contenida en el volumen se pierda.

Un arreglo RAID nivel 0 puede construirse con un mínimo de dos discos.

C.2.2. RAID nivel 1: espejo

Este nivel está principalmente orientado a aumentar la confiabilidad de la información: los datos son grabados de forma *simultánea e idéntica* en todos los discos que formen parte del volumen. El costo de mantener los datos en espejo, claro está, es el del espacio empleado: en su configuración habitual, de dos discos por volumen, 50% del espacio de almacenamiento se pierde por fungir como respaldo del otro 50 por ciento.

La velocidad de acceso a los datos bajo RAID 1 es mayor a la que se lograría con un disco tradicional: basta con obtener los datos de uno de los discos; el controlador RAID (sea el sistema operativo o una implementación en hardware) puede incluso programar las solicitudes de lectura para que se vayan repartiendo entre ambas unidades. La velocidad de escritura se ve levemente reducida, dado que hay que esperar a que ambos discos escriban la información.

Un arreglo RAID nivel 1 se construye típicamente con dos discos.

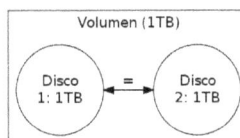

Figura C.9: Dos discos en espejo con RAID 1.

C.2.3. Los niveles 2, 3 y 4 de RAID

Los siguientes tres niveles de RAID combinan propiedades de los primeros
junto con un algoritmo de verificación de integridad y corrección de errores.
Estos han caído casi por completo en el desuso dado que los otros niveles, y
muy en particular el nivel 5, ofrecen las mismas características, pero con mayor
confiabilidad

C.2.4. RAID nivel 5: paridad dividida por bloques

El nivel 5 de RAID proporciona un muy buen equilibrio respecto a las características que se han mencionando: brinda el espacio total de almacenamiento
de todos los discos que formen parte del volumen *menos uno*. Para cada una de
las *franjas*, RAID 5 calcula un bloque de *paridad*.

Para obtener una mayor tolerancia a fallos, este bloque de paridad no siempre va al mismo disco, sino que se va repartiendo entre todos los discos del
volumen, *desplazándose* a cada franja, de modo que *cualquiera de los discos puede
fallar*, y el arreglo continuará operando sin pérdida de información. Esta debe
notificarse al administrador del sistema, quien reemplazará al disco dañado lo
antes posible (dado que, de no hacerlo, la falla en un segundo disco resultará
en la pérdida de toda la información).

En equipos RAID profesionales es común contar con discos de reserva *en
caliente* (*hot spares*): discos que se mantienen apagados pero listos para trabajar.
Si el controlador detecta un disco dañado, sin esperar a la intervención del
administrador, desactiva al disco afectado y activa al *hot spare*, reconstruyendo
de inmediato la información a partir de los datos en los discos *sanos*.

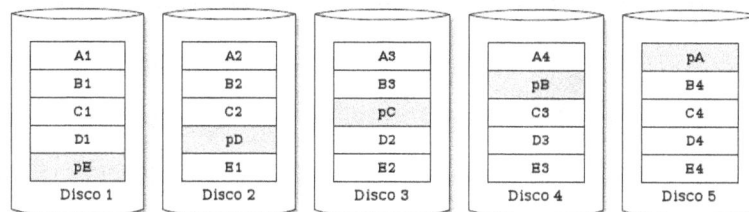

Disco 1	Disco 2	Disco 3	Disco 4	Disco 5
A1	A2	A3	A4	pA
B1	B2	B3	pB	B4
C1	C2	pC	C3	C4
D1	pD	D2	D3	D4
pE	E1	E2	E3	E4

Figura C.10: División de datos en *franjas*, con paridad, para RAID 5.

Dependiendo de la configuración, la velocidad de acceso de este nivel puede ser es ligeramente menor que la obtenida de los discos que no operan en
RAID, o ligeramente menor a la que se logra con RAID nivel 0. Dado que la electrónica en los discos actuales notificará explícitamente al sistema operativo en
caso de fallo de lectura, cuando el sistema requiere leer datos, estos pueden ser
solicitados únicamente a $n - 1$ discos (e ignorar al de paridad); si el arreglo está

configurado para verificar la paridad en lecturas, todas tendrán que obtener la franja correspondiente de todos los discos del arreglo para poder calcularla.

El algoritmo de verificación y recuperación de RAID 5 es sorprendentemente eficiente y simple: el de una *suma* XOR, ilustrado en la figura C.11. La operación booleana XOR (de *Exclusive* OR) suma los bits individuales, columna por columna. Si es un número par, almacena un 0, si es impar, almacena un 1. Esta operación es muy eficiente computacionalmente.

	Franja A	Franja B
Disco 1	0001 1000	0001 0001
Disco 2	0101 1101	0110 1001
Disco 3	0100 1011	1011 0100
Disco 4	1001 0011	1010 1010
Disco 5	1001 1101	0110 0110

Figura C.11: Para cada franja, el disco de paridad guarda la suma XOR de los bits de las franjas correspondientes de los otros discos; no importa cuál disco falle, sus datos pueden recuperarse haciendo un XOR de los datos de los demás.

Las escrituras son invariablemente más lentas respecto tanto ante la ausencia de RAID como en niveles 0 y 1, dado que siempre tendrá que recalcularse la paridad; en el caso de una escritura mínima (menor a una franja) tendrá que leerse la franja entera de todos los discos participantes en el arreglo, recalcularse la paridad, y grabarse en el disco correspondiente.

Cuando uno de los discos falla, el arreglo comienza a trabajar en el *modo interino de recuperación de datos* (*Interim data recovery mode*, también conocido como *modo degradado*), en el que todas las lecturas involucran a todos los discos, ya que tienen que estar recalculando y *rellenando* la información que provendría del disco dañado.

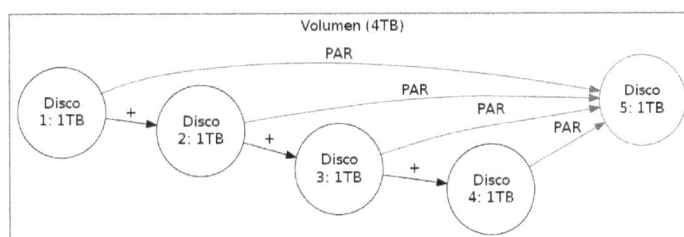

Figura C.12: Cinco discos organizados en RAID 5. La franja de paridad se va alternando, repartiéndose entre todos los discos.

Para implementar RAID nivel 5 son necesarios por lo menos tres discos, aunque es común verlos más *anchos*, pues de este modo se desperdicia menos espacio en paridad. Si bien teóricamente un arreglo nivel 5 puede ser arbitrariamente ancho, en la práctica es muy raro ver arreglos con más de cinco discos: tener un arreglo más ancho aumentaría la probabilidad de falla. Si un arreglo que está ya operando en el modo interino de recuperación de datos se encuentra con una falla en cualquiera de sus discos, tendrá que reportar un fallo irrecuperable.

C.2.5.   RAID nivel 6: paridad por redundancia P+Q

Se trata nuevamente de un nivel de RAID muy poco utilizado. Se basa en el mismo principio que el de RAID 5 pero, empleando dos distintos algoritmos para calcular la paridad, permite la pérdida de hasta dos de los discos del arreglo. La complejidad computacional es sensiblemente mayor a la de RAID 5, no sólo porque se trata de un segundo cálculo de paridad, sino porque este cálculo debe hacerse empleando un algoritmo distinto y más robusto — si bien para obtener la paridad *P* basta con hacer una operación XOR sobre todos los segmentos de una *franja*, la segunda paridad *Q* típicamente emplea al *algoritmo Reed-Solomon, paridad diagonal* o *paridad dual ortogonal*. Esto conlleva a una mayor carga al sistema, en caso de que sea RAID por software, o a que el controlador sea de mayor costo por implementar mayor complejidad, en caso de ser hardware dedicado.

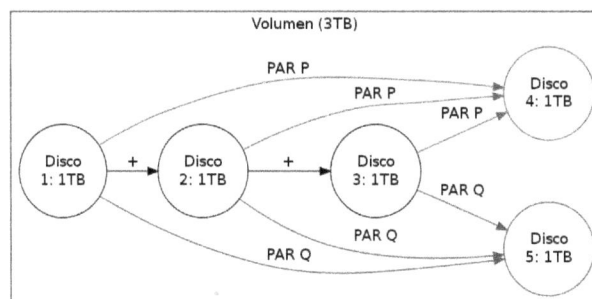

Figura C.13: Cinco discos organizados en RAID 6. Al igual que bajo RAID 5, las franjas de paridad se van alternando entre todos los discos.

El nivel 6 de RAID puede implementarse con cuatro o más unidades, y si bien el espacio dedicado a la redundancia se incrementa a dos discos, la redundancia adicional que ofrece este esquema permite crear volúmenes con un mayor número de discos.

C.2.6. Niveles combinados de RAID

Viendo desde el punto de vista de la abstracción presentada, RAID toma una serie de dispositivos de bloques y los *combina* en otro dispositivo de bloques. Esto significa que puede tomarse una serie de volúmenes RAID y combinarlos en uno solo, aprovechando las características de los diferentes niveles.

Si bien pueden combinarse arreglos de todo tipo, hay combinaciones más frecuentes que otras. Con mucho, la más popular es la de los niveles 1 + 0 — esta combinación, frecuentemente llamada sencillamente RAID 10, ofrece un máximo de redundancia y rendimiento, sin sacrificar demasiado espacio.

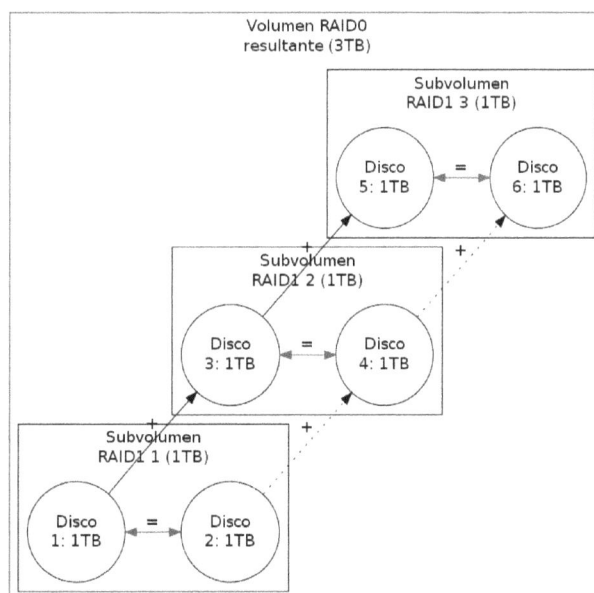

Figura C.14: Seis discos organizados en RAID 1+0.

Con RAID nivel 10 se crean volúmenes que suman por franjas unidades en espejo (un volumen RAID 0 compuesto de varios volúmenes RAID 1). En caso de fallar cualquiera de las unidades del arreglo, ésta puede ser reemplazada fácilmente, operación que no significará un trabajo tan intensivo para el arreglo entero (sólo para su disco espejo).

Bajo este esquema, en el peor de los casos, un volumen con n discos físicos está conformado por $\frac{n}{2}$ volúmenes nivel 1, y por tanto puede soportar la pérdida de hasta $\frac{n}{2}$ discos — siempre que estos no formen parte de un mismo volumen nivel 1.

Esta combinación ilustra cómo el orden de los factores *sí altera* el producto: si en vez de la concatenación de varias unidades espejeadas (un volumen nivel 0 compuesto de varios volúmenes nivel 1) se armara el arreglo en orden inverso (esto es, como el espejo de varias unidades concatenadas por franjas), ante un primer análisis parecería se obtienen los mismos beneficios — pero analizando lo que ocurre en caso de falla, resulta claro que el nivel de redundancia resulta mucho menor.

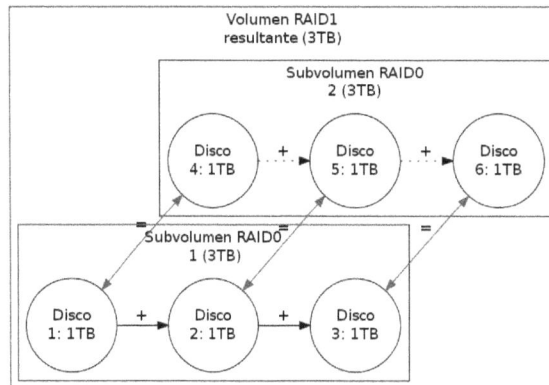

Figura C.15: Seis discos organizados en RAID 0+1, ilustrando cómo una combinación errónea puede *reducir* la tolerancia máxima a fallos del arreglo.

En este caso, el arreglo soportará también el fallo de hasta $\frac{n}{2}$ de sus discos, pero únicamente si ocurren *en el mismo volumen *raid* 1* del espejo.

Dado que RAID opera meramente agregando *dispositivos de bloques* en un nuevo dispositivo del mismo tipo, no tiene conocimiento de la información subyacente. Por tanto, si se perdieran al mismo tiempo el disco 1 (del subvolumen 1) y el disco 5 (del subvolumen 2), resultaría en pérdida de datos.[8]

C.3.   Manejo avanzado de volúmenes

Los esquemas RAID vienen, sin embargo, de finales de la década de los ochenta, y si bien han cambiado el panorama del almacenamiento, en los más de 20 años desde su aparición, han sido ya superados. El énfasis en el estudio de RAID (y no tanto en los desarrollos posteriores) se justifica dada la limpieza conceptual que presentan, y dado que esquemas posteriores incluso hacen referencia explícita en su documentación al nivel de RAID que *estarían reemplazando*.

A continuación se presentan brevemente dos esquemas avanzados de gestión de volúmenes, principalmente ilustrando la dirección en que parece ir

---

[8]O por lo menos, en una tarea de reconstrucción manual, dada que la información completa puede aún ser encontrada. Sin embargo, ambos volúmenes del arreglo RAID 1 estarían dañados e incompletos.

avanzando la industria en este campo. Dado que no presentan nuevos conceptos sino que sólo ilustran cómo se integran los que se han expuesto en las últimas páginas, la exposición se limitará a presentar ejemplos de aplicación, sin entrar más que a un nivel descriptivo de su funcionamiento.

C.3.1. LVM: el Gestor de Volúmenes Lógicos

Una evolución natural de los conceptos de RAID es el LVM2 (segunda generación del *Logical Volume Manager*, o *Gestor de Volúmenes Lógicos*) de Linux. La lógica de operación de LVM está basada en los siguientes conceptos:

Volumen físico Cada uno de los discos o unidades disponibles.

Grupo de volúmenes Conjunto de volúmenes físicos que serán administrados como una sola entidad.

Volumen lógico Espacio dentro del grupo de volúmenes que se presenta como un dispositivo, y que puede alojar sistemas de archivos.

El esquema es limpio y elegante: LVM es una interfaz que permite, como dos pasos independientes, agregar diferentes *volúmenes físicos* a un *grupo de volúmenes*, para posteriormente –y siguiendo las necesidades del administrador del sistema, ya independientes del tamaño de las unidades físicamente existentes– crear las *unidades lógicas*, donde se alojarán los sistemas de archivos propiamente.

Este esquema permite naturalmente una funcionalidad comparable con la de un RAID 0: puede crearse un grupo de volúmenes con todos los discos que disponibles, y dentro de este crear un volumen lógico único. Dependiendo de la configuración, este volumen lógico puede crecer abarcando todos los discos en cuestión, sea como simple concatenación o dividiéndose en franjas.

Permite también la creación de unidades *espejo*, con una operación a grandes rasgos equivalente a la de RAID 1. Incluso, dentro de un mismo grupo de volúmenes, pueden haber tanto volúmenes lógicos espejeados como otros que no lo estén, a diferencia de la estricta rigidez de RAID.

Para los niveles 4, 5 y 6 de RAID, la correspondencia es más directa aún: al crear un volumen, se le puede solicitar a LVM al crear un volumen lógico que cree un volumen con ese nivel de RAID — obviamente, siempre que cuente con suficientes volúmenes físicos.

El esquema de LVM no brinda, pues, funcionalidad estrictamente distinta a la que presenta RAID — pero da al administrador del sistema flexibilidad: ampliar o reducir el espacio dedicado a cada uno de los volúmenes, incluso en un sistema en producción y con datos.

Además de lo anterior, LVM ofrece varias funciones adicionales, como las *fotografías* (*snapshots*) o varios esquemas de reemplazo de disco; si bien hay mucho más que podría decirse de LVM, no se profundiza más en esta herramienta dado que excede del objetivo del presente material.

C.3.2. ZFS

Si bien LVM realiza una importante tarea de simplificación en la administración del sistema, su operación sigue siendo orientada a *bloques*: los volúmenes lógicos deben aún ser formateados bajo el sistema de archivos que el administrador del sistema considere acorde para la tarea requerida.

El sistema de archivos ZFS[9] fue desarrollado por Sun Microsystems desde el año 2001, forma parte del sistema operativo *Solaris* desde el 2005, y hoy en día puede emplearse desde los principales sistemas operativos libres.[10] Y si bien ZFS resulta suficientemente atractivo tan sólo por haber sido diseñado para que el usuario nunca más se tope con un límite impuesto por el sistema operativo, el principal cambio que presenta al usuario es una forma completamente distinta de referirse al almacenamiento.

En primer término, al igual que LVM presenta una primer integración entre conceptos, permitiendo unir de diferentes maneras varios dispositivos físicos en un dispositivo lógico, ZFS incluye en la misma lógica administrativa al sistema de archivos: en la configuración estándar, basta conectar una unidad al sistema para que ésta aparezca como espacio adicional disponible para los usuarios. El espacio combinado de todas las unidades conforma un *fondo de almacenamiento* (*storage pool*).

La lógica de ZFS parte de que operará una *colección* de sistemas de archivos en una organización jerárquica. Pero a diferencia del esquema tradicional Unix en que cada sistema de archivos es preparado desde un principio para su función, en ZFS se pueden aplicar límites a jerarquías completas. Bajo un esquema ZFS, la creación y el montaje de un sistema de archivos es una operación sencilla — al grado que se presenta como recomendación que, para cada usuario en el sistema, se genere un sistema de archivos nuevo e independiente.

Una de las principales diferencias con los sistemas de archivos tradicionales es el manejo del espacio vacío: el espacio disponible total del fondo de almacenamiento se reporta como disponible *para todos los sistemas de archivos* que formen parte de éste. Sin embargo, se pueden indicar *reservas* (mantener un mínimo del espacio especificado disponible para determinado subconjunto de sistemas de archivos dentro de la colección) y *límites* (evitar que el uso de una colección exceda el almacenamiento indicado) para las necesidades de las diferentes regiones del sistema.

---

[9]El nombre ZFS proviene de *Zettabyte File System*. Los diseñadores de ZFS indican, sin embargo, que esto no es para indicar que ZFS sea capaz de direccionar hasta zettabytes de información, sino que será *el último sistema de archivos* que cualquier administrador requerirá.

[10]ZFS no puede ser incorporado íntegramente al núcleo de Linux por *incompatibilidad de licencias*: si bien ambos son software libre, los modelos de licenciamiento GPL (de Linux) y CDDL (de ZFS) son incompatibles.

C.4. Ejercicios

C.4.1. Preguntas de autoevaluación

1. Se presentaron algunos algoritmos para gestionar las solicitudes de acceso a disco — *Primero llegado, primero servido* (FIFO), *Tiempo más corto a continuación* (SSTF), *Elevador* (SCAN), y algunas de sus variaciones. Se mencionó también que, a pesar de la importancia de conocerlos por su importancia histórica, hoy en día han dejado de ser tan importantes como lo fueron hacia los 1980. Mencione dos factores que han llevado a que pierdan relevancia.

2. Realice un esquema de cómo se estructura cada bloque de información sobre varios discos bajo RAID niveles 0, 1 y 5. Para cada uno de estos niveles, indique el efecto que su empleo tendría en cuanto a espacio total, velocidad de acceso y confiabilidad.

C.4.2. Temas de investigación sugeridos

Detalles de los sistemas de archivos en *flash* En este apéndice se expusieron los principales puntos de los medios de *estado sólido* o *no rotativos*, apuntando apenas hacia cómo podrían estos aprovecharse mejor.

¿Qué sistemas de archivos están mejor *afinados* para operar con medios *flash*, y cuáles son los principales obstáculos para que gocen de una mayor adopción?

C.4.3. Lecturas relacionadas

- Constantin Gonzalez (2010). *OpenSolaris ZFS Deduplication: Everything You Need to Know*. URL: `http://constantin.glez.de/blog/2010/03/opensolaris-zfs-deduplication-everything-you-need-know`

- Tom Rhodes y col. (1995-2014). «The Z File System (ZFS)». En: *FreeBSD Handbook*. The FreeBSD Documentation Project. Cap. 20. URL: `http://www.freebsd.org/doc/en_US.ISO8859-1/books/handbook/zfs.html`

- Jonathan Corbet (2012b). *A hash-based DoS attack on Btrfs/*. URL: `https://lwn.net/Articles/529077/`

- Michael E. Fitzpatrick (2011). *4K Sector Disk Drives: Transitioning to the Future with Advanced Format Technologies*. Toshiba. URL: `http://storage.toshiba.com/docs/services-support-documents/toshiba_4kwhitepaper.pdf`

- Mendel Rosenblum y John K. Ousterhout (sep. de 1991). «The Design and Implementation of a Log-structured File System». En: *SIGOPS Oper. Syst. Rev.* 25.5, págs. 1-15. ISSN: 0163-5980. DOI: 10.1145/121133.121137. URL: http://www.cs.berkeley.edu/~brewer/cs262/LFS.pdf

- Jörn Engel y Robert Mertens (2005). *LogFS — Finally a scalable flash file system.* URL: http://www2.inf.uos.de/papers_pdf/2005_07.pdf

- Valerie Aurora (2009). *Log-structured file systems: There's one in every SSD.* URL: https://lwn.net/Articles/353411/

- Neil Brown (2012). *JFFS2, UBIFS, and the growth of flash storage.* URL: http://lwn.net/Articles/528617/,

- David A. Patterson, Garth Gibson y Randy H. Katz (1988). «A case for Redundant Arrays of Inexpensive Disks». En: *Proceedings of the 1988 ACM SIGMOD International Conference on Management of Data*, págs. 109-116. URL: http://www.cs.cmu.edu/~garth/RAIDpaper/Patterson88.pdf

- Jeimy Cano Martínez (2013). *Unidades de estado sólido. El reto de la computación forense en el mundo de los semiconductores.* URL: http://www.insecurityit.blogspot.com/2013/06/

- Rui Guo y col. (2013). «Non-volatile memory based on the ferroelectric photovoltaic effect». En: *Nature Communications* 4:1990. URL: http://dx.doi.org/10.1038/ncomms2990

- Cogent Embedded (2013). *eMMC/SSD File System Tuning Methodology.* URL: http://elinux.org/images/b/b6/EMMC-SSD_File_System_Tuning_Methodology_v1.0.pdf

Acerca de los autores

Gunnar Wolf De formación autodidacta, obtuvo el título de licenciado en ingeniería en software por parte de la Secretaría de Educación Pública mexicana en el 2011. Usuario y desarrollador de software libre, es desarrollador del proyecto Debian desde el 2003. Ha coordinado diversos congresos nacionales e internacionales relacionados con el software libre y la seguridad informática. Es técnico académico en el Instituto de Investigaciones Económicas de la Universidad Nacional Autónoma de México desde el 2005, y docente de sistemas operativos en la Facultad de Ingeniería de la misma universidad desde el 2013.

Esteban Ruiz Licenciado en ciencias de la computación, Universidad Nacional de Rosario, Argentina, y técnico universitario en computación. Docente desde el 2001 a la actualidad en materias como base de datos, comunicaciones, sistemas operativos y arquitectura del computador. Actualmente realiza también tareas de investigación y desarrollo con software de reconocimiento óptico de caracteres (OCR).

Federico Bergero Obtuvo el título de licenciado en ciencias de la computación en el 2008 y de doctor en informática en el 2012 ambos de la Universidad Nacional de Rosario, Argentina. Actualmente es becario posdoctoral en CIFASIS-CONICET, y también es profesor de la Universidad Nacional de Rosario en el Departamento de Ciencias de la Computación de la FCEIA. Sus intereses incluyen sistemas de eventos discretos, simulación multiformalismo, procesamiento de señales.

Erwin Meza Obtuvo los títulos de *ingeniero en sistemas* (2002) y *magíster en informática y ciencias de la computación* (2006) por la Universidad Industrial de Santander, Colombia. Desde el año 2005 se desempeña como profesor de planta de tiempo completo en el Departamento de Sistemas de la Universidad del Cauca, Colombia. Realiza labores de docencia en diferentes asignaturas como sistemas operativos, introducción a la informática, estructuras de datos, teoría de la computación. Ha participado en diversos proyectos de investigación y desarrollo relacionados con tecnologías web, informática educativa, videojuegos, y micromundos educativos.

Índice de figuras

Bibliografía

Aeolean Inc. (dic. de 2002). *Introduction to Linux for Real-Time Control: Introductory Guidelines and Reference for Control Engineers and Managers*. Inf. téc. (vid. pág. 165).

Agesen, Ole (2007). *Performance Aspects of x86 Virtualization*. VMWare. URL: `http://communities.vmware.com/servlet/JiveServlet/download/1147092-17964/PS_TA68_288534_166-1_FIN_v5.pdf` (vid. pág. 324).

Aleph One (ago. de 1996). «Smashing the stack for fun and profit». En: *Phrack Magazine*. URL: `http://phrack.org/issues/49/14.html` (vid. págs. 210, 225).

Amdahl, Gene M. (1967). «Validity of the Single Processor Approach to Achieving Large Scale Computing Capabilities». En: *Proceedings of the April 18-20, 1967, Spring Joint Computer Conference*. AFIPS '67 (Spring). Atlantic City, New Jersey: ACM, págs. 483-485. DOI: `10.1145/1465482.1465560`. URL: `http://doi.acm.org/10.1145/1465482.1465560` (vid. pág. 63).

Anderson, Thomas E. y col. (feb. de 1996). «Serverless Network File Systems». En: *ACM Trans. Comput. Syst.* 14.1, págs. 41-79. ISSN: 0734-2071. DOI: `10.1145/225535.225537`. URL: `http://doi.acm.org/10.1145/225535.225537` (vid. págs. 262, 295).

Aurora, Valerie (2009). *Log-structured file systems: There's one in every SSD*. URL: `https://lwn.net/Articles/353411/` (vid. págs. 295, 339, 350).

Backus, John (ago. de 1978). «Can Programming Be Liberated from the Von Neumann Style?: A Functional Style and Its Algebra of Programs». En: *Commun. ACM* 21.8, págs. 613-641. ISSN: 0001-0782. DOI: `10.1145/359576.359579`. URL: `http://doi.acm.org/10.1145/359576.359579` (vid. pág. 68).

Baker, Ted (2006). *The Dining Philosophers Problem*. URL: `http://www.cs.fsu.edu/~baker/realtime/restricted/notes/philos.html` (vid. pág. 107).

— (2010). *Spin Locks and Other Forms of Mutual Exclusion*. URL: `http://www.cs.fsu.edu/~baker/devices/notes/spinlock.html` (vid. págs. 86, 129).

Barham, P. y col. (oct. de 2003). «Xen and the art of virtualization». En: *Procee-dings of the 19th ACM SOSP*, págs. 164-177. URL: `http://www.cl.cam.ac.uk/research/srg/netos/papers/2003-xensosp.pdf` (vid. págs. 319, 325).

Belady, L. A., R. A. Nelson y G. S. Shedler (jun. de 1969). «An Anomaly in Space-time Characteristics of Certain Programs Running in a Paging Ma-chine». En: *Commun. ACM* 12.6, págs. 349-353. ISSN: 0001-0782. DOI: `10.1145/363011.363155`. URL: `http://doi.acm.org/10.1145/363011.363155` (vid. pág. 225).

Berg, Christoph. *Default /etc/apache2/mods-available/disk_cache.conf is incompati-ble with ext3*. Debian Project. URL: `bugs.debian.org/682840` (vid. pág. 294).

Bjork, R. (2000). URL: `http://cs.gordon.edu/courses/cs322/lectures/history.html` (vid. pág. 41).

Brown, Neil (2012). *JFFS2, UBIFS, and the growth of flash storage*. URL: `http://lwn.net/Articles/528617/` (vid. págs. 339, 350).

Bugnion, Edouard y col. (nov. de 2012). «Bringing Virtualization to the x86 Ar-chitecture with the Original VMware Workstation». En: *ACM Trans. Com-put. Syst.* 30.4, 12:1-12:51. ISSN: 0734-2071. DOI: `10.1145/2382553.2382554`. URL: `http://doi.acm.org/10.1145/2382553.2382554` (vid. págs. 317, 324).

Burns, Alan y Geoff Davies (1993a). *Concurrent programming*. International computer science series. Addison-Wesley Pub. Co. URL: `http://books.google.com.mx/books?id=hJRQAAAAMAAJ` (vid. pág. 79).

— (1993b). *Pascal-FC*. URL: `http://www-users.cs.york.ac.uk/burns/pf.html` (vid. pág. 79).

Campbell, Ian J. (2013). *Using Valgrind to debug Xen Toolstacks*. URL: `http://www.hellion.org.uk/blog/posts/using-valgrind-on-xen-toolstacks/` (vid. pág. 225).

Cano Martínez, Jeimy (2013). *Unidades de estado sólido. El reto de la compu-tación forense en el mundo de los semiconductores*. URL: `http://www.insecurityit.blogspot.com/2013/06/` (vid. pág. 350).

Clark, Jack (2013). *KVM kings unveil 'cloud operating system'*. URL: `http://www.theregister.co.uk/2013/09/17/cloudius_systems_osv_cloud_software/` (vid. pág. 324).

Clark, Peter (2001). *Beginning to see the light — FAT16, File Allocation Table: 16bit*. URL: `http://www.beginningtoseethelight.org/fat16)` (vid. pág. 294).

Coffey, Neil (2013). *Thread Scheduling (ctd): quanta, switching and scheduling al-gorithms*. URL: `http://www.javamex.com/tutorials/threads/thread_scheduling_2.shtml` (vid. pág. 166).

Cogent Embedded (2013). *eMMC/SSD File System Tuning Methodology*. URL: `http://elinux.org/images/b/b6/EMMC-SSD_File_System_Tuning_Methodology_v1.0.pdf` (vid. pág. 350).

Corbató, Fernando J. (2007). «ACM Turing Award Lectures». En: New York, NY, USA: ACM. Cap. On Building Systems That Will Fail. ISBN: 978-1-4503-1049-9. DOI: `10.1145/1283920.1283947`. URL: `http://doi.acm.org/10.1145/1283920.1283947` (vid. págs. 19, 41).

Corbet, Jonathan (2004a). *The Grumpy Editor goes 64-bit*. URL: `https://lwn.net/Articles/79036/` (vid. pág. 224).

— (2004b). *The Grumpy Editor's guide to free documentation licenses*. URL: `https://lwn.net/Articles/108250/` (vid. pág. 307).

— (2007). *Notes from a container*. URL: `https://lwn.net/Articles/256389/` (vid. pág. 325).

— (2012a). *A hash-based DoS attack on Btrfs*. URL: `http://lwn.net/Articles/529077/` (vid. pág. 294).

— (2012b). *A hash-based DoS attack on Btrfs/*. URL: `https://lwn.net/Articles/529077/` (vid. pág. 349).

— (2013a). *BSD-style securelevel comes to Linux — again*. URL: `http://lwn.net/Articles/566169/` (vid. pág. 68).

— (2013b). *Deadline scheduling: coming soon?* URL: `https://lwn.net/Articles/575497/` (vid. pág. 165).

— (2013c). *Optimizing preemption*. URL: `https://lwn.net/Articles/563185/` (vid. págs. 165-166).

Creative Commons (2013). *Creative Commons: Atribución-CompartirIgual 4.0 Internacional*. URL: `https://creativecommons.org/licenses/by-sa/4.0/deed.es` (vid. pág. 16).

Dijkstra, E. W. (sep. de 1965). «Solution of a Problem in Concurrent Programming Control». En: *Commun. ACM* 8.9, págs. 569-. ISSN: 0001-0782. DOI: `10.1145/365559.365617`. URL: `http://doi.acm.org/10.1145/365559.365617` (vid. pág. 86).

Downey, Allen (2008). *The little book of semaphores*. Green Tea Press. URL: `http://greenteapress.com/semaphores/` (vid. págs. 76, 129).

Eisenberg, Murray A. y Michael R. McGuire (nov. de 1972). «Further Comments on Dijkstra's Concurrent Programming Control Problem». En: *Communications of the ACM* 15.11, págs. 999-. ISSN: 0001-0782. DOI: `10.1145/355606.361895`. URL: `http://doi.acm.org/10.1145/355606.361895` (vid. pág. 86).

Engel, Jörn y Robert Mertens (2005). *LogFS — Finally a scalable flash file system*. URL: `http://www2.inf.uos.de/papers_pdf/2005_07.pdf` (vid. pág. 350).

EuropeAid (2011). *Proyecto LATIn*. URL: `http://www.latinproject.org` (vid. págs. 12, 16).

Finkel, Raphael (1988). *An Operating Systems Vade Mecum*. 2.ª ed. Prentice Hall. ISBN: 978-0136379508 (vid. págs. 120, 138-139, 141, 144).

Fitzpatrick, Michael E. (2011). *4K Sector Disk Drives: Transitioning to the Future with Advanced Format Technologies*. Toshiba. URL: http://storage.toshiba.com/docs/services-support-documents/toshiba_4kwhitepaper.pdf (vid. pág. 349).

Freedom Defined (2006). *Definición de obras culturales libres*. URL: http://freedomdefined.org/Definition/Es (vid. págs. 305, 307).

Free Software Foundation (1996-2014a). *¿Qué es el software libre?* URL: https://www.gnu.org/philosophy/free-sw.es.html (vid. pág. 297).

— (1996-2014b). *Visión general del sistema GNU*. URL: https://www.gnu.org/gnu/gnu-history.es.html (vid. pág. 298).

— (2007). *GNU General Public License version 3*. URL: https://gnu.org/licenses/gpl.html (vid. pág. 306).

— (2008). *GNU Free Documentation License version 1.3*. URL: https://gnu.org/licenses/fdl.html (vid. pág. 307).

Gates, Bill (feb. de 1976). *An Open Letter to Hobbyists*. URL: https://upload.wikimedia.org/wikipedia/commons/1/14/Bill_Gates_Letter_to_Hobbyists.jpg (vid. pág. 300).

Giampaolo, Dominic (1999). *Practical File System Design with the Be File System*. Morgan Kaufmann Publishers Inc. ISBN: 1-55860-497-9. URL: http://www.nobius.org/~dbg/practical-file-system-design.pdf (vid. pág. 293).

Gingras, Armando R. (ago. de 1990). «Dining Philosophers Revisited». En: *SIGCSE Bulletin* 22.3, 21-ff. ISSN: 0097-8418. DOI: 10.1145/101085.101091. URL: http://doi.acm.org/10.1145/101085.101091 (vid. pág. 129).

Goldberg, Hyman Eli (1914). Pat. Chicago, EUA. URL: http://www.freepatentsonline.com/1117184.pdf (vid. pág. 30).

Gonzalez, Constantin (2010). *OpenSolaris ZFS Deduplication: Everything You Need to Know*. URL: http://constantin.glez.de/blog/2010/03/opensolaris-zfs-deduplication-everything-you-need-know (vid. pág. 349).

Gorman, Mel (2004). *Understanding the Linux Virtual Memory Manager*. Bruce Perens' Open Source Series. Pearson Education. ISBN: 0-13-145348-3 (vid. pág. 225).

Guo, Rui y col. (2013). «Non-volatile memory based on the ferroelectric photovoltaic effect». En: *Nature Communications* 4:1990. URL: http://dx.doi.org/10.1038/ncomms2990 (vid. pág. 350).

Gustafson, John L. (mayo de 1988). «Reevaluating Amdahl's Law». En: *Commun. ACM* 31.5, págs. 532-533. ISSN: 0001-0782. DOI: 10.1145/42411.42415. URL: http://doi.acm.org/10.1145/42411.42415 (vid. pág. 65).

Heidemann, John S. y Gerald J. Popek (feb. de 1994). «File-system Development with Stackable Layers». En: *ACM Trans. Comput. Syst.* 12.1, págs. 58-89. ISSN: 0734-2071. DOI: 10.1145/174613.174616. URL: http://doi.acm.org/10.1145/174613.174616 (vid. págs. 228, 262, 294).

Hill, Benjamin Mako (2005). *Towards a Standard of Freedom: Creative Commons and the Free Software Movement.* URL: http://www.advogato.org/article/851.html (vid. págs. 305, 307).

Huffman, David A. (1952). «A method for the construction of Minimum-Redundancy Codes». En: vol. 40. I. R. E. URL: http://compression.graphicon.ru/download/articles/huff/huffman_1952_minimum-redundancy-codes.pdf (vid. pág. 293).

Intel (2003). *Intel Desktop Board D875PBZ Technical Product Specification.* URL: http://downloadmirror.intel.com/15199/eng/D875PBZ_TechProdSpec.pdf (vid. pág. 68).

— (2009). *An introduction to the Intel QuickPath Interconnect.* 320412-001US. URL: http://www.intel.com/content/www/us/en/io/quickpath-technology/quick-path-interconnect-introduction-paper.html (vid. pág. 68).

Kerrisk, Michael (2013). *Making EPERM friendlier.* URL: http://lwn.net/Articles/532771/ (vid. pág. 41).

Killian, T. J. (1984). «Processes as Files». En: USENIX Association. Salt Lake City. URL: http://lucasvr.gobolinux.org/etc/Killian84-Procfs-USENIX.pdf (vid. págs. 277, 293).

Kingcopes (2013). *Attacking the Windows 7/8 Address Space Randomization.* URL: http://kingcope.wordpress.com/2013/01/24/ (vid. pág. 226).

Kivity, Avi, Yaniv Kamay y col. (2007). «KVM: The Linux Virtual Machine Monitor». En: *Proceedings of the Linux Symposium.* Qumranet / IBM. URL: http://kernel.org/doc/ols/2007/ols2007v1-pages-225-230.pdf (vid. pág. 325).

Kivity, Avi, Dor Laor y col. (jun. de 2014). «OSv—Optimizing the Operating System for Virtual Machines». En: *2014 USENIX Annual Technical Conference (USENIX ATC 14).* Philadelphia, PA: USENIX Association, págs. 61-72. ISBN: 978-1-931971-10-2. URL: https://www.usenix.org/conference/atc14/technical-sessions/presentation/kivity (vid. pág. 324).

Krishnan, P. A. (1999-2009). *Simulation of CPU Process scheduling.* URL: http://stimulationofcp.sourceforge.net/ (vid. pág. 165).

Lameter, Christoph (sep. de 2013). «An Overview of Non-uniform Memory Access». En: *Commun. ACM* 56.9, págs. 59-54. ISSN: 0001-0782. DOI: 10.1145/2500468.2500477. URL: http://doi.acm.org/10.1145/2500468.2500477 (vid. págs. 223, 226).

Lamport, Leslie (ago. de 1974). «A New Solution of Dijkstra's Concurrent Programming Problem». En: *Communications of the ACM* 17.8, págs. 453-455.

ISSN: 0001-0782. DOI: 10.1145/361082.361093. URL: http://doi.
acm.org/10.1145/361082.361093 (vid. pág. 86).

Laor, Dor (2007). *KVM PV Devices*. Qumranet. URL: http://www.linux-
kvm.org/wiki/images/d/dd/KvmForum2007\$kvm_pv_drv.pdf
(vid. pág. 325).

Laor, Dor y Avi Kivity (oct. de 2013). En: *CloudOpen Europe*. Cloudius Systems. URL: https://docs.google.com/presentation/d/
11mxUl8PBDQ3C4QyeHBT8BcMPGzqk-C8bVlFw8xLgwSI/edit?pli=
1#slide=id.g104154dae_065 (vid. pág. 324).

La Red, Luis (2001). Universidad Nacional del Nordeste (Argentina). URL:
http://exa.unne.edu.ar/depar/areas/informatica/
SistemasOperativos/sistope2.PDF (vid. págs. 112, 197).

Levine, John R. (1999). *Linkers and Loaders*. Morgan-Kauffman. ISBN: 1-55860-
496-0. URL: http://www.iecc.com/linker/ (vid. págs. 173, 225).

Linux man pages project (2008). *pthread_attr_setscope: set/get contention scope attribute in thread attributes object*. URL: http://man7.org/linux/man-
pages/man3/pthread_attr_setscope.3.html (vid. pág. 166).

— (2012). *sched_setscheduler: set and get scheduling policy/parameters*. URL: http:
//man7.org/linux/man-pages/man2/sched_setscheduler.2.
html (vid. pág. 166).

— (2014). *pthreads: POSIX threads*. URL: http://man7.org/linux/man-
pages/man7/pthreads.7.html (vid. pág. 166).

Linux Project (2014). *Deadline Task Scheduling*. URL: https://git.kernel.
org/cgit/linux/kernel/git/torvalds/linux.git/plain/
Documentation/scheduler/sched-deadline.txt (vid. pág. 165).

Loosemore, Sandra y col. (1993-2014). «File System Inteface: Functions for manipulating files». En: *The GNU C Library Reference Manual*. Free Software
Foundation. Cap. 14, págs. 376-421. URL: https://www.gnu.org/
software/libc/manual/pdf/libc.pdf (vid. pág. 262).

Males, John L. (2014). *Process memory usage*. URL: http://troysunix.
blogspot.com/2011/07/process-memory-usage.html (vid.
pág. 225).

McKusick, Marshall Kirk (sep. de 2012). «Disks from the Perspective of a File
System». En: *ACM Queue* 10.9. URL: https://queue.acm.org/detail.
cfm?id=2367378 (vid. págs. 262, 294).

McKusick, Marshall K. y col. (ago. de 1984). «A Fast File System for UNIX».
En: *ACM Trans. Comput. Syst.* 2.3, págs. 181-197. ISSN: 0734-2071. DOI: 10.
1145/989.990. URL: http://doi.acm.org/10.1145/989.990
(vid. pág. 294).

Menage, Paul (2004-2006). *CGROUPS*. Google. URL: https://www.kernel.
org/doc/Documentation/cgroups/cgroups.txt (vid. pág. 325).

Mohammed, Mufti (2007). *FAT Root Directory Structure on Floppy Disk and File Information*. Codeguru. URL: `http://www.codeguru.com/cpp/cpp/cpp_mfc/files/article.php/c13831` (vid. pág. 294).

Moore, Gordon E. (1965). «Cramming more components onto integrated circuits». En: *Proceedings of the IEEE* 86, págs. 82-85. DOI: `10.1109/JPROC.1998.658762`. URL: `http://ieeexplore.ieee.org/xpls/abs_all.jsp?arnumber=658762&tag=1` (vid. págs. 60, 68).

NetBSD Project (2009). *pmap – display process memory map*. URL: `http://www.daemon-systems.org/man/pmap.1.html` (vid. pág. 225).

Orwant, Jon y col. (1998-2014). *perlthrtut - Tutorial on threads in Perl*. URL: `http://perldoc.perl.org/perlthrtut.html` (vid. pág. 129).

Patterson, David A., Garth Gibson y Randy H. Katz (1988). «A case for Redundant Arrays of Inexpensive Disks». En: *Proceedings of the 1988 ACM SIGMOD International Conference on Management of Data*, págs. 109-116. URL: `http://www.cs.cmu.edu/~garth/RAIDpaper/Patterson88.pdf` (vid. pág. 350).

Peterson, Gary L. (1981). «Myths about the mutual exclusion problem». En: *Information Processing Letters* 12.3, págs. 115-116 (vid. pág. 85).

Plale, Beth (2003). *Thread scheduling and synchronization*. URL: `http://www.cs.indiana.edu/classes/b534-plal/ClassNotes/sched-synch-details4.pdf` (vid. pág. 166).

Poirier, Dave (2001-2011). *The Second Extended File System: Internal Layout*. URL: `http://www.nongnu.org/ext2-doc/` (vid. pág. 294).

Python Software Foundation (1990-2014). *Python higher level threading interface*. URL: `http://docs.python.org/2/library/threading.html` (vid. pág. 129).

Rhodes, Tom y col. (1995-2014). «The Z File System (ZFS)». En: *FreeBSD Handbook*. The FreeBSD Documentation Project. Cap. 20. URL: `http://www.freebsd.org/doc/en_US.ISO8859-1/books/handbook/zfs.html` (vid. págs. 276, 349).

Ritchie, Dennis (1979). «The Evolution of the Unix Time-sharing System». En: *Language Design and Programming Methodology*. Sydney, Australia: Springer Verlag. URL: `http://cm.bell-labs.com/cm/cs/who/dmr/hist.html` (vid. págs. 299, 307).

Rosenblum, Mendel (jun. de 1992). «The Design and Implementation of a Log-structured File System». Tesis doct. EECS Department, University of California, Berkeley. URL: `http://www.eecs.berkeley.edu/Pubs/TechRpts/1992/6267.html` (vid. pág. 294).

Rosenblum, Mendel y John K. Ousterhout (sep. de 1991). «The Design and Implementation of a Log-structured File System». En: *SIGOPS Oper. Syst. Rev.* 25.5, págs. 1-15. ISSN: 0163-5980. DOI: `10.1145/121133.121137`. URL: `http://www.cs.berkeley.edu/~brewer/cs262/LFS.pdf` (vid. pág. 350).

Russinovich, Mark, David A. Solomona y Alex Ionescu (2012). *Windows Internals*. 6.ª ed. Microsoft Press. ISBN: 978-0735648739. URL: `http : / / technet.microsoft.com/en-us/sysinternals/bb963901.aspx` (vid. pág. 166).

Sánchez, Enrique (Inédito). *The Tao of Buffer Overflows*. URL: `http://sistop. gwolf.org/biblio/The_Tao_of_Buffer_Overflows_-_Enrique_Sanchez.pdf` (vid. págs. 210, 225).

Silberschatz, Abraham, Peter Baer Galvin y Greg Gagne (2010). *Operating System Concepts Essentials*. 1.ª ed. John Wiley y Sons. ISBN: 978-0-470-88920-6 (vid. págs. 136, 142, 153, 176, 183, 186).

Simes (2002). *How to break out of a chroot() jail*. URL: `http://www.bpfh.net/ computing/docs/chroot-break.html` (vid. págs. 321, 325).

Spolsky, Joel (2003). *Biculturalism*. URL: `http : / / www.joelonsoftware. com/articles/Biculturalism.html` (vid. pág. 41).

Stallman, Richard M. (mar. de 1985). *El manifiesto de GNU*. URL: `https : / / www.gnu.org/gnu/manifesto.es.html` (vid. págs. 298, 306).

Swanson, William (2003). *The art of picking Intel registers*. URL: `http : / / www. swansontec.com/sregisters.html` (vid. pág. 225).

van Riel, Rik y Peter W. Morreale (1998-2008). *Documentation for /proc/sys/vm/**. URL: `https : / / git.kernel.org/cgit/linux/kernel/git/ torvalds/linux.git/plain/Documentation/sysctl/vm.txt` (vid. pág. 224).

VMWare Inc. (2006-2009). *Performance Evaluation of Intel EPT Hardware Assist*. URL: `http://www.vmware.com/pdf/Perf_ESX_Intel-EPT-eval. pdf` (vid. pág. 324).

Walberg, Sean A. (2006). *Finding open files with lsof*. IBM DeveloperWorks. URL: `http://www.ibm.com/developerworks/aix/library/au-lsof. html` (vid. pág. 262).

Waldspurger, Carl A. y William E. Weihl (nov. de 1994). «Lottery Scheduling: Flexible Proportional-Share Resource Management». En: *Proceedings of the First Symposium on Operating System Design and Implementation*. URL: `http: //www.waldspurger.org/carl/papers/lottery-osdi94.pdf` (vid. pág. 148).

Wheeler, David A. (2006). *GPL, BSD, and NetBSD - why the *gpl* rocketed Linux to success*. URL: `http://www.dwheeler.com/blog/2006/09/01/` (vid. pág. 307).

WikiBooks.org (2007-2013). *Microprocessor Design: Pipelined Processors*. URL: `http : / / en.wikibooks.org/wiki/Microprocessor_Design/ Pipelined_Processors` (vid. pág. 166).

Wikipedia (2003-2014). *Open Letter to Hobbyists*. URL: `https://en.wikipedia. org/wiki/Open_Letter_to_Hobbyists` (vid. pág. 300).

— (2011-2014). *SCHED_DEADLINE*. URL: `https://en.wikipedia.org/ wiki/SCHED_DEADLINE` (vid. pág. 165).

Williams, Chris (2013). *Anatomy of a killer bug: How just 5 characters can murder iPhone, Mac apps*. URL: `http://www.theregister.co.uk/2013/09/04/unicode_of_death_crash/` (vid. pág. 224).

— (2014). *Anatomy of OpenSSL's Heartbleed: Just four bytes trigger horror bug*. URL: `http://www.theregister.co.uk/2014/04/09/heartbleed_explained/` (vid. pág. 224).

Wolf, Gunnar y Alejandro Miranda (2011). *Construcción Colaborativa del Conocimiento*. Universidad Nacional Autónoma de México. URL: `http://seminario.edusol.info/` (vid. pág. 307).

Yáñez, César (2012). *NILFS2 en Linux*. URL: `http://cyanezfdz.me/2012/08/30/nilfs2-en-linux-es.html` (vid. pág. 294).

— (2013). *Los discos desde la perspectiva de un Sistema de Archivos*. URL: `http://cyanezfdz.me/2013/07/04/los-discos-desde-la-perspectiva-de-un-sistema-de-archivos-es.html` (vid. págs. 262, 294).

Zittrain, Jonathan (2008). *The future of the Internet and how to stop it*. Yale University Press. URL: `http://futureoftheinternet.org/` (vid. pág. 41).

www.ingramcontent.com/pod-product-compliance
Lightning Source LLC
Chambersburg PA
CBHW082133210326
41599CB00031B/5962

* 9 7 8 6 0 7 0 2 6 5 4 4 0 *